中国科协学科发展研究系列报告

中国科学技术协会 / 主编

2016—2017
矿物加工工程学科发展报告

中国有色金属学会 | 编著

REPORT ON ADVANCES IN
MINERAL PROCESSING ENGINEERING TECHNOLOGY

中国科学技术出版社
· 北 京 ·

图书在版编目（CIP）数据

2016—2017 矿物加工工程学科发展报告 / 中国科学技术协会主编；中国有色金属学会编著 . —北京：中国科学技术出版社，2018.3

（中国科协学科发展研究系列报告）

ISBN 978-7-5046-7939-0

Ⅰ. ① 2… Ⅱ. ①中… ②中… Ⅲ. ①选矿—学科发展—研究报告—中国— 2016-2017 Ⅳ. ① TD9-12

中国版本图书馆 CIP 数据核字（2018）第 047513 号

策划编辑	吕建华　许　慧
责任编辑	何红哲
装帧设计	中文天地
责任校对	杨京华
责任印制	马宇晨

出　　版	中国科学技术出版社
发　　行	中国科学技术出版社发行部
地　　址	北京市海淀区中关村南大街16号
邮　　编	100081
发行电话	010-62173865
传　　真	010-62179148
网　　址	http://www.cspbooks.com.cn

开　　本	787mm × 1092mm　1/16
字　　数	400千字
印　　张	19.25
版　　次	2018年3月第1版
印　　次	2018年3月第1次印刷
印　　刷	北京盛通印刷股份有限公司
书　　号	ISBN 978-7-5046-7939-0 / TD · 45
定　　价	85.00元

2016—2017

矿物加工工程学科发展报告

首席科学家 刘炯天

专 家 组

组　　长 贾明星

副 组 长 何发钰 张洪国

专家组成员（按姓氏笔画排序）

孙　伟 池汝安 吴熙群 宋少先 张　覃
陈　雯 温建康 童　雄 谢广元

编写组成员（按姓氏笔画排序）

马　楠 文书明 方明山 牛福生 王大鹏
王　军 王青芬 邓久帅 邓政斌 付　强
代淑娟 冯　博 包申旭 卯　松 叶小璐
田祎兰 申士富 任子杰 先永骏 刘　丹
刘文刚 刘志红 刘晓文 刘　涛 刘润清
刘　维 孙小旭 孙永升 孙　伟 孙红娟
曲殿利 朱阳戈 池汝安 何发钰 吴熙群
张一敏 张小武 张小梅 张凌燕 张晋霞

党的十八大以来，以习近平同志为核心的党中央把科技创新摆在国家发展全局的核心位置，高度重视科技事业发展，我国科技事业取得举世瞩目的成就，科技创新水平加速迈向国际第一方阵。我国科技创新正在由跟跑为主转向更多领域并跑、领跑，成为全球瞩目的创新创业热土，新时代新征程对科技创新的战略需求前所未有。掌握学科发展态势和规律，明确学科发展的重点领域和方向，进一步优化科技资源分配，培育具有竞争新优势的战略支点和突破口，筹划学科布局，对我国创新体系建设具有重要意义。

2016 年，中国科协组织了化学、昆虫学、心理学等 30 个全国学会，分别就其学科或领域的发展现状、国内外发展趋势、最新动态等进行了系统梳理，编写了 30 卷《学科发展报告（2016—2017）》，以及 1 卷《学科发展报告综合卷（2016—2017）》。从本次出版的学科发展报告可以看出，近两年来我国学科发展取得了长足的进步：我国在量子通信、天文学、超级计算机等领域处于并跑甚至领跑态势，生命科学、脑科学、物理学、数学、先进核能等诸多学科领域研究取得了丰硕成果，面向深海、深地、深空、深蓝领域的重大研究以“顶天立地”之态服务国家重大需求，医学、农业、计算机、电子信息、材料等诸多学科领域也取得长足的进步。

在这些喜人成绩的背后，仍然存在一些制约科技发展的问题，如学科发展前瞻性不强，学科在区域、机构、学科之间发展不平衡，学科平台建设重复、缺少统筹规划与监管，科技创新仍然面临体制机制障碍，学术和人才评价体系不够完善等。因此，迫切需要破除体制机制障碍、突出重大需求和问题导向、完善学科发展布局、加强人才队伍建设，以推动学科持续良性发展。

近年来，中国科协组织所属全国学会发挥各自优势，聚集全国高质量学术资源和优秀人才队伍，持续开展学科发展研究。从 2006 年开始，通过每两年对不同的学科（领域）分批次地开展学科发展研究，形成了具有重要学术价值和持久学术影响力的《中国科协学科发展研究系列报告》。截至 2015 年，中国科协已经先后组织 110 个全国学会，开展了 220 次学科发展研究，编辑出版系列学科发展报告 220 卷，有 600 余位中国科学院和中国工程院院士、约 2 万位专家学者参与学科发展研讨，8000 余位专家执笔撰写学科发展报告，通过对学科整体发展态势、学术影响、国际合作、人才队伍建设、成果与动态等方面最新进展的梳理和分析，以及子学科领域国内外研究进展、子学科发展趋势与展望等的综述，提出了学科发展趋势和发展策略。因涉及学科众多、内容丰富、信息权威，不仅吸引了国内外科学界的广泛关注，更得到了国家有关决策部门的高度重视，为国家规划科技创新战略布局、制定学科发展路线图提供了重要参考。

十余年来，中国科协学科发展研究及发布已形成规模和特色，逐步形成了稳定的研究、编撰和服务管理团队。2016—2017 学科发展报告凝聚了 2000 位专家的潜心研究成果。在此我衷心感谢各相关学会的大力支持！衷心感谢各学科专家的积极参与！衷心感谢编写组、出版社、秘书处等全体人员的努力与付出！同时希望中国科协及其所属全国学会进一步加强学科发展研究，建立我国学科发展研究支撑体系，为我国科技创新提供有效的决策依据与智力支持！

当今全球科技环境正处于发展、变革和调整的关键时期，科学技术事业从来没有像今天这样肩负着如此重大的社会使命，科学家也从来没有像今天这样肩负着如此重大的社会责任。我们要准确把握世界科技发展新趋势，树立创新自信，把握世界新一轮科技革命和产业变革大势，深入实施创新驱动发展战略，不断增强经济创新力和竞争力，加快建设创新型国家，为实现中华民族伟大复兴的中国梦提供强有力的科技支撑，为建成全面小康社会和创新型国家做出更大的贡献，交出一份无愧于新时代新使命、无愧于党和广大科技工作者的合格答卷！

2018 年 3 月

矿物加工工程在以往相当长的时期内被称为选矿工程，也称矿物工程。在我国现今学科分类中，矿物加工工程属于矿山工程技术的二级学科。矿物加工是用物理或化学方法将矿石中的有用矿物与无用矿物（通常称脉石）或有害矿物分开，或将多种有用矿物分离的过程。在矿产资源开发和综合利用产业链中，矿物加工是介于地质、采矿与冶金或化工之间的重要环节。矿石通过矿物加工处理，可将有用矿物品位显著提高，从而大幅减少运输费用；而且可减轻后续工序如冶金、化工处理或材料制备的原料量，降低后续工序的处理成本。近年来，为了迅速提高我国矿物加工工程技术水平，广大科技人员在自主研发的同时，积极学习国外先进经验，在主要生产环节上引进国外先进技术和设备，通过自主创新、集成创新和引进消化再创新，使我国矿物加工工程技术学科取得了重大进展。目前，我国矿物加工工程技术已逐渐进入世界先进行列，许多矿物加工技术和设备已出口到国外，我国已从技术设备进口国转变为出口国。

本研究报告是中国有色金属学会根据中国科学技术协会“2016 年度继续面向全国学会组织实施学科发展引领与资源整合集成工程项目”要求组织编写的。在中国科学技术协会的指导下，在以中国有色金属学会理事长贾明星教授任组长、中国工程院刘炯天院士为首席科学家的编写小组，近百位专家学者的共同努力下，历经两年，集思广益，几易其稿，终于完成了报告的编写。报告分两大部分：第一部分是综合报告，全面阐述了我国矿物加工工程学科发展现状和取得的成就，并通过国内外矿物加工工程技术发展的分析对比，提出了我国矿物加工工程学科发展的方向和重点。第二部分是专题报告，根据矿物加工处理对象的不同，将矿物加工工程分为有色金属矿物加工清洁高效智能化发展、黑色金属矿物加工清洁高效智能化发展、煤炭分选加工技术和非金属矿加工技术发展四个专题，分别论述了近年来的发展现状和趋势。报告的重点为近五年来矿物加工工程学科取得的重大进展、存在问题和未来的发展方向。

由于矿物加工工程学科包含矿物学理论方法与应用实践，复杂硫化矿、氧化矿、稀有稀土金属矿的利用等新工艺及新技术，高效浮选药剂的分子设计及清洁合成，新型有色金属矿物加工设备的研制，智能工厂的建设，二次资源综合利用和有色金属矿物加工中的环境保护等内容，涉及的方法和相关技术领域相当广泛，加之近年来我国矿物加工工程技术快速发展，取得的进展非常丰富，尽管撰稿人员力求选材客观、公正，但是受掌握资料特别是知识水平和时间所限，报告难免挂一漏万，不当之处敬请广大读者指正。

本报告的编写得到了中国科学技术协会领导的支持与关怀，得到了矿物加工工程及相关行业的科研院校、工矿企业的大力支持和帮助，以及广大矿物加工领域专家和技术人员的积极参与，在此一并表示衷心的感谢！

中国有色金属学会

2017 年 12 月

综合报告

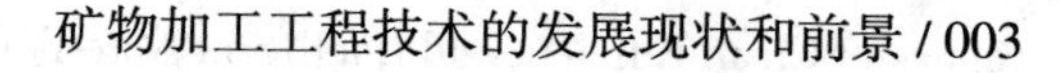

专题报告

ABSTRACTS

Comprehensive Report

Reports on Special Topics

综合报告

矿物加工工程技术的发展现状和前景

1. 引言

矿物加工工程，在以往相当长的时期内称为选矿工程，也称矿物工程。在我国现今学科分类中，矿物加工工程属于矿业工程的二级学科。国外有些国家往往将矿物加工工程纳入冶金工程、化学工程或材料科学与工程。

矿物加工是用物理或化学方法将矿石中的有用矿物与无用矿物（通常称脉石）或有害矿物分开，或将多种有用矿物分离的过程。在矿产资源开发和综合利用产业链中，矿物加工是介于地质、采矿与冶金或化工之间的重要环节。矿石通过矿物加工（选矿）处理，可将有用矿物品位显著提高，从而大幅减少运输费用；而且可减轻后续工序如冶金、化工处理或材料制备的困难，降低后续工序的处理成本。

矿物加工学科历史悠久，矿物加工技术的应用可追溯到古代手工拣选、淘金等方法的应用。自 18 世纪第一次工业革命至 20 世纪中叶，矿物加工技术与理论快速发展并逐步发展为独立的学科。近几十年来，中国矿物加工学科建设取得了长足进步，以矿物加工理论、工艺技术、装备、药剂和选矿厂自动化及过程控制为代表的选矿技术发展迅速，我国的矿物加工学科在世界矿物加工发展的过程中一直扮演着重要角色。

（1）我国矿物加工学科建设取得重大成就，形成了完备的教学、科研、设计与工程应用学科体系，拥有高水平的人才队伍和研究团队，建立了完备的基础研究、技术开发与成果转化研究平台。

我国矿物加工学科经过全国高校和研究机构几十年的建设，不断得到完善，具备较强的国际竞争力。本学科的本科生教育和研究生培养快速发展，截止到 2017 年 9 月，我国开设矿物加工工程本科专业的高等学校共计 37 所，全国已经拥有了 2 个二级学科的重点学科。大学矿物加工学科共有专任教师 600 多名，在校本科生 15000 多名，硕士研究生

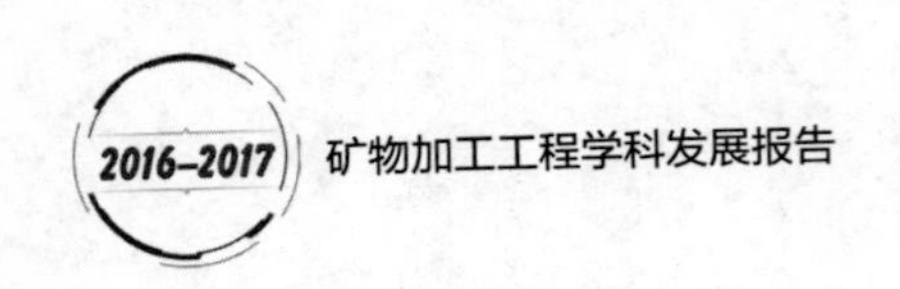

3600多名，博士生650多名。

我国拥有矿物加工学科的研究设计机构20余家，这些专业研究设计机构拥有高水平的研究队伍、完备的科研条件与先进的技术平台，是我国开展矿物加工科学基础理论与应用基础研究、实现科研成果转化、促进科研合作与学术交流的重要基地。

我国拥有矿物加工学科的国家重点实验室、工程技术研究中心等国家级研究平台22个，各类省部级实验室和研究中心共计58个。这些高端研究平台既是学科发展的实力体现，也是学科发展的支撑硬件之一，对促进学科快速发展起到了重要作用。

目前我国矿物加工学科领域从业人员共40多万人，其中院士6名，有国家突出贡献的中青年专家和政府特殊津贴专家350多名，长江学者特聘教授/讲座教授10多名，国家杰出青年科学基金获得者10多名，跨世纪、新世纪百千万人才工程国家级人选20多名，教育部新世纪优秀人才30多名。我国拥有几十支各具特色的矿物加工科学与技术研究团队，这些团队对推动我国矿物加工学科建设和发展起到了非常重要的作用，为我国矿物加工科学与技术的发展做出了重要贡献。近年来，在国家纵向和矿业企业横向科研项目的支持下，国内矿物加工学科产出了大批学术著作和科技成果，所取得的研究成果为国家矿产资源开发提供了有力的技术支持。

（2）矿物加工科技进步为我国矿产资源开发提供了坚实的技术支撑，形成了有特色的基础理论研究方向，部分技术与装备已居国际领先水平，建成了一批技术先进、装备优良的大型现代化选矿厂。

在基础研究方面，形成了基因矿物加工工程、矿物加工计算化学及药剂分子设计、流体包裹体浮选效应、磁化焙烧与深度还原、金属离子配位调控分子组装等矿物加工领域新方向与新观点，在国际选矿界产生了较大的影响。

在技术开发和成果转化方面，针对矿产资源开发利用过程中的突出问题开展重点研究，在选矿工艺技术、选矿药剂、选矿装备研发及应用、矿产资源综合利用、选矿自动化、矿物材料研发和深加工等方面均取得了突破性进展，形成了一批具有重大影响力的新技术、新成果，并投入工程应用。我国低品位、复杂难处理矿石的选矿技术水平居国际领先水平；大型自磨机、半自磨机、球磨机，大型浮选机和磁选机的研制及应用达国际先进水平。建成了鹿鸣钼矿、乌奴格吐山铜钼矿、甲玛铜多金属矿、袁家村铁矿、鞍千铁矿等技术先进、装备优良的大型、特大型现代化选矿厂。

（3）我国矿产资源开发领域面临资源保障不足和需求持续旺盛的矛盾、资源过度开发和环境有限承载的矛盾、产业升级滞后和科技高速发展的矛盾，矿物加工学科发展机遇与挑战并存。

人类对矿产资源需求量继续增加，而优质资源的持续消耗、环境硬约束日益强化及现有技术的局限性，矿物加工学科的发展面临诸多挑战。一是国内矿产资源供需矛盾日益加剧，对资源高效节约开发利用技术的需求更加迫切；二是矿产资源禀赋差的情况不可逆转甚至更趋恶化，对复杂难处理资源综合开发利用技术的需求更加迫切；三是建设美丽国家对生态环境保护提出了新的更高要求，对矿产资源的绿色、低碳开发需求更加迫切；四是供给侧结构性改革和产业转型升级，对发展节能低耗的矿物加工技术和装备的需求更加迫切；五是信息时代的行业转型升级，对矿物加工智能化发展的需求更加迫切；六是选矿下游产业的升级换代对更高品质矿物加工产品的需求更加迫切。

数字化、智能化是21世纪最重要的新兴技术，发展智能矿业有利于提升产品质量、提高生产效率和降低生产及运营成本，有利于在未来国际竞争中求得更大的生存和发展空间。以数字化、智能化技术应用为重点，加快信息技术与传统矿物加工技术的深度融合；通过科技创新，推进矿物加工行业技术进步及产业升级，抢占国际矿业行业竞争的制高点，谋求未来发展的主动权是我国矿物加工学发展的当务之急，也是促进我国从矿业大国走向矿业强国的战略要求。

在“中华民族伟大复兴”的目标指引下，国家相继提出了“一带一路”“新型城镇化建设”“中国制造2025”“互联网+”等重要战略部署，对国内外资源开发、产业布局、技术装备能力、数字化与智能化水平等提出了新的要求，作为矿产资源开发和为众多行业提供各类矿产品的重要学科，矿物加工学科肩负着使命，在资源高效节约开发利用技术、绿色矿物加工技术、智能矿物加工技术的持续创新方面，在推动行业科技进步、促进行业转型升级、为国家重大战略部署的实施做好服务方面必将有更大的作为。

2. 我国矿物加工学科发展现状

2.1 矿物加工在国民经济中的地位、与各行业的关联性及其产业现状

矿产资源是国民经济和社会发展的重要物质基础，对国民经济持续稳定发展和人民生活质量的改善具有十分重要的保障作用。目前，我国正处于工业化中后期的中高速发展阶段，随着城镇化建设进程的加快，在相当长一段时间内都将维持对资源的强劲需求，煤炭、铁、铜、铝、铅、锌等大宗支柱性矿产资源在国民经济的生产建设中仍将占主导地位。同时，随着计算机、通讯、医疗、信息、航天、新能源汽车等高科技领域的发展，对耐超高温、耐超高压、高速信息传输和在常温下表现超导等特殊性能的新型材料的需求也越来越迫切，而稀有和稀土金属矿产、新型特种非金属矿产正是研制和生产这些新材料的基础。几乎所有的矿产资源均需经过矿物加工处理，矿物加工在世界工业化和现代化进程中起着十分重要的作用。

矿物加工科学及技术与矿产资源的开发利用密切相关。矿物加工生产过程主要实现以下目标：①将矿石中有用矿物与无用的脉石矿物分离，提高有用矿物组分的含量（品位），满足后续冶炼或化工生产的需要；②将彼此共生或伴生的有用矿物分离，成为单独的精矿产品，作为不同的冶炼厂原料；③排除对冶炼或其他加工环节有害的杂质；④满足后续

冶炼或其他加工对矿物粒度或形貌的要求；⑤处理冶炼炉渣或冶炼中间产品。以上矿物加工过程需要具有流程工业特点的、不同类型和不同规模的选矿厂来完成。

矿物加工科学与技术的进步对经济的发展具有重要影响。浮选的引入大大提高了矿产资源的利用率和生产率，使矿产资源开发的边界品位大大降低，从而提高了矿产资源对世界经济发展的保障度。新技术和新装备的应用扩展了矿产资源量的可利用量（如选矿——拜耳法技术和超低品位铁矿利用技术大大扩展了铝土矿和铁矿的可利用资源量）。当今世界经济，特别是中国经济的高速增长，需要大量的矿产资源作为依托，而矿物加工科学技术的目标就是使矿产资源得到充分利用、循环利用和清洁利用，以节约有限的矿产资源。因此，矿物加工科学与国民经济的发展密不可分。

近年来，矿物加工技术对发展循环经济的重要性日益凸显。随着社会的发展及对矿产资源的过度消耗，加强矿山尾矿、电子废弃物、城市矿产以及高炉炉渣、冶金炉渣、粉煤灰、硫酸渣等选矿、冶金、建材和化工等行业固体废弃物的综合利用已成必然。矿物加工技术是固体废弃物综合利用的主体技术之一。

另外，矿物加工技术在纳米粉体材料、功能填料、阻燃材料等新材料领域，矿物吸附剂、催化剂、分子筛等化工领域，能源的清洁利用领域等也发挥着越来越重要的作用。

矿物加工工业包括有色金属、黑色金属、煤炭和非金属矿物加工及矿物材料深加工等方面。进入21世纪以来，中国经济高速发展，矿产资源的开发利用强度呈上升趋势，国内矿物加工工业规模也以前所未有的速度发展，矿山精矿产量逐年增加。主要表现在：①截止到2016年年底，我国有色金属规模以上矿山企业达1797家，其中，中小型矿山超过80%。2011—2015年我国主要有色金属精矿产量如表1所示，主要有色金属金属产量总

表1　我国主要有色金属矿产品产量

种类	单位	产量				
		2011	2012	2013	2014	2015
铜精矿含铜量	万吨	127.19	155.15	168.13	174.13	166.71
铅精矿含铅量	万吨	240.57	261.32	269.65	260.86	233.50
锌精矿含锌量	万吨	405	485.91	518.77	511.84	474.89
镍精矿含镍量	万吨	8.98	9.33	9.32	10.11	10.14
锡精矿含锡量	万吨	9.41	9.1	10.12	10.21	11.02
锑精矿含锑量	万吨	12.39	13.56	15.21	14.04	12.07
钨精矿（折合三氧化钨65%）	万吨	11.99	12.03	12.59	12.68	12.91
钼精矿（折合纯钼45%）	万吨	22.96	26.86	27.17	28.56	30.06
钴精矿含钴量	吨	6843	7498	8580	9619	10093
铋精矿含铋量	吨	1544	2494	1393	1490	1587

体呈增长趋势；②我国黑色金属矿采选企业共计2593个，其中大中型黑色金属矿采选企业344个，年选矿处理量约14亿吨。2012—2015年我国黑色金属矿物加工选矿处理量见表2，黑色金属总体选矿处理量在12 ~ 15亿吨；③ 2015年我国原煤产量37.5亿吨，其中煤炭入选量约为24.7亿吨，原煤入选比例为65.9%。我国炼焦煤以已实现全部入选，动力煤入选量约为14.7亿吨，入选率约53.5%；④ 2015年我国非金属矿石开采量35亿吨，选矿厂数量磷矿350余家、钾盐15家、萤石300家、石墨120家、石棉20家、长石50家、硅砂500 ~ 800家。

表2　黑色金属采矿和选矿处理量

年　份	2012	2013	2014	2015
采剥量（亿吨）	47.42	45.70	46.18	37.29
选矿处理量（亿吨）	13.10	14.51	15.14	13.81

2.2　矿物加工科学技术研究进展

我国矿产资源禀赋差的特点、资源需求持续增加、生态环境的要求日趋严格等因素对矿物加工技术提出了更高要求。为了适应贫细杂矿产资源的分离和综合利用要求，降低矿物加工生产环节对环境的影响，进而利用矿物加工技术为经济发展与生态建设提供支撑，矿物加工学科在基础理论研究和技术开发领域开展了大量研究工作，取得了一系列成果。

2.2.1　基础研究和理论研究

为了从矿产资源中有效地分离、富集有用矿物，充分合理地利用资源，并能解决环境问题，需要综合利用多学科的知识与新成就，研究新的理论和开发新的技术，包括分离、富集矿产资源的新技术、新工艺和新设备；对矿物的提纯与精加工；环境的综合治理；矿物新用途的开发等。即矿产资源的利用不单纯是通过选矿得到矿产品，而且要做到综合利用和最大的资源化利用。选矿及相邻学科的科技工作者在选矿学科及交叉学科领域进行了大量的基础理论与工艺技术的研究，将电化学、量子化学、表面及胶体化学、流体力学、生物工程、冶金学、材料科学与工程及计算机科学与技术在选矿学科领域中的应用，形成许多的新观点、新理论以及新方法。

2.2.1.1　基因矿物加工工程理论的提出和发展

矿床成因、矿石性质、矿物特性等与可选性密切相关，是选矿工艺的决定性因素，具有“基因属性”，“基因表达”同样适用于矿物加工学科领域。传统的矿物加工技术研究开发模式对上述重要的基因特性缺乏深入系统的研究、测试和总结，大量历史选矿试验数据、工艺矿物学研究数据、设计数据、生产数据等大数据没有得到统计、汇总和利用，矿物加工工艺研发和工程设计与现代信息化技术深度融合不足，这使得目前选矿工艺研究存在开发周期长、成本高、效率低、重复试验、先进技术经验难以有效传承等弊端。

为了充分利用矿物的基因特性，有效克服矿物加工技术研发过程中的弊端，北京矿冶研究总院孙传尧院士首次提出了“基因矿物加工工程”的理念和思路。基因矿物加工工程的主要研究内涵是以矿床成因、矿石性质、矿物特性等矿物加工的“基因”特性研究与测试为基础，建立和应用大数据库，并将现代信息技术与矿物加工技术深度融合，经过智能推荐、模拟仿真和有限的选矿验证试验，快捷、高效、精准地选择选矿工艺技术和装备，为新建选矿厂的设计或老厂的技术改造提供支撑。

基因矿物加工工程主要完成以下几项重点研究任务：①基因特性的测试与提取；②基因矿物加工工程数据库与数据仓库的建设；③选矿工艺流程智能决策系统；④选矿试验验证流程及评判标准；⑤虚拟选矿厂。其技术路线是以矿床成因、矿石性质、矿物特性等矿物加工的“基因”特性研究与测试为基础，建立和应用数据库，经过智能推荐、模拟仿真和有限的选矿验证试验，快捷、高效、精准地选择选矿技术和工艺流程。

以与国家战略、国民经济密切相关的典型矿物加工工程为背景，通过基因矿物加工工程将所提出的方法与技术以及所建立的信息平台进行推广与应用，可以转变矿物加工工程化模式，大幅缩短矿物加工开发周期，实现矿物加工的高效低耗。通过基因矿物加工工程的实施，可促使我国矿物加工的创新基础架构与现有矿产资源加工需求紧密结合，形成快速、整体的工程设计，有效提高我国矿物加工工业的核心竞争力。

2.2.1.2 矿物表面断裂键与矿物各向异性的理论研究

表面断裂键是开展矿物表面研究的一种快捷方式。针对只有一种断裂键类型的简单矿物，学术界已初步建立了矿物表面断裂键密度的计算公式和计算准则，系统计算和研究了属于不同晶系（单斜、四方、六方、立方等）和不同化学组成（卤化物、硫化矿、氧化矿、复杂含氧酸盐、硅酸盐等）矿物的表面断裂键性质，揭示了矿物表面断裂键密度与表面能呈正相关性（决定系数 R2 > 0.9）的相对普适性规律，矿物某晶面的表面断裂键密度越小，表面能越小，层间距越大，越容易沿此晶面方向产生解理和断裂，该晶面在矿物粉末样中的暴露程度越高。例如，萤石沿 {111} 面表面断裂键密度最小，表面能最小，最容易解理，是萤石最常见暴露面，{110} 面次之，{310} 面暴露最少。锂辉石（{110}）面的表面能最低，为锂辉石的解理面和常见暴露面。表面断裂键预测解理面和常见暴露面方法较传统的表面能预测方法更简单、省时，该方法还可以推广到材料表面性质研究领域。

随着计算机模拟和微观分析测试技术的成熟发展，矿物表面性质的各向异性研究已成为矿物加工及相关学科领域的研究热点。在典型含钙矿物和铝硅酸盐矿物晶体化学各向异性研究方面，已经形成了比较成熟的研究成果。通过研究发现，矿物各晶面的亲水性与表面断裂键密度呈正相关性，断裂键密度越大，亲水性越强，得到了接触角测试结果和润湿功计算结果的验证。萤石 {100} 面的亲水性比 {111} 面更强，锂辉石 {110} 面的疏水性大于{001}面。还发现矿物表面活性位点（Ca或Al等）的未饱和配位键能（未饱和配位键数 × 单个配位键的键能）与活性位点的反应活性呈正相关性，活性位点的断裂键能越大，反应活性越强，与浮选剂的作用越强。采用AFM和XPS研究发现，白钨矿三个常见暴露面的负电性程度与表面活性氧密度呈正相关性。矿物颗粒在碎磨过程中粒度逐渐减小时，不同粒度的矿物颗粒常见暴露面暴露的程度不同，润湿性及与浮选药剂的作用存在差异。捕收剂与矿物表面的具体作用方式取决于矿物表面相邻活性质点之间的距离、捕收剂活性基团中键合原子的间距，以及键合原子与表面活性质点的空间匹配情况。捕收剂活性基团与矿物表面活性原子形成桥环配位构型最稳定，双配位次之，单配位最弱。不同含钙矿物、铝硅酸盐常见暴露面之间的表面物理化学性质的细微差异，即晶体表面的各向异性，为实现含钙矿物、铝硅酸盐矿物的选择性浮选分离奠定了理论基础。

据此提出了矿物（晶体或材料）最常见暴露面的结构与性质，决定矿物（晶体或材料）表面物理化学性质的思想，从而利用矿物表面断裂键性质准确预测矿物的解理性质和常见暴露面以及矿物表面质点反应活性，这对矿物学、晶体学、材料学等相关学科具有较好的借鉴意义。

2.2.1.3　矿物晶体表面弛豫机制及流体包裹体浮选效应

矿浆溶液组成和矿物表面性质影响决定着矿物浮选过程。矿物加工领域对于矿浆溶液组分的来源、矿物表面原子尺度的结构表征、表面吸附过程机理等关键科学问题仍属于世界性难题。从地球化学、溶液化学和表面化学的角度，基于量子化学密度泛函理论，结合多种先进的检测手段，通过深入研究矿物晶体解离时流体包裹体组分向溶液中释放、矿物表面原子沿法向的位移及矿物表面对溶液中流体包裹体组分及捕收剂分子的吸附，形成了以“流体包裹体组分释放－矿物表面弛豫－流体包裹体组分吸附”为核心的硫化矿物流体包裹体浮选理论，主要发现点如下：

（1）矿物流体包裹体破裂时，其中的组分向矿浆溶液中释放，成为硫化矿浮选矿浆溶液中“难免”离子的重要来源。流体包裹体是矿物形成时期被矿物晶体封闭的成矿流体，至今仍保存着成矿时期的组成和性质。在碎磨过程中，流体包裹体破裂，其中的成矿流体向矿浆溶液释放，成为除矿物溶解与氧化之外，矿浆溶液中“难免”离子的又一重要来源。

（2）矿物晶体解离时，硫化矿物新生表面原子发生弛豫，形成“富硫”表面。基于量子化学密度泛函理论计算和分子动力学分析，发现硫化矿物晶体解离形成新生表面时，金属原子向表面内位移，而硫原子向外位移，表面原子发生弛豫，形成表面“富硫”的状态，这一状态影响着硫化矿物浮选的基本行为。

（3）流体包裹体释放于矿浆溶液中的金属离子会在硫化矿物的“富硫”表面发生选择性吸附，改变矿物表面的基本性质。试验结果表明，流体包裹体释放于矿浆溶液中的铜、铅、锌等金属离子选择性吸附于硫化矿物表面，提高矿物表面金属离子浓度，增加矿物表面电位，对硫化矿物形成自活化与抑制，影响硫化矿物的浮选。

2.2.1.4　金属离子配位调控分子组装新理论

经典的金属离子活化浮选理论认为：金属离子组分优先吸附在矿物表面活化其表面位点，从而强化捕收剂组分在矿物表面的吸附。该理论忽略了金属离子与捕收剂组分形成的配合物在矿物浮选中的作用。20 世纪 60 年代，M.C. Fuerstenau 指出，在脂肪酸浮选石英过程中，金属离子对石英具有较强的活化作用，但是真正起捕收作用的成分极有可能是 Ca（OH）（RCOO）（aq）配合物。那么可以推测在金属离子活化浮选过程中，金属离子与捕收剂形成的配合物可能是起捕收作用的重要组分。

依据矿物浮选过程中金属有机配合物的作用机制，依托柿竹园高钙、低品位、强蚀变黑白钨伴生资源开发的“黑白钨混合浮选新工艺”，大幅提高了钨的回收率，形成了基于“金属离子配位调控分子组装”的浮选界面调控新理论。研究结果表明，铅离子与 BHA 反应生成两种或两种以上相对稳定的配合物，其溶液组分相对比较复杂。在 pH9 左右时，游离的 Pb^{2+} 或 Pb（OH）$^{+}$ 很少，铅离子主要以配合物形式存在，在浮选过程中起主要作用的可能是某种或某几种 Pb–BHA 配合物组分；羟基参与了 Pb–BHA 配合物的形成，且部分配合物具有 Pb^{2+} 类似的性质。据此推测，在界面区域内 Pb–BHA 配合物可能像铅离子一样在矿物表面吸附生成沉淀，从而实现对矿物的捕收。研究表明，相较于传统的活化浮选体系，配合物体系下 BHA 在黑钨矿、白钨矿表面吸附强度更大，并建立了 BHA 在矿物表面的吸附模型（图 1）。模型一为活化浮选模型：溶液中的 Pb^{2+}、$PbOH^{+}$ 及 Pb（OH）$_2$ 胶体通过静电作用吸附在白钨矿、黑钨矿表面，并在表面发生羟桥脱水反应形成沉淀，BHA 阴离子与矿物表面的铅质点反应形成“O，O”五元环，达到浮选捕收目的；模型二为金属离子界面预组装模型：溶液中的 Pb^{2+}、$PbOH^{+}$ 及 Pb（OH）$_2$ 胶体与 BHA 阴离子配体反应形成某种或某几种配合物，其具有类似铅离子的性质，胶体结构荷正电，通过静电

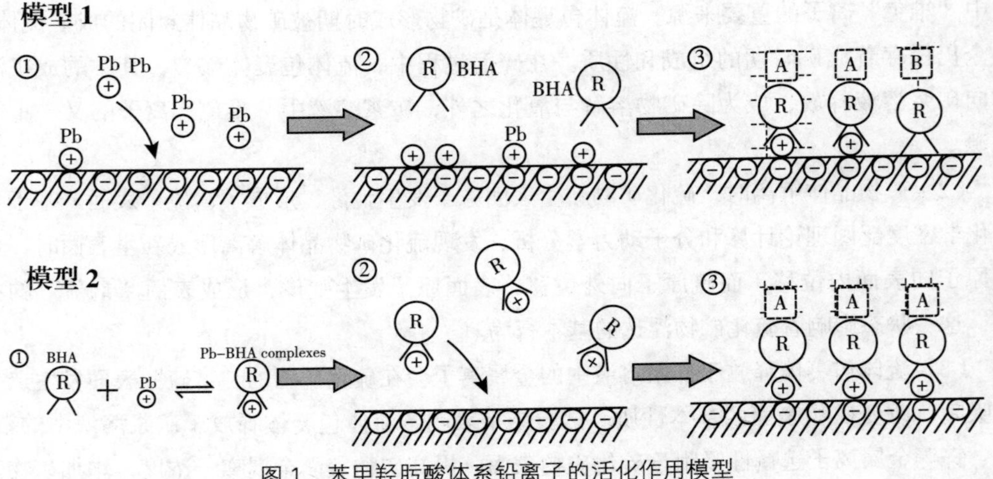

图 1　苯甲羟肟酸体系铅离子的活化作用模型

作用吸附于矿物表面，在矿物表面发生羟桥缩水反应，强化捕收剂在矿物表面的吸附。在传统的活化浮选过程中，两种作用机制共存，且模型一所示作用机制占据主要比重，而配合物体系主要以模型二所示作用机制为主。虽然两种作用机制看似都是通过铅离子作为活性质点实现 BHA 在矿物表面的吸附，但是 BHA 在矿物表面的组分状态和结构存在一定的差异，例如 BHA 的结构、空间排布等，这些差异将导致两种作用体系下浮选效果的不同。在矿物浮选过程中可以通过调控金属 - 有机配合物的分子结构来改变捕收剂捕收能力和选择性。

目前在高分子材料领域，金属离子配位调控分子组装应用广泛，并取得一系列的成就。配位聚合物领域中金属离子配位调控分子设计组装对于新型浮选药剂的开发设计具有一定的借鉴意义。通过金属离子与配体的配位形成具有特定捕收能力的配位捕收剂，或通过金属离子的配位调控形成具有特定结构的胶束，为新型浮选药剂的开发提供了新的方向。

2.2.1.5　复杂难选铁矿资源选冶联合新技术理论

近年来，国内以余永富院士为代表的一些研究单位和研究团队围绕菱铁矿、褐铁矿、极微细粒铁矿、鲕状赤铁矿等劣质铁矿资源的高效开发与利用，开展了大量的基础研究和技术开发工作，基本达成了采用选冶联合工艺才能实现劣质铁矿资源高效利用的共识，形成了流态化磁化焙烧和深度还原等新技术理论。

（1）流态化磁化焙烧技术及理论。

磁化焙烧 - 磁选是处理劣质铁矿最为有效的方法，然而原有磁化焙烧技术及装备存在能耗高、处理能力小、焙烧产品质量不均匀等突出问题。针对上述问题，提出了复杂难选铁石流态化磁化焙烧新理念，围绕非均质矿石颗粒运动规律、铁矿物多相转化精确调控等一系列关键技术原理开展了大量研究工作，取得进展如下：

一是通过系统的反应热力学及动力学研究，查明了不同焙烧阶段矿石的化学组成、物相组成、比磁化率、微观结构等工艺矿物学性质的差异及变化规律，揭示了流态化磁化焙烧过程中不同铁矿物物相转化规律，提出了复杂难选铁矿石“预氧化 - 蓄热还原 - 再氧化”磁化焙烧理念，建立了物相转化反应的动力学方程，确定了各化学反应限制性环节，实现了复杂难选铁矿流态化磁化焙烧过程中铁矿物相变精准转化调控。

二是采用 Euler-Euler 双流体模型并结合颗粒动力学理论，探明了流态化磁化焙烧系统多因素耦合影响下气固两相流动规律，确定了气固两相流动及传热数学模型，获得了非均质矿粒多因素耦合影响下的气固两相流动及传热规律，重点阐明关键结构参数对气固两相流动特性及温度场分布的影响，建立了流态化磁化焙烧系统多因素耦合影响下的矿石颗粒流动和热量传输的调控机制。

上述研究成果为流态化焙烧基础理论、工艺与装备的进一步深入研究指明了方向，为劣质铁矿资源磁化焙烧技术的工业化推广应用奠定了理论基础。

（2）深度还原选冶一体化技术及理论体系。

针对高磷鲕状赤铁矿等极难选或不可选铁矿资源，突破选矿 – 球团（烧结）– 高炉的传统理念，提出了深度还原选冶新技术，即在低于矿石熔化温度下将矿石中的铁矿物还原为金属铁，并通过调控促使金属铁聚集生长为一定粒度的铁颗粒，还原物料经高效分选获得金属铁粉。近年来，围绕深度还原过程中的基础理论进行了系统研究，取得了一系列研究进展：

一是构建了高磷鲕状赤铁矿深度还原物理化学基础体系。基于矿石的物质组成，获得了高磷鲕状赤铁矿深度还原热力学基础数据；建立了深度还原动力学模型，确定了还原过程的限制环节；查明了深度还原过程中铁矿物及杂质组分的反应历程，探明了矿石微观结构的破坏过程，建立了深度还原过程的简化物理模型。

二是探明了深度还原过程中铁颗粒生成和长大特性，实现了铁颗粒粒度的控制。依据铁颗粒的存在特性，形成了一种还原样品中铁颗粒粒度快速有效检测方法，实现了铁颗粒的定量表征；揭示了铁颗粒的形成及生长机理，建立了铁颗粒生长的动力学模型；构建了铁颗粒粒度分布函数，建立了铁颗粒粒度预测模型。

三是形成了深度还原过程中磷元素的迁移调控机制。揭示了深度还原过程中磷矿物的还原反应行为，查明了磷元素在金属相和渣相中的赋存状态；基于物质传输的基本原理和磷元素迁移过程分析，建立了磷元素由渣相向金属相迁移的动力学模型；从微观角度探明了磷元素在金属相中的富集过程，揭示了磷由渣相向金属相迁移的路径及驱动机理。

2.2.1.6　矿物加工计算化学及药剂分子设计

矿物加工计算化学是理论与计算化学各种理论与方法在矿物加工领域特别是矿物浮选体系中的直接应用。美国工程院院士 D.W. Fuerstenau 在《浮选百年》中写道："我们现在处于这样一个阶段，即浮选过程进一步完善需要对其基本理论要有一个更深刻的了解时期。"对矿物浮选理论的深刻理解，需要探明浮选界面的物理化学微观机制。常规的实验检测有一定局限，无法提供更多的微观细节和图像。近年来随着计算机性能的突飞猛进，理论与计算化学已经被广泛应用于材料、医药、有机化学、无机化学、物理、化工和生物等各个研究领域，并取得了丰硕成果。理论与计算化学把被肢解各个学科领域统一起来，在矿物加工领域的应用前景广泛。矿物加工计算化学有潜力成为矿物加工领域新的学科成长点。现代的工程、科学与技术的发展越来越注重跨学科、跨领域的交叉合作，强调从分子、原子、电子等微观层面更加深入地去分析和理解各种宏观现象的化学和物理本质。理论与计算化学（分子轨道理论、电子结构理论、固体能带理论、密度泛函理论、分子动力学、统计热力学）为这些需求提供了强有力的工具，各种高水平、高档次的科学和技术研究成果基本都是精妙的传统实验研究和精确高效的计算模拟相结合的产物。得益于越来越强大的计算机运算能力，甚至可以利用高效精确的第一性原理方法来直接预测和设计各种目标分子和功能材料的结构和性质，并对大量的候选功能药剂分子进行靶向设计和计算筛选。基于这种分子设计的理性实验可以大大提高实验的可控性和成功率，从而极大地降低研发成本，减少实验有毒物质对环境的污染。所以计算模拟方法是一种非常清洁、环保、智能的现代化研究手段，对传统的实验研究非常有帮助，甚至可以去指导传统实验。

（1）浮选药剂分子模拟计算和设计。

考虑色散效应的新一代密度泛函方法，如杂化密度泛函 B3LYP-D3，M062X 等可以更加准确地计算药剂分子的结构和性质，特别是弱相互作用有重要作用的含长链烷烃的分子体系优化［以前需要使用昂贵的多体微扰（MPn）和耦合簇（CC）方法才可以准确描述］。新的计算分子电荷布局的方法如自然键轨道（NBO）方法解决了传统 Mullikan 方法计算电荷的基组依赖性的问题，可以对浮选分子的电荷布局给出更加准确的描述。

基于更先进的量子化学方法可以对浮选分子的电子结构、能量、轨道性质给出定量的描述和计算，构建浮选分子电子结构和宏观性质（亲疏水性、捕收性、抑制性、选择性）的定量构效关系（QSAR），对大量已知的优良捕收进行统计计算分析，形成各种分子性能的有效计算公式。基于获得的构效关系计算公式可以对新的药剂分子的性能进行快速判断从而可以高效地为目的矿物寻找到更加有效的浮选药剂；另一方面基于获得的定量构效关系，可以更加理性地设计合成出更加高效的浮选药剂。

（2）矿物浮选界面结构及相互作用的分子动力学模拟计算。

传统的构效关系研究仅仅考虑了药剂分子本身的结构，忽略药剂在实际浮选过程中与水分子、矿物表面的相互作用，虽然基于统计结果的 QSAR 计算可以一定程度预测新药剂的性能，却不能描述其与矿物 / 水界面的相互作用微观机制，无法提供准确的微观结构信息。

矿物表面比较好的近似是周期性薄片近似模型，VASP、CASTEP 等软件结合 PBE 共轭梯度泛函或者更高精度的 HSE06 杂化泛函，使用集群节点高效并行，可以比较快速地实现矿物表面结构的优化。计算发现的表面弛豫过程得到了高精度探针显微镜（AFM、STM）的支持。基于优化的矿物表面加入水分子和药剂分子，基于合适的力场可以实现矿物界面的分子动力学模拟。基于量子力学的从头算分子动力学可以得到界面结构的准确信息，但是计算代价高昂，计算的晶胞尺度和模拟的时间尺度无法满足需求；经典的分子动力学成为了次优的选择。然而经典分子动力学的有效性强烈依赖分子力场。目前缺乏能够准确描述各种矿物表面的普适性力场。对不同的矿物界面体系动力学模拟，需要拟合出特定的有效力场，这对于矿物加工学科工作者是一个重大挑战，需要来自理论与计算化学专业人员的帮助。

（3）药剂分子与矿物表面的对接技术（Docking）。

在生物医药的研发领域，Docking 对药物分子和受体蛋白的相互作用可以给出较好的描述。目前 Docking 在矿物浮选体系中的应用尚未开展，但是从原理出发，Docking 对药物分子和受体蛋白的选择性对接作用可以很好地借鉴到浮选药剂和矿物表面的选择性。矿物表面可以看作是浮选药剂的受体。

通常药物 – 受体结合时，存在静电作用、氢键相互作用、范德华作用和疏水相互作用，作用的方式需要遵循互补匹配原则：几何形状互补匹配、经典相互作用互补匹配（正电荷对应负电荷）、氢键相互作用互补匹配（氢键供体对应氢键受体）、疏水相互作用互补匹配（疏水区对应疏水区）。对接计算就是搜索分子与受体结合点之间的匹配构象的算法，可以对药剂和矿物表面的相互作用给出定性描述。

2.2.1.7　矿物分选过程的数值化计算与仿真

传统的矿物分选研究方法主要是物理试验法，其主要优点是结果真实可靠；其主要缺点是效率低，并要消耗大量的人力、物力、财力。随着计算流体力学（computational fluid dynamics，缩写为 CFD）理论、有限元法（finite element method，缩写为 FEM）、离散元法（discrete element method，缩写为 DEM）和高速计算机等的发展，数值试验方法以其低成本、高效率、高精度等优点，广泛应用于包括矿物分选在内的传统工业领域。此外，由于数值试验的过程及结果都是可视且可重复的，对于矿物分选理论的更进一步揭示有重要意义。

当前，数值试验方法被广泛应用于矿物分选过程的磨矿、分级、选别、浓缩等作业，如水力旋流器研究、磁分离空间研究、矿物浮选过程研究等。借助数值试验方法进行选矿设备研发，能够显著减少设备物理模型的制作，大大降低了研发成本，提高了研发效率；利用数值试验方法进行矿物分选理论的研究也有所进展，典型的如水力旋流器旋流场的研究与优化，浮选机气泡的生成与弥散，电磁场分布对磁性颗粒作用机理等。数值试验方法在浓密机结构设计上也发挥了重要作用，如优化高效浓密机给料井结构使矿浆和絮凝剂更好混合，改进浓密机锥体结构和角度加速底流排出等。

未来一段时间，矿物分选过程的数值试验研究应会更多地注重对某些关键问题进行系统研究，特别是基础分选场（重力场、磁力场、电场、复合力场）的研究和分选场内矿物颗粒运动行为研究，以进一步揭示矿物分选的基础科学问题，从而强化和优化矿物分选过程。与此同时，应注重数值试验方法的修正和改进，并开发更高精度的矿物分选计算模型。

2.2.1.8　活性油质气泡浮选新技术

浮选作为选矿工业中应用最为广泛的矿物分选技术，其技术发展直接影响选矿工业的发展前景，浮选新技术的研发成为选矿工业可持续发展的关键。选矿工作者们提出了一种活性油质气泡浮选的新概念，其特征是将气泡表层包裹一薄层含有捕收剂的中性油形成活性油质气泡，代替传统气泡作为矿物颗粒浮选载体负载可浮矿物颗粒上浮，通过不同矿物颗粒之间的可浮性差异，实现有价矿物与脉石矿物的分离。活性油质气泡表面的油膜不仅可以促进细颗粒团聚，油膜中的捕收剂可以控制活性油质气泡的表面性质，从而实现高效浮选。由于捕收剂是加在气泡表层很薄的油膜之中，相对于加入矿浆中的传统浮选方式，捕收剂用量大幅降低，也避免了煤油这类烃油作为捕收剂存在的捕收性能不好的问题。同时可以根据不同需要和目的，任意调节中性油膜中捕收剂的种类和浓度，从而改变活性油质气泡表面性质。随后选矿工作者将此技术应用于低阶煤、硫化矿、磷矿、氟碳铈矿等资源加工中，证实了活性油质气泡浮选技术相对于传统气泡浮选技术优越性和此技术的可行性，实现了此类资源的高效浮选回收。

2.2.1.9 微细粒柱式分选过程强化研究新进展

微细粒分选一直是选矿领域研究的重点和难点。近年来，以中国矿业大学刘炯天院士为代表的非均衡柱式分选过程及强化理论研究取得了重要进展。该理论从颗粒气泡的碰撞出发，通过微观流体“涡”尺度、颗粒界面尺度、设备结构宏观尺度研究了气－固－液三相体系中影响颗粒气泡碰撞矿化及分离的流体特征及颗粒界面特性，提出了从微观“涡”强化、界面调控到宏观流场强化的非均衡强化过程，初步形成了非均衡分选过程及强化理论[27-28]，其内涵包含以下几点：

（1）流体环境决定颗粒与气泡的碰撞、黏附。低湍流（层流）及中等湍流环境对中粗颗粒的回收有利，而高湍流环境适合微细颗粒浮选；对于微细颗粒浮选，高湍流环境比低湍流（层流）及中等湍流环境能获得更高的捕获概率，即粒度越细，浮选需要的能量越高。

（2）涡尺度是影响微细粒矿化反应的重要参数。影响微细粒矿化反应的湍流能量和状态主要有湍流动能、湍流耗散、涡尺度和涡结构等，湍流动能越大，大尺度涡的脉动越高，越有利于微细颗粒随水性的降低，微细粒分散、气泡弥散程度越好；湍流动能耗散率越大，微细粒获得的动能则越高，涡尺度越小，气泡越小，越能作用于微细尺度颗粒，越有利于微细粒的分选。这一认识体现了微细粒分选从“微粒”“微泡”到“微涡”的转变。

（3）涡的发生及调控可以实现改善微细粒分选的流体环境，提出了涡发生及调控的方法。通过充填可进行涡的抑制，通过内置涡发生器进可实现主动涡的发生及涡结构、强度的改变，通过旋流角度可调控旋流涡的强度和比例。

（4）表界面特性影响颗粒与气泡的黏附过程。随着粒度变细，其表界面特性呈现尺度效应，通过固－液界面调控可实现颗粒的选择性絮凝及颗粒与捕收剂之间的吸附强化；通过气－液界面调控可实现气泡寿命及活性的改善，进而强化微细颗粒与气泡之间的黏附。

（5）构建适于浮选过程非线性物性特征的非均衡过程。基于过程可浮性变化，通过流态和矿物可浮性的适配，将不同的流态、不同的涡调控方法有序地融合在一起，构建了多流态梯级强化非均衡分选过程，实现矿化和分离两个方向的有序集成及梯级强化，提高分选效率与能力。

该理论从微细粒分选的湍流能量作用机制出发，通过气－固－液三相从微观湍流到颗粒界面再到设备宏观流场的多相多尺度多流态强化，实现多流态的非均衡过程可浮性的非线性过程特性的适配，为微细粒的高效分选提供了理论支撑。

2.2.2 技术开发和成果转化

"十二五"期间，以企业为主体、市场为导向、产学研用相结合的矿物加工技术创新体系更加完善，大中型企业逐步成为技术创新决策、研发投入、科研组织、知识产权运用和成果转化应用的主体，全行业更加注重矿物加工科学技术与矿产资源行业科学发展的紧密结合，基础研究、应用研究、技术创新、知识产权运用和成果转化协调发展，在选矿工艺技术、选矿药剂、选矿装备研发及应用、矿产资源综合利用、选矿自动化、矿物材料等方面均取得了突破性进展，形成了一批具有重大影响力的新技术、新成果，并投入工业应用。

在技术开发方面的主要进展体现在：①多种矿产资源协同开发，强化资源的高效合理利用，注重采、选、冶及应用领域的废弃物回收；②清洁高效选矿工艺、高效低毒药剂、大型高效节能装备和技术的成功研制与应用，使选矿厂的处理规模、生产效率不断提高、选矿加工成本和能耗大幅度降低，对环境的污染大幅度减少；③自动化与信息化技术已经成为矿山生产力的重要组成部分；④矿物材料产业化水平大幅提升。

2.2.2.1 选矿工艺技术

虽然矿产资源更趋贫、细、杂、难的特点，低品位、复杂难选矿石所占比重越来越高，但选矿工艺技术不断进步，大量新技术、新成果的应用使得矿产资源开发的选矿指标不断提高，矿石中共伴生资源综合利用率也有了较大幅度的提升。

选矿工艺技术开发方面的主要进展及成果体现在：①选矿技术进步大幅度提高了选矿作业回收率，提高了伴生金属元素综合利用率，相当于增加了可利用矿产资源储量；②低品位难处理矿的选矿工艺技术取得了一系列重大突破，使以往难以利用的资源成为可利用资源，有效增强了国内资源供给能力，实现了资源综合利用效率最大化；③选矿技术进步降低了选矿入选品位和矿山边界品位，增加了可利用资源量。

选矿工艺技术的主要发展特点包括：①多种选矿方法联合和选冶联合技术得到更多应用；②预富集和预抛废技术日益受到重视；③高效环保药剂和大型节能设备的应用已成为常态；④绿色环保和资源综合利用成为关键技术目标。

（1）铜资源选矿技术。

针对我国氧化铜资源共生关系复杂、氧化率高、结合率高、浸出酸耗高等共性难题，开发形成了"高泥质–铁质难处理氧化铜矿浮–磁选矿新技术""难处理氧化铜矿资源高效选冶新技术""难处理混合铜矿高效加工新技术"等技术，成功应用于国内外相关矿山。针对国内复杂难选铜矿石铜硫资源回收的重大技术难题，开发形成了"大型复杂难选铜矿铜硫资源高效回收关键技术"。另外，生物技术也在我国低品位铜矿资源利用方面得到推广应用，该类技术不仅生产技术指标先进，还可使以往许多难以利用的低品位铜资源成为可利用资源，代表性技术有“低品位铜矿绿色循环生物提铜关键技术”。

“难处理混合铜矿高效加工新技术”通过“低能耗碎磨矿－硫化铜自活化浮选－结合铜桥联浮选－钙镁反浮选－酸浸提铜”的核心技术思路，实现了不同氧化率混合铜矿的高效回收。该技术推广应用于东川新矿区的汤丹冶金公司、风景矿业公司、滥泥坪冶金公司、迪庆羊拉铜矿以及新疆拜城铜矿，技术经济指标先进，对不同氧化率混合铜矿，平均可提高铜回收率 8 ～ 30 个百分点，吨铜耗酸从 60 吨降低到 20 吨，碎磨节能 27.26%。“低品位铜矿绿色循环生物提铜关键技术”成功应用于紫金山铜矿，通过开放环境下功能菌群调控、目标矿物选择性溶解、浸出液净化与浸出过程多因素耦合匹配，实现了资源绿色循环利用的目标，取得了铜浸出率高、浸出周期缩短、吨矿加工成本显著降低的生产指标；此项成果工业化应用以来，累计生产阴极铜 9.1 万吨，新增产值 40.4 亿元，新增利润 15.1 亿元，新增税收 7.5 亿元。同时，使铜金属资源储量扩大了 3 倍，新增资源价值 600 亿元以上。“大型复杂难选铜矿铜硫资源高效回收关键技术”集成了先浮易浮脉石－铜矿物部分快速优先浮选－铜硫混选、分离及选择性捕收、高效抑制、选择性分离等先进技术，解决了含硅酸盐易浮脉石铜矿山选矿瓶颈，已在国内外部分铜矿山生产应用。

（2）（铜）铅锌多金属矿资源选矿技术。

针对我国铜铅锌硫化矿资源嵌布复杂、精矿互含高、伴生资源综合利用率低、回水利用率低等共性难题，相关科研机构与矿山企业联合攻关，通过新型选矿药剂与选矿工艺的相互匹配，形成了一系列新型绿色高效铜铅锌多金属矿资源选矿技术，如“复杂铅锌铁硫化矿和谐矿物加工新技术”“复杂铅锌硫化矿高浓度分速浮选新技术集成及产业化技术”“西藏甲玛铜铅锌复杂多金属矿选矿技术”“富含砷锑的铜铅锌多金属矿选矿关键技术”“复杂铅锌银多金属矿选矿新技术”等取得较好社会经济效益。针对氧化铅锌矿矿物组成复杂、泥化严重、可溶性盐含量高等特点，开发了“高泥质氧化铅锌矿重－浮清洁选矿关键技术”，形成高泥质氧化铅锌矿重－浮清洁选矿成套关键技术，并在兰坪金利达矿业有限责任公司成功应用。针对低品位难选混合铅锌矿，开发了“复杂低品位混合铅锌矿选矿技术”。

“复杂铅锌铁硫化矿和谐矿物加工新技术”成功应用于凡口铅锌矿，新工艺顺应矿物浮游速度差异，将大量粗粒、易浮的铅、锌矿物，分别快速浮选，获得高质量铅、锌精矿；而少量细粒难浮的铅、锌中矿合并细磨至 –0.04mm 占 85% ～ 90%，强化混合浮选得铅锌混合精矿，从而解决了铅锌中矿难选问题，大幅度提高了选矿指标，技术水平和指标大大超过国外同类选矿厂。

（3）钨、锡、镍资源选矿技术。

针对品位低、含钙杂质矿物多、钨钼类质同象且伴生有磁黄铁矿等钼钨类质同象白钨矿的浮选共性技术难题，通过选矿工艺及选矿药剂的优化，形成了“复杂难处理钨矿高效分离关键技术”“复杂难选钼钨矿类质同象白钨矿选矿新技术”“低品位钨钼矿选矿技术”

“从钼浮选尾矿中回收低品位白钨资源的技术”等一批具有自主知识产权的选矿新技术，并在国内主要钼钨类矿山推广应用。针对复杂、难选低品位黑白钨共生矿，通过多种选矿方式组合集成，形成了“复杂低品位黑白钨共生矿‘浮－磁－浮’选矿新技术”“复杂难选黑白钨混合矿石选矿新技术”“复杂难选低品位黑白钨共生多金属矿高效选矿新技术”等成套技术，并在相关矿山得到应用，生产技术指标得到明显提升。针对复杂难选镍资源的综合回收进行技术攻关，形成了“难选低品位硫化镍矿强化浮选技术”“高炭镍钼矿高效综合利用新技术”等，并在云南金平白马寨镍矿、哈密天隆镍矿得到工业应用，解决了该类资源的回收问题。另外，针对单一白钨、黑钨矿山开发的“矽卡岩型低品位白钨矿高效分离集成新工艺”及“黑钨细泥磁－重流程高效回收选矿技术”也在同类矿山得到应用，经济社会效益显著。

“复杂难处理钨矿高效分离关键技术”自主研发出两类新型高效选择性钨捕收剂，通过采用特效磁黄铁矿浮选药剂和钼钨类质同象白钨矿的特效捕收剂，结合“浮钼－强化脱硫－高效回收钼钨类质同象白钨矿”的全浮选矿工艺流程，解决了伴生有磁黄铁矿的低品位钼钨类质同象白钨矿的浮选技术难题。在湖南黄沙坪、宁化行洛坑、甘肃新洲、湖南柿竹园、江西阳储山、湖南新田岭、青阳百丈岩、黑龙江双鸭山、百丈岩等20多个钨选矿厂生产应用，技术指标显著提高，回收率平均超过70%。“复杂难选黑白钨混合矿石选矿新技术”形成“高梯度强磁分流－黑、白钨分别浮选”为核心技术的新工艺，实现了黑白钨矿资源的高效综合利用，选矿厂钨的回收率大幅提高。

（4）金矿资源选矿技术。

近年来，科研单位与金矿生产企业联合攻关，通过一批重大研发课题，开发形成了“多矿相载金矿石中金的梯级利用提金新技术”“微细粒复杂难选金矿高效回收精细化浮选新技术”“含砷碳卡林型金矿石处理关键技术”等一系列新型金矿选矿技术，在高泥、多矿相载金、微细粒难选、含砷炭等金矿选矿技术难点方面取得重大突破。

“微细粒复杂难选金矿高效回收精细化浮选新技术”创造性提出了分段分流分速等性近性浮选新工艺，结合高效解离技术及高效捕收剂应用技术研究，实现了金回收率的大幅提高。该项技术率先在云南黄金集团金平长安金矿成功工业应用，金回收率从2009年技改前的71.13%提高到2013年的91.20%，整个技改过程金回收率累积提高约20个百分点。“含砷碳卡林型金矿石处理关键技术”围绕含砷碳卡林型金矿的选矿富集、金精矿生物氧化预处理、炭浸尾矿干堆、有害物质全过程污染预防等关键技术进行攻关，开发了形成卡林型金矿的SAB短流程碎磨新工艺和“碳预先浮选＋微细粒浮选”的全浮选新工艺，建成了亚洲最大的年处理矿石量150万吨的含砷碳卡林型金矿选矿厂和世界上第二大的年处理20万吨的生物氧化－炭浸提金厂，在平均含金4.14克/吨的情况下，获得金浮选回收率91%～92%、炭浸金浸出率94%以上、金总回收率为84%～87%的先进技术指标。近三年累计新增黄金16398kg，新增利润13.9亿元。

（5）铝、镁资源选矿技术。

针对我国铝土矿铝硅比偏低的问题，开发形成了“低铝硅比铝土矿梯度及微泡浮选新技术”。该项技术在河南有色汇源铝业有限公司实现了工业应用，对铝硅比 A/S 为 3.60 ~ 4.87 的原矿，获得的浮选精矿 A/S 为 7.37 ~ 10.28，精矿产率为 61.37% ~ 80.0%，尾矿 A/S 为 1.18 ~ 1.37，氧化铝回收率为 73.25% ~ 85.08%，工艺指标优良。

针对低品位菱镁矿提质降杂等技术难点，形成了“低品位菱镁矿分质阶段浮选脱硅降钙技术”，研发了新型高效选矿药剂及低品位菱镁矿反浮选脱硅、正浮选闭路脱钙药剂与工艺。目前，该项技术开发的相关工艺、技术及选矿药剂已在营口东吉科技有限公司建立的 10 万吨 / 年菱镁矿选矿示范工程得到试验应用，生产技术指标良好。为提高我国低品位菱镁矿资源的高效开发利用水平提供了有力的技术支撑，对我国菱镁矿资源的高效开发利用具有重要意义。

（6）铁矿资源选矿技术。

我国铁矿资源品质较差，普遍品位低、嵌布细、伴生脉石矿物复杂。近年来，针对不同类型矿石的特性，我国开发了一系列的铁矿选矿技术，并在国内主要铁矿山得到推广应用[29-30]。如“微细粒复杂难选红磁混合铁矿选矿技术”“大红山式难处理铁矿的提质、降尾与增量的关键技术”“洋县钒钛磁铁矿选矿新工艺”“阶段磨矿 – 选择性絮凝脱泥 – 阴（阳）离子反浮选”技术、“全粒级回转窑磁化焙烧技术”“闪速（流态化）磁化焙烧成套技术与装备”技术等，并得到工业化实施，取得较好的社会经济效益。

为缓解国内铁矿石资源紧缺，针对我国储量高达 60 亿吨、长期得不到工业利用的微细粒红磁混合铁矿开发的“超大规模微细粒复杂难选红磁混合铁矿选矿技术”，在微细粒红磁混合铁矿选矿技术及装备集成创新方面取得重大突破：自主开发了矿石利用界定标准体系、多因素多目标采场配矿数学模型、半自磨 – 球磨 – 再磨高效短流程、耐泥耐低温高选择性新型铁矿捕收剂、高速高效浮选设备、浓缩 – 溢流澄清 – 深度净化三级水处理等一系列生产工艺技术，并通过装备高效集成创新解决了微细粒磨矿、分级、选别、浓缩等一系列工业应用难题。应用该技术建成了亚洲规模最大的 2200 万吨 / 年红磁混合铁矿特大型选矿厂，在最终磨矿粒度 P80 ≤ 28μm 的条件下，获得了铁精矿全铁（TFe）品位 65.16%、石英（SiO_2）含量 3.24%、金属回收率 73.04% 的优异指标。技术应用以来，精矿产量达 2468 万吨，新增利润 14.75 亿元，经济效益巨大。“大红山式难处理铁矿的提质、降尾与增量的关键技术研究”攻克了细微粒、高硅酸盐型赤褐铁矿尾矿和露天熔岩型微细粒、高硅尾矿中回收赤褐铁矿以及高硅酸盐型精矿的提质等难题，突破了精矿品位与回收率同时提高的瓶颈，首次将“提质、降尾与增量”于一体的关键集成技术实现产业化，首次构建了复杂矿资源高效利用的四项互补体系，初步形成了复杂矿综合利用较为完整的理论研究。释放了品位为 35% 的低品位铁矿资源 1 亿吨。“洋县钒钛磁铁矿选矿新工艺”采用具有磁力和重力结合的新型 ZCLA 选矿设备，实现了低品位共伴生钒钛磁铁矿资源的粗粒预选抛尾，抛尾率达到37%，解决了钒钛磁铁矿粗粒预选时难以综合回收钛铁矿资源的技术难题，节能降耗效果显著。“阶段磨矿 – 选择性絮凝脱泥 – 阴（阳）离子反浮选”技术在祁东铁矿成功建成了年处理量280万吨的选矿厂，在原矿全铁（TFe）品位28%、磨矿细度P80 ≤ 22μm的条件下，获得了精矿全铁（TFe）品位62.5%、金属回收率68%的良好指标，为我国储量达数十亿吨的江口式铁矿资源开发提供了新途径。“全粒级回转窑磁化焙烧技术”在陕西龙钢大西沟铁矿、新疆亚星集团等矿山成功工业应用，总计原矿石处理能力达到1000万吨 / 年以上。“闪速（流态化）磁化焙烧成套技术与装备”技术在处理细粒级菱铁矿、褐铁矿和超细粒赤铁矿方面优势明显，该技术集成创新了多种综合节能和环保技术，在产业化工程中实现了无废水排放和尾矿综合利用，全过程满足了清洁生产要求。2016年，在湖北黄梅首次建成60万吨 / 年闪速磁化焙烧产业化工程，对全铁（TFe）品位32.52%的菱褐铁混合矿，获得全铁（TFe）品位57.52%、石英（SiO_2）含量4.76%、铁回收率90.24%的先进技术指标；产出的铁精矿具有自熔性，与鞍本地区66%铁精矿质量相当。

（7）煤炭资源选矿技术。

近年来，我国在煤炭矿物加工工艺技术方面取得了较大的进展，形成了一系列重大成果。如以“多流态梯级强化浮选”“干法分选与超静定大型筛分”“高灰难选煤泥的高效分选设备与工艺”“矿物 – 硬度法难沉降煤泥水绿色澄清技术”“振动混流褐煤干燥技术”“复合式干法选煤设备”等为代表的关键技术，以及以“低品质煤提质和二次资源加工”“化工废水绿色澄清与高效循环利用”等为代表的前瞻性研发技术推动了煤炭行业的技术进步；建立了一批以煤炭高效分选为代表的示范工程，如高灰难选煤泥高效分选、模块式高效干法选煤示范工程等。“多流态梯级强化浮选技术开发及应用”基于矿物的非线性物性特征，多流态梯级强化浮选从过程强化入手，通过多种不同流态矿化方式的组合，形成一个随浮选过程持续，流体紊流度与矿化能力不断增强，分离环境不断改善的梯级强化分选过程。目前，已形成包括理论、设备、工艺和控制在内的成套技术体系，实现了选矿的方法创新、单元过程创新和系统工艺创新，应用十余家大型矿山企业，覆盖铜、铅、锌、硫、钼、钨、铁、镍、萤石等分选及粉煤灰脱碳、油水分离等领域，年增效益近2亿元。

2.2.2.2　选矿药剂

近年来，在选矿药剂方面，国内研究人员对基于密度泛函理论的浮选药剂分子设计、捕收剂亲固基强化、捕收剂疏水链改性、组合用药等领域研究较多，成功开发出了一系列新型环保特效药剂，并在矿山现场得到推广应用，取得较好的技术指标及经济效益。另外，对生物浮选药剂和纳米浮选药剂也进行了一定的尝试。

“硫化矿新型高效捕收剂的合成技术与浮选应用”设计并发明了烃氧羰基硫氨酯、双硫氨酯和烃氧羰基硫脲、双硫脲等一系列新结构的硫化矿浮选捕收剂，已在我国江西德兴铜矿等矿山企业实现工业应用，新增经济效益达 4.19 亿元 / 年。新型捕收剂的应用提高了斑岩铜矿铜回收率 1.28 个百分点，金回收率 6.24 个百分点，钼回收率 15.15 个百分点，并减少石灰等药剂消耗 2 万吨 / 年。依托“863 计划”项目“选冶药剂绿色设计关键技术研究”，北京矿冶研究总院与中南大学等单位合作，研究形成了硫化矿与非硫化矿选矿药剂的靶向性设计及绿色合成技术体系，开发了多种新型铜矿捕收剂、铜钼分离与铜铅分离抑制剂等硫化矿浮选药剂，以及新型羟肟酸、Gemini 双季铵盐等氧化矿捕收剂。新型药剂实现了工业应用，促进了浮选药剂设计、合成与应用技术水平的提高。

在铁矿选矿领域，提出了“一矿一药”药剂研发新理念，针对各类型铁矿与不同脉石矿物研发了系列新型铁矿药剂。针对袁家村铁矿研发了靶向捕收含铁硅酸盐脉石能力强、选择性高、耐泥性好的阴离子捕收剂，工业应用实现了新增经济效益约 9869.8 万元 / 年。针对山东华联铁矿和安徽李楼铁矿镜铁矿分别开发了耐低温捕收剂，可使工业浮选温度由 35℃以上降至 25℃，对矿山企业节能减排、降本增效显著。

2.2.2.3　选矿装备研发及应用

基于矿产资源越来越贫化的现状以及节能降耗减排的要求，矿山企业大规模化运营的趋势越发明显，国内外对大型、高效、低耗选矿设备的研究与应用也更加重视，尤其是近十年来，破碎设备、磨矿设备、浮选设备、重选设备、磁选设备等大型化、高效化、自动化的步伐明显加快，有效降低了能耗，提高了资源利用率，增加了矿山企业的经济效益。

我国碎磨设备、大型浮选机、磁选设备的研发与应用都取得了突出成果，部分设备已达到国际水平。中信重工机械股份有限公司的大型自磨（半自磨）机和球磨机，北京矿冶研究总院的大型浮选机等大型先进设备代表着相应专业的先进技术水平。

由于自磨机或半自磨机比常规球磨机组成的流程具有流程简单、投资少、能耗钢耗低等优点，近几年在金属矿山 ABC（自磨 – 球磨 + 破碎）流程，SAB（半自磨 – 球磨）流程和 SABC（半自磨 – 球磨 + 破碎）流程得到了广泛应用。我国中信重工在大型半自磨及球磨技术方面取得重大突破，研发的大型半自磨机、球磨机在国内外矿山得到推广应用。如内蒙古乌努格土山一期 $\Phi 8.8\times 4.8$m 半自磨机，$\Phi 6.2\times 9.5$m 球磨机；二期 $\Phi 11.0\times 5.4$m 半自磨机，$\Phi 7.9\times 13.6$m 球磨机，澳大利亚中信泰富铁矿 $\Phi 12.19\times 10.97$m 半自磨机等。

浮选设备发展以大型化和高效化为显著特征，主要体现在以下几个方面：①浮选设备大型化方法不断丰富；②浮选机大型化和高效化步伐越来越快；③粗或大颗粒浮选技术多元化发展；④浮选柱技术多样化。从浮选设备发明到 20 世纪末国内浮选机单槽容积最大为 $39m^3$。进入 21 世纪以来，陆续研究成功了单槽容积 $100m^3$、$130m^3$、$160m^3$、$250m^3$、$300m^3$ 和 $320m^3$ 大型浮选机，目前 $680m^3$ 浮选机正在研发中。以 KYF160 和 KYF320 大型浮选机应用为核心的“千万吨级铜钼矿浮选流程关键技术研究”于乌努格土山钼矿、江铜集团德兴铜矿、城门山铜矿、甲玛铜矿、秘鲁特罗莫克铜矿等矿山应用，产生了显著的经济社会效益。“大型细粒矿物分选浮选柱研究”形成了我国独特的大型浮选柱放大技术，成功研制了大型细粒高效浮选柱，推广应用于枣庄矿业集团新安煤矿选煤厂、贵州盘江精煤股份公司老屋基选煤厂、新汶矿业集团协庄矿选煤厂、新汶矿业集团内蒙古能源公司中心选煤厂等国内大型煤炭企业，解决了难浮微细粒煤泥的高效分选难题；推广应用于德兴铜矿泗州选矿厂、云南磷化集团、赞比亚卢安夏矿和中铝秘鲁特罗莫克铜矿等国内外矿山，与同容积的浮选机相比节省能耗约 30%。完善了浮选设备体系，显著提升了我国矿山选矿厂装备水平，提高了大型浮选设备国际竞争力。

我国在磁选设备方面也取得较大的突破，形成了一系列磁选设备，并得到推广应用。"弱磁性矿石高效强磁选关键技术及装备"自主开发了系列强磁选机，已在国内大规模工业应用，国内市场占有率在 90% 以上；随着强磁选机磁感应强度不断提高，铁矿物回收粒度下限已达 19μm 以下。通过"超大型低贫磁铁矿高效回收系统关键技术与装备"研究，解决了系统大承载功率、大处理量条件下的系统运行可靠性，开发了具有特定磁场分布和特殊磁系结构的超大型磁滚筒，实现了大块低贫铁矿的高效回收利用，使处理粒度上限从 75mm 提升到 350mm；与高压辊结合使用在抛尾节能方面效果显著。项目成果在首钢水厂铁矿、四川龙蟒矿业公司、鲁中矿业公司等二十多家大型矿山企业获得了成功的应用，系统运行稳定可靠，分选效果优良，应用近三年来，累计创造经济效益达 10 亿元。

在重选设备方面，主要的成果为"YXB 新型云锡高效细砂摇床"，目前已在云锡采选分公司、马矿（梁河）公司、卡房分矿、老厂分矿、文山华联锌铟公司、内蒙古赤峰黄冈铁锡矿、内蒙古赤峰大井子铁锡矿等单位推广应用 YXB 新型高效细砂摇床 200 台（套）。另外，"短程快速分离细粒的斜窄流重力过程与单元集成的四种高效设备"首创了斜窄流分级 – 脱泥新设备应用于选矿厂的选前分级与脱泥、闭路磨矿的分级等工序；首创了斜窄流沉渣 / 浮油新设备应用于钢厂浊环水的沉渣除油净化等；多池体超大型斜窄流浓密 – 澄清新设备得到了推广应用。新设备已在包括新疆、西藏在内的 23 个省、自治区的矿冶、钢铁、化工、轻工和环保等领域推广应用。

另外，在特种选矿设备方面，依托"新型电选装备的研制及其在有色金属选矿中的应用"项目，研制出具有自主知识产权的新型高效节能高压电选机。已在海南某矿业公司、四川某选钛公司、青岛某选钛公司、福建某选锆公司、俄罗斯某钛铁矿选矿厂及印尼某海滨砂矿选矿厂等 20 余家金属、非金属矿上应用。

2.2.2.4 选矿自动化

目前国内大型先进选矿厂多应用碎矿、磨矿的自动化控制系统控制碎矿、磨矿阶段的各个工艺参数。在选别作业，过程自动化控制相对比较滞后，浓度、粒度和品位的在线测试系统在金川公司、永平铜矿等大型矿山企业有了较好的应用，全流程优化控制技术的研究也取得了一定进展。

针对选矿过程在线检测及自动化控制等技术需求，国内成功开发了半自磨 / 球磨机负荷监测技术、载流 X 荧光品位分析系统、多流道浮选矿浆浓度粒度测量分析系统等技术与装备，打破了国外先进在线检测技术在我国资源行业的垄断地位。当前，我国在选冶过程浓度、粒度、品位、酸碱度等关键工艺参数在线分析检测技术上趋于成熟，已达国际先进水平，形成了定型产品。浮选泡沫图像信息分析技术已成功应用于工业生产，并形成产品；半自磨机/球磨机负荷监测技术取得突破性进展，产品化工作正在进行中。通过研究，取得了“选矿过程智能感知与全流程优化控制技术开发与应用”“选矿过程综合自动化系统研究与应用”“选矿过程检测与智能优化控制技术研究与实践”“黄金矿山选矿全流程检测与优化控制技术开发与应用”等一系列成果。

通过“选矿过程智能感知与全流程优化控制技术开发与应用”研究，开发了多层次、多尺度的选矿过程智能感知和全流程优化控制技术，实现了破碎、磨矿、浮选及脱水流程中关键工艺状态及指标的智能感知和专家控制，并建立了选矿流程整体模型，结合各子流程特点实现了优化控制。提供了一种稳定选矿流程、挖掘选矿关键设备能力、高效配置选矿人员岗位、提升管理效率和效果的手段；对提高我国选矿行业资源的高效回收利用具有较大作用，同时缩短了我国与选矿自动化控制技术强国在控制技术上的差距，为我国企业参与国际竞争提供了较大助力，经济和社会效益显著。

2.2.2.5　矿产资源综合利用

由于矿产资源的禀赋差特点，我国矿产资源综合利用率水平与西方发达国家相比仍有一定差距，但越来越多企业，特别是大型国有企业日益重视矿产资源的综合回收利用，在共伴生资源的综合回收方面取得了较大进展，矿产资源综合利用水平逐步提高。总体来看，近年来综合利用选矿技术进步主要表现在以下几个方面：①共伴生资源回收率显著提高；②尾矿综合利用程度大幅提高，矿产资源综合利用率提高，尾矿排放量减少；③新型选矿废水回用技术的推广，实现了部分矿山选矿废水全部或部分回用，矿山选矿厂废水排放量和新鲜水消耗量大幅降低。

针对我国复杂共伴生资源种类多、嵌布复杂、难以分离、综合回收率偏低的问题，近年来，选矿科技工作者开展了大量的工作，形成了一批先进新型高效的资源综合利用技术，如“有色金属共伴生硫铁矿资源综合利用关键技术”“锡矿床共生复杂硫铁精矿资源综合利用关键技术”“文山都龙锌铟铜锡复杂矿资源综合利用关键技术”“低品位复杂难选钽铌锡钨矿资源高效利用技术”“铅锌矿中综合回收铜银选矿技术”“低品位钽铌矿资源高效综合利用关键技术”“超大型低品位贵金属共伴生矿综合回收关键技术研究”“复杂难处理铜硫铁资源高效综合利用新技术”“锡多金属资源含砷硫铁矿综合回收研究”“白云鄂博氧化矿尾矿资源综合利用”“攀枝花阶磨阶选选铁－强磁全浮选选钛技术”“攀枝花超细粒级钛铁矿选钛工艺及关键配套技术”等，为提高我国共伴生资源综合利用水平做出了突出贡献。

“有色金属共伴生硫铁矿资源综合利用关键技术”形成了以“多晶型硫铁矿同步回收－表面疏水性控制深度精选－高温过氧焙烧脱硫制酸－直接联产铁精矿”为核心的成

套新技术，分别在云南、江西、安徽、江苏、广东等省份得到广泛应用，对于不同性质的有色金属共伴生硫铁矿资源，获得了硫化铁矿物含量 90% ~ 95% 的高品质硫精矿和铁品位大于 60%、含硫小于 0.4% 的合格铁精矿。近三年累计新增经济效益 20 亿元。“复杂难处理铜硫铁资源高效综合利用新技术”实现了冬瓜山铜矿选矿厂的达产达标，形成了复杂难处理铜硫铁资源高效综合利用成套新技术，整体技术国际领先。“文山都龙锌铟铜锡复杂矿资源综合利用关键技术”解决了低品位铜矿物、富铟高铁闪锌矿、微细粒锡石等回收关键技术难题，实现了铟锌锡铜铁硫等资源高效回收，公司依托项目关键技术建成了全球最大的 8000 吨 / 天单系列多金属选矿厂，2014—2015 年新增销售额 21.77 亿元、税收 6.0 亿元。“低品位复杂难选钽铌锡钨矿资源高效利用技术”开发了“螺旋与细筛”组合分布磨矿分级技术、分支选矿技术、分步循环再磨再选技术、钨锡精矿强化脱硫、脱砷新药剂、钨锡分离强化精选技术。两年来应用该项成果共处理低品位复杂难选钽铌钨锡矿 39.29 万吨，生产技术指标先进。“铅锌矿中综合回收铜银选矿技术”已在内蒙古地区的三家矿山企业成功应用，在基本不影响铅锌选矿技术指标的前提下，矿石中伴生铜、银的选矿回收指标均有较大幅度提高，近三年来已为三家矿山企业新增经济效益逾 2 亿元。

在尾矿资源综合利用方面，围绕尾矿资源中残余有用组分高效分离提取、非金属矿物高值利用、低成本高效胶结充填、尾矿酸性废水减排等共性关键技术难题，形成了“铁尾矿梯级分离多元素综合回收技术”“复杂铅锌尾矿中黄铁矿高值化回收技术”“矽卡岩型铜尾矿高效回收优质硫精矿的关键技术”“大厂矿区尾矿有价金属再回收选矿工艺研究”“从含金硫化矿中整体清洁回收硫金铁关键技术”等一系列技术成果，并成功应用于工业生产。“复杂铅锌尾矿中黄铁矿高值化回收技术”2012 年在凡口铅锌矿应用，与两产品硫精矿工艺相比，可新增利税 6500 万元 / 年，为制酸企业新增利税 5300 万元 / 年。“矽卡岩型铜尾矿高效回收优质硫精矿的关键技术”针对铜浮选尾矿，采用“矿山酸性废水活化和弱氧化法浮选硫的工艺技术”实现了对矽卡岩型铜矿的铜浮选尾矿中硫的高效回收，已在江西铜业股份有限公司永平铜矿成功应用，硫生产指标明显提高，同时矿山酸性废水减少 40 万立方米 / 年，实现经济效益 2500 万元 / 年以上。

2.3 学科发展支撑条件

2.3.1 矿物加工学科建制

学科建制主要指学科的社会建制，主要强调组织机构、行政编制、资金资助等。任何一门学科的发展都必须以特定的社会建制为基础，因此，学科建制对于一个学科的发展十分重要。矿物加工工程作为一门较老的基础工业学科，已有近两百年的历史，其研究对象是整个矿物群体，包括有色金属、稀有金属、黑色金属、非金属和煤炭等。我国高校中矿物加工学科的研究方向总体又可以分为金属矿和非金属矿两个大类。按照学科建制的基本内涵，矿物加工学科建制的内容涉及相关学会及学术性组织、专业研究机构、高校的院系、图书资料中心、专门的出版机构（包括专业刊物、丛书、教材）五大方面的内容。

2.3.1.1　学科学会及学术性组织

矿物加工学科国家级学科学会及学术性组织主要有：中国有色金属学会选矿学术委员会、中国金属学会选矿分会、中国矿业联合会选矿委员会、中国煤炭学会选煤专业委员会、中国非金属矿工业协会矿物加工利用技术专业委员会、中国硅酸盐学会矿物材料分会等。这些学会及学术性组织是我国矿物加工科技事业的重要社会力量，是党和政府联系矿物加工学科科技人员的桥梁和纽带，在开展国际合作与交流、促进对外经济技术合作、推动行业科技创新和人才成长、开展行业科技评奖和科技应用与推广方面起了重要作用，为促进矿物加工学科进步，提升行业发展水平做出了重要贡献。

2.3.1.2　学科专业研究机构

全国矿物加工学科专业研究机构主要有：北京矿冶研究总院、北京有色金属研究总院、长沙矿冶研究院、广东省科学院（原广州有色金属研究院）、湖南有色金属研究院、煤炭科学研究院、中国科学院山西煤化所、中国建筑材料科学研究总院、苏州非金属矿工业设计研究院、咸阳非金属矿研究设计院等。

这些专业研究机构拥有高水平的研究队伍，先进的科研条件与技术平台，是我国开展矿物加工科学基础理论与应用基础研究、培养矿物加工科学高层次人才、促进矿物加工科学及其相关领域国际国内科研合作与学术交流的重要基地。针对矿物加工科学方面的重大关键性理论和技术问题，重点进行基础、应用基础和工程化方面的研究，解决矿物加工科学的部分重大理论问题和共性的技术难题，提高矿产资源的综合利用率和循环利用率，对现有矿物加工科学方面的理论进行扩充、创新。

这些研究机构研究方向各有特色与优势，如北京矿冶研究总院在有色金属选矿技术领域引领全国，北京有色金属研究总院是我国生物（湿法）冶金工程化技术研究开发的重点科研单位，长沙矿冶研究院在黑色金属选矿技术攻关中发挥了中坚作用，广东省科学院（原广州有色金属研究院）在稀有金属分离和综合利用领域做出了突出贡献，湖南有色金属研究院一直专注于为有色金属工业提供专业的科技开发和工程咨询技术服务，煤炭科学研究院在洁净煤工程技术领域领先全国，中国科学院山西煤化所在洁净煤技术和煤气化技术领域开展了大量研究工作，苏州非金属矿工业设计研究院专业从事高性能非金属矿物材料研发、检测、生产、销售以及装备研制。

2.3.1.3　学科高校情况

截至 2016 年，全国开设矿物加工工程本科专业的高等院校共计 37 所，具体名单如表 3 所示。这些高校中既有一些传统强校，其矿物加工专业的办学历史十分悠久，如中南大学、中国矿业大学、东北大学、昆明理工大学等，也有在上一轮矿业繁荣期内新开设矿物加工专业的一些高校，如西南科技大学、攀枝花学院等。

表 3　全国开设矿物加工工程专业的高等院校

编号	院　校	编号	院　校
1	中南大学	20	安徽理工大学
2	华北理工大学	21	枣庄学院
3	中国矿业大学	22	安徽工业大学
4	南华大学	23	六盘水师范学院
5	中国矿业大学（北京）	24	江西理工大学
6	福州大学	25	新疆工程学院
7	东北大学	26	长安大学
8	西南科技大学	27	江西理工大学院应用科学学院
9	武汉理工大学	28	武汉科技大学
10	西安科技大学	29	武汉工程大学
11	北京科技大学	30	辽宁科技大学
12	西安建筑科技大学	31	贵州大学
13	太原理工大学	32	河南理工大学
14	黑龙江科技大学	33	辽宁石油化工大学顺华能源学院
15	昆明理工大学	34	内蒙古科技大学
16	华北科技学院	35	重庆大学（只招收研究生）
17	辽宁工程技术大学	36	山东科技大学
18	河北地质大学	37	攀枝花学院
19	山东理工大学		

注：排名不分先后。

2.3.1.4　图书资料中心

各高校都建有以高校图书馆为核心、涵盖各自学科特点的文献资料中心，为高校教学科研提供全面的、多样化的文献信息支持，很多高校已经建成数字图书馆。同时，各高校还大力引进和推广数据库等电子文献资源，如中国学术期刊全文数据库（CNKI）、美国《科学引文索引》（SCI）、美国《化学文摘》（CA）、美国《工程索引》（EI）等中外文全文和文摘数据库等，相关学科专业的图书和文献信息的查询非常方便。依托自有文献信息资源及学科优势，部分高校建立了特色的专业性学科文献中心，如中南大学建成的“有色金属特色文献数据库”涵盖了矿物加工学科所需的大量实用性文献信息；中国矿业大学图书馆形成了以矿业为特色，以理工为重点，文、管、经、法协调发展的文献信息资源保障体系，建成“矿业工程数字图书馆”“矿业工程数据库”特色学科数据库；东北大学图书馆建成的“冶金科学与技术文献数据库”涵盖有色金属冶金学、钢铁冶炼（黑色金属冶金学）、黄金和珠宝、矿业工程、金属学 & 物理冶金、一般性问题等学科专业；昆明理工大学图书馆建成“西南地区有色金属专业文献信息中心”。这些图书文献中心为支撑矿物加工学科科学研究起到了非常重要的作用。

2.3.1.5　专门出版机构

矿物加工学科的出版机构主要有两类：一类是行业内各高校自己的出版社，如中南大学出版社、中国矿业大学出版社、东北大学出版社等；一类是冶金工业出版社、科学出版社等社会性相关出版社。矿物加工学科国内外的主要专业刊物如表 4 所示。

矿物加工学科主要相关期刊较多，共计 63 本，其中 SCI 收录期刊 14 本、EI 收录期刊（不含 SCI、EI 双收录）9 本，其中国外 SCI 期刊较少，这也从一个侧面反映了当前矿物加工学科在国外研究的相对较少，而在国内正处于蓬勃发展时期。

表 4　矿物加工学科国内外主要刊物

刊名	数据库检索类型
中国有色金属学报（英文版）	SCI/EI
中南大学学报（英文版）	SCI/EI
国际矿物冶金与材料期刊（英文版）	SCI/EI
稀土学报（英文版）	SCI/EI
稀有金属（英文版）	SCI/EI
稀有金属材料与工程	SCI/EI
钢铁研究学报（英文版）	SCI
金属学报	SCI
颗粒学报（英文版）	SCI/EI
有色金属学报	EI
中南大学学报·自然科学版	EI
东北大学学报·自然科学版	EI
重庆大学学报·自然科学版	EI
工程科学学报	EI
硅酸盐学报	EI
煤炭学报	EI
矿业科学技术（英文版）	EI
中国矿业大学学报·自然科学版	EI
非金属矿	CSCD
硅酸盐通报	CSCD
煤炭转化	CSCD
稀土	CSCD
稀有金属	CSCD
中国稀土学报	CSCD
昆明理工大学学报·理工版	北京大学
粉煤灰综合利用	CSTPCD

续表

刊名	数据库检索类型
工矿自动化	CSTPCD
贵金属	北京大学
化工矿物与加工	北京大学
黄金	北京大学
江西理工大学学报	CSTPCD
金属矿山	北京大学
矿产保护与利用	CSTPCD
矿产与地质	CSTPCD
矿产综合利用	CSTPCD
矿山机械	北京大学
矿冶	CSTPCD
矿冶工程	北京大学
矿业安全与环保	北京大学
矿业研究与开发	北京大学
煤化工	CSTPCD
煤矿安全	北京大学
煤矿机械	北京大学
煤炭工程	北京大学
煤炭技术	北京大学
煤炭科学技术	北京大学
湿法冶金	北京大学
钛工业进展	CSTPCD
稀有金属与硬质合金	北京大学
有色金属	北京大学
有色金属选矿部分	SCD
中国非金属矿工业导刊	CSTPCD
中国粉体技术	北京大学
中国矿业	北京大学
中国煤炭	北京大学
中国锰业	CSTPCD
中国钨业	CSTPCD
有色金属科学与工程	CSTPCD
International Journal of Mineral Processing	SCI/EI
Minerals Engineering	SCI/EI
Mineral Processing & Extractive Metallurgy Review	SCI/EI
Hydrometallurgy	SCI/EI
Minerals & Metallurgical Processing（*SME*）	SCI/EI

矿物加工学科目前使用的大部分专业教材为近年来各高校重新统一编订的规划教材，如教育部高等学校地矿学科教学委员会矿物加工工程专业规划教材、普通高校“十二五”规划教材等，具体如表5所示。经过重新编订，新增了最新的研究成果和技术进展，反映了当前矿物加工学科的工艺和理论的研究现状和水平。

表5 近年来矿物加工学科新编主干教材

教材名称	教材类别	主编	出版社
矿物浮选	地矿学科教学委员会矿物加工工程专业规划教材	胡岳华	中南大学出版社
工艺矿物学		吕宪俊	中南大学出版社
矿物加工工程设计		王毓华、王化军	中南大学出版社
固液分离		孙体昌	中南大学出版社
矿物加工技术经济学		雷绍民、陶秀祥	中南大学出版社
碎矿与磨矿	普通高校“十一五”规划教材	段希祥	冶金工业出版社
资源加工学		王淀佐、邱冠周、胡岳华	科学出版社
矿物·资源加工技术与装备		胡岳华、冯其明	科学出版社
磁电选矿		袁致涛、王常任	冶金工业出版社
新编选矿概论		魏德洲、高淑玲	冶金工业出版社
选矿学	“十二五”普通高等教育本科国家规划教材	谢广元、张明旭、边炳鑫、樊明强	中国矿业大学出版社

2.3.2 人才培养

2.3.2.1 科研人员队伍和规模

对全国38家高校和行业内具有研究生培养资格的主要研究机构从事矿物加工工程研究的高校教师和科研人员进行了调查和统计，结果如表6所示。

2.3.2.2 高端人才情况（国家级和省级人才）

对全国38家高校和行业内具有研究生培养资格的主要研究机构内矿物加工领域的高端人才分布进行了调查，结果如表7所示。据统计，目前矿物加工学科领域拥有院士6人、长江学者5人、“百千万人才工程”入选者15人、“教育部新世纪优秀人才”入选者12人、“国家杰出青年科学基金获得者”5人、“优秀青年科学基金获得者”1人以及包括各类省级人才70人，共计114人。通过与其他学科的对比，矿物加工学科青年高端人才队伍明显不足，尤其是在“国家杰出青年科学基金获得者”、“优秀青年科学基金获得者”人才培养方面，应该引起行业的关注，加大中青年高端人才的培养和支持力度。

表 6　矿物加工学科科研人员规模

统计机构	矿物加工专任教师 / 科研人员规模（人）	统计机构	矿物加工专任教师 / 科研人员规模（人）
中南大学	48	山东科技大学	11
中国矿业大学	39	山东理工大学	9
中国矿业大学（北京）	26	华北理工大学	17
东北大学	25	南华大学	7
武汉理工大学	18	重庆大学	1
北京科技大学	16	福州大学	10
太原理工大学	25	西南科技大学	17
昆明理工大学	37	西安科技大学	11
辽宁工程技术大学	12	西安建筑科技大学	10
贵州大学	20	黑龙江科技大学	18
武汉工程大学	14	华北科技学院	8
安徽理工大学	21	攀枝花学院	7
安徽工业大学	7	枣庄学院	5
江西理工大学	25	六盘水师范学院	8
长安大学	6	新疆工程学院	3
广西大学	11	江西理工大学应用科学学院	4
武汉科技大学	20	北京矿冶研究总院	257
辽宁科技大学	18	北京有色金属研究总院	24
河南理工大学	14	长沙矿冶研究院	116
内蒙古科技大学	21	广州有色金属研究院	76
合计		1042	

表7 矿物加工学科高端人才情况

统计单位	国家级人才						省级人才	合计
	院士	长江学者	百千万人才工程	教育部新世纪优秀人才	国家杰出青年科学基金获得者	优秀青年科学基金获得者	各省自行设置的人才计划	
中南大学	2	2	4	7	3		8	26
中国矿业大学	2	3	3		2		5	15
中国矿业大学（北京）							2	2
东北大学				3		1	4	8
武汉理工大学	1							1
北京科技大学				1				1
太原理工大学							3	3
昆明理工大学			1				4	5
辽宁工程技术大学			1				1	2
贵州大学				1				1
武汉工程大学								0
安徽理工大学							1	1
安徽工业大学								
江西理工大学			1				7	8
长安大学								
广西大学							4	4
武汉科技大学							3	3
辽宁科技大学								
河南理工大学							2	2
内蒙古科技大学								
山东科技大学								
山东理工大学								
华北理工大学							6	6
南华大学							1	1
重庆大学								
福州大学							1	1
西南科技大学			1				4	5
西安科技大学								0

续表

统计单位	国家级人才						省级人才	合计
	院士	长江学者	百千万人才工程	教育部新世纪优秀人才	国家杰出青年科学基金获得者	优秀青年科学基金获得者	各省自行设置的人才计划	
西安建筑科技大学							3	3
北京矿冶研究总院	1		3				10	14
北京有色金属研究总院	1		1					2
长沙矿冶研究院	1							1
广州有色金属研究院							1	1
合计	8	5	15	12	5	1	70	116

注：院士实际6人，余永富院士同属武汉理工大学和长沙矿冶研究院，王淀佐院士同属中南大学和北京有色金属研究总院。

2.3.2.3　人才培养

为了获得矿物加工学科最新的人才培养情况，对学科内各高校和研究生招生单位2016年专科、本科、硕士研究生、博士研究生以及博士后的进站情况进行了调查统计，结果如表8所示。

表8　矿物加工学科2016人才培养情况

培养机构	人才培养层次				合计
	本科生	硕士生	博士生	博士后	
中南大学	115	43	18	2	178
中国矿业大学（徐州）	130	23	13	1	167
中国矿业大学（北京）	90	59	16	2	167
东北大学	50	36	13	2	101
武汉理工大学	99	25	5	1	130
北京科技大学	60	35	8	2	105
太原理工大学	85	9	3		97
昆明理工大学	70	41	9	3	123
辽宁工程技术大学	29	6	1		36
贵州大学	30				30
武汉工程大学	35	4	0	0	39

续表

培养机构	人才培养层次				合计
	本科生	硕士生	博士生	博士后	
安徽理工大学	66	5	3	0	74
安徽工业大学	32				32
江西理工大学	102	13	6	1	122
长安大学	60				60
广西大学	60	6	0	0	66
武汉科技大学	97	13	3	/	113
辽宁科技大学	29	6			35
河南理工大学	90	4		2	96
内蒙古科技大学	112				112
山东科技大学	117	10	3	0	130
山东理工大学	80	2			82
华北理工大学	58	6	2		66
南华大学	28	1	0	0	29
福州大学	55	8			63
西南科技大学	60	4	0	0	64
西安科技大学	48	1	1		50
西安建筑科技大学	26	7	0	0	33
黑龙江科技大学	60	2			62
华北科技学院	62				62
攀枝花学院	45				45
枣庄学院	27				27
六盘水师范学院	42				42
新疆工程学院	37				37
江西理工大学应用科学学院	38				38
北京矿冶研究总院		3	1		4
北京有色金属研究总院		4			4
长沙矿冶研究院		3			3
广州有色金属研究院		4	2		6
合计	2224	383	107	16	2693

统计结果表明，2016 年度各高校共招收本科生 2224 名、硕士研究生 383 人、博士研究生 107 人、博士后进站人员 16 人，共计招收各类人才 2693 人。从本科招生情况看，本科生招生在 100 以上的高校依次是中国矿业大学（徐州）130 人、山东科技大学 117 人、中南大学 115 人、内蒙古科技大学 112 人、江西理工大学 102 人；硕士研究生培养规模前三位依次是中国矿业大学（北京）59 人、中南大学 43 人、昆明理工大学 41 人；博士研究生招生规模前五位依次是中南大学 18 人、中国矿业大学（北京）16 人、中国矿业大学（徐州）和东北大学 13 人、昆明理工大学 9 人、北京科技大学 8 人；博士后进站人员规模除昆明理工大学 3 人，其余各培养机构基本都在 1 ~ 2 人。

2.3.3 研究平台

高端研究平台既是学科发展实力体现，又是学科发展的支撑硬件条件之一，矿物加工学科平台建设对促进学科快速发展起到了重要作用。表 9 为统计的全国矿物加工学科国家级实验室和研究中心的分布情况。

表 9 矿物加工学科国家级实验室和研究中心

国家级平台名称	分布单位	数量
复杂矿产资源高效清洁利用科学与技术创新引智基地	中南大学	5
硫化矿生物提取的基础研究国家自然基金委创新群体		
国家级矿物加工工程教学团队		
资源加工国家实验教学示范中心		
难冶有色金属资源高效利用国家工程实验室		
国家煤加工与洁净化工程技术研究中心（徐州）	中国矿业大学	1
复杂有色金属资源清洁利用国家重点实验室	昆明理工大学	1
钢铁冶金新技术国家重点实验室 （矿物加工学科是其支撑方向之一）	北京科技大学	1
耐火材料与冶金省部共建国家重点实验室 （矿物加工学科与材料冶金学科共享）	武汉科技大学	1
无机非金属材料国家级教学示范中心	华北理工大学	1
国家离子型稀土资源高效开发利用工程技术研究中心	江西理工大学	2
国家铜冶炼及加工工程技术研究中心		
喀斯特地区优势矿产资源高效利用 国家地方联合工程实验室	贵州大学	1
国家磷资源开发利用工程技术研究中心	武汉工程大学	1

续表

国家级平台名称	分布单位	数量
矿物加工科学与技术国家重点实验室	北京矿冶研究总院	4
矿冶过程自动控制技术国家重点实验室		
国家金属矿产资源综合利用工程技术研究中心		
无污染有色金属提取及节能技术国家工程研究中心		
生物冶金国家工程实验室	北京有色金属研究总院	1
国家金属矿产资源综合利用工程技术研究中心	长沙矿冶研究院	2
深海矿产资源开发利用国家重点实验室		
稀有金属分离与综合利用国家重点实验室	广州有色金属研究院	1
合计		22

统计结果显示矿物加工学科共拥有 22 个国家级研究平台，这些研究平台中有以学科名义独立申请的国家重点实验室，如北京矿冶研究总院的矿物加工科学与技术国家重点实验室，但大多是针对某一特定的研究方向或某类特定资源开展研究，涉及矿物加工内容，其中如昆明理工大学的复杂有色金属资源清洁利用国家重点实验室、长沙矿冶研究院的深海矿产资源开发利用国家重点实验室、广州有色金属研究院的稀有金属分离与综合利用国家重点实验室等。在国家级平台申报和建设方面注重学科的交叉性，如矿物加工与冶金工程学科、生物学科、材料学科、采矿学科、机械与自动控制学科、地质学科等的交叉。

目前，全国矿物加工学科拥有各类省部级实验室和研究中心共计 58 个。拥有省级平台较多的单位主要有江西理工大学、武汉科技大学、内蒙古科技大学、中南大学、中国矿业大学、东北大学、昆明理工大学等。从各省级平台的名称上看，都具有鲜明的学科方向特色，反映了各单位在该学科方向的研究水平和实力。

矿物加工学科拥有正式国家重点学科的高校仅中南大学和中国矿业大学两所高校，东北大学和武汉理工大学矿物加工工程国家重点学科还在培育中。

矿物加工学科省级重点学科分布在昆明理工大学、黑龙江科技大学等在内的 14 个高校，数量占 36 所本科高校的 38.88%，比例较高，绝大多数是以矿物加工工程二级学科独立申请的省级重点学科，也有少数几家单位是以矿业工程一级学科申请的省级重点学科，如黑龙江科技大学、武汉科技大学、河南理工大学、西安科技大学。

2.3.4 研究团队

矿物加工学科经过几十年的发展，在一些核心专家的带领下，在各高校和研究单位建立形成了各具特色的矿物加工研究团队，这些研究团队对我国矿物加工基础理论和工程技术发展产生了重大影响，对推动矿物加工学科建设和发展起到了非常重要的作用。

在这些研究团队中，传统优势单位在多年积淀的基础上持续创新，研究领域涉及面广，科研成果丰硕。如中南大学相关研究团队在王淀佐院士和邱冠周院士的指导下，在矿物浮选理论与电化学调控浮选、低品位资源生物冶金、矿物浮选溶液化学与表面化学、选冶药剂的分子设计与绿色合成与矿物材料等研究领域不断提出新思路；北京矿冶研究总院相关团队在孙传尧院士的带领下，在复杂多金属矿石高效回收与精细分离、大型浮选机设计优化与应用、选矿自动控制技术等方面仍不断耕耘，近年又提出了“基因矿物加工工程”的新理念，有望突破矿物加工行业的传统科研模式；中国矿业大学的研究团队在陈清如院士和刘炯天院士的带领下，在煤资源分选技术与装备、旋流分选和洁净煤技术等方面取得了多项突破；长沙矿冶研究院多年来致力于黑色金属资源选矿技术的研究工作，形成了以余永富院士为学术带头人的研究团队，提出了铁资源选矿“降硅提铁”思想，开发了微细粒复杂难选红磁混合铁矿选矿技术和弱磁性铁矿石闪速流态化焙烧等技术。还有不少高校和研究设计单位在传统矿物加工理论与技术上突破创新，形成了各具特色的研究方向，引起了国内外广泛关注，如昆明理工大学学术团队开辟了“流体包裹体”的研究方向、广西大学学术团队在矿物浮选量子化学计算等方面的研究得到了广泛认可。

3. 国内外学科发展状态比较

3.1 国际研究热点、前沿和趋势

3.1.1 综合利用多种分析检测技术研究矿物矿相

在矿产资源性质研究方面，国际上近年的研究热点主要是通过综合利用 MLA、SEM、XRD、电子探针、质谱、核磁共振等多种现代分析检测技术，强化了复杂难选矿石的基础研究，并从更微观的层次对矿物表面性质及矿浆体系中界面作用过程与机理进行了大量研究，为制定高效、节能、清洁、环保的选矿工艺流程及取得合理的分选指标奠定基础。

3.1.2 高效节能大型成套选矿装备及技术的研发与推广应用

近年来国外在选矿装备方面的研究主要呈现出大型化、高效化、节能化、成套化的特点，在碎磨、选别、固液分离等全流程都取得了较大进展。

国外学者在矿石粉碎过程的粉碎效率和能量性能方面开展了大量研究，研制出多种冲击式矿石破碎设备以及高效节能碎磨设备——高压辊磨机。细磨 / 超细磨设备研究和应用也取得了突破性进展，比较典型的磨机有自磨（半自磨）机，立磨机、塔磨机、ISA 磨机。其中 ISA 磨机装机容量达到 8MW，最终细度达到了 -10μm 以下。这些设备的研制成功，为微细粒难处理铁矿资源的开发利用奠定了基础，降低了超细磨能耗。

预选抛尾设备，高场强、高梯度强磁设备和复合力场分选设备是设备研究的重要发展方向。如利用复合力场协同作用开发出的 ZCLA 磁选机、旋流多梯度磁选机。利用可见光、X 射线、γ 射线等的机械拣选设备有了较快的发展，如利用矿物发射射线或对外

来射线的吸收方面的差异开发出的射线预选设备，利用有价矿物与脉石矿物的光学性质差异自动剔除脉石矿物的光电色选预选设备等。另外，超导磁选机磁场也是近年来的研究热点。

浮选设备向大型化、多样化、低能耗方向发展。近年来，俄罗斯研究人员通过创造兼容的水动力学条件来控制浮选机不同区域的浮选而设计出反应分选浮选机。另外，由于浮选柱占地面积小、二次富集效果好、技术指标先进、浮选回路简单、运行稳定、操控简便，在浮选作业广泛应用浮选柱代替传统浮选机现已成为行业发展趋势。固液分离设备研究比较多的主要还是陶瓷过滤机、压滤机、加压过滤机等。

3.1.3 借助互联网技术实现选矿厂生产过程的远程控制与监测

近年来将选矿自动化技术与计算机信息管理技术相结合已成为国际研究热点。目前国际矿业巨头应用计算机网络，通过生产执行系统 MES 和过程控制系统 PCS 的优化运行、系统集成得以实现在线优化生产、控制、分析、监测、调度和管理，使整个生产过程处于最佳状态，最大限度地提高各项技术经济指标，达到高效高产、优质、节能降耗的目的。将“专家系统”与最优适时控制相结合，系统根据矿石性质变化适时调节生产参数，使生产过程始终保持最佳状态已成为选矿自动化发展趋势。磨机状态监测与磨矿分级过程控制系统一直是国际研究热点，芬兰奥托昆普公司开发的磨矿先进控制软件 ACT，具有人机交互功能，将动力学仿真、数据建模、多变量统计监控多技术有机结合实现集成控制。近年来，基于机器视觉的浮选泡沫表面特征检测技术已成为国际研究热点，“软传感器”、极端环境条件下矿用检测仪表的的研发，选矿工艺、过程控制与设备的结合，综合生产指标优化控制系统的研究，建设数字化、智能化矿山现已成为矿业发展的趋势。

3.1.4 计算机仿真模拟广泛应用于装备制造、流程设计、设备选型

计算机仿真模拟现已成为国际研究热点，广泛服务于装备制造、流程设计、设备选型各个领域。应用计算机技术、过程模拟、自动控制实现设备、工艺过程的优化控制，在碎磨设备的计算机辅助分析与设计方面，结合先进理论方法，实现设备从整机关联建模、运动结构分析、装配仿真、性能优化到提供设计方案的一体化参数化设计系统，是提高产品质量的重要手段。近年来欧洲在破碎筛分方面的研究主要集中于数值模拟优化破碎设备性能及相关数学模型的建立方面。近年国际上在磨矿分级方面的研究主要集中于人工神经网络在线预测球磨衬板使用寿命以及重力空气分级设备和水力旋流器的流体力学（CFD）模拟。

计算机仿真模拟在重选工艺的研究热点是研究颗粒在重力分选过程中的运动规律，构建数学模型（如滑移速度模型）。主要研究流态化床层的颗粒 - 流体水力学与倾斜管道的上部系统之间的内部协同，逆流分级机（reflux classifier）在细颗粒重力选矿中的应用；穿过磁场的流体中颗粒的受力，使用低雷诺数下的静态、剪切流研究磁场对接近表面的颗粒

的运动的影响；细颗粒的三维浮选技术。

计算机仿真模拟在磁力分选机理及分选过程仿真方面有重要进展，实现了设备定向精确设计与分选过程的实时动态评估，美国 Eriez 公司应用先进的磁场仿真软件 Magnet 进行筒式磁选机永磁磁系设计；美卓公司将 DEM、CFD、FEM 相结合并二次开发建立了一个耦合磁选模型，实现永磁筒式磁选机分选矿物全过程仿真，是传统弱磁场磁选机分选过程仿真领域非常大的突破，实现了磁选精细化过程的理论与仿真研究。

3.1.5 借助大数据进行药剂分子结构设计和性能表征的计算化学研究

浮选药剂的结构与性能之间的关系是浮选药剂分子设计中的重要内容，矿物的浮选行为与矿物表面的疏水性相关，受表面形貌、晶格缺陷、断键重构等一系列特征的影响，还受到吸附在其表面的活性剂影响，随着计算机技术的快速发展，借助大数据筛选药剂，进行分子结构设计和性能表征、计算化学在浮选药剂分子设计和药剂 - 矿物作用原理方面的应用研究目前已成为国际上重要的研究内容。通过计算药剂分子及矿物表面的几何结构模型、前线电子轨道、相互作用能，可以从微观结构角度模拟和解答药剂作用机理，计算化学被广泛应用于药剂分子设计、药剂与矿物间作用机理研究，成为药剂分子设计和药剂与矿物作用机理研究的有力辅助手段。

3.1.6 通过选矿工艺技术的优化集成实现复杂难处理资源的有效回收

近年来，国际金属矿选矿工艺技术研究热点主要集中在预抛废技术与装备开发，微细粒矿物浮选矿浆体系研究，阴离子捕收剂低温浮选药剂、含铁硅酸盐脉石浮选药剂及工艺技术研究；磁化处理应用在金属矿产资源浮选过程的影响；等等。

在煤炭方面，美、英、德、澳、日等发达国家的洁净煤技术发展迅速，除洁净燃烧和洁净转化利用外，都将先进的煤炭洗选加工技术的研究和发展放在极为重要的地位。发达国家在 20 世纪末的原煤入选率就达到了 85% ~ 90%，选煤工业已经完成向大型化、集中化和高效化的转变。在大型化、自动化、智能化选煤装备的研制，选煤过程全流程的集成控制与优化，低阶煤的高效分选与利用，以及煤炭固废资源综合利用技术的开发等方面均领先于我国，其发展趋势已由煤炭的高效分选加工转变为煤炭的高效转化利用。

3.1.7 应用矿物加工技术实现资源循环利用

世界绿色发展的需求对资源循环利用和废弃物管理提出了更高要求。矿物加工技术是固体废弃物利用的主体技术，日本、欧盟、美国等发达国家和地区自 20 世纪起就对电子废弃物、工业垃圾和城市生活垃圾等二次资源的利用开展研究。针对垃圾分类拣选、质量监测及回收产品测定，废弃印刷电路板破碎、有价元素回收及分离，从废弃汽车催化转换器中回收铂族金属，冶炼渣中回收有价元素，磷石膏综合利用，建筑垃圾中回收可循环骨料，锂电池的循环利用，从电子设备中回收稀有金属，生活垃圾中回收有价金属元素等开展了大量研究工作，形成了较为成熟的资源循环利用技术。

3.2 我国研究热点、前沿和趋势

3.2.1 贫、细、杂难选处理资源的高效回收技术研究

矿物加工学科针对中国微细粒、低品质和复杂难处理矿产资源开展了大量基础研究与技术攻关工作，重点针对低质煤炭资源、复杂多金属矿、微细粒铁矿、鲕状赤铁矿、硅钙质沉积型磷矿、低品位菱镁矿、高镁铜镍矿、难选氧化铜矿、氧化铅锌矿、细粒锡石等资源开展研究，以提高资源回收率，开发高效回收利用的技术与装备，推动资源加工技术的进步与升级为主要研究目标。在理论研究方面，重点开展有价元素和杂质元素的赋存状态、分选过程的化学物理响应和界面调控规律、基于微细尺度的分选过程的强化研究等。工艺方面注重多种选矿方法的联合应用，预富集和预抛废技术被广泛采用，选冶联合工艺也愈发受到重视，如镍钼矿、石煤钒矿和铁矿的选冶联合技术。

在此方面，国家进行了强有力的资金支持，“十二五”期间设置了“深贫杂铁矿资源高效开发关键技术研究与应用”“镜铁矿、低品位钒钛磁铁矿高效回收和综合利用技术研究与示范”“低品位难处理金属矿选冶关键技术研究”“典型铁、铬矿产资源高效开发技术研究与示范”“高磷鲕状赤铁矿深度还原高效分选基础研究”等科技支撑计划项目；“增加铁矿资源储量的选矿关键技术”等国家自然科学基金重点项目；“低品质煤大规模提质利用的基础研究”等国际合作重点项目；“战略有色金属非传统资源清洁高效提取的基础研究”“煤炭高效分选及二次资源开发关键技术研究与示范”等“973”计划项目；以及“低品位菱镁矿高效制备电熔镁砂的节能减排技术与装备”等“863”计划项目。

3.2.2 共伴生资源高效综合回收技术研究

在共伴生资源高效综合回收技术研究领域，重视多种矿产资源协同开发，强化资源的高效合理利用，注重采、选、冶及应用领域的废弃物回收。十分重视矿产资源的综合利用和产业之间的协同发展，开辟了矿产资源综合利用的多种途径。

针对白云鄂博铁 – 稀土 – 铌多金属矿，柿竹园钨钼铋多金属矿，攀西地区钒钛磁铁矿，云南锡多金属矿，磷矿中伴生稀土矿，煤炭资源伴生元素、共生矿产，霞石 / 明矾石中的钾铝资源，石煤中的钒资源，有色金属伴生萤石资源等典型共伴生资源开展了大量研究工作，如“十一五”科技支撑计划项目“稀土铁铌资源高效利用关键技术开发”等。

3.2.3 大型高效节能选矿装备研究

大型化和高效节能是选矿装备的重要发展趋势，近年来矿物加工学科开展了大量浮选设备、磁选设备、重选设备及破碎设备的设计开发及应用基础研究工作。破碎设备研究重点为大型化、结构优化、采用先进技术和新材料、多碎少磨原则和料层粉碎原理等；重选设备侧重增大机械处理能力、提高分选精确性和复合力场重选设备的研究；磁选设备的研究重点为大型化、低能耗高效率和复合力场磁选设备；浮选设备大型化和高效化步伐越来越快。数值试验方法在设备研发过程中的使用越来越广泛，如 CFD 技术在浮选机、旋流

器和磁选机等设备优化中的应用。大型高效节能选矿装备研究代表性成果有 GEP4480 高效惯性振动颚式破碎机、高压辊磨机、高效大型塔式搅拌磨矿机、大型浮选机（320 立方米，680 立方米）、脉动高梯度磁选机、高效粗粒湿式磁力预选机、磁场交变磁选机、悬振锥面选矿机、回流分选机等。

3.2.4 固体废弃物的综合回收利用研究

目前，矿产资源开发产生的固体废弃物对生态环境造成的影响日趋严重，如何处理矿山固体废弃物，既能使矿山生态环境得到改善，又能变废为宝，充分利用矿山固体废弃物中的有用成分，是矿物加工学科面临的重要课题。

矿山固体废弃物的综合利用问题是一项复杂的系统工程，涉及地质、采矿、选矿、冶金、建筑、材料等相关专业，需要进行多学科的联合攻关，才能加深对尾矿资源的认识，进行更好的综合利用。目前国内矿山固体废弃物综合利用的研究主要集中在以下几方面：作为二次资源再选回收、用于制备建筑材料、用做道路工程材料、用于回填矿山采空区以及其他综合利用途径。该领域目前研究的热点主要集中在尾矿矿物学特性的鉴定与评价、有价元素高效回收利用、尾矿加工性能及应用性能研究、可开发特性研究与规模化整体利用、尾矿资源高效转型与生态化利用技术、大型高效节能分选设备等。该方向的重要研究项目有“大型铁矿山固体废弃物减排和综合利用关键技术研究”和“西藏特大型多金属矿开发利用过程中节能减排关键技术研究”等科技支撑计划项目。

3.2.5 高效绿色选矿药剂的研发与制备

浮选药剂一直是矿物加工学科的重要研究方向，随着环保意识的不断提升，高效、低毒、环保型选矿药剂的研发与制备成为浮选药剂研究的重点。从浮选剂结构 – 活性 – 毒性关系、高效清洁制备、药剂组合增效以及浮选应用等方面开展了大量研究。基础理论研究方面，基于密度泛函方法的浮选药剂分子设计方法及其与矿物界面的作用方式、定量的结构 – 活性关系研究（QSAR）、浮选药剂基团改性、浮选药剂在矿物界面的吸附表征、表面活性剂胶束微结构研究、浮选药剂在矿浆中存在形态及其与气泡的作用是当前研究热点，生物浮选药剂和纳米浮选药剂也受到关注。浮选药剂的制备方面，石油化工、生物化工、油脂化工、农业化工产品或副产品成为浮选药剂的主要原料或来源之一；浮选药剂的高效清洁制备方法，尤其是无废气和废液产生的制备方法成为研究热点。另外，浮选药剂在矿浆中的流向及其分布，其降解性能、对矿山生态环境以及在水体中迁移所产生的影响也受到了重视。该方向的重要研究项目有“863”计划项目“选冶药剂绿色设计关键技术研究”。

3.2.6 矿物材料

矿物材料是指可直接利用其物理、化学性能的天然矿物岩石或以天然矿物岩石为主要原料加工、制备而成，而且组成、结构、性能和使用效能与天然矿物岩石原料存在直接继承关系的材料。矿物材料主要涉及非金属矿物，也包括某些金属矿物，如磁铁矿和黄铁矿等。国内在环境矿物材料、填料矿物材料、矿物功能材料、冶金和机械工业用矿物材料、建筑矿物材料和纳米矿物材料等方面开展了大量研究工作，取得了一定进展。研究主要集中在矿物粉体超细加工技术、非金属选矿提纯技术、矿物结构分析、表面改性、结构改性等。

3.3 国内外学科发展状态比较

3.3.1 基础研究

国外更注重于矿物加工基础理论的研究，在矿物颗粒碎磨过程中的力学分析，分选过程中运动轨迹及力场分析，浮选动力学、药剂与矿物作用机理分析都有更加科学和深入的研究。国外也重视新型矿物加工方法，如湿法浸出、微生物选矿、细颗粒三维浮选技术工艺的机理研究，为此研制新型选别设备，强化选别过程，提高分选效果。

美国、加拿大和英国等国家在微观层面研究，尤其是颗粒间相互作用、气泡与颗粒间相互作用以及药剂在矿物表面吸附等表面化学领域研究成果较多。

我国在矿物加工基础理论方面同样进行了大量研究，但与国外侧重点不同，一般针对具体矿种进行应用基础研究，与资源开发实践联系相对紧密，但对微观层面研究较少；在计算机数值仿真与模拟研究应用方面明显不足。

3.3.2 选矿工艺

清洁高效选矿工艺、高效低毒药剂、大型高效节能装备和技术的成功研制与应用，使选矿厂的处理规模、生产效率不断提高、选矿加工成本和能耗大幅度降低，对环境的污染大幅度减少。国内外在自磨和半自磨代替传统碎磨、预选抛尾、闪速浮选、无氰浮选和选冶联合流程等技术的推广应用方面取得积极成果。

由于海外主要矿产国矿石品质较高，多年的开发已形成成熟技术，选矿工艺研究近年已非国外研究热点，多为具体矿山针对开发过程中存在的问题进行完善与优化，比如开发一些自动检测分析系统、过程模拟仿真系统、选冶药剂分子组装体系等，并利用这些计算机系统实现工艺流程的模拟仿真、流程诊断、药剂分子设计等，大大提高了技术流程开发和应用效率，缩短了新型选矿药剂设计和开发的周期，促进了矿物资源的高效利用及矿山的清洁生产。

我国由于矿产资源特有的“贫细杂”特点，必须针对具体难处理矿开发有针对性技术，倒逼我国提高开发利用技术水平，已成功开发了如流态化磁化焙烧－磁选技术与装备、低品位铜矿绿色循环生物提铜关键技术、复杂铅锌硫化矿高浓度分速浮选新技术、复杂难选低品位黑白钨共生多金属矿高效选矿新技术、多矿相载金矿石中金的梯级利用提金新技术、低品位菱镁矿分质阶段浮选脱硅降钙技术、多流态梯级强化浮选技术、适合处理中低品位硫化－氧化矿资源的选冶联合流程等特色技术，选矿工艺总体水平已达到了世界先进水平，部分选矿工艺技术水平处于世界领先水平。但对于操作的精细化、自动控制水平以及节能减排与清洁生产方面，与国外仍存在较大差距。

3.3.3 选矿装备

国外选矿装备不断进步和完善，使选矿加工成本和能源大幅度降低，具体体现在选矿设备实现大型、节能和多样化、选矿过程自动寻优和过程控制集成技术迅速发展。在基础理论研究的推动下，促进了系列高效节能、大型化、自动化矿山装备的研发，如破碎比大、破碎效率高、产品粒度细、耗能低的高压辊磨机；高度自动化、大型化自磨（半自磨）机；超细磨立磨 / 塔磨 /ISA 磨机以及高场强高梯度磁选机；适于微细粒高效分选大型浮选机、浮选柱；适用粒度范围宽的逆流分级机；复合力场高效分选弗洛特克斯密度分离装置等。美国、加拿大、瑞典等国家在大型颚式破碎机、圆锥破碎机、超细碎圆锥破碎机、球磨机、浮选机、浓密机等设备的大型化、节能和多样化方面取得了很大进展。

近年来，我国在选矿装备技术水平上有了长足的进步。各种大规格破碎、磨矿设备和耐磨材料已推广应用。以 320m^3 超大型浮选机为代表的适于不同作业的多种规格型号浮选、磁选、重选设备和复合力场分离设备已研制开发出工业产品并推广应用。

3.3.4 选矿药剂

近年来，美国、加拿大、南非等发达国家在浮选药剂研究和生产领域，无论药剂研发基础理论还是产品应用都处于领先地位，其产品囊括矿山浮选药剂大部分高端产品，应用遍布世界各大矿山。近年来，这些发达国家在重视药剂的性能和效果的同时，还注重考虑其对环境的影响，以低毒或无毒、高效新药剂的应用来减少对环境的污染。国外研制了多种选矿专属药剂并得到应用，如高效选择性硫化矿捕收剂、适于氧化矿浮选的改性脂肪酸类捕收剂。这些药剂的应用大大降低了药剂用量和环境污染。

国内浮选药剂现在一个常用的研究模式就是根据国外浮选药剂的应用情况进行改进、优化，原创性不足。与国外先进水平相比，国内浮选药剂生产技术水平大约落后 10 年。目前我国仍以使用传统选矿药剂为主，这些药剂特点是选择性较差。近年来在药剂分子设计、计算机辅助分子设计（CAMD）和绿色合成技术方面已取得了实质性进展，研究开发的新药剂用量和毒性均大大降低，为实现矿山的清洁生产创造了条件。合成了以 PAC、苯甲羟肟酸为代表的多种高效低毒捕收剂、以 CY、CYP 为代表的铁矿和萤石低温捕收剂以及 BK510、BK511 为代表的高效低毒调整剂取得了较好的选矿效果。但针对日趋复杂的矿产资源以及环保的严格要求，显得品种单调、数量少，难以满足各种复杂工艺的要求。

3.3.5 选矿自动化

矿冶过程控制技术的发展始于 20 世纪 50 年代末，芬兰 Outokumpu 公司、澳大利亚 Amdel 等公司相继研制成功了 Courier 300 大型矿浆载流 X 射线荧光品位分析仪、PSI200 载流粒度分析仪、半自磨 / 球磨机表面振动检测系统、泡沫图像处理系统。20 世纪 80 年代以来，计算机应用已经渗透到矿石可选性预测、试验研究、选矿厂设计、过程控制、生产规划和管理决策等各个领域，包括物料、设备、工艺流程在内的选矿工艺的各个环节几乎都可以应用计算机技术加以模拟仿真。进入21世纪，国外公司已经将其战略重点从在线检测技术开发逐步转移到基于设备和流程模型的仿真与优化系统的开发。基于流程模拟技术的科学建厂、优化运营在国外已经是主流的矿山企业建设模式，澳大利亚和南非等国家在计算机数值仿真、模拟及其工业应用等方面居于领先地位。国际上Kenwalt、Caspeo、JKtech等公司开发的流程模拟软件功能强大，几乎遍及流程工业从诞生到运营的各个环节，可缩短工业试验周期、修正和弥补试验误差、提高流程建设的准确性和效率；及时分析诊断流程状态机存在的问题，识别瓶颈部位和薄弱环节，改进生产过程，提高产能或选别技术指标。

我国在此方面的技术水平与国外还有很大差距，但是通过多年的研发，已经取得了重大进展与突破。目前，国内成功开发了半自磨/球磨机负荷监测技术、载流X荧光品位分析系统、多流道浮选矿浆浓度粒度测量分析系统等技术与装备，彻底打破了国外先进在线检测技术在我国金属矿产行业的垄断地位。当前，我国在选冶过程浓度、粒度、品位、酸碱度等关键工艺参数在线分析检测技术上趋于成熟，已达国际先进水平，形成了定型产品，打破国外垄断。浮选泡沫图像信息分析技术已成功应用于工业生产，并形成产品，半自磨机/球磨机负荷监测技术取得突破性进展，产品化工作正在进行中。

3.3.6 矿物材料

在矿物材料领域，欧美一直处于领先地位。国外十分重视天然和人工晶体基础研究及其指导工业开发的作用，重视非金属矿物材料，包括复合矿物材料在高新技术领域的应用开发。美国在空空导弹燃烧室内的三水铝石白色矿物涂层便是一例，在高速战机上他们采用了多种非金属矿物与金属复合的制动部件。此外，辐射防护和核安全矿物材料，以及渗透到众多领域的矿物功能材料进展也十分快捷，如日本以沸石为原料开发了环保、固沙防旱、新材料、农牧业用品、食品保鲜、卫生、抗菌等一系列产品。高科技含量的矿物材料产业快速成长，如美国著名的Nanamat公司已生产了多种纳米非金属矿物材料。总之，当代国外非金属矿物材料工业的发展是跨越式的，他们已经完成了矿业向矿物材料产业化开发的转变，突破了非金属矿物材料与金属矿物的传统界线，消除了无机、有机原材料的界限，并向复合矿物材料拓展，实现了非金属矿物材料的应用开发直接向规模化市场的转化。

我国非金属矿深加工技术近10年有了长足进步，已基本能满足我国非金属矿工业发展的需要和相关领域（如化工、冶金、建材、机械、微电子、复合材料、造纸、涂料、无机非金属材料等）对非金属矿物原料的质量要求。但由于我国是一个整体工业化水平相对落后的发展中国家，非金属矿深加工技术总体上较落后，且初级产品比重较大，技术含量及附加值不高，与发达国家相比差距还很大。

3.3.7 工艺矿物学

国外对工艺矿物学自动化检测设备（MLA 和 QEMSCAN）的研究和开发较为成熟。中国一直以来主要采用传统的研究手段，自 2008 年开始，国内引进 MLA，有效地将传统工艺矿物学与先进的自动矿物系统相结合，推进了我国工艺矿物学的发展，使其跟进了国际发展方向，在行业研究领域占据了重要的位置。通过几年的使用，北京矿冶研究总院认识到已有设备在实际应用中存在的不足，在此基础上进行创新优化，于 2016 年成功自主开发了 BGRIMM 工艺矿物学参数自动测试系统（BPMA），实现了工艺矿物学自动化检测设备的国产化。

中国工艺矿物学研究主要针对固体矿产及冶金物料。由于澳大利亚、加拿大等发达国家在扫描电镜等先进仪器的开发及应用方法相对较早，又开发了自动矿物分析系统，其在煤炭、环境、二次资源及计算机建模等多方面均有较多涉足。

4. 我国矿物加工学科发展趋势与对策

4.1 矿物加工学科面临的问题和需求

矿物加工学科经过几十年的发展已形成了较为完整的学科体系，并为矿产资源的可持续发展提供了重要支撑。但随着人类资源需求量的不断增加、优质资源的持续消耗、环境要求日益提高及现有技术的局限性，矿物加工技术的发展仍面临许多挑战。

4.1.1 国内资源供需矛盾日益加剧，需要更高效的资源高效开发利用技术

我国矿产资源品种齐全、总量丰富，但人均占有量低，是一个资源相对贫乏的国家。据统计，我国人均探明矿产资源储量只占世界平均水平的 58%，居世界第 53 位。尤其是工业化、城镇化和农业发展所急需的铁、铜、铝、镍、锰、钾等大宗矿产相对稀缺，需要大量依靠国外进口，对外依存度过高。随着我国社会经济的持续高速发展，将进一步拉动钢铁、有色金属、化工产品、煤炭等能源和原材料需求的增长，矿产资源及矿产品的供需矛盾将日益突出。矿物加工技术是实现资源高效开发利用，缓解资源供需矛盾的关键环节，通过高效集约节约选矿技术的研发、推广及应用，提高选矿回收率和矿产资源综合利用率，减少资源浪费，增加矿产资源回收利用总量，满足经济发展对矿产资源的持续需求，提高资源的保障程度。

同时，充分利用“两个市场、两种资源”，积极开发海外矿产资源是满足国内资源缺口的重要途径。但也要注意到，部分国内企业在海外获取的矿产资源禀赋较差，因没有先进经济的矿物加工技术，导致资源利用率及投资回报率偏低，甚至出现亏损。在海外矿产资源开发过程中，需要矿物加工研发人员积极参与其中，对相关矿产资源开发利用技术进行研究，为利用海外矿产资源、保障国家资源供应打好基础。

4.1.2 资源禀赋差的情况不断恶化，对复杂难处理资源综合开发利用技术需求仍然迫切

国内矿产资源“贫细杂”的禀赋劣势突出，矿石品位低、难处理、共伴生关系复杂，

这些特点造成了我国矿产资源开发利用难度大、建设投资和生产经营成本高的现状。近年来，随着经济的快速发展，对资源和能源消耗日益增加，而大部分矿山经过长期的开采，优质资源逐渐枯竭，采深不断增加，矿石资源禀赋进一步恶化，开发利用成本不断上升。

矿石资源禀赋的恶化，矿物加工学科面临的复杂难处理资源越来越多，需要加强对复杂难处理资源综合开发利用技术的研发，重点针对难处理战略资源、大宗低品位资源，从节能减排、选冶结合等角度研发高效、经济利用技术。

随着矿物性质更加复杂、微细，为了达到单体解离，磨矿作业需要生产粒度更细的产品，如澳大利亚 Zinifex 锌矿浮选给矿粒度已经小于 8μm，国内袁家村铁精矿粒度达到 P80 23.5μm、祁东铁精矿达到 P80 18μm。对于细粒矿产资源的开发利用有以下研究方向：高效细磨装备及磨矿工艺，超细选矿（重磁浮）技术，选择性絮凝技术，载体浮选技术，新型干式超细颗粒分选技术（静电分选技术）等。

选矿处理的资源品位逐渐降低，如我国铜矿平均入选品位由 2003 年的 0.65% 降到了 2012 年的 0.57%。入选品位的降低意味着在选矿过程中获得一定量的精矿需要消耗更多的能源、水，增加运输量，产生更多的尾矿和废石。如何降低能耗和资源消耗，减少废弃物排放，如粗颗粒预先抛废技术、地下粉碎和拣选技术、地下选矿厂等，是矿物加工学科需要关注的重点。

4.1.3 生态文明建设对生态环境保护提出新的要求，促进矿物加工学科的绿色、低碳和循环发展

近十年来我国工业行业取得的成绩举世瞩目，但是工业以过度消耗资源和沉重的环境负荷为代价的粗放式快速发展给生态环境造成巨大影响。空气质量恶化、重金属污染加剧、水源和土壤被破坏等，严重影响了大众的健康和社会的可持续发展。我国工业发展已到了刻不容缓向“绿色发展”的重要转型期。

党的十八大报告将生态文明建设上升到了与经济建设、政治建设、文化建设、社会建设一样的高度，对生态环境保护提出了新的要求，首次将绿色发展、循环发展、低碳发展并列提出。十九大对生态环境提出了更高要求，进一步提出了坚持人与自然和谐共生的理念，要求坚持节约资源和保护环境的基本国策，实行最严格的生态环境保护制度，形成绿色发展方式和生活方式。

绿色发展、循环发展和低碳发展是相辅相成、相互促进的，并构成一个有机整体。绿色化是发展的新要求和转型主线，循环是提高资源效率的途径，低碳是能源战略调整的目标。未来资源相关领域的发展要体现绿色、低碳和循环发展的内涵，拓展功能，实现各行业的转型升级。

作为资源领域产业链的重要一环，矿物加工行业当前仍然存在废石、尾矿、选矿废水排放量大，存在粉尘以及噪声污染等一系列环境问题。如何实现节能减排、绿色开发，将矿产资源开发对生态环境的影响降到最低，是矿物加工学科亟须解决的问题。

要实现矿物加工学科的绿色、低碳和循环发展，必须在绿色矿物加工技术方面加强技术攻关，以创新的整体技术解决方案来应对可持续发展方面的挑战，突破生态环境保护对矿产资源开发的制约。通过绿色煤炭技术、绿色药剂开发及应用、高效回水利用技术的应用、环保型选矿工艺的应用、矿产资源综合利用技术的研发、选矿“三废”资源化技术的推广、资源采选冶加工一体化节能减排与循环利用技术研发及尾矿综合利用新途径开发等措施提高矿产资源综合利用率和选矿废水回用比例，切实降低废水、废气、固体废弃物的排放量，实现固体废弃物全面安全处理和循环利用。

4.1.4 供给侧结构性改革和产业转型升级要求发展节能低耗的矿物加工技术和装备

我国的供给体系，总体上存在中低端产品过剩，高端产品供给不足的情况，一些产能严重过剩的传统产业也普遍存在着结构性的有效供给不足。要实现经济的健康发展，必须要调整产业结构，解决初级产品产能过剩问题，提高高端产品自给率。供给侧结构性改革和产业转型升级对矿物加工行业提出了更高要求。

虽然我国目前在大型浮选机和磁选机等矿物加工装备的研制和应用达到国际领先水平，但总体上，矿物加工行业存在装备水平不一，自动化程度不高，生产效率低等问题。装备运行效率制约矿物加工行业发展，部分矿物加工装备工艺性能差、可靠性低。装备大型化和高可靠性成为当前制约我国矿物加工行业发展的“瓶颈”之一；大型设备主要依赖进口，国产化大型设备多数为仿制产品，尚达不到国外设备的可靠性和性能水平。

提高矿物加工行业生产效率的关键是节能、降耗，通过生产规模化、选矿自动化、大型选矿设备开发与应用及新型节能技术的开发等措施降低能耗和物耗，提高劳动作业率和设备运转率，提高单位能耗及物耗条件下的选矿处理能力。

4.1.5 信息化高速发展，促进矿物加工学科智能化

人工智能作为新一轮科技革命和产业变革的核心驱动力，将深刻改变人类社会生活，改变世界。2017 年 7 月国务院发布实施的《新一代人工智能发展规划》从国家层面对人工智能进行系统布局，对于我国抢占科技制高点，推动供给侧结构性改革，实现社会生产力新跃升，提高综合国力和国际竞争力具有重要意义。

智能化将是未来矿物加工学科发展的目标与方向之一，我国矿物加工工业大多还停留在机械生产阶段，甚至部分停留在间断生产阶段，信息化对行业的作用水平总体不高。矿物加工行业生产的特点使其完全实现智能化存在较大挑战。目前国际上智能采矿已经实现，但是对于矿物加工行业，仅仅是可以实现较高程度的装备自动化，全流程的智能控制还需要进一步攻关。

智能化的关键是物理系统的智能化，需要可以实现智能化生产的工艺流程来匹配，因此矿物加工学科智能化的重点在于：强化适于信息技术应用的矿物加工工艺创新研究，推进信息技术在矿物加工领域的应用，实现矿物加工智能化生产。

矿物加工学科智能化发展的另一层次是研发过程的智能化，将信息技术应用于基础研

究和工艺及设备研发的全过程，有望实现矿物加工工程全生命周期的数字化乃至智能化。孙传尧院士提出的“基因矿物加工工程”就是希望通过信息技术与矿物加工技术的深度融合，对矿物加工试验研究和工程转化的传统模式带来突破性的创新。

4.1.6 下游产业的经济环保要求对矿物加工产品质量提出了更高标准

选矿为冶金和化工行业提供原料，而矿物材料则作为产品直接应用于众多行业领域。随着冶金、化工行业的技术进步以及下游应用行业要求的提高，对矿物加工产品提出新要求，要求提高矿物加工产品质量。另外，国家对冶炼渣等危险固体废弃物的排放要求也越来越高，并通过了《中华人民共和国环境保护税法》，从环境保护的角度，也需要更加优质的矿物加工产品。

对于一些矿物的高级应用领域，如催化、食品、化工等，要求非金属材料具有纯度高、有害杂质含量低、内部结构规则、表面性质稳定等特点，这些要求都对纯天然、通常含有杂质的矿物提出了很高的要求。随着材料加工水平的提高和对产品性能的更高要求，对于各类超细粉体的需求量日益增大，对超细加工技术也提出了更高的需求。

4.2 矿物加工学科在我国未来的发展趋势

4.2.1 矿物加工技术发展更好地满足社会和行业需求

社会和行业发展对矿物加工技术的需要包括：尽可能提高资源回收率和综合利用率，降低生产成本，降低水资源和能源消耗，减少污染物排放，提高过程可靠性，等等。

基于以上需求，矿物加工技术总体发展趋势可概括为：绿色、高效、节能、低耗、低排放、自动化和智能化。具体体现为：①高效节能、低成本、低排放是矿产资源开发利用的关键；②无（少）公害矿产资源开发技术成为重要的技术发展方向；③大型高效节能选矿设备的研制和应用；④采用自动化、智能化、数字化技术改造传统选矿厂；⑤矿产资源综合利用技术、安全环保、矿业循环经济是我国矿山可持续发展的必由之路。

此外，矿物加工技术的发展需要充分考虑上游产业的现状和下游产业的实际需求，从全产业链角度考虑能量和资源消耗问题，采、选、冶、化工、材料全流程统筹兼顾，建立“资源开采 – 选矿 – 冶金一体化”流程思想，对矿床资源地、采、选、冶、加工全流程进行技术经济分析，加强行业沟通，获取经济效益与资源利用率最大化，是矿物加工技术发展的重要方向。

面对以上需求，矿物加工科技工作者及相关学科的科技工作者在矿物加工领域及相关学科领域不断进行新的探索和研究，围绕高效益、低能耗、无污染矿物加工新技术的开发，不断与相邻学科相互交叉、渗透、融合，逐步形成“矿物富集、分离与综合利用”“矿物提取”“矿物材料”“矿物化学品加工”“矿物加工计算机技术”等技术领域。其中，“矿物富集、分离与综合利用”属传统的矿物加工技术领域，涵盖浮选化学、浮选剂分子设计、复合物理场矿物加工、复杂贫细矿物资源综合利用等技术方向。“矿物提取”是不经选别过程直接从矿石中浸出、提取有用成分，如坑内就地浸出，生物浸出、堆浸、矿浆电解等，主要针对复杂贫细矿物资源、海洋资源的开发利用。“矿物材料”是以矿物加工工程学、材料科学与工程、化学与化学工程学为学科基础，针对各种资源的处理，研究不经冶炼，直接从各种资源中加工制备各种材料的新技术与基础理论，如超细矿物粉体材料被广泛应用于石油化工、电子工业、造纸、农业、航空航天、冶金、医药、食品等行业。“矿物化学品加工”是以矿物加工工程学、化学与工程为学科基础，针对复杂贫细矿物资源及海洋资源的新技术与基础理论，如煤炭的气化、液化；从锰矿石中生产电子级碳酸锰料等；用煤炭生产活性炭、炭黑、腐殖酸及腐殖酸肥等。“矿物加工计算机技术”主要研究矿物加工全过程的计算机仿真、模拟与优化设计；建立选厂专家系统，进行生产、经营管理，包括各个生产环节的优化、控制，整体生产水平的控制，矿山投资效益、规模效益、产品结构等的经济评估。

4.2.2 矿物加工科研和教学过程的智能化

当前，CFD、FEM、DEM 等数值试验方法已广泛应用于矿物分选理论研究和矿物加工设备研发过程，信息技术在矿物加工科研和教学过程中的作用日益凸显，矿物加工科研和教学过程的智能化将是未来矿物加工学科发展的重要趋势之一。“互联网 + 教育”和“互联网 + 矿物加工”将在矿物加工科研和教学中发挥重要作用，大数据技术将为矿物加工科学研究工作提供更多便利，虚拟选矿厂将在矿物加工教研和生产管理中扮演重要角色。

4.2.3 先进检测技术和试验方法的发展促进微观领域基础研究的深入开展

在矿物加工学科近百年的发展历程中，技术进步带动理论的发展是长久以来的一大特点，由于缺乏有效的研究手段，许多矿物加工分选过程中的机理尚未得到统一认识和完美解释。随着科学技术的进步，先进检测技术和试验方法的发展，将促进矿物加工科技工作者深入开展矿物加工基础研究，解析矿物加工分选过程，实现矿物加工领域的理论指导实践。

4.2.4 矿物加工技术应用空间更加广阔

循环发展是未来重要的社会发展模式，党的十八大报告中首次将绿色发展、循环发展、低碳发展并列提出。日本、欧洲等发达国家和地区已经建立起了具有循环经济发展特色的经济模式，中国循环经济还处于起步阶段。

循环经济主要针对以废弃物管理为重点的环境问题提出，目标是建立废弃物零排放的废弃物资源化及循环利用技术系统。在循环经济技术系统中，主要关注产品生命周期评价技术、废弃物处理技术、资源再利用技术、再生资源的产业链管理技术等问题。矿物加工技术根据待处理物料的物理、化学性质的不同，采用不同的方法进行物料分离与富集，循环经济的发展需要矿物加工学科提供技术支撑。

此外，矿物加工原理可推广应用于其他领域，从而拓宽矿物加工学科领域，如高梯度磁选用于医学上红细胞的分离，生物学中离子的分离，核工业中核原料放射性固体的分离，超导磁选机分离液态氧等。浮选法从纸浆废液中回收纤维素，从废纸上脱油墨、脱炭黑，废旧塑料的回收，医药微生物方面，分选结核杆菌与大肠杆菌等。

4.2.5 矿物加工学科未来发展需要大量复合型人才

长期以来，由于受到培养理念和传统教育模式的影响，我国矿物加工高校在专业设置、课程安排、教学计划等方面过于强调专业性人才的培养，人才专业面偏窄、适应能力不强等问题已无法满足行业发展对复合型专业人才的需求。矿物加工行业未来绿色化、高效化和信息化的发展趋势对行业人才提出更高要求。随着经济全球化、我国“一带一路”战略的实施及国内矿业集团公司国际化发展的需求，亟需一批具有全球视野，且精技术、通经济、擅管理、懂外语的高端人才。

4.3 学科在我国的发展策略

党的十八大将“生态文明建设”纳入“五位一体”中国特色社会主义总体布局，要求“把生态文明建设放在突出地位，融入经济建设、政治建设、文化建设、社会建设各方面和全过程”。十九大又进一步提出坚持人与自然和谐共生，坚持节约资源和保护环境的基本国策。这给矿产资源开发行业带来了前所未有的机遇和挑战。在“生态文明建设”及经济“新常态”背景下，转变发展方式，加快产业结构调整，强化技术创新，提高资源利用效率和产品质量，减少污染排放，实现绿色、高效、智能、经济发展已经成为当前矿产资源行业科技发展的方向。

4.3.1 加强基础研究及关键技术、装备研究攻关

加强基础研究和前沿技术研究，通过跨学科、跨领域的技术融合，支持智能化技术与矿物加工技术相融合、矿床与矿产资源回收相关性研究、低品位复杂难选资源回收提取、选矿药剂与矿物相互作用机制、低品质煤提质、矿产资源综合利用、先进功能性矿物材料等基础理论研究，强化大型超细碎、细磨、高效浮选设备及智能控制技术的自主研发，并通过系统优化形成配套性良好的工艺流程，提高分选指标、降低能耗，突破我国矿产资源禀赋对资源回收的不利影响，形成一批矿产资源高效开发关键技术，构建新型绿色、高效、智能、经济选矿技术体系，为我国矿产资源可持续供应提供技术支撑。

4.3.2 加强先进适用技术推广及重大科技示范工程建设

以提高效率、节能减排为核心，尽快推广成熟的共性技术，促进新技术、新工艺、新装备的产业化应用，进而缓解矿产资源开发对经济发展的约束。

结合国家重大需求，通过全产业链布局，在基础理论研究、关键技术装备攻关的基础上，重点建设一批重大科技示范工程，推广先进适用性技术，提升我国矿物加工技术的水平与地位。同时，依托重大示范工程带动自主创新，加快国产技术装备应用，形成具有自主知识产权的核心技术和装备体系。

4.3.3 加强科技人才队伍建设，完善科技创新体制

加快矿物加工科技人才培养，为矿物加工学科发展提供基础保障。培养一批具有国际

视野、国际领先研究水平的矿物加工科技人才和创新团队，引导人才队伍投身本学科基础研究或应用基础研究。将国家发展战略、研究热点问题与现场实际凝练的科学问题有机结合，使得基础研究或应用基础研究成为有源之水。加强协同创新平台建设，鼓励企业与高等学校、研究机构等合作，建立产学研联盟，加快矿物加工科技成果转化和应用。同时，建立若干具有国际先进水平的技术研发平台、工程转化平台、资源大数据平台、工程示范和产业化基地，为保证社会经济可持续发展、建立资源节约型和环境友好型社会会提供强有力的科技支撑。使我国未来在矿物加工学科“基础研究－前沿技术－应用技术－集成示范－成果推广”整个链条上开展创新，形成产学研技术互动承接机制可持续发展技术体系。

4.3.4 推动“互联网＋矿物加工”发展，实现矿物加工学科的数字化、智能化

联合科研院校、技术研发实体、中介服务机构、产业投资公司、大中型企业等产学研优势单位，立足我国矿物加工现状，整合大数据、云计算等互联网信息技术，与选矿基础理论研究、技术研发和工业大生产过程深度融合，建立选矿数据库，搭建矿物加工全国性技术共享智慧化服务平台，颠覆传统选矿模式，实现研究方式与生产转化的创新性发展，开辟互联网思维下的资源共享、智慧研发、智能生产矿物加工新模式。

4.3.5 加强学术平台建设与国际合作

加强矿物加工学科学术平台建设，培育高水平国际学术期刊，组织有影响力的全球性学术会议。

加强国际合作与交流，促进矿物加工学科人才的联合培养，引进吸收国外先进设备和基础研究的先进理念与手段，输出先进的资源开发利用技术，服务于国家“一带一路”战略。

4.3.6 加强顶层设计，优化学科布局

以提高行业整体发展水平和增强国际影响力为目标，定期制定学科发展规划。与国家战略相契合，挖掘国内、国际需求，根据需求制定学科发展战略，如针对循环经济发展需求，切实发展二次资源利用等矿物加工学科分支。根据矿物加工学科发展的基础和特色确立重点学科；加强不同单位研究中的统筹协调，注重突出各单位已有基础与优势，减少由于信息闭塞导致的重复研究，通过优势互补、协同共享，形成矿物加工行业的积极发展。

参考文献

[1] 孙传尧．选矿工程师手册［M］．北京：冶金工业出版社，2015.

[2] 中国可持续发展矿产资源战略研究项目组．中国可持续发展矿产资源战略研究［M］．北京：科学出版社，2016.

[3] Gao Zhiyong, Li Chengwei, Sun Wei, et al. Anisotropic surface properties of calcite: A consideration of surface broken bonds [J]. Colloids and Surfaces A: Physicochemical and Engineering Aspects, 2017 (520): 53-61.
[4] Gao Zhiyong, Sun Wei, Hu Yuehua. Mineral cleavage nature and surface energy: Anisotropic surface broken bonds consideration [J]. Transactions of Nonferrous Metals Society of China, 2014, 24 (9): 2930-2937.
[5] 高跃升，高志勇，孙伟.萤石表面性质各向异性研究及进展 [J]. 中国有色金属学报，2016，26 (2): 415-422.
[6] 邓久帅.黄铜矿流体包裹体组分释放及其与弛豫表面的相互作用 [D]. 昆明：昆明理工大学，2013.
[7] Fuerstenau M C, Miller J D, Pray R E, et al. Metal ion activation in xanthante flotation of quartz [J]. Society of Mining Engineers, 1966 (235): 359-363.
[8] 金华爱，李柏淡.黑钨矿浮选金属阳离子活化机理研究 [J]. 有色金属，1980 (3): 46-55.
[9] 贺智明，董雍赓，孙笈.铅离子对水杨氧肟酸浮选金红石的活化作用研究 [J]. 有色金属，1994 (4): 43-48.
[10] 赵庆杰，魏国，沈峰满. 直接还原技术进展及其在中国的发展 [J]. 鞍钢技术，2014 (4): 1-7.
[11] 朱庆山，李洪钟. 难选铁矿流态化磁化焙烧研究进展与发展前景 [J]. 化工学报，2014，65 (7): 2437-2742.
[12] Liu G, Strezov V, Lucas J, et al. Thermal investigations of direct iron ore reduction with coal [J]. Thermochemica Acta, 2004, 410 (1-2): 133-140.
[13] Sun Y, Han Y, Gao P, et al. Investigation of kinetics of coal based reduction of oolitic iron ore [J]. Ironmaking and Steelmaking, 2014, 41 (10): 763-768.
[14] Gramatica P. Principles of QSAR models validation: internal and external [J]. QSAR &Comb. Sci, 2007 (26): 694-701.
[15] Yuehua Hu, Pan Chen, Wei Sun. Study on quantitative structure-activity relationship (QSAR) of quaternary ammonium salt collectors for bauxite reverse flotation [J]. Mineral Engineering, 2012 (26): 24-33.
[16] Fan Yang, Wei Sun, Yuehua Hu. QSAR analysis of selectivity in flotation of chalcopyrite from pyrite for xanthate derivatives: Xanthogen formates and thionocarbamates [J]. Minerals Engineering, 2012 (39): 140-148.
[17] Cui B, Wei D, GAO S, et al. Numerical and experimental studies of the flow field in a hydrocyclone with an air core [J]. Transactions of Nonferrous Metals Society of China, 2014 (24): 2642-2649.
[18] 沈政昌，陈东，杨丽君，等. 320m^{3}充气机械搅拌式浮选机内气液两相流的数值模拟 [J]. 有色设备，2010 (6): 14-17.
[19] 翟爱峰，刘炯天.浮选柱中蜂窝管高效充填的设计与研究 [J]. 矿山机械，2012 (6): 80-84.
[20] Koh P, Manickam M, Schwarz M. CFD simulation of bubble-particle collisions in mineral flotation cells [J]. Minerals Engineering, 2000, 13 (14-15): 1455-1463.
[21] 郭娜娜.溢流型磁力旋流器的磁场模拟及试验研究 [D]. 武汉：武汉科技大学，2014.
[22] Fernando B, Raimund B, Stenfan D, et al. Advanced methods of flux identification for clarifier-thickener simulation models [J]. Minerals Engineering, 2014 (63): 2-15.
[23] Aghajani S, Soltani G, Ebrahimzadeh G, et al. Application of response surface methodology and central composite rotatable design for modeling the influence of some operating variables of the lab scale thickener performance [J]. International Journal of Mining Science and Technology, 2013 (23): 717-724.
[24] Zhou F, Wang L, Xu Z, et al. Interaction of reactive oily bubble in flotation of bastnaesite [J]. Journal of Rare Earths, 2014, 32 (8): 772-778.
[25] Zhou F, Wang L, Xu Z, et al. Reactive oily bubble technology for flotation of apatite, dolomite and quartz [J]. International Journal of Mineral Processing, 2015 (134): 74-81.
[26] Zhou F, Wang L, Xu Z, et al. Role of reactive oily bubble in apatite flotation [J]. Colloids and Surfaces A:

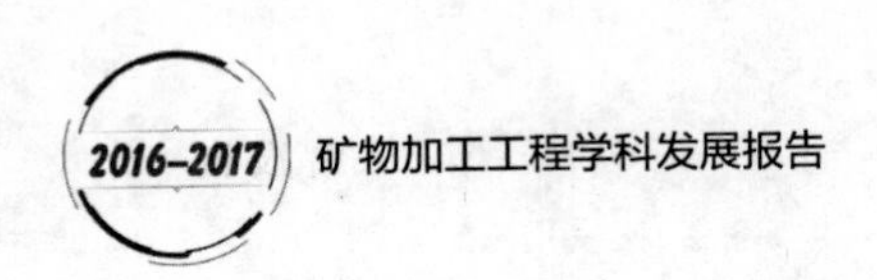

Physicochemical and Engineering Aspects，2017（513）：11–19.

[27] Haijun Zhang，Jiongtian Liu，Yongtian Wang，et al. Cyclonic–static micro–bubble flotation column [J]. Minerals Engineering，2013（45）：1–3.

[28] Ai Wang，Xiaokang Yan，Lijun Wang，et al. Effect of cone angles on single–phase flow of a laboratory cyclonic–staticmicro–bubble flotation column：PIV measurement and CFD simulations [J]. Separation and Purification Technology，2015（149）：308–314.

[29] 陈雯，张立刚. 复杂难选铁矿石选矿技术现状及发展趋势 [J]. 有色金属（选矿部分），2013（S）：19–23.

[30] 韩跃新，高鹏，李艳军，等. 我国铁矿资源“劣质能用、优质优用”发展战略研究 [J]. 金属矿山，2016（12）：1–7.

撰稿人：吴熙群　朱阳戈　宋振国　孙　伟　何发钰　陈　雯　韩跃新
宋少先　张　覃　谢广元　童　雄　池汝安　陈代雄　张海军
周榆林　邓久帅　高志勇　孙永升　陈　攀　胡志强　田祎兰

专题报告

有色金属矿物加工清洁高效智能化

1. 引言

有色金属是日常生活、国防军工及科学技术发展必不可少的基础材料，在国民经济建设和现代化国防建设中发挥着越来越重要的作用。高效回收利用有色金属资源对提升国家综合实力和保障国家安全具有重要的战略意义。

我国有色金属工业经过近 30 年来的迅速发展，产量（至 2017 年）已连续 16 年居世界首位。作为有色金属生产第一大国，我国在有色金属研究领域，特别是在复杂低品位有色金属资源的开发和利用上取得了长足进展。同时，随着资源的持续开采，我国优质有色金属矿产资源持续减少。复杂低品位矿石资源或二次资源已逐步成为主体原料，这对选矿、冶金、材料加工、环境工程等科学技术提出了巨大挑战。

我国有色金属工业的发展迫切需要适应我国资源特点的新理论、新技术。因此，本章节所涵盖的理论、技术大多为近五年的科技成果，编写内容也尽量力求全面，所涉及内容包括工艺矿物学理论方法与应用实践，复杂硫化矿、氧化矿、稀散稀土金属矿的利用新工艺及新技术，高效浮选药剂的分子设计及清洁合成，新型有色金属矿物加工设备的研制，智能工厂的建设，二次资源综合利用和有色金属矿物加工中的环境保护等内容。

2. 工艺矿物学理论及方法应用实践

工艺矿物学是研究矿石原料和矿石加工工艺过程产品的化学组成、矿物组成和矿物性状及变化的一门应用学科，是在矿物学和矿物加工学之间发展起来的学科，在确定合理的选矿工艺、优化选矿流程结构、提高矿山企业生产指标等方面发挥着重要的作用。随着现代测试技术水平的提高及相关学科的不断渗透，尤其是基于扫描电镜的矿物自动分析仪、矿物谱学和微束分析方法的广泛应用，丰富了工艺矿物学研究的理论基础、方法与手段，提高了研究深度和工作效率，促进学科发展的同时也使工艺矿物学研究在选矿流程的制定及矿产资源的综合开发利用方面的作用更加显著。

2.1 矿产资源评价

矿石的矿物组成、粒度特性、结构构造、有益有害成份的分布规律及选冶工艺流程中元素走向和富集分散规律是工艺矿物学研究的主要内容，是选择适应矿石性质的技术上可行、经济上合理的工艺方案及评价工艺流程合理性的重要依据，是确保取得最佳经济效益的基础性工作，对提高资源利用率具有重要意义。

云南永平县水泄－厂街铜钴矿石中的铜矿物以砷黝铜矿为主，其次为黄铜矿。钴一部分呈分散状态分布于砷黝铜矿等矿物中，另一部分以钴黄铁矿等单独矿物形式存在。铜矿物和含钴矿物嵌布关系复杂，解离难度大，常规的浮选法难以实现有效的选别分离，只能产出含砷较高、含铜品位较低的铜钴混合精矿。欲进一步综合回收，还需要对混合精矿进行化学选矿再处理。方明山等对影响安徽某铜矿中铜选矿指标的矿物学因素进行了研究。矿石中有 8.01% 的铜以墨铜矿的形式存在，其嵌布粒度细，与蛇纹石及滑石的嵌布关系密切，难以充分单体解离，浮选难度大；矿石中存在一定量的蛇纹石及滑石等层状硅酸盐矿物在碎磨过程中容易产生泥化，会消耗药剂从而也影响硫化物的分选。因此，为获得理想的铜选矿指标，在回收铜之前应先脱除蛇纹石、滑石等易浮层状脉石矿物，浮选时加强对墨铜矿的回收。王明燕、李艳峰等利用 MLA 分别对江西某铜矿、安徽某铜矿中伴生的金、银进行了详细的研究，查明了金、银矿物的种类，并对其嵌布特性、粒度特性等工艺参数进行了查定，指出了影响金、银选矿指标的矿物学因素，为选矿指标的优化提供了理论依据。

由于金品位过低，一些复杂铜－金矿或者难选金矿的研究一直是难题。郭彩莲等通过电子探针分析手段对陕西省干河坝金矿石中金的赋存状态进行了研究，结果表明矿石中金矿物为银金矿，粒度较细；嵌布状态以包裹金和粒间金为主，其次为裂隙金；矿石中主要载金矿物有黄铁矿、毒砂、石英等；矿石中银金矿粒度较细、包裹金的存在及含砷是影响选矿指标的主要因素。

李波等从工艺矿物学的角度查明了福建某低品位石英脉型钨矿石矿物组成、钨矿物的嵌布和粒度特征、钨的赋存状态，为选矿工艺研究提供了基础资料和理论依据。此外，研究中发现含钨金红石，尚属首例，对钨的矿物学研究具有一定的学术意义。钟彪等采用 MLA 进行大量的观察和统计测定，确认了大量呈包裹状态的微细粒锡石的存在。这些微粒锡石虽然呈微粒甚至纳米级颗粒包裹于硅酸盐中，但是与类质同象状态是有本质区别的。以往认为存在大量的石榴石等硅酸盐中类质同象的锡，实际上是包裹在这些矿物中的极微粒锡石。

津巴布韦某铂钯矿石中的铂钯矿物种类多，嵌布粒度均较细，不宜采用重选方法回收。铂钯矿物与硫化物的嵌布关系比较密切，因此可通过浮选富集硫化物的方式进行回收；由于矿石中有部分铂钯矿物以微细粒包裹体形式嵌布于脉石矿物中，因此需要细磨。不过，一定量的滑石等脉石矿物在细磨过程中易泥化，对浮选效果会造成一定的影响。

近年来工艺矿物学越来越多地应用于稀土、铀矿的研究中，洪秋阳等对某富磷灰石复杂稀土矿、朱志敏等对大陆槽稀土矿、陆薇宇对四川某稀土矿分别进行了系统的研究，查明了矿石中稀土矿的矿物组成以及稀土元素的赋存状态。研究结果为稀土矿资源的合理开发利用提供了基本参考依据。南非的 Duncan M. Smythe 等利用 QEMSCAN 并结合电子探针、XRF 和 ICP-MS 化学分析技术查明了某稀土矿石中的矿物组成，稀土元素在各矿物相中的分布状况，以及含稀土矿物的粒度及解离度。通过分析各种数据，能够了解矿石的矿物学特性及其对工艺流程的影响。武翠莲、马嘉、谭双等人分别对某铀钼矿、连山关铀矿以及塘湾铀矿进行了研究，查明了铀矿石的矿物组成，铀矿物的化学成分和赋存状态，提出了影响铀浸出的主要因素，为其合理利用提供了理论依据。

某云英岩型锂矿石的锂矿物为铁锂云母，德国的 T.Leißner 等对其在磁选中的行为展开了研究。通过 MLA、磁化率测量仪等检测手段，获取选矿流程中原矿、精矿和尾矿中的矿物组成、粒度、解离度及磁化率等数据，计算出了不同粒级颗粒的磁化率分配曲线。将研究结果与磁选实验结果进行对比，显示该方法对分析磁选分离工艺具有适用性，可作为估算该矿石磁选工艺效率的依据，避免了大量耗时的选矿试验。而且，该方法还可以推广到其他选矿工艺中。

俄罗斯的 Chanturiya 运用了光学显微镜、X- 衍射、电子探针、俄歇电子能谱、扫描电镜、背散射电子图像、电位测定、中子活化分析和浮选等手段和方法对某铜 - 锌硫化物矿石中的黄铁矿样品的矿物组成、物理化学、结构、电位和浮游性能进行了研究。结果表明，铜 - 锌矿中的黄铁矿的外部形态学、结构构造、节理、含金品位、微量元素杂质和其物理参数、浮游性能之间均存在关系。

2.2 选矿产品的工艺矿物学研究

工艺矿物学可对选矿工艺流程中的原矿、精矿、尾矿及中间作业产品进行研究，提供矿物组成、目的矿物和非目的矿物的解离度、粒度分布以及连生特性等工艺矿物学参数，并进行全面的综合分析，解释不合理损失的原因，为选矿流程的诊断、优化及流程设计提供指导。

安恒媛等查明了云锡某选矿厂粗锡物料中锡、三氧化钨、铁、硫的赋存状态，并测定了主要目的矿物的粒度和解离度，并拟定试验方案，开展选矿试验，产出钨锡混合精矿后进行了分选及水冶试验研究，实现了钨锡的有效分离，产出了合格的精矿。攀西钒钛磁铁矿硫钴粗精矿中硫、钴的品位较低，达不到综合利用要求，粗精矿中没有独立的钴矿物存在，样品中含有的大量钛铁矿和脉石矿物是导致硫、钴含量偏低的主要原因。电子探针和扫描电镜分析结果表明钴在磁黄铁矿中品位较黄铁矿、钴镍黄铁矿低，因此可通过黄铁矿和磁黄铁矿的分离实现钴、硫资源的综合利用。为此采用先富集硫化矿物再分离的方法得到钴硫精矿和硫精矿的“精选 - 分离”流程，实现了钴、硫资源的综合利用。

陈道前等对四川里伍铜矿浮选尾矿的研究结果表明，尾矿中主要金属矿物有磁黄铁矿、黄铜矿和铁闪锌矿等，金银矿物嵌布粒度细，分布率与铜分布率接近正相关。尾矿中大部分磁黄铁矿、黄铜矿和铁闪锌矿没有单体解离，互相复杂连生。采用浮选等传统选矿方法，成本相对较高；采用微生物冶金技术回收尾矿中铜、锌等金属更具可行性。加拿大 Stamen Dimov 等、Aparup Chattopadhyay 等通过电子探针、动态二次离子质谱、飞行时间二次离子质谱、拉曼光谱等微束分析技术及自动矿物分析系统，对浮选（原矿、精矿、粗选尾矿）和加压氧化浸渣进行研究，矿石中的金主要以次显微金的形式分布在黄铁矿及毒砂中；浸渣中的金主要以炭质吸附金的形式损失，其次以次显微金的形式分布在赤铁矿和黄铁矿中。

加拿大 Aparup Chattopadhyay 等采用光学显微镜观察、掠金碳形态分析、单体解离分析、比表面积分析和二次离子质谱仪分析、重液分离以及高速离心分析等手段考查了某些难浸金矿石的原矿石及中间产品，发现大多难浸金矿石的特征是其中金以不可见（或次显微）的固溶体金或胶体金形式存在于硫化矿物相中，而浸渣中细粒碳物质往往吸附已溶金（也就是众所周知的掠金碳）。澳大利亚学的 J.Quinteros 等运用 MLA 和 LA–ICP–MS 的技术手段，对开路浮选试验的给料、精矿和尾矿样品进行了研究。结果表明，给料中 90% 以上的银矿物以固溶体形式赋存在黄铁矿中，因此将矿石的浮选目标确定为黄铁矿后，得到粗精矿银品位 485ppm，银的回收率约 87%。意大利 Giuseppe Bonifazi 利用高光谱成像、背散射电子图像以及短波红外成像等手段研究了美国蒙大拿 Butte 铜矿石及选矿产品中的矿物组成、矿物的几何特征及其空间关系，为优化生产流程提供了依据。

高歌等通过分析多个 MLA 在选矿过程中的应用实例，认为 MLA 对确定矿物种类、含量及单体解离度等方面具有快速、准确的特点；同时对于查找微细金也具有显微镜无法比拟的优势；此外，利用 MLA 可实现对矿山选矿厂的流程考察，使选矿厂对产品的监测从单一的化学分析到实现工艺矿物学、化学分析，可及时且直观地发现流程中存在的问题，特别是当原矿的物质组成发生变化时，可及时针对不同的矿石性质制定合理有效的选矿方案，大大提高选矿工作效率，实现矿山选矿厂的利益最大化。E.Whiteman 等用 QEMSCAN 对刚果 Kamoa 铜矿石不同粒级原矿磨矿产品、浮选精矿和尾矿样品中的铜硫化物进行了粒度、解离度等工艺矿物分析，并以此数据拟合出不同粒级样品中铜回收率与铜品位、铜矿物解离度的关系曲线，模拟预测不同浮选流程的结果。实验室浮选试验与模拟结果的对比，证明了工艺矿物学在选矿流程预测中具有有效性，可减少不必要的选矿试验。Dee Bradshaw 以澳大利亚芒特艾萨矿、加拿大 Raglan 矿、南非布什维尔德铂矿、南非 Gamsberg 锌矿为例说明通过工艺矿物学研究可以查明矿石中有益有害元素的赋存状态、测定目的矿物的粒度和解离度以确定合理的磨矿细度，从而改善选矿工艺设计，以便矿山以最低成本达到最佳的选矿指标，阐述了工艺矿物学在改进复杂硫化矿选矿生产指标中的作用。

澳大利亚 Roger Smart 等利用 QEMSCAN/MLA、X- 射线衍射分析、扫描电镜能谱分析、EDTA 预处理以及飞行时间二次离子质谱仪等手段，通过识别矿物、测定解离度、浮选试验、EDTA 表面预处理、氧化 - 还原电位平衡模型和表面分析等 6 个步骤，确定原矿以及选矿产品中矿物表面化学特性，从而查找影响选矿回收率和品位提高的矿物学因素。澳大利亚 Rong Fan 等利用同步辐射 X 射线微探针分析、X 射线衍射分析、X 射线吸收光谱分析及飞行时间二次离子质谱分析等综合手段对玻利维亚 San Cristobal 矿的矿石及锌浮选尾矿样中含银矿物的矿物学和表面化学进行了研究。研究表明，矿石中的银部分赋存于硫银矿和砷硫锑铜银矿等硫化物中，部分赋存在碘银矿中；银的损失可能与含银矿物表面吸附氰化物有关。

2.3　二次资源评价

为减少重金属对环境的影响，同时变废为宝、实现资源利用最大化，需要加强对二次资源的综合回收利用。选冶处理后的物料性质更为复杂，回收难度也更大，而工艺矿物学研究正是合理评价二次资源可利用性的重要手段。

贵州某含金汞冶炼渣中主要有价元素为金。该冶炼渣中碳酸盐、有机碳含量高；金以微细粒金为主，载金矿物黄铁矿和辰砂嵌布粒度也很细，且主要嵌布或包裹在碳酸盐中，单体解离难度大。因此，无论采用浮选还是氰化浸出方法，该冶炼渣选冶难度都较大。

熊玉旺、于雪分别对云南某地、赞比亚某铜冶炼厂产出的铜反射炉渣进行了研究。结果表明渣中的铜主要以冰铜存在，铁主要以 Fe_2SiO_4 为主，其次为 Fe_3O_4，且含铜、铁、硅矿物相互共生嵌布关系较为紧密，呈显微细粒、极显微细粒不均匀嵌布。炉渣中铜和铁可分别采用浮选法和磁选法回收，研究结果为选矿采用合理的选别工艺以实现二次资源的综合利用提供了矿物学依据。吕德良研究了某铜转炉渣的工艺矿物学特征，该渣中脉石矿物主要以铁橄榄石与石英为主，铜主要以金属铜与硫化铜形式赋存。金属铜和硫化铜的粒度整体很细且不均匀，可适当添加氧化钙以降低炉渣黏度，从而促进铜结晶长大，有利于后续浮选处理。

日本 Gjergj Dodbiba 等通过 X 射线荧光光谱仪和 X 射线衍射分析等手段对南非 ConRoast 冶炼炉中的渣样进行研究，该铂族金属直流电炉炉渣的主要成分是铁橄榄石。基于铂主要赋存在铁橄榄石中，提出首先通过磁选富集铁橄榄石，然后经 1200℃碳化还原焙烧形成铁铂合金，再用浓盐酸浸出的工艺，获得了比较好的指标。

近年来，工艺矿物学随着研究方法的不断创新、理论水平的持续提高，其研究范围不断拓展，研究程度也逐步加深。就其本身而言，矿物特征参数自动化分析技术的研究与完善是工艺矿物学学科发展的方向和趋势之一。另外，随着 X 射线显微 CT 的研究成功，已经能对物料进行三维的表征，若能实现对矿物 CT 图像的自动识别，这将会是工艺矿物学研究的革命性成果。“基因矿物加工工程”是由孙传尧院士首次提出，并已获得到了国内外业界的广泛认可。“基因矿物加工工程”是以矿床成因、矿石性质、矿物特性等矿物加工的“基因”特性研究与测试为基础，建立和应用数据库，并将现代信息技术与矿物加工技术深度融合，将有可能突破传统的矿物加工研发和工程转化的模式，大幅度缩短工艺技术的开发周期，实现高效低耗。

3. 复杂矿矿物加工技术及工艺

3.1 复杂硫化矿矿物加工新工艺新技术

3.1.1 复杂铜铅锌硫化矿

复杂铜铅锌硫化矿通常是指含铜、铅、锌等硫化物在矿石中致密共生，或部分受到氧化变质的多金属硫化矿，其浮选分离是选矿界公认的难题之一，也是选矿工作者重要的研究领域。造成铜铅锌分离难度大的主要原因有：矿石性质复杂多变，次生铜矿物在矿浆中产生难免金属离子的活化，以及硫化矿物间嵌镶关系复杂等因素。

目前，国内有许多选矿厂因铜铅分离效果差，只生产出铅精矿和锌精矿产品，铜矿物未能得到有效的回收，造成了资源的严重浪费；或是铜精矿和铅精矿产品互含高，质量差。近年来，国内外针对复杂铜铅锌多金属硫化矿的高效分离开展了广泛研究，在新工艺和新技术等方面不断改进，大幅度地提高了复杂铜铅锌硫化矿的选矿指标。

3.1.1.1 铜铅锌硫化矿资源的特性

铜铅锌多金属硫化矿在世界范围内分布较广泛，如西藏的中凯墨竹工卡和宝翔纳如松、湖南的平江和清水塘、四川的天宝山和呷村、甘肃小铁山、辽宁八家子、江苏小茅山、日本的松峰和内之岱、美国艾达拉多、加拿大布伦兹维克、乌兹别克斯坦汉吉兹、秘鲁安第斯劳拉等。

该类矿石的主要铜矿物有黄铜矿、斑铜矿、辉铜矿、黝铜矿；铅矿物主要为方铅矿；锌矿物主要为闪锌矿、铁闪锌矿；主要铁矿物为黄铁矿、磁黄铁矿、毒砂等。矿石中还可能含有部分氧化矿物如孔雀石、蓝铜矿、白铅矿、菱锌矿、褐铁矿等；脉石矿物主要有石英、方解石、透闪石、绿帘石、矽灰石、石榴石，有的还含有萤石、重晶石、绢云母等。

该类型矿石除含铜、铅、锌、铁等金属元素外，还常伴生镉、铟、金、银，其中镉、铟常赋存于闪锌矿中；金呈自然金或赋存于黄铜矿、黄铁矿中；银一般与方铅矿、黝铜矿紧密共生。有时矿石还含有铋、锑、锡、钨及稀散元素碲、硒、稼、钽、锗。所以，对该类矿石进行综合回收具有巨大的经济价值。

3.1.1.2　复杂铜铅锌硫化矿选矿工艺

铜铅锌多金属硫化矿选矿回收通常采用浮选工艺，可分别获得铜、铅、锌、硫等精矿产品，伴生的有价元素在选矿过程富集于精矿产品中，在冶炼过程中可进一步回收，其浮选分离具有以下特点：①矿石中硫化铜矿物含量低，而方铅矿、闪锌矿含量高，黄铁矿含量变化大，且选矿产品种类多，造成流程结构较复杂，生产上操作困难；②各目的矿物紧密共生，相互嵌镶，嵌布粒度细且不均匀，造成磨矿过程中单体解离困难；③有时矿石易氧化变质，易泥化，使浮选分离变得更复杂，有时矿石中含有较多的炭质、磁黄铁矿或炭质页岩或黏土质矿物，这些矿物均会恶化浮选分离指标。因此，铜铅锌多金属硫化矿浮选分离成为最难选的矿石之一，处理该类型矿石必须采用较为复杂的浮选工艺。以下将围绕浮选工艺为主线，并结合生产现状，阐述复杂铜铅锌硫化矿的几种工艺：铜铅锌优先浮选工艺、铜铅混浮－铜铅分离－锌浮选工艺、铜铅锌混合浮选工艺、其他工艺。

（1）铜铅锌优先浮选工艺。

铜铅锌优先浮选工艺即为铜铅锌依次优先浮选工艺，该工艺流程适用于原矿铜品位相对较高的原生硫化矿，可以适应矿石品位的变化，具有较高的灵活性。为提高矽卡岩型铜铅锌硫化矿床伴生贵金属银的回收，采用铜铅锌优先浮选工艺依次获得铜精矿、铅精矿、锌精矿产品，同时改进磨矿工艺，采用新型浮选药剂进行诱导活化银浮选，大幅度提高伴生银的总回收率。

选用高效铜矿物捕收剂，SN–9#、苯胺黑药混合捕收剂为铅矿物捕收剂等药剂制度，采用铜铅锌优先浮选工艺，得到较好的分选指标。

对西藏索达矿区低品位铜铅锌银矿采用铜铅锌优先浮选方案和低毒选矿药剂，实现了铜铅有效分离。

针对某地铜铅锌硫化矿易浮、难分离、嵌布粒度极不均匀的特点，采用铜铅锌优先浮选、铜再磨再选的工艺流程，获得了较好的分选效果。

国外如苏联哲兹卡兹干铜铅矿选厂、瑞典莱斯瓦尔铅锌选厂同样也采用此流程，生产稳定且指标优良。

（2）铜铅混浮－铜铅分离－锌浮选工艺。

当矿石中铜铅嵌布关系复杂，通过采用选择性浮选药剂或相关工艺无法实现铜铅锌依次优先浮选时，依据矿石的性质特点，可采用铜铅混浮－铜铅分离－锌浮选工艺。该工艺是传统的铜铅锌多金属硫化矿浮选方法，被国内多数矿山企业应用于生产实践。

根据抑制铜铅矿物的难易程度，以及铜铅矿物含量的多少，铜铅分离工艺又可分为抑铜浮铅和抑铅浮铜工艺。

1）抑铜浮铅工艺。巴林左旗红岭铜铅锌铁矿在选矿方案试验的基础上，采用铜铅混合浮选再分离－锌浮选的工艺流程，选用抑铜浮铅工艺，获得的铜精矿中铅的含量较低。

2）抑铅浮铜工艺。铜铅分离作业采用活性炭脱药，环保型铅矿物组合抑制剂，实现了铜铅有效分离，并取得良好的选矿试验指标。目前采用环保型组合铅矿物抑制剂实现铜铅分离已成为主流，无氰无铬的铜铅分离工艺在国内外获得广泛应用。

（3）铜铅锌混合浮选工艺。

当矿石中有价矿物之间嵌布粒度细微，综合回收的有价元素（如含有贵金属金、银等元素）较多，且常规工艺无法获得单一精矿产品时，可采用铜铅锌混合浮选工艺进行目的矿物综合回收，该工艺在生产中应用较少。

针对铜、铅、锌、银复杂多金属共生难选矿石，生产现场采用优先浮选工艺流程，长期达不到设计指标，造成资源的严重浪费，经研究采用混合浮选 – 混合精矿加压浸出分离工艺，使得矿石中的有价元素得到最大回收。

对于重晶石型复杂嵌布铜铅锌次生硫化矿，其有用矿物嵌布粒度细，矿石中的方铅矿和闪锌矿因夹杂细小铜矿物而自活化，分离浮选困难，常规选矿方法和药剂难以分离出单一铜、铅、锌精矿产品的问题，研究建议采用粗磨条件铜铅锌全浮流程，可获得铅 + 锌品位大于 50% 的含铜铅锌混合精矿。

（4）其他选矿工艺。

1）等可浮。甘肃铜铅锌硫化矿随着矿山的不断开采，矿物组分和性质也随之发生变化，导致产出的精矿品质差。为了解决这一问题，对该矿石进行研究，最终确定采用铜与部分铅锌优先混合浮选再浮选分离、其余铅锌与硫混合浮选再铅锌与硫分离的工艺流程。

2）磁选 – 浮选。针对某高硫复杂铜铅锌矿矿石性质特点，矿石中磁黄铁矿含量较高，因其可浮性与铜铅锌矿物相近，对有价金属矿物间浮选分离的影响较大，采用磁选 – 浮选联合工艺流程，即磁选预先脱除部分磁黄铁矿后再进行铜铅锌优先浮选，同时铜优先浮选精矿进行铜硫分离。

针对类似矿石也采用预先脱磁黄铁矿，消除其对铜铅锌浮选的影响，再根据矿石的具体性质采用常规的浮选工艺，较好地解决了此类矿石浮选难的问题。

3）异步浮选。青海某复杂铜铅锌多金属硫化矿中含有微细粒交代的铅 – 锌连生体，根据矿石中目的矿物可浮性的差异及嵌布特征，采用了铜优先浮选 – 铅异步快速浮选 – 铅锌硫混浮 – 铅锌与硫分离异步浮选法，获得了较好的选矿指标。

4）铜优先浮选 – 铅锌硫混浮 – 铅锌硫分离。针对含易浮脉石云母的复杂铜铅锌矿，采用优先浮铜 – 铜精矿脱云母 – 铅锌硫混浮 – 铅锌与硫分离的浮选工艺，在铜与铅锌分离的同时消除云母对浮选过程的影响。

5）铜快速浮选及再磨技术。西北铜铅锌硫化矿，铜铅锌共生关系密切，且铜、铅矿物嵌布粒度细小，铜铅锌矿物分离难度大，依据矿物特性，采用铜快速浮选 – 铜铅混浮 – 铜铅再磨分离 – 锌浮选的选矿技术，有效地解决了铜铅锌矿物分离问题，铜、铅和锌三种精矿产品质量和回收率均获得大幅度地提高。

6）氰化尾渣回收铜铅锌工艺。氰化尾渣回收铜铅锌常用的工艺有：铅铜锌依次优先浮选、铅锌优先混合浮选－铜浮选、铜铅混浮－铜铅分离－锌浮选及其他工艺。

3.1.1.3 复杂铜铅锌硫化矿选矿关键性新技术

当前国内外复杂铜铅锌矿选矿主要采用铜铅混合浮选后再分离和优先浮选工艺流程。由于方铅矿和黄铜矿等含铜矿物的可浮性相近，浮选分离困难。铜铅分离有浮铜抑铅和浮铅抑铜两种方案，过去较为传统的做法是：采用重铬酸盐法浮铜抑铅，该法主要特点是重铬酸钾用量大，搅拌时间长，对环境污染严重；采用氰化法浮铅抑铜，该法对环境污染严重，且不利于贵金属金和银的综合回收。由于重铬酸钾和氰化物存在环境污染问题，近年来许多选矿工作者开展了广泛的无氰无铬研究，取得了较大的成效。

（1）铜铅分离预处理。

铜铅混合精矿的分离浮选，首先是进行混合精矿脱药，然后再进行分离作业。在生产实践中常用浓密、过滤、再磨以及活性炭等脱药方法。陈代雄对铜铅混合精矿采用机械浓缩脱水，无需使用常规活性炭或硫化钠脱药，采用铅矿物选择性抑制剂实现了铜铅矿物的有效分离。

（2）绿色高效抑制剂。

在含亚硫酸盐类方铅矿无机抑制剂的研究方面，主要包括亚硫酸盐、亚硫酸钠＋硫酸亚铁、淀粉＋亚硫酸氢钠等，虽然亚硫酸盐类对铜铅硫化物矿物可浮性的影响有差异，可以实现两种矿物的分离，但是分离效果一般，这主要是由于药剂对两种矿物都有抑制作用，无法将两种矿物很好地分离，说明药剂存在选择性较差的问题。并且亚硫酸盐易被氧化，在现场不易制备和储存，对环境污染也较大。除此之外，还有焦亚硫酸钠、焦磷酸钠等无机化合物可作为方铅矿抑制剂，虽然焦磷酸钠对两种矿物存在选择性差异，但是只在弱酸性条件下效果较好，对实际生产环境要求较高。近年来大部分的研究者主要是使用了大分子有机抑制剂及其改性药剂作为方铅矿的抑制剂，主要是以羧甲基纤维素类、淀粉类或糊精等为主，具体有羧甲基纤维素、焦亚硫酸钠＋硅酸钠＋羧甲基纤维素、羧甲基纤维素＋亚硫酸钠＋水玻璃、羧甲基纤维素＋硫酸锌＋水玻璃、磷酸酯淀粉、糊精等。虽然大分子有机药剂的抑制能力强，但是存在选择性差的问题，药剂用量大时对两种矿物均存在抑制作用。除此之外，还有腐殖酸钠＋过硫酸铵、鞣酸、聚合硫酸铁＋甘油等方铅矿有机抑制剂。

基于两种矿物表面性质的差异，有些研究者采用“抑铜浮铅”法，并进行了相关的研究，主要药剂有巯基乙酸钠、壳聚糖、聚丙烯酰胺等。在铜抑制剂的研究方面，虽然药剂具有一定的选择性，但是普遍较差，无法实现两种矿物较好的分离。

（3）生物浸出研究。

复杂铜铅锌硫化矿的生物浸出是近年来的研究热点之一，具有污染少、成本低等优点，但其也具有浸出周期长、浸出率偏低、受环境影响较大等缺点，故该方法较难获得工业应用。

3.1.1.4　复杂铜铅锌硫化矿高效浮选分离的影响因素分析及相应对策

铜铅锌多金属硫化矿呈现“贫细杂散”的趋势，有价金属的品位普遍较低，且品位波动较大，导致生产不稳定，可控性较差；同时矿物组分较为复杂，嵌布粒度不均，氧化程度高，含泥量多等因素均加大了资源综合回收利用的难度，分选指标不理想，其主要体现以下几点：

（1）选择性磨矿。

各目的矿物的单体解离问题，需要开展选择性磨矿工程实践。针对四川会理天宝山矿区、南京栖霞山矿区、内蒙古东升庙矿区、安徽径县等地的铜铅锌矿石进行工艺矿物学研究，发现存在硫化铜矿物的嵌布粒度低于铅锌硫化矿的嵌布粒度的普遍规律，国内选矿厂现有的磨矿水平很难实现部分硫化矿的单体解离。许多工作者早已进行相关研究，通过磨矿介质、碎磨自动化控制、碎磨设备及工艺的优化等方面的研究，改善磨矿产品的粒度特性。

（2）高效浮选药剂。

浮选药剂问题，如铜矿物、铅矿物的捕收剂和抑制剂选择性较差。国内铜铅锌多金属选矿厂采用铜铅锌优先浮选工艺时，多数使用黄原酸盐等传统的阴离子捕收剂作为铜矿物捕收剂，此类捕收剂选择性较差，在浮选硫化铜、铅矿物时，对锌硫矿物（尤其是受活化的锌硫矿物）亦有一定的捕收能力。铜矿物、铅矿物的捕收剂和抑制剂的研究一直是选矿研究领域的热点，尤其是铜矿物选择性捕收剂和铅矿物高效环保型有机抑制剂的研究，不少单位已加入到相关的研究里面。国内外的许多选矿研究工作者在这些方面虽然进行了大量的基础工作研究，取得了一定的成果，但其在工业上的应用效果有待于进一步提高。

（3）复杂铜铅锌选矿影响因素。

矿浆中的“难免金属离子”活化锌硫矿物，导致铜铅锌硫化矿的分离难度大。针对这类矿石，生产中采用相应的调整剂消除难免金属离子的活化作用。

某些铜铅锌硫化矿中含有较多的易浮脉石恶化浮选环境，影响分离效果。此类矿石需要加强对易浮脉石矿物的抑制研究，强化分散和抑制脉石矿物，同时选用合理的工艺流程结构，减少易浮脉石矿物在工艺流程中的循环累积。

选矿设备配置与矿物的特性不匹配，工艺流程不稳定。选矿设备配置不合理，导致铜铅锌多金属硫化矿分选精度不高，精矿产品互含严重，从而影响分选指标。目前已有许多新型选矿设备在生产中得到应用，且自动化程度逐步提高，这为铜铅锌多金属硫化矿的有效分离提供了硬件保证。

3.1.2　铜钼硫化矿

由于铜钼资源贫矿多富矿少，铜钼矿物致密共生，矿物结构构造复杂，嵌布粒度不均匀，且铜钼可浮性相近，使得铜钼分离较为困难。同时从铜钼矿石中回收的钼约占钼产量一半左右，故铜钼选矿新工艺和新技术的研究对于铜钼资源有效回收有着重要意义。

3.1.2.1　铜钼硫化矿资源的特性

世界铜矿资源丰富，主要分布在智利、美国、印度尼西亚、秘鲁等国。我国是世界上铜矿较多的国家之一，主要分布在江西、西藏、云南等地，但缺乏富铜矿资源。我国铜矿资源特点：①中小型矿床多，大型、超大型矿床少；②矿石共生及伴生组分多；③铜矿床贫矿多富矿少；④开发利用条件好的矿床少、难处理矿石多。

世界钼矿资源非常丰富，主要分布在中国、美国、智利、加拿大、俄罗斯。钼矿是中国的优势矿种之一，产量居世界前列，主要集中在河南、陕西、吉林三省。我国钼矿资源特点：①多在露采，规模大，易采选，钼矿资源分布广且相对集中；②钼矿储量虽然多，但贫矿多富矿少且品位低；③品位较低，但伴生有益组分多，经济价值较高。

以铜为主而伴生钼的铜钼矿，主要以斑岩铜矿床存在于自然界中，而居世界铜储量首位的斑岩铜矿通常或多或少地伴生有辉钼矿，如德兴铜矿就是世界上罕见的大型斑岩硫化铜钥矿床之一。斑岩铜矿中的铜矿物大多数以黄铜矿（$CuFeS_2$）为主，其次是辉铜矿（Cu_2S），其他含铜矿物较少，伴生在斑岩铜矿中的钼矿物一般是辉钼矿（MoS_2）。

3.1.2.2　铜钼硫化矿选矿工艺

利用浮选处理铜钼矿石较为普遍，工艺技术成熟，且指标较好。铜钼硫化矿石浮选原则流程：优先浮选流程、等可浮流程、混合浮选流程。

（1）铜钼优先浮选工艺。

对于低品位铜钼矿石，在保证钼精矿品位和回收率的同时，还要考虑铜的综合回收，有时采用优先浮选更为适宜。铜钼优先浮选分为抑铜浮钼和抑钼浮铜，优先浮铜工艺在我国使用较少，仅见于国外少数选厂。

（2）铜钼等可浮选工艺。

等可浮不使用或少用石灰，进行铜钼与硫的分离，对铜钼分离及钼精选干扰小，有利于获得较优的指标。

等可浮采用选择性捕收剂（无铜矿捕收剂），优先浮出钼和易浮的铜，再铜钼分离，该工艺避免了对强抑制的铜矿物难以活化问题，改善了铜钼浮选分离效果，而且抑制剂的用量也可大幅减少。但该方案获得的精矿品位偏低，现场操作要求较高，故实际应用较少。

采用等可浮 - 铜、钼分离工艺，等可浮获得的铜钼混合精矿在抑铜浮钼的铜、钼分离工艺中，铜矿物相对容易被抑制，可改善铜、钼分离的矿浆条件，降低抑制剂用量、铜钼分离时矿浆的黏度及铜、钼分离的生产成本。

（3）铜钼混合浮选工艺。

多数铜钼矿采取混合浮选 - 铜钼分离工艺，原因在于辉钼矿与黄铜矿可浮性相近，且伴生严重，此工艺成本较低，流程较简单。

1）铜钼混合浮选。铜钼混合浮选的药剂制度为：捕收剂为黄原酸盐类（如丁基黄药），辅助捕收剂为烃油类（如煤油），起泡剂 2 号油或 MIBC 等，调整剂为石灰、水玻璃、六偏磷酸钠等。铜钼混合精矿中的残余药剂和含铜矿物表面的疏水性物质会影响后续的铜钼分离，故铜钼分离前需要有预处理作业。

2）铜钼分离预处理。预处理作业目的：脱除混合精矿中的残余捕收剂，解吸黄铜矿表面的疏水性物质，为铜钼分离创造条件。预处理方法有：浓缩脱药、加热处理、氧化、再磨、活性炭脱药、硫化钠脱药。铜钼混合精矿经过预处理后，进行铜钼分离。

3）铜钼分离。铜钼分离通常采用浮钼抑铜工艺，常用抑制剂可分为无机物和有机物两类，无机物主要是诺克斯类、氰化物、硫化钠类等，有机物主要是巯基乙酸盐等，单独使用或混合使用均可。

当进行高铜低钼矿的分离时，若抑铜浮钼产生的药剂成本较高，可考虑浮铜抑钼工艺。如美国 SiverBe 和 Bingham 采用糊精进行抑钼浮铜的工业实践，该工艺不能选用烃油类作捕收剂，原因在于烃油存在时糊精对辉钼矿的抑制无效。

因辉钼矿有良好的可浮性，无机或有机小分子抑制剂不易发挥作用，这使得一些高分子抑制剂得以使用，如糊精、淀粉、腐殖酸、单宁酸等。

3.1.2.3　铜钼硫化矿选矿新技术

（1）机柱联合浮选系统。

铜钼资源特性为：原矿品位低、嵌布粒度细、各目的矿物伴生严重等，故需要较细的磨矿粒度，且存在过粉碎现象严重的问题。

浮选柱的优势在于对难矿化细颗粒、细泥含量高的矿物回收效果好。我国应用于铜钼浮选的浮选柱很多，如旋流 – 静态微泡浮选柱、Jameson 浮选柱、SFC 型充填式静态浮选柱等。

在新疆某铜钼选厂改建中，采用旋流 – 静态微泡浮选柱进行铜钼混合粗选、铜钼混合精选、铜钼分离粗选、钼精选等作业，与浮选机扫选作业结合形成柱机联合浮选工艺系统。

（2）电位调节技术。

浮选电化学在铜钼分离应用方面有相当推动作用，通过控制矿浆电位实现了不同硫化矿的顺序浮选。

对原矿铜品位 0.709% 的铜钼矿进行了电化学控制浮选的实践研究，通过控制浮选 pH 和 Ep 改变钼铜铁硫化矿物可浮性实现分选，铜钼混合精矿中铜品位 25.88%，回收率 85.61%，较常规浮选（无电化学控制）分别提高 5.90% 和 0.67%。由此可见，电位调节技术是值得研究并应用于实践的。

（3）铜钼选冶联合技术。

对于某些难选铜钼矿石，由于其中铜钼矿物嵌布粒度极细，且含较多的石墨，矿物组成较复杂，很难通过细磨深选分离铜钼，常规浮选方法难以奏效。选矿研究者经过深入研究，开发出铜钼矿选冶联合技术。

（4）充氮浮选。

采用充氮浮选工艺可以降低抑制剂用量。早在1972年，美国专利报道，在用诺克斯药剂抑制铜矿物时，使用氮气可大大降低诺克斯的用量。美国皮马选矿厂采用该技术，硫化钠用量减少75%。此后，在国外许多类似矿山得以推广应用，均取得了明显的效果。

针对德兴铜矿的铜钼分离，进行了充氮工业试验。充氮后，硫化钠用量减少了60.55%，而选矿指标几乎与充空气时一样。据估算，采用充氮工艺，每年可节约硫化钠费用1000万元。但由于其他各方面的原因，这一新技术在我国还没有得到成功应用。

（5）高效抑制剂。

含硫化合物抑制剂主要有硫化钠、硫氢化钠、硫代硫酸钠、砷洛克斯（As_2O_3+NaOH）、磷洛克斯（P_2S_5+NaOH）、含氧硫酸盐（$Na_2S_2O_3$，Na_2SO_3）等；含氰化合物抑制剂主要是氰化物，氰化物具有用量少和抑制能力强等优点，但其毒性较强且对环境危害大，限制了其在生产上的应用；组合抑制剂采用多种无机物如Na_2SO_4+$ZnSO_4$、Na_2SO_4+$CuSO_4$和Na_2SO_4+$Al_2(SO_4)_3$等的组合使用来抑制铜矿物。

巯基乙酸盐类，特别是巯基乙酸钠的分子结构中含有两个极性基团，即–SH和–COO。–SH能和黄铜矿发生反应吸附在矿物表面，且吸附能力比黄原酸离子更强；亲水基–COOH与矿物通过离子交换吸附产生水分子膜，使矿物更加亲水。但缺点是巯基乙酸钠成本高。

3.1.2.4　铜钼硫化矿高效浮选分离的影响因素分析及相应对策

对于铜钼选矿技术，国内外已进行了大量的研究工作和生产实践，使得铜钼浮选工艺和药剂制度取得了一定的进步，但依然存在一些问题，主要体现在以下几个方面：

（1）铜钼分离预处理技术。混合精矿分离前要进行预处理，预处理不仅要脱除矿物表面的药剂，还要进一步增大两种矿物之间的可浮性差异。这需要不断对常规的脱药方法进行研究，也要进一步开发有效的非常规的方法。

（2）铜钼混合精矿的选择性再磨。因辉钼矿嵌布粒度一般较细，常对铜钼混合精矿进行再磨再选，但国内选厂的磨矿水平容易带来过粉碎、泥化或无法实现目的矿物的单体解离，从而影响铜钼分离。建议从磨矿分级设备、磨矿分级自动化控制系统、磨矿分级技术参数（磨矿介质、磨矿浓度、磨机转速、充填率、磨矿效率、分级效率等）、磨矿分级技术实践操作等方面进行研究，提高选厂的磨矿效果。

（3）硫化钠消耗量大。因硫化钠能有效抑制非辉钼矿的所有金属硫化矿，故硫化钠法至今仍然是铜钼分离最常用的方法。但硫化钠易氧化变质从而失去抑制效果，故硫化钠消耗量较大，选矿药剂成本较高。目前降低硫化钠用量的方法主要为分段添加药剂，建议开展充氮气浮选的选矿试验。

（4）充氮浮选工程实践。含铜矿物抑制剂是铜钼分离的重要环节，诺克斯类、氰化物类药剂抑制效果不错，但毒性大；且硫化钠、亚硫酸钠、诺克斯药剂中的硫化钠或五硫化二磷易氧化而失去抑制作用，导致消耗量增大。据资料显示，充氮浮选可节省铜抑制剂量50% ~ 75%，是减少铜钼分离抑制剂用量有效的途径，但目前国内铜钼分离没有充氮浮选的工程实践，建议开展充氮浮选的工程实践。

铜钼硫化矿选矿的主要问题铜钼分离难度大，抑制剂消耗量大、对环境污染较大和成本高，且钼回收率低，选钼成本高。故有效的预处理作业、开发经济环保的铜钼分离抑制剂是铜钼硫化矿选矿的关键。

3.1.3 铜镍硫化矿

铜镍是重要的有色金属，由于其良好的延展性、导电性、耐高温、抗腐蚀和高强度等特点，成为各行各业不可或缺的重要金属。世界铜镍矿产资源丰富，可分为铜镍硫化矿、红土镍矿和硅酸镍矿三大类，其中红土镍矿和硅酸镍矿占镍总储量的80%，铜镍硫化矿只占其中的20%。由于红土镍矿和硅酸镍矿难以采用常规的选矿方法进行回收，所以目前从铜镍硫化矿中提取镍占现今镍总产量的2/3。且铜镍硫化矿中还常伴生有金、银、铂、钯等稀贵金属。为满足我国镍金属需求量的不断攀升，随着我国镍矿产资源大量开采，我国镍矿产资源储量呈明显下降趋势。因此，提高我国铜镍硫化矿资源的综合利用水平，对增强国内铜镍硫化矿矿石的供矿能力，促进矿产资源的可持续发展意义重大。

3.1.3.1 我国铜镍硫化矿资源特点

（1）分布高度集中。

我国铜镍硫化矿矿产资源丰富，约占全国镍总储量的90%，占世界硫化镍总储量的第三位，主要分布在甘肃、四川、吉林、新疆、云南、陕西、青海等地。如甘肃的金川铜镍矿、四川的丹巴铜镍矿和会理铜镍矿、吉林磐石的红旗岭铜镍矿、吉林通化的赤柏松铜镍矿、新疆的哈拉通克铜镍矿、青海的化隆铜镍矿、云南的金平铜镍矿、陕西的略阳煎茶岭铜镍等。其中我国最大的甘肃金川特大型铜镍硫化矿床，镍资源量占全国的62%，金属镍产量占全国的80%以上。

（2）共伴生关系复杂，有价元素多。

铜镍硫化矿石共伴生关系较复杂，常与黄铜矿、磁黄铁矿等共伴生，此外还含有铁、铬、钴、锰、锑、铋、金、银及铂族金属、硒和碲等元素。这些元素皆可综合回收利用，我国金川镍矿除了主金属铜镍外，还伴生有铂族金属、金、钴等10余中有用伴生元素；云南白马寨铜镍矿及金宝山钯铂矿是典型的伴生铂族元素的硫化镍矿床。

（3）有害杂质MgO含量高。

我国绝大部分铜镍硫化矿属于基性或超基性岩，具有高镁、铁，贫硅、铝，少钾、钠等特点。铜镍矿主要脉石矿物为镁铁硅酸盐、镁铁钙硅酸盐、钾钠铝硅酸盐等。基性或超基性岩经长期的氧化蚀变后，形成蛇纹石、透闪石、绿泥石、滑石等高含MgO脉石矿物。

3.1.3.2　铜镍硫化矿矿物性质

铜镍硫化矿矿石性质普遍复杂，矿物组成种类繁多，尤其是脉石矿物种类多样且复杂。镍具有强烈的亲铁、亲硫性，所以在成矿阶段主要构成镍的硫化物，有的也与蹄、砷等元素构成了蹄化物或砷化物，甚至还有些取代了脉石矿物中的铁或镁元素以类质同象的形式分散在脉石中。据查明，已知的含镍矿物主要有镍黄铁矿、针硫镍矿、紫硫镍矿、硅镁镍矿和红砷镍矿等 50 余种。其中常见的硫化镍矿主要有镍黄铁矿和紫硫镍矿等，常见金属矿物主要有黄铜矿、黄铁矿、镍黄铁矿、磁黄铁矿和磁铁矿等，脉石矿物主要为橄榄石、滑石、辉石、蛇纹石、透闪石、绿泥石、斜长石、阳起石、石英、云母、碳酸盐和硅酸盐等。镍矿物特点：①镍黄铁矿、磁黄铁矿、黄铁矿致密共生，可浮性相近，浮选难以分离；②含镍的主要矿物镍黄铁矿、紫硫镍矿可浮性差异较大，镍黄铁矿上浮速度较快而紫硫镍矿上浮速度较慢；③矿石中通常含有大量含镁脉石矿物，可浮性好，易泥化，对浮选造成不利影响；④镍黄铁矿、紫硫镍矿等硫化矿物表面易被氧化，造成疏水性差异减小，可浮性下降，影响铜镍浮选分离过程。

3.1.3.3　铜镍硫化矿选矿工艺研究

（1）优先浮选或部分优先浮选流程。

优先或部分优先浮选流程是采用对铜具有高选择性的强效捕收剂，优先浮选部分质量较好或易浮的铜矿物，再对铜尾矿进行活化，采用对镍矿物捕收能力强的捕收剂进行回收另一部分铜矿物和镍矿物，可实现铜镍矿物的优先浮选分离，得到铜精矿和含铜较高的铜镍混合精矿。研究报道采用该流程对某铜镍硫化矿进行了详细的试验研究，结果表明采用 Z–200 作铜矿物捕收剂优先浮选铜矿物，再用黄药 +Z–200 作镍矿物捕收剂浮选另一部分铜矿物及镍矿物，试验获得了良好的分选指标，可获得质量较好的铜、镍单一精矿。

（2）混合浮选流程。

铜镍混合浮选流程是将铜镍矿物混合精矿的形式混合浮选出来，再采用浮选的方法进行铜镍分离或者采用冶炼的方法冶炼成高冰镍后再进行铜镍分离。现今国内外大多数选厂都采用该流程。铜镍混合浮选工艺浮选铜镍矿物，再采用硫酸锌作镍矿物抑制剂进行铜镍分离，它在碱性介质中可对 Ni_2S_3 起到很强的抑制效果，但对 Cu_2S 的抑制效果不明显，可实现高冰镍中 Ni_2S_3 与 Cu_2S 的浮选分离。科列夫等人将铜镍混合浮选工艺获得的混合精矿采用石灰作介质，并对矿浆进行充气，从而进行铜镍分离，效果较好，获得的铜、镍单一精矿品位和回收率都较好，且降低了生产成本。

（3）混合优先浮选流程。

混合优先浮选流程是先采用混合浮选流程将原矿中的铜镍矿物混合浮选出来，然后再将混合粗精矿采用优先浮选流程分选出含铜高的镍精矿和含镍低的铜镍矿。该工艺一般采用黄药和黑药类捕收剂混合浮选出铜镍粗精矿，再采用石灰作镍矿物的抑制剂，黄药作捕收剂抑镍浮铜，铜镍分离，获得铜、镍单一精矿。例如诺里尔斯克 1# 选矿厂就是采用该流程，获得的铜镍精矿品位和回收率都有所升高，同时还降低了生产成本。

（4）闪速浮选法。

闪速浮选法又叫快速浮选法，它是利用特制的浮选机（闪速浮选机）处理磨矿产品，经过一次闪速浮选后就可获得质量较好的铜镍混合精矿。此方法获得了良好的分选指标，与原生产工艺相比，铜镍混合精矿中铜品位提高了 0.19%、镍品位提高了 0.48%，铜回收率提高了 2.68%、镍回收率提高了 2.33%。金川铜镍硫化矿选矿厂于 1997 年进行了闪速浮选工业试验，取得了较好的浮选指标，镍、铜总回收率分别比不加闪速浮选机提高 1.32% 和 0.75%。

（5）阶段磨矿和阶段浮选流程。

一般情况下硫化镍矿物嵌布状态多样，通常包括块状、海绵晶铁状和浸染状共存的结构，选矿可采用阶段磨矿和阶段浮选流程。在澳大利亚温达拉选厂，矿石中矿物嵌布粒度不均，易泥化的脉石矿物含量高，选矿厂采用了两段磨矿流程。金川二矿区富矿石的浮选研究中，进行两磨两选中矿粗精矿再磨工艺流程的小型试验及工业试验，取得了较好的选别指标。在保证浮选精矿镍品位大于 8%、镍回收率大于 88% 的前提下，精矿中 MgO 含量可降到 6.5% 以下，满足闪速炉熔炼的基本要求。

（6）脱泥 – 浮选工艺。

对于矿物组成简单，矿石中含有易泥化的钙镁硅酸盐矿物，采用泥沙分选，既有利于强化粗粒硫化矿的浮选，又可降低浮选药剂的用量。脱泥 – 浮选工艺适用于矿泥多、矿泥含有用矿物品位高、而又不能分选的矿石。我国金川铜镍硫化矿在处理露天矿石时，将两段磨矿浮选后的尾矿进行脱泥，对脱泥后的底流部分进行浮选，有利于提高浮选回收率和精矿品位。

（7）分速浮选工艺。

分速浮选工艺是依据颗粒浮选速度差异分速浮选的工艺。由于铜镍硫化矿石中硫化矿物种类繁多、相互间紧密共生且嵌布状态复杂，在粗选中采用硫化矿物全混合浮选的流程，浮选过程中硫化物集合体、单体间及其与脉石的连生体颗粒间，必然存在矿物组成及浮选速率的差异。按浮选速率的大小差异，进行分别浮选。在金川铜镍硫化矿二矿区贫矿的浮选开路试验中，采用 As–4 作为捕收起泡剂，As–3 作为调整剂，一段粗选 Ni 精矿回收率可达到 55.89% ~ 60.60%，氧化镁含量降低到 4.76%。

（8）电化学调控浮选工艺。

浮选电化学是通过矿浆电位匹配，调节矿浆电位，从而使矿物疏水和亲水的一种电化学反应过程。在铜镍硫化矿浮选中，电位调控方式有：①通过氧化剂控制磨矿浮选过程铜镍硫化矿物表面的氧化过程；②通过调整矿浆 pH 值，控制铜镍硫化矿物表面的电化学特性，提供最佳浮选矿浆环境；③加入化学药剂，防止铜镍硫化矿物在浮选中间过程中过度氧化。电化学调控方法对铜镍浮选表明，自然 pH 值下，镍选别效果最佳，适量的 Na_2SO_3

可以改善镍矿物的可浮性，提高镍矿物的回收率。镍黄铁矿和黄铜矿在无捕收剂的条件下的电位调控浮选行为，结果表明在 pH=4.21 电位区间在 250 ~ 450mV 或 -550 ~ 750mV、pH=10.27 电位区间在 -200 ~ 400mV 镍黄铁矿和黄铜矿可实现无捕收剂浮选分离。还有研究对金川镍黄铁矿纯矿物进行了无捕收剂自诱导浮选，金川镍黄铁矿在 pH 值 2.6 ~ 12 范围内均可实现自诱导浮选，并利用电化学的方法阐述了表面氧化机理，证明了镍黄铁矿自诱导浮选表面疏水产物为单质硫。

（9）磁选 - 浮选法。

浮选 - 磁选联合流程是对含磁黄铁矿较高的铜镍硫化矿最为合适的流程，且镍黄铁矿与磁黄铁矿化学性质相近，浮选时容易影响镍精矿的品位和质量，如对此部分磁黄铁矿进行抑制，则又势必影响镍的回收率。先采用浮选将铜矿物和镍黄铁矿尽可能地浮出，并进行分离，而浮选尾矿可采用强磁进行回收含镍低的磁黄铁矿，提高镍的回收率。如诺里尔斯克 2# 选矿厂；另一方面也可采用磁选预先分离出磁黄铁矿，避免磁黄铁矿在镍精矿中富集，影响镍精矿的品位和质量，如加拿大的克拉拉贝尔选矿厂。

（10）酸法浮选工艺。

矿浆 pH 环境是浮选过程中很重要的因素之一，酸性矿浆条件下铜镍的浮选回收率最高，碱性条件下的次之，中性条件的最低。酸法浮选的主要特点是：在酸性介质中，次生硫化镍矿物——紫硫镍铁矿在氧化烛变过程中形成的表面氢氧化铁薄膜可被溶去，活化了紫硫镍铁矿的浮选；同时还可以清洗镍黄铁矿、含镍磁黄铁矿矿物表面，防止其表面氧化，进而提高其可浮性。

（11）微生物浸出法。

随着铜镍矿产资源的日益开采，易选的铜镍富矿石不断减少，大量低品位微细粒嵌布的铜镍硫化矿逐渐增多，传统的选矿方法已不能适应现今的复杂铜镍硫化矿分选的需要。微生物浸出法对贫细杂化的铜镍硫化矿进行研究，并取得了一定的效果。研究表明，铜镍硫化矿浮选尾矿进行了细菌浸出试验，试验通过正交条件考察了矿石粒度、pH 值、矿浆浓度、表面活性剂用量、细菌接种量等对细菌浸出的影响，并确定了细菌浸出的最佳工艺条件。铜的浸出速度比镍的浸出速度慢，镍的浸出率可达 91.09%，而铜的浸出率仅为 63.27%。

3.1.3.4　铜镍硫化矿浮选药剂研究

（1）捕收剂。

捕收剂是有用矿物与脉石有效分离的关键。铜镍硫化矿分选时常采用黄药或黑药类捕收剂，但是由于铜镍矿矿石资源越来越“贫、细、杂、难”化，传统的捕收剂已经不能满足铜镍矿的高效经济的分选。开发清洁、高效、廉价的新型捕收剂成为铜镍硫化矿捕收剂发展的主流方向。

纳米级的疏水聚苯已稀被视为基性或超基性镍黄铁矿浮选的最有前景捕收剂。主要是因为纳米粒子可吸附到镍黄铁矿颗粒表面，使其充分疏水而诱导浮选。螯合咪唑组和镍黄铁矿表面之间的相互作用，聚苯乙烯纳米颗粒支撑面的咪唑组专门绑定镍离子从而改善其选择性。

如株洲选矿药剂厂研制的新型药剂 PN405 和 Y89 系列，选择性好、捕收能力强，铜可提高 1.15%、镍回收率可提高 1.03%。

白银有色金属公司选矿药剂厂研制的 BF 系列，选择性好、捕收能力强，药剂用量小。在金川硫化铜镍矿浮选中采用 BF–4 作为捕收剂，与丁基黄药相比，铜、镍回收率分别提高了 0.59% 和 1.80%，MgO 含量降低了 0.86%。

ZNB 系列是中南大学研发的硫化铜镍矿高效组合捕收剂，浮选金川铜镍矿二矿区富矿，在原矿 Ni 品位 1.52%、Cu 品位 0.83%、MgO 含量 27.68% 的条件下，获得 Ni 品位 7.61%、Cu 品位 3.63%、MgO 含量 5.68% 的优质铜镍混合精矿，Ni、Cu 回收率分别达到 85.55% 和 74.03%。

（2）脉石矿物抑制剂。

铜镍硫化矿中脉石矿物多为含钙、镁的硅酸盐矿石，如蛇纹石、滑石、透闪石、橄榄石、辉石等，它们质地柔软，容易泥化，且吸附能力强容易吸附在铜镍矿物表面，影响铜镍矿物的浮选分离，需要对其进行抑制。现今硅酸盐脉石矿物的抑制剂主要有有机抑制剂和无机抑制剂两种。无机抑制剂主要有水玻璃、六偏磷酸钠、氢氟酸、硅氟化钠、氟化钠、焦磷酸氢乙烯胺、磷酸二钠、磷酸三钠等；有机抑制剂主要有羧甲基纤维素衍生物、羧乙基纤维素（CHE）、纤维素化合物、单宁化合物、磺化纤维素（CES）、胺化羧甲基纤维素（ACMC）、纤维素的铜氨络合物（CACC）、树胶醚化物、淀粉、古尔胶、果胶、槐胶等。云锡矿业公司采用甘蔗渣造纸的炭浆黑液作铜镍矿物抑制剂，效果显著，经分析后发现其中富含木质素类化合物，它是脉石矿物被抑制的主要成分，且抑制剂效果比羧甲基纤维素稍强。

根据利蛇纹石的性质特征，合成了 S–g–PAM（由淀粉和聚丙烯酰胺合成）和 S–g–PAA（由淀粉和聚丙酰酸合成）的利蛇纹石的有效抑制剂。研究表明，在矿浆 pH=8 的条件下，S–g–PAM 和 S–g–PAA 与传统抑制剂羧甲基纤维素相比，镍黄铁矿的回收率得到更好的改善。

西北矿冶研究院的 JCD 由 T–1140、29 号剂和 0 号油混合组成。JCD 药剂具有抑制蛇纹石等含镁脉石的作用，从而降低了精矿中 MgO 含量，同时 JCD 对镍黄铁矿和磁黄铁矿还有一定的活化作用。采用 JCD 作为金川硫化铜镍矿中含镁脉石的抑制剂，在原矿镍 1.45%、铜 0.68% 的条件下，获得 Ni6.48%、Cu2.62% 铜镍混合精矿，Ni、Cu 回收率分别达到 88.98% 和 76.61%，精矿中 MgO 含量从原矿的 24.56% 降至 6.15%。

（3）铜镍分离抑制剂。

目前，铜镍矿物的浮选分离大多采用抑镍浮铜的工艺流程，而传统的镍矿物抑制剂主要为亚硫酸盐、石灰、氧化还原剂、氰化物等。我国吉林的通化赤柏松铜镍矿选厂和磐石铜镍矿选厂采用石灰作镍矿物抑制剂抑镍浮铜，效果显著。加拿大铜镍迭矿选矿厂采用（氰化钠石灰）作镍黄铁矿抑制剂，实现了铜镍矿物的浮选分离。采用石灰与亚硫酸钠组合作镍黄铁矿和磁黄铁矿的抑制剂起到了很好的效果，铜精矿中铜品位提高了1.12%、铜回收率提高了16.58%，镍精矿中镍品位提高了1.18%、镍回收率提高了0.58%。采用石灰等作镍矿物的组合抑制剂，在原矿含铜1.15%、含镍1.70%时，可获得含铜25.09%、铜回收率88.20%的铜精矿，含镍13.55%，镍回收率96.5%的镍精矿，试验指标优良。

3.1.3.5　国内外铜镍硫化矿选矿生产概况

（1）我国甘肃金川铜镍硫化矿选矿厂生产概况。

金川集团有限公司1965年5月第一条选矿生产线建成投产，至今已有40多年的光辉历史。年处理矿量由最初的13.8万吨到现在年处理矿石1000万吨的生产能力和规模。

现阶段选矿厂所处理的铜镍硫化矿石采用“阶段磨矿，阶段选别”的混合浮选流程，联合使用高效选矿药剂，在保证氧化镁合格的前提下，获得较高回收率的铜镍混合精矿。总体选别指标为：高精镍品位8.3% ~ 11.8%，低精镍品位2.2% ~ 5.7%，总精镍品位7.7% ~ 8.8%，总精MgO含量小于6.8%，总精镍回收率85%左右。

（2）澳大利亚坎巴尔达镍矿选厂。

坎巴尔达镍选厂隶属于澳大利亚西部矿业公司。坎巴尔达选厂处理的镍矿石中硫化矿物以镍黄铁矿、磁黄铁矿为主，镍黄铁矿是镍的主要来源，脉石矿物主要包括蛇纹石、绿泥石和滑石等烛变硅酸盐矿物。随着矿石开采的进一步深入，矿石嵌布粒度越来越细，矿石越来越难以处理。选矿厂所用的浮选药剂为：抑制剂为古尔胶，活化剂为硫酸铜，捕收剂为乙基黄原酸钠，起泡剂为三乙氧基丁烷，浮选在自然值中进行。选矿指标为：原矿镍品位3%，原矿MgO含量10% ~ 14%，闪速浮选精矿品位10%，闪速浮选精矿回收率50%，闪速浮选尾矿品位（给入常规浮选作业入选品位）1.8%。总精矿镍品位12% ~ 13%，精矿氧化镁小于5%，总精矿镍回收率92%。

（3）澳大利亚芒特肯斯镍选厂。

芒特肯斯镍选厂目前已形成年处理矿石1200万吨，镍金属5万吨的生产能力，是澳大利亚西部矿业公司重要的镍原料基地。芒特肯斯矿石中主要金属硫化物为镍黄铁矿、黄铁矿和黄铜矿等，主要的脉石矿物为蛇纹石、橄榄石、滑石等。芒特肯斯镍选厂的流程设计为破碎、磨矿、脱泥、浮选、浓缩和尾矿处理。浮选药剂包括：硫酸作为粗选作业的pH调整剂，抑制剂为古尔胶，捕收剂为乙基黄原酸钠，根据矿石类型确定药剂添加比例，另加少量絮凝剂和碳酸钠。选矿指标为：原矿镍品位0.57%，精矿镍品位17% ~ 25%，精矿氧化镁含量7% ~ 9%，镍回收率60% ~ 75%。

（4）澳大利亚雷恩斯特镍选厂。

雷恩斯特镍选厂目前年处理矿石量为200万吨。矿石中有价金属矿物为紫硫镍铁矿、镍黄铁矿、黄铁矿和磁黄铁矿等，脉石矿物主要为透闪石、菱镁矿、白云石、绿泥石、水镁石、利蛇纹石、滑石等。药剂制度为：分散剂为六偏憐酸钠，pH 调整剂为纯碱，捕收剂为戊基黄原酸钾，起泡剂为 Interrforth56，降镁药剂为 Calgon。选矿指标为：原矿镍品位 1.90%，氧化镁含量 25%，闪速浮选精矿镍品位 16% ~ 21%，闪速浮选镍回收率 30% ~ 35%，总精矿品位 13% ~ 14%，镍回收率 85%，精矿氧化镁含量小于 4%。

3.1.3.6　加拿大克拉拉贝尔选矿厂

克拉拉贝尔是国际镍公司最大的现代化镇选矿厂。矿石中主要的硫化矿物为镍黄铁矿、黄铜矿和含镍的磁黄铁矿，占金属硫化矿物的 90%，此外还含有少量的磁铁矿和黄铁矿。选矿工艺采用磁选 – 浮选联合流程。原矿经磨矿分级，采用磁选分离出磁黄铁矿精矿，磁选尾矿经浮选得到铜镍混合精矿。克拉拉贝尔选矿厂的处理能力已达 4 万吨 / 天，选别指标为：原矿镍品位 1.4%，铜品位 1.3%，浮选精矿镍品位 10.6%，铜品位 10.2%，镍回收率 80%，铜回收率 94%。

3.2　氧化矿矿物加工新工艺

3.2.1　氧化铜矿矿物加工

3.2.1.1　氧化铜矿资源及特点

铜矿资源分为硫化铜矿、氧化铜矿和混合铜矿三大类。铜的氧化物主要有赤铜矿（Cu_2O）和黑铜矿（CuO）等。铜的硫酸盐、碳酸盐和硅酸盐矿物主要有孔雀石［$Cu_2CO_3(OH)_2$］、蓝铜矿［$Cu_3(CO3)_2(OH)_2$］、硅孔雀石［$(Cu,Al)_2H_2Si_2O_5(OH)_4 \cdot nH_2O$］、水胆矾［$Cu_4SO_4(OH)_6$］和氯铜矿［$Cu_2Cl(OH)_3$］等。

在 20 世纪 50 年代，人们将氧化率小于 10% 的称为硫化铜矿，氧化率 10% ~ 30% 的称为混合铜矿，氧化率大于 30% 的称为氧化铜矿。这种划分是以回收利用铜矿资源的难易程度来进行的，对于氧化率小于 10% 的硫化铜矿，浮选方法回收利用能够获得良好的效果；对于氧化率 10% ~ 30% 的混合铜矿，浮选方法回收存在一定的难度，回收率不高；对于氧化率大于 30% 的氧化铜矿，浮选方法难以获得好的效果，回收率低于混合铜矿。但随着湿法冶金技术的进步，对于“纯粹”的氧化铜矿，直接浸出可以获得较好的效果。对于湿法冶金方法，除了其他因素外，氧化率也是判定其处理效果的重要指标，但与浮选方法相反，氧化率越高，湿法冶金的效果就越好；氧化率越低，湿法冶金的效果就越差。所以，浮选适合处理硫化矿、湿法冶金适合处理氧化矿，已经成为人们的共识。这样一来，如果以浮选和湿法冶金方法处理铜矿的难易程度来划分，混合铜矿的概念就发生了变化，对于氧化率 10% ~ 80% 的铜矿，单一的浮选和单一的湿法冶金都不能获得良好的技术经济效果，所以，有学者将氧化率 10% ~ 80% 的铜矿划归为混合铜矿，而氧化率小于 10% 的为硫化铜矿，氧化率大于 80% 的为氧化铜矿。

全球铜矿床中含有氧化铜矿的混合铜矿约占 15%，铜金属量约占总储量的 25%。我国混合铜矿占到铜矿资源相当大的比例，金属量估计超过1000万吨。由于品位低、回收利用的难度大，一直是铜矿资源开发利用的难题之一。我国云南、湖北、四川、新疆、广西、湖南等省份分布有大量的混合铜矿资源，都因经济技术的原因没有得到很好的开发利用，其中云南东川新区混合铜矿资源超过150万吨金属，迪庆羊拉20万吨，大姚桂花18万吨，新疆滴水40万吨等，都是难处理的混合铜矿。

3.2.1.2　氧化铜矿矿物加工研究现状及进展

（1）选矿工艺研究现状及进展。

目前，硫化－黄药浮选是回收氧化铜矿的主要方法之一。采用浮选法易将孔雀石、蓝铜矿进行选别，但硅孔雀石、含铝硅酸盐及磷酸铜矿等比较难浮。根据矿石中所含氧化铜矿种类与性质，以及浮选氧化铜矿时所使用的捕收剂种类和性质的不同，浮选氧化铜矿的方法可分为直接浮选法、硫化浮选法，胺类浮选法、螯合剂－中性油浮选法等。

氧化铜矿直接浮选是矿物不经过预先硫化，采用高级黄药、硫醇类及高级脂肪酸等捕收剂对矿物直接进行浮选。在早期的氧化铜矿浮选中，这种方法应用得较多，特别是矿物组成简单、品位较高且主要以孔雀石和硅孔雀石为主的氧化铜矿石，其特点是具有较高的回收率，但选择性较差。随着矿石性质越来越复杂难选，特别是矿石中含有钙、镁等碳酸盐矿物，采用黄药和其他疏基捕收剂直接浮选氧化铜矿效果不佳，且耗药量大，到目前为止几乎只有脂肪酸直接浮选在工业上得到应用，研究依然面临挑战。

铵（胺）盐对氧化铜矿硫化浮选具有重要影响，在有硫酸铵的情况下，可以避免过量硫化钠对孔雀石的抑制作用。在硫酸铵的促进下，铜回收率可提高8%～10%，甚至20%；同时，精矿的铜品位明显提高，当硫酸铵与硫化钠用量大致相等时，回收率达到最高点。

有学者对两种不同类型的氧化铜矿的处理提出了硫化——氧化铜同步浮选工艺和异步浮选工艺，认为同步浮选和异步浮选的关键在于工艺流程和药剂制度的匹配，在制定氧化铜矿选矿工艺流程时，需要依据矿石性质，尤其是铜矿物的种类及可浮性特点。

有机酸类捕收剂在矿物表面既可以发生物理吸附，也可以发生化学吸附，一般呈多层吸附状态，有机酸类捕收剂很容易吸附在硅酸盐类矿物表面，提高硅孔雀石的可浮性。用脂肪酸及其皂类作捕收剂进行浮选时，通常还要加入脉石矿物抑制剂水玻璃、磷酸盐及矿浆调整剂碳酸钠等。赞比亚思昌加选矿厂处理含碳酸盐脉石的硫化——氧化混合铜矿，原矿含铜4.7%，先采用硫化浮选法对硫化铜矿和硫化后的氧化铜矿进行浮选，再用脂肪酸（棕榈酸）回收残留的氧化铜矿，得到的含铜50%～55%的精矿。胺类捕收剂浮选法采用的药剂主要为有机胺类，常用的胺类捕收剂有椰油胺、月桂胺。由于胺类可以捕收氧化铜矿中的脉石，为了使浮选过程有较好的选择性，脉石抑制剂的选择至关重要，除常见抑制剂外，可选用海藻酸钠、聚丙烯酸、纤维素木质磺酸盐或木质素磺酸盐等。

预处理浮选法是先采用冶金或化学工艺对氧化铜矿进行预处理后，再采用常规浮选工艺对铜进行回收的一种难选氧化铜矿选矿方法，该方法主要包括氨浸 – 硫化沉淀 – 浮选法、离析 – 浮选法、硫化焙烧 – 浮选法、化学预处理 – 浮选法等。由于工艺复杂、选矿成本高等问题，制约了其工业应用步伐。

氨浸 – 硫化沉淀 – 浮选法是在加压浸取过程中，加入元素硫（硫粉），在氧化铜矿被氨和二氧化碳溶解后，立即被沉淀为硫化铜，矿浆不经过固液分离而直接进行蒸馏，在回收 NH_3 和 CO_2 之后，对沉淀的人造硫化铜和矿石中原有自然硫化铜采用常规浮选法进行回收。此方法适用于嵌布极细的氧化铜矿，在对汤丹难选氧化铜的试验研究中获得很好的分选指标，铜回收率提高了 17 个百分点，精矿品位也提高了 1 倍。

化学预处理 – 浮选法是在入选矿浆中加入硫酸使铜离子以硫酸铜形式浸出，然后再加入铁粉置换出铜，用黄药捕收浮选铜，该法适用于复杂难处理氧化铜矿分选，如硅孔雀石等难浮矿物；或含泥量极高，脉石中含有碳酸盐和铁、锰化合物，嵌布粒度细，易泥化的难选氧化铜矿，化学预处理 – 浮选法已成功应用于美国比尤特选矿厂。有学者对新疆某铜矿的深度氧化、可浮性极差的难选氧化铜矿石用化学预处理 – 浮选工艺进行研究，获得含铜 45.09%、铜回收率 84.22% 的铜精矿。

有学者提出浸染体结合铜高分子桥联浮选学术思想，发明了聚乙基二硫代胺基甲酸钠为高分子桥联剂、铜离子为桥联离子，黄药为桥联捕收剂的桥联浮选方法，通过对不同氧化率的混合铜矿应用实践表明，桥联浮选方法可大幅度提高铜回收率 8% ~ 30%。

（2）理论及基础研究现状及进展。

1）氧化铜矿矿物晶体结构性质。矿物晶体结构多样，其结构的不同导致矿物性质的差异，对氧化铜矿物晶体结构性质进行深入研究，有利于选择更加有效的回收方法。孔雀石是最主要的氧化铜矿物，具有单斜晶系结构，常见晶型的晶格常数为 a=9.502Å，b=11.974Å，c=3.240Å 和 β=98.75°（Z=4），空间群为 $P2_1/\alpha$，是通过碳酸岩群将八面体的 CuO_6 组合而成。晶体中有两种不同结构的铜位，分别为 Cu_1 和 Cu_2，其比例为 1∶1，根据姜 – 泰勒效应（Jahn–Teller effect），两种铜原子在轴向排列上被四个氧原子包围成环状结构。

2）氧化铜矿浮选理论。硫化浮选法一直是处理氧化铜矿和混合铜矿的主要方法，主要有直接硫化浮选法、水热硫化浮选法等。直接浮选法是最早应用的不用硫化钠活化，直接利用捕收剂浮选的方法，包括脂肪酸浮选法、胺类浮选法、中性油乳浊液浮选法和螯合剂浮选法等。氧化铜矿难以直接被黄药捕收的原因是黄药与氧化铜矿表面的吸附作用力弱且氧化铜矿具有较强的亲水性。而羟肟酸有 O，O–5 元环的螯合结构，与氧化铜矿矿物表面的吸附作用远远大于黄药与氧化铜矿的作用，可作为氧化铜矿的高效捕收剂。目前，硫化剂有硫化钠、硫氢化钠、硫化氢、硫化钙及硫化铵等，硫化钠较为常用。有学者研究了硫化浮选中氧化矿物表面的活化中心，认为硫化过程中形成的 MeS 晶胞是捕收剂向氧化矿物表面吸附的桥梁。

以黄药为硫源，对固体氧化铜和碱式碳酸铜进行表面硫化是一种可行的方法。影响硫化效果的关键因素是黄药的用量及其碳链长度。除此之外，煅烧温度和时间对此也有一定影响。表面硫化后的氧化铜和碱式碳酸铜表面生成多种价态的硫化物，改变了固体表面对黄药的吸附性能、表面的润湿性和带电性质等。经过推导得出 CuS 表面进行适度氧化后有助于提高其疏水性。

水热硫化浮选法实际上是直接硫化浮选法的一个发展。它是在直接浮选的基础上强化了矿石的预处理——预先硫化过程，并在温水中浮选。其作用机理为矿浆与硫磺粉混合（加入少量液氨作为添加剂），在温度 180℃，压力 0.6 ~ 1.0MPa 条件下，元素硫发生歧化反应生成 S^{2-} 和 SO_4^{2-}，使氧化铜颗粒表面或者整个颗粒内部发生硫化反应，生成新生的且疏水性强的“人工硫化铜”。

3）氧化铜矿铵、胺盐强化硫化浮选研究。近年来，不少研究者对铵、胺盐作为氧化矿的强化硫化活化剂开展了广泛研究。加入硫酸铵能使孔雀石表面的硫化薄膜趋于稳定，不易脱落。红外光谱显示乙基黄药和丁基黄药都可以在孔雀石矿物表面发生化学吸附。根据孔雀石矿物红外光谱中 CO_3^{2-} 离子的消失和反应前后硫化钠浓度的变化，可以证实硫化钠在孔雀石表面发生吸附作用。另外，理论计算表明，孔雀石中 Cu–O 键转变为 Cu–S 键时，增加了共价键的分数，使矿物与水相互作用的活性降低，改变了矿物的可浮性。

采用动态跟踪的方法测量矿浆中 S^{2-} 浓度的变化，结果表明，在氧化铜矿硫化浮选中，硫化钠除了活化氧化铜矿和形成硫化铜薄膜外，同时发生了复杂的氧化反应，该氧化过程与体系的 pH 值存在密切的关系。硫酸铵在氧化铜矿硫化浮选过程中对矿物表面进行了清洗，提高了矿物表面的活性，既促进了硫化过程的进行，也加快了 S^{2-} 的氧化，这是硫酸铵促进氧化铜硫化浮选的重要原因。

无机铵盐对氧化铜矿硫化浮选具有活化作用，主要是因为 NH_4^+ 易与铜离子生成铜氨络合物而吸附于矿物表面，更易于硫离子吸附作用的发生。硫酸铵、氯化铵、乙二胺和 DMTD 在适当的条件下都可以显著强化微细粒孔雀石的硫化浮选效果。硫酸铵、氯化铵只有与硫化钠共存时才能强化硫化浮选，而乙二胺、DMTD 通过与矿物表面及矿浆中的铜离子发生配位作用，改善了微细粒孔雀石的硫化浮选行为。

4）氧化铜矿化学选矿的基础研究。对于氧化铜矿，化学选矿主要是湿法浸出，根据浸出剂的不同，浸出主要包括酸浸和氨浸。酸浸一般采用硫酸、盐酸和硝酸等无机酸和柠檬酸、乳酸等有机酸作为浸出剂。

氨浸常用氨水或碳酸铵、氯化铵、硫酸铵等铵盐作为浸出剂，在氨溶液中氧化铜矿被溶解，生成铜氨络合物，可直接处理原矿、中矿、尾矿以及经过氧化还原焙烧后的铜矿物。关于氨浸，为了提高氧化铜矿的浸出速率，很多学者在不同氨浸体系中研究了回收氧化铜矿的方法和其浸出过程的溶解动力学。氨水作为一种弱碱性试剂，在氧化铜矿氨浸过程中，常被单独或者与铵盐组合作为浸出剂而广泛使用。

3.2.1.3　氧化铜矿矿物加工国内外发展比较

以 2012—2017 年为时间节点，通过科学引文索引、工程索引、中国知网及其他数据库检索，以 copper oxide ore 为关键词，检索得知该时间区间内有数千条矿业工程领域的文献报道，包括学术论文、专利和图书，这说明关于氧化铜矿选矿的理论与工艺研究在国际范围内属于矿物加工领域的研究热点。

国际范围内的研究对象包括孔雀石、硅孔雀石等在内的氧化铜矿物及氧化铜矿石，特别在基础研究方面氧化铜矿的最主要代表性矿物孔雀石的相关研究占有一定比例。主要研究内容包括矿物学、晶体化学、矿物浮选表界面化学、浮选药剂、湿法冶金、选矿新工艺研究等。

用 Web of Science 核心合集、中国科协引文数据库、KCI- 韩国期刊数据库、MEDLINE、Russian Science Citation Index 及 SciELO Citation Index 综合检索，且筛选 *MINING MINERAL PROCESSING*、*MINERALOGY*、*METALLURGY METALLURGICAL ENGINEERING* 矿物或矿物加工领域的文献，时间节点确定为 2012—2017 年，检索结果国别分析如表 10。

表 10　2012—2017 年国内外文献检索结果分析

国家 / 地区	百分比（%）	柱状图
中国	38.686	
澳大利亚	10.949	
加拿大	7.664	
美国	7.664	
德国	4.745	
智利	3.650	
伊朗	3.650	
巴西	2.920	
南非	2.920	
威尔士	2.190	
比利时	1.825	
英格兰	1.825	
墨西哥	1.825	
赞比亚	1.460	
韩国	1.095	
西班牙	1.095	
阿根廷	0.730	

续表

国家 / 地区	百分比（%）	柱状图
捷克	0.730	▎
埃及	0.730	▎
法国	0.730	▎
意大利	0.730	▎
俄罗斯	0.730	▎
英国	0.730	▎

由表 10 分析结果可知，在全部文献结果数量中，中国研究学者报道的成果占据最大比例，为 60.219%；其次是澳大利亚，占 21.533%；位列第三的国家是加拿大和美国，都为 7.664%；接下来是德国和智利，都为 3.650%。由此可见，中国具有世界最大的研究群体，报道的成果数量遥遥领先，且在新工艺等方面处于领先优势。同时还可知，位于前几位的中国、澳大利亚、加拿大矿产资源丰富，是世界最主要的矿物加工研究和工业生产活跃区，这三个国家也拥有较多的科研院所。

虽然我国在氧化铜矿资源工艺技术方面具有领先优势，且有数量较多的理论研究成果，但相对于澳大利亚、加拿大等其他国家，在氧化铜矿矿物加工的理论研究和大型设备方面仍有差距，特别是设备大型化、自动化方面。加强我国对氧化铜矿的理论基础以及选矿设备的研究，并借鉴国外的成功经验，开展更深入的基础理论研究和选冶联合新工艺探究具有重要意义。

3.2.1.4　氧化铜矿矿物加工存在的问题、发展趋势与对策

（1）氧化铜矿矿物加工存在的问题。

1）氧化铜矿物的可浮性较硫化铜矿差，且种类多、性质差异大，给高效回收带来挑战。氧化铜矿石的可浮性一般较硫化铜矿石的可浮性差，并且受矿物中铜的存在形态和脉石的组成等条件的影响较大，例如：铜是以碳酸盐的形态（孔雀石、蓝铜矿）存在时，可浮性相对较好，以硅酸盐的形态（硅孔雀石）存在可浮性就较差，游离的氧化铜容易浮游，结合氧化铜基本上不能用单一的浮选法回收。凡成单独状态存在的氧化铜矿物称为游离氧化铜，所有的游离氧化铜均能溶于氰化物的溶液中，当铜与脉石（例如氢氧化铁）胶结在一起成某种形态存在的氧化铜矿物称为结合氧化铜，其胶结的形式是多种多样的，可以机械方式成为脉石中极细分散的铜矿物之包裹体，也可以是化学方式成类质同象，也可以成吸附型的色染体，所有的结合氧化铜均不能溶于氰化物溶液中。结合铜在氧化铜中的百分含量称为结合率。脉石矿物以硅质为主的（例如石英）较易浮选，以碳酸盐类为主的（例如方解石，白云石等）就较困难一些，如果含有较多量的氢氧化铁和黏土质矿泥时，特别是它们之间紧密结合时分选就更困难。

2）氧化铜矿工艺矿物学研究仍需深入。关于氧化铜矿工艺矿物学研究的基础理论还比较薄弱，特别是在矿物学、晶体化学、表面化学等方面还有待深入，导致在选矿工艺、元素赋存状态研究中，理论依据不足，工艺难以达到理想效果。

3）微细粒嵌布的氧化铜矿物资源越来越多，由于其特殊的性质，非常难选。粒度大小是影响氧化铜矿物浮选效果的主要原因之一。微细粒级氧化铜矿物难于上浮的原因是粒度太小，质量太轻，无法克服其与气泡之间存在的能垒，影响气泡碰撞或者黏附，矿物颗粒无法随气泡上升而上浮。为高效回收微细粒级氧化铜矿物，应进行更深的基础理论研究及加强对浮选新方法的研究。

4）基础理论研究及选厂自动化发展的迟缓制约着氧化铜矿高效利用。由于铜矿资源在数量和品质等方面逐渐变差及铜金属供给不足制约国民经济发展的重要问题，加大对氧化铜矿高效利用的理论与应用研究具有重要意义。关于氧化铜矿的硫化浮选，前人在理论和实践方面做了大量的研究工作，提出了很多硫化理论或假说。但存在很多无法解释及研究结果与实践现象、不同研究学者的结论等存在矛盾之处，这些都需要继续进行大量的基础研究。

目前，选厂自动化系统需要大量维护工作，维护成本高；检测仪表等设备投入运行以后没有完善的维护手段；选厂无法自行解决系统可能出现的故障；选矿过程中各参数自动检测仪表缺少针对性、创新性；在重要检测仪表及相关核心设备的研究开发上没有突破性的进展，一些重要参数的检测仪表仍然存在测量精度低、使用寿命短等问题，对选矿过程特有的参数波动缺乏应对措施。

（2）发展趋势及对策。

1）大力发展选冶联合流程。利用氧化铜矿中氧化铜和硫化铜矿物的不同物性，有针对性地采取措施，综合性解决该类资源高效利用的关键技术难题。针对易浸难浮的氧化铜矿物采用“常温常压氨浸－萃取－电积”技术回收，针对易浮难浸的硫化铜矿物，则采用浮选新技术加以回收，由此达到全流程回收效果的最佳。

针对矿石中氧化铜矿物相对易浸出而难浮选的特点，采用“常温常压氨浸－萃取－电积”方法加以回收，让不易浸出而易浮选的硫化铜矿物留在浸渣中，然后通过“浸渣浮选”的方法加以回收。这充分发挥了氨浸回收氧化铜矿物、浮选回收硫化铜矿物的优势，实现了两种技术方法的有机集成，扬长避短和优势互补。

2）攻坚克难，突破难选结合氧化铜、硅酸盐铜矿高效回收的技术瓶颈。“结合氧化铜”不是一种矿物，而是一类矿物的总称。氧化铜矿中通常都含有一定量的结合氧化铜，只是结合率（结合率 = 结合氧化铜含量 ÷ 总铜含量 ×100%）有所不同。在过去的很多年中，一直都认为结合氧化铜是不可浮（选）的，但通过近年对结合氧化铜的深入系统研究，在观念上有了很大的突破和转变，有学者提出了“结合氧化铜可选（浮）”的科学论断，并经实践证明。

结合氧化铜的概念最初是苏联的多伏利－多布洛沃尔斯基及克利门科提出来的。他们指出:“几乎在所有矿石中，铜的氧化物均有一部分以某种形态与脉石相结合；或以机械方式成为脉石中极细分散的铜矿物之包裹体，或以化学方式成为类质同象的或成吸附型的杂质。这部分铜和脉石结合在一起，因为这样细分散的氧化铜矿物的颗粒表面不能在磨矿石时得到破碎，所以无论是用机械方法把矿石磨碎到技术上可能达到的最细磨矿细度，还是用化学方法（但不使脉石有部分破坏），都不能使这部分铜分离出来”。并且认为“这种结合铜的定量测定对评价机械选矿的矿石具有很大的意义，因为这部分铜在选矿时要残留在脉石中”。所以，依据他们的概念和分类，认为“结合氧化铜”是不可选的，在选矿中也是全部进入尾矿，所以在计算回收率时，并不考虑“结合氧化铜”部分的回收率。上述结合氧化铜的概念清楚地表明：它指出的是氧化铜矿物在矿石中所处的状态，并不是指矿物种类。国内外测定矿石中结合氧化铜的含量时，一直以氰化物浸出法为标准。该法的依据是氰化物的扩散能力较其他离子（如铵离子或氢离子）弱，不能沿脉石缝隙向内部渗透，因而不能溶解被脉石包裹的结合铜，只能溶解具有自由表面的“游离铜”。所以，在氰化钾分析中，氧化铜矿物中能溶解于氰化钾的部分就成为“游离氧化铜”，不被溶解的部分称为“结合氧化铜”。但是，实践证明，氰化物浸出作为物相分析手段，有其合理的一面，即能区别出矿物在脉石中的“状态”，但同时也有其不足的一面，即有些铜矿物，如硅孔雀石，即使成单体状态，也或多或少地不溶解于氰化物。这样一来，在以氰化物为溶剂的物相分析结果中，“结合氧化铜”一相中，将包括一部分并不真正与脉石处于“结合”状态的硅孔雀石单体。所以，在物相中所得出的“结合氧化铜”，并不完全符合多伏利－多布洛沃尔斯基等人提出的结合氧化铜的概念。不过，由于硅孔雀石单体在一般情况下也是极难浮选的，把它与真正的“结合铜”归入一类，从工艺角度来说，还是可以接受的。尽管苏联专家提出了结合氧化铜不可选的观点，但通过对氧化铜矿原矿及产品工艺矿物学、工业试验及生产上浮选精矿和尾矿中“结合氧化铜”的深入系统研究，张文彬等全面查明了矿石中“结合氧化铜”的类型、结构和形态。总结得出“结合氧化铜”有三种类型、三种结构、九种形态。同时发现“结合氧化铜”不仅可选，而且在浮选精矿中最高有40%以上的回收率，显著改善了硅孔雀石、含铜褐铁矿和被铜浸染的脉石矿物的可浮性。

3）加强基础理论研究，为氧化铜矿矿物加工新技术提供理论支撑。以孔雀石为例，按已有硫化机理可知，硫化钠用量和黄药用量应在同一个摩尔当量级别上，可事实上其用量远远超过它的化学当量，如每吨原矿约消耗捕收剂几百克，而硫化钠用量却高达几千克甚至十几千克，这说明孔雀石的硫化过程除已经报道的反应机制之外，仍然存在着其他更为复杂的 S^{2-} 离子消耗路径。现有的孔雀石硫化理论主要着眼于表面行为，基于扩散理论认为孔雀石的硫化主要发生在矿物表面，是逐级从表层扩散到次层发生硫化作用，但是硫化动力学研究表明，硫化过程主要是扩散和化学反应联合的混合控制，这与扩散硫化理论不一致。因此，对于以上这些矛盾，十分需要获取新的研究发现和提出新的硫化机制进行解释。

同时，前人在氧化铜矿硫化浮选过程中，为提高硫化效率，常用无机铵盐或有机胺盐作为活化剂，有效地提高了氧化铜矿的可浮性，在实际生产得到了广泛应用。在机理研究方面，较为成熟的观点是铵 – 胺盐在氧化铜矿硫化浮选中主要有催化、稳定及疏水三个作用，但这些结论较为笼统，无直接的证据，未能从本质上解释强化硫化的原因，其研究程度和深度尚不理想，依然存在着仍未逾越的机理研究难点。因此，有必要进行深入研究铵 – 胺盐强化硫化氧化铜矿的机理。

在硫化或强化硫化 – 黄药浮选氧化铜矿过程中，一直以来主要的精力都放在如何高效硫化的问题上，对于黄药与氧化铜矿之间的作用机制研究的相对较少，前人的研究主要还是停留在矿物表面与黄药发生的反应和生成的物质类型水平上，很少从分子层面对氧化铜矿与黄药的相互作用机制进行研究。因此，对为什么难以直接黄药浮选氧化铜矿和硫化或强化硫化后有利于黄药浮选氧化铜矿等问题难以做出很好地解释。

因此，氧化铜矿硫化 – 黄药浮选机制和铵 – 胺盐强化硫化氧化铜矿黄药 – 浮选理论体系还存在诸多的不足，仍然具有挑战性和拥有广阔的空间，有必要对其进行深入研究，有利于丰富和发展氧化铜矿硫化 – 黄药浮选理论，为氧化铜矿的高效加工提供理论参考。

3.2.2 氧化铅锌矿矿物加工

3.2.2.1 氧化铅锌矿资源及特点

铅锌矿资源是重要的战略性资源，是提取铅、锌、镉、银等金属的重要基础原料，在有色金属工业中占有重要地位，铅锌广泛用于电气、机械、军事、冶金、化学、化工和医药等领域。

铅锌矿床多以铅为主或以锌为主；其中，铅锌矿床多以铅为主的国家有澳大利亚、美国、俄罗斯；铅锌矿床多以锌为主的国家有中国和加拿大；澳大利亚既是全球铅储量最多的国家，同时也是全球锌储量最多的国家。世界大型的铅锌矿主要在澳大利亚、加拿大、美国的阿拉斯加、爱尔兰等地。这些大型的铅锌矿具有品位高、储量大、历史悠久等特点，为全球铅、锌金属提供了巨大的资源支持。根据美国地质调查局的统计数据（2007—2016 年），截至 2015 年底，世界已查明的铅资源量超过 20 亿吨，铅储量为 8900 万吨，锌资源量有 19 亿吨，锌储量为 20000 万吨。

氧化铅锌矿主要来自硫化矿的氧化带，它们常共生于同一矿体中。我国氧化铅锌矿具有含锌高、含铅低的特点，生产能力、消费量、出口量均居世界前列，是我国的优势矿种，主要分布在西南和西北两大铅锌基地，如云南的兰坪氧化铅锌矿是我国最大的铅锌矿床，在目前已发现的世界大型铅锌矿床中名列第四位。据国土资源部发布的 2015 年我国矿产资源报告，截止 2014 年底，查明铅资源储量为 7384.9 万吨，锌资源储量为 14486.1 万吨，较 2013 年增幅分别为 9.6% 和 5.5%。氧化铅锌矿物种类很多，目前具有工业应用价值的氧化铅锌矿物主要有白铅矿（$PbCO_3$）、铅矾（$PbSO_4$）、菱锌矿（$ZnCO_3$）和异极矿（Zn_4

$[Si_2O_7](OH)_2H_2O$)。

氧化铅锌矿的氧化率一般大于75%，属于难选矿石。氧化铅锌矿难选的原因主要有以下几个方面：

（1）矿石结构复杂。氧化铅锌矿石有角砾状、浸染状、细脉状、条纹、条带状构造；多呈粒状、束状放射状、球粒状、胶状、交代、包裹结构；有用矿物嵌布粒度粗细不均，嵌布关系也较复杂，异极矿、菱锌矿、白铅矿、铅矾等与脉石矿物呈复杂的毗连镶嵌，相互穿切、包裹、交代。

（2）矿石组成复杂。氧化铅锌矿石的物质组成复杂且变化多样，既有大量的石膏、硫酸铜、硫酸锌等可溶性盐，又有碳酸盐、硫酸盐、硅酸盐、砷酸盐等，同时还有在氧化过程中产生的大量褐土。难免离子对于有用矿物如闪锌矿的活化作用也是氧化铅锌矿难选的一个重要因素。

（3）矿石易泥化。矿泥的比表面积大、表面未饱和键力大、电荷多，形成的表面水化膜厚，颗粒表面亲水性强，回收困难。此外，矿泥微粒极易覆盖矿物颗粒，或与大分子结合，吸附药剂并增加了浮选与过滤作业难度。矿泥的存在对氧化铅锌矿浮游分选技术指标造成了严重的影响。

（4）氧化铅锌矿中各种矿物浮选条件不同，难以控制，各浮选阶段药剂相互干扰现象严重也是导致氧化铅锌矿石难以分选的重要原因。

可见，矿泥太大、可溶性盐含量高以及其他金属离子在溶液中的相互影响导致矿物无法得到有效分选，进而影响了其浮选指标。

3.2.2.2　氧化铅锌矿矿物加工研究现状及进展

（1）选矿工艺研究现状及进展。

研究发现，由于氧化矿物具有较高的溶解度且矿物表面具有亲水性，所以氧化铅锌矿比硫化矿物更难浮选。迄今为止，处理氧化铅锌矿石的方法有很多种，目前为止仍然以浮选为主。氧化铅矿石浮选的关键因素是硫化过程，而氧化锌矿石浮选的根本问题是矿泥和可溶性盐的不良影响。氧化铅锌矿的浮选主要包括硫化浮选法、脂肪酸直接浮选法、螯合剂捕收剂浮选法、絮凝浮选法、浸出－浮选法等，其中硫化浮选法是最主要也是被广泛采用的，也可采用浮选、重选、磁选和湿法冶金等相结合的联合流程。同时，根据不同产地的矿石性质的不同，在具体的处理工艺上又有脱泥浮选与不脱泥浮选两种。此外，由于单纯的氧化铅矿床或者氧化锌矿床颇为少见，氧化铅锌矿石中又常常同时存在硫化矿，因此，就单一的浮选流程而言，可以分为：硫化铅－氧化铅－硫化锌－氧化锌依次浮选流程，硫化铅－硫化锌－氧化铅－氧化锌依次浮选流程以及硫化铅和易浮氧化铅－硫化锌－氧化锌等可浮选流程三大类流程。

1）硫化浮选法。硫化浮选法是氧化铅锌矿选别工艺中应用最广泛的方法，即将矿物先硫化后再用黄药或胺类捕收剂捕收。氧化铅矿的浮选方法是硫化后用黄药捕收，而回收氧化锌矿的主要方法是硫化后用胺类捕收剂捕收。大量研究表明，氧化锌矿物硫化后无法直接用黄药捕收，需经硫酸铜活化后才能浮选。常用的硫化剂有硫化钠和硫氢化钠，也有采用硫磺作为硫化剂。硫化过程既可调节矿浆酸碱度以达到较佳 pH 值，也可沉淀某些金属离子，以减小难免离子对浮选的影响，同时还可以降低矿物表面的溶解度，使捕收剂更易于吸附在有用矿物表面。硫化浮选的关键在于硫化，硫化的好坏直接影响后续选别指标，而硫化过程又包括硫化剂的用量、添加方式、硫化作用时间等。如使用硫化钠作硫化剂，当用量过少时，起不到完全硫化的作用，氧化矿硫化不充分，造成浮选结果不理想；当用量过多时，则会抑制已被硫化的部分氧化矿，同时硫化剂还可能受氧化而失效。故在使用硫化剂时，必须根据具体矿石的不同性质，在试验的基础上确定合理的用量。

当采用硫磺作为硫化剂时，称为硫磺硫化法，即通过硫磺粉来硫化氧化铅锌矿从而在其表面形成硫化薄膜的技术，目前有两种方法，水热硫化和机械化学活化。水热硫化法把细磨后的矿石与硫化剂在高压釜中调浆混合，在一定的压力和温度下反应一段时间后，对硫化后的物料进行浮选。因为该反应必须在高压釜中反应因而较难在工业中推广。机械化学活化法通过在氧化锌矿中加入硫磺粉干磨改善氧化锌矿的可浮性。因为研磨时间的延长和增大了球磨机的转速而使得被处理的样品可浮性变好，从而提高了矿物的回收率。若在氧化矿中加入少量铁粉作为媒介来诱导化学反应，在矿物表面生成硫化物薄膜，然后，再通过浮选或磁选法将矿物分选，从而达到回收氧化铅锌矿的目的。其化学反应式为：$4S+9Fe+4ZnO = 4ZnS+3Fe_3O_4$。机械化学活化法因为工艺简单，设备常规，并且在氧化铜、氧化锗等很多矿物方面同样适用，所以有较好的应用前景。

硫化－黄药浮选法和硫化－胺盐浮选法是氧化铅锌矿浮选的主要技术方案，但都存在一些缺点。如硫化－黄药法须先脱去 –10μm 的细泥，不适于处理含大量氧化铁的矿石，对锌的硅酸盐类矿物回收率低，对复杂的氧化铅锌矿选择性较差。硫化－胺盐浮选法对矿泥和可溶性盐的影响较为敏感，一般需要预先脱泥，虽可提高精矿品位，但会造成锌金属的大量损失，药剂的消耗量大，胺类捕收剂会延长泡沫的寿命，对异极矿和铁菱锌矿几乎没有捕收能力。

2）脂肪酸类捕收剂直接浮选法。脂肪酸类捕收剂对含硅酸盐类脉石或泥质脉石的氧化铅锌矿具有很好的浮选效果，同时也可用脂肪酸类捕收剂反浮选除去精矿中的碳酸盐，以提高精矿的品位。

虽然对用脂肪酸回收氧化铅锌矿的研究较早，但是由于脂肪酸类捕收剂的选择性比较差，对含碳酸盐和硫酸盐脉石矿物的氧化铅锌矿石选别效果很差，尤其是浮选含铁高的氧化铅锌矿石更困难。至今，此法在工业上的应用并不广泛。

3）硫醇捕收剂浮选法。研究表明，硫醇对菱锌矿和异极矿的浮选效果较好，长烃链硫醇具有很强的捕收能力，而且挥发性小，气味弱，国外正推广使用高级硫醇作捕收剂。据报道，用十五烷基硫醇和巯基苯骈噻唑分别浮选泗顶氧化铅锌矿石时，发现十五烷基硫醇对菱锌矿有较好的捕收能力，而巯基苯骈噻唑则对氧化铅矿有较好的捕收能力，能显著提高铅回收率。但由于硫醇有异臭，药剂消耗量比较大，在工业实践中没能取得稳定的生产指标，所以没能在选厂大量生产。

4）螯合捕收剂浮选法。螯合捕收剂因具有某种特效亲和力的活性基团，能与矿物表面阳离子作用形成稳定的螯合物，具有高稳定性与良好选择性，因此螯合型药剂在浮选工艺中日益受到重视。

近年来，研究结果表明，硫基苯并噻唑（MBT）对铅的选择性好，氨基苯硫酚（ATP）对锌的选择性更好；采用昆明冶金研究院研制的新型螯合捕收剂C6403为白铅矿浮选捕收剂，能够实现异极矿和白铅矿的高效分离；采用CF螯合剂为捕收剂，进行氧化铅锌矿物与钙、镁、硅等脉石矿物分离，克服了黄药类和脂肪胺类捕收剂选择性不好、特效性不强，造成氧化铅锌矿浮选指标低、药剂品种复杂、药耗量大、成本高等问题。然而，由于螯合剂的成本比较高，目前还难以在选厂广泛使用。

5）絮凝浮选法。目前，铅锌矿选矿通常采用浮选工艺，但常规浮选技术难以适应细粒铅锌矿的浮选，氧化铅锌矿难选的原因在于易泥化，突出表现在回收率不高、金属流失严重。絮凝浮选法主要应用于微细粒氧化铅锌矿的选别，该工艺的优点是浮选过程中不需要进行脱泥作业，并且降低了硫化钠的用量。絮凝浮选的关键在于要找到选择性较高的絮凝剂。在氧化铅锌矿絮凝浮选法中最大的难度在于微细粒的氧化铅锌矿和脉石较难分离，现阶段的主要解决方法是，先进行分散，然后通过高分子选择性絮凝法或选择性疏水聚团进行分离。一种氧化铅锌矿与脉石分离方法的技术路线为：控制有效分散→药剂、机械、乳化等复合活化→微细粒氧化锌矿粒的疏水团聚→聚团与分散脉石的浮选分离。

由于高分子絮凝剂的成本较高，且开发难度较大，因此尚处于实验室的研究阶段，在实际生产中还未得到应用。

6）浸出法。氧化铅锌矿物可以直接用化学试剂浸出。湿法浸出已经在工业生产中得到应用。但是，该工艺技术条件要求严格，技术难度大，同时还必须处理浸出液体。依据目前的技术水平，国外处理含锌25%的氧化锌矿石、国内处理含锌大于30%的氧化锌矿石，才有好的技术经济指标。到目前为止，氧化铅锌矿的浸出法主要有酸浸和氨浸两种工艺。

7）联合工艺流程。由于所采矿石日趋贫、细、杂化，尤其是矿石性质极为复杂的氧化铅锌矿，单一的选矿方法已经不能满足生产的需要。为此，发展出了多种联合工艺流程，如重选（磁选）-浮选联合工艺、常温常压氨浸-萃取-电积-浸渣浮选等选冶联合工艺等。

8）其他处理方法。氧化锌矿原浆浮选技术因具有不脱泥、对矿石性质适应性强、过程稳定、操作简便、技术指标先进、成本低以及选矿回水循环利用等特点而受到极大关注。由于兰坪氧化锌矿矿石结构复杂，含大量黏土，极易形成矿泥，采用硫化胺盐浮选法难以获得良好指标。原浆浮选技术项目的研发应用，实现了不脱泥浮选，利用新型高效的浮选药剂消除矿泥的影响，提高微细粒氧化锌矿物的可浮性，采用先硫 – 后氧 – 氧化矿中矿集中再选流程，优化了浮选工艺条件，工业试验获得良好指标。

“等可浮 – 异步选铅 – 锌硫异步混选 – 铅锌硫分离 – 氧化铅锌矿不脱泥硫化电位控制浮选”新技术成功应用于复杂难选铅锌硫化氧化混合矿的选矿过程取得了突破性进展。

“先硫后氧”“先铅后锌”泥沙分选的氧化铅锌矿浮选新工艺解决了某高氧化率氧化铅锌矿浮选分离问题。

矿石激光分选是建立在矿物对激光辐射的响应基础上的预处理选别工艺。目前，该技术在选矿行业应用较少。研究表明，激光辐射能够在一定程度上改善氧化铅锌矿的浮选效果，但由于激光照射对大多数氧化矿物的选择性较差，更重要的是激光对人体有严重的危害，因此激光辐射法尚处于实验室探索阶段。

（2）浮选药剂的研究现状及进展。

目前，国内外处理氧化铅锌矿的常规浮选方法主要是采用预先将矿石硫化后用高级黄药或胺类捕收剂捕收的方法。

目前，氧化铅锌矿捕收剂研究较多的是组合捕收剂和新型捕收剂。组合捕收剂不但能够提高氧化铅锌矿的回收率，还能降低主捕收剂的药耗，从而降低浮选成本。如 TA 与十八胺的组合捕收剂（选锌）、TA 与 BK 的组合捕收剂（选锌）、胺类组合捕收剂 ZP–05（选锌）、混合胺与高效复合捕收剂 MA 组合药剂（选锌）、丁基黄药与 25# 黑药组合捕收剂（选铅）、乙硫氮与丁胺黑药组合捕收剂（选铅）、复合捕收剂 A928（选锌）、戊基钾黄药与十二胺混合捕收剂（选锌）、苯乙基丙二酸与十二胺组合捕收剂（选锌）、油酸与十八胺组合捕收剂（选锌）等。

新型捕收剂具有很强的针对性，使难浮的氧化铅锌矿从矿浆中分离出来得以回收，如 4R–10、6R–X、Pr2000、DZ–6、EML3、EML6、PN、GS–1、KZ、LW51、烷基双羧酸 DSA、烷基芳基羟肟酸 TBBA、伯胺类有机硅捕收剂 TAS101、AF–02 等。

目前氧化铅锌矿浮选常用的脉石抑制剂有六偏磷酸钠、水玻璃、三聚磷酸盐、聚羟基酸、甲碳酸酯瓜胶、乙羟基淀粉等。另外，木素磺酸钙对脉石矿物方解石、石英也具有较强的抑制能力。

一些活化剂、分散剂、絮凝剂对浮选的影响也较大，更利于金属矿物的回收。

目前氧化铅锌矿浮选研究的活化剂主要有乙二胺（活化菱锌矿）、甲基（乙基、丁基）二硫代碳酸盐（活化异极矿）、二甲酚橙（活化异极矿）、羟肟酸（活化异极矿）、硫酸铵（活化氧化锌）；研究的絮凝剂主要有聚丙烯酰胺、2PAM30（水解聚丙烯酰胺）等；研究的分散剂主要有水玻璃、腐殖酸钠、烤胶等。

3.2.2.3　氧化铅锌矿矿物加工国内外发展比较

对于硫化铅锌矿而言，我国的电位控制浮选技术国际领先。但对于氧化铅锌矿石而言，与国外相比，我国在氧化铅锌矿浮选理论研究和大型设备方面较为薄弱，国外在其理论研究工作相对较多，且设备大型化、自动化已是发展趋势。加强对氧化铅锌矿的理论基础以及选矿设备的研究，并借鉴国外的成功经验，开展氧化铅锌矿的火法、湿法冶炼新工艺研究，是处理我国难选氧化铅锌矿的一个重要研究方向。

3.2.2.4 氧化铅锌矿矿物加工存在的问题、发展趋势与对策

（1）氧化铅锌矿选矿存在的问题。

对于氧化铅锌矿的选别，我国选矿工作者做了大量的科研试验，虽然取得了较可观的研究成果，选矿工艺日渐成熟，但是仍然存在以下的问题：

1）对于氧化铅锌矿的一些新型选矿方法研究，大都存在着经济性差、操作难度大和局限性大等问题，很多研究成果仍然停留在实验室阶段，在工业生产中实现难度较大，不利于大型的工业生产推广应用。

2）对于低品位氧化铅锌矿的浮选研究仍然有较多未解决的问题，尤其是在浮选理论基础和新的选矿设备研究方面的研究投入不足，进展相对缓慢。针对氧化铅锌矿石的浮选缺乏理论体系支撑。大型化、自动化、能耗低的选矿机械设备有着较大发展空间，微细粒铅锌矿浮选设备有着广阔前景，精确、快捷、适应性强的在线分析检测系统尚未普及应用。

3）氧化铅锌矿浮选药剂的机理研究发展缓慢，矿物与药剂作用的机理研究不够深入，从而导致在解决实际问题时缺乏理论依据，对于低毒性、低成本的药剂仍需加强研究。

（2）发展趋势与对策。

由于氧化铅锌矿石组织结构复杂、易过磨泥化、可溶性盐含量高等因素，造成了其难以选别和利用。对于氧化铅锌矿的选别和利用，国内外的选矿工作者做了大量的科研试验，虽然近年来在选矿工艺和浮选药剂方面均取得了一定的成果，但是由于经济或技术上的可行性差等原因，使得很多研究成果仍然停留在实验室阶段，未能普遍投入到工业生产过程中。因此，目前氧化铅锌矿选别的主要发展方向为加强浮选理论的研究，利用新技术简化药剂合成条件和降低药剂成本，寻找高效廉价药剂、合理使用常规药剂以提高药效，以及进一步研究新型浮选工艺流程，特别是对联合流程的研究，加强细粒或超细粒氧化铅锌矿的浮选理论研究，是所有选矿工作者未来努力的方向，这对于降低我国氧化铅锌矿石的选矿成本，提高氧化铅锌矿石的选别指标和综合利用率以及缓解我国经济快速发展对铅锌原材料需求的压力具有重大的现实意义。此外，借鉴国外的成功经验，开展氧化铅锌矿的火法、湿法冶炼新工艺研究也是处理我国难选氧化铅锌矿的一个重要研究方向。

3.2.3 金红石矿矿物加工

3.2.3.1 金红石矿资源及特点

我国金红石资源仅占钛资源的2%，金红石型钛资源主要包括金红石原生矿和金红石砂矿，其中以原生金红石矿为主，占总金红石资源的86%，主要集中在中部省区，如湖北、河南、陕西、山西等。

我国的金红石砂矿分为海滨砂矿和风化型金红石矿。海滨砂矿主要分布在东南沿海，如海南、广东、福建、广西等；风化型金红石矿主要分布在河南、湖北、陕西等省区。我国的金红石砂矿主要特点是规模小、储量低，但是易采、易选。

3.2.3.2　金红石矿矿物加工研究现状及进展

（1）选矿工艺研究现状及进展。

金红石的选矿工艺主要有重选、磁选、浮选、电选以及几种工艺结合的联合工艺流程。

1）重选工艺：重选主要用于处理嵌布粒度较粗的金红石矿，其特点是流程简单，并且能够获得较好地选矿指标；其次重选工艺能够减少进入浮选的矿量，去除可能会严重影响浮选作业的矿泥，从而减少药剂消耗，降低生产成本，提高回收率。常用的重选设备有螺旋溜槽、摇床，以及近几年研制出的新型离波摇床，都能达到较好的选别效果。

2）磁选工艺：金红石本身并没有磁性，但其经常与有磁性的钛铁矿、钛磁铁矿、石榴石和榍石等矿物共生，故可以用磁选的方法来分离。常用的磁选设备有 Slon 高梯度磁选机、SHP 强磁选机、扫磁机、SHP 仿琼斯强磁机、永磁双棍磁选机等。

3）电选工艺：金红石是电的良导体，而金红石矿中往往含有少量的白钛石和锆英石，它们的导电性都比金红石弱。此外，一般的脉石矿物如石英等硅酸盐矿物并不能导电，所以可以采用电选的办法进行金红石与脉石矿物的有效分离。常用的电选设备主要有高压双棍电选机、高压电晕电选机、回旋电选机等。

4）浮选工艺：对于低品位的原生金红石矿，尤其是嵌布粒度细、与脉石矿物共生交代严重的金红石矿，浮选是比较行之有效方法。

5）联合工艺：我国金红石矿的主要特点是原矿品位较低，矿物嵌布粒度较细，共生关系复杂，矿石中金红石与脉石的表面性质相似，大多属于难选金红石矿，因此采用单一的选矿工艺难以达到理想的分离指标，故针对不同的矿石组成和性质常常采用几种选矿工艺相结合的办法。

6）由于金红石精矿产品要求 $S \leqslant 0.05\%$、$P \leqslant 0.05\%$，且要求 TiO_2 含量超过 87.5% 以上，而金红石矿经重选、磁选、电选和浮选联合选别后，其粗精矿金红石单矿物含量为 60% 以上，还有许多硅酸盐、碳酸盐、铁矿物等杂质矿物黏附在金红石边缘及裂隙，为除去这些杂质，提高精矿质量，必须采用酸洗工艺。目前我国的金红石选矿工艺大多采用联合选矿工艺，这样才能保证得到较高品位的精矿，为后续作业提供原材料。

（2）浮选药剂的研究现状及进展。

1）单一捕收剂。金红石浮选药剂与矿物的主要作用机理是：活性基团如 $-COOH$、$-AsO_3H_2$、$-PO_3H_2NOH$ 与金红石表面的钛质点作用，发生化学吸附，烃基由于疏水作用附着于气泡表面从而上浮。常用的浮选捕收剂如下：

脂肪酸类捕收剂是氧化矿浮选中应用最广泛的一类药剂，它的捕收能力好，药剂成本低，但选择性差，往往不能得到较好的分离指标。脂肪酸类捕收剂与金红石的主要作用机理是：脂肪酸在溶液中解离的脂肪酸阴离子与从金红石表面溶解产生的 Ti^{4+} 在水中形成羟基化合物作用，然后在金红石表面发生吸附使矿物疏水上浮。

苄基砷酸是金红石的有效捕收剂，其与金红石的主要作用机理是：砷酸根与金红石表面的钛质点发生反应生成稳定盐，吸附在金红石表面，苄基疏水上浮。刘长生在对湖北某金红石矿进行浮选研究的过程中，采用苄基砷酸为捕收剂，得到最终精矿 TiO_2 品位 62.03%，回收率 78.14% 的良好指标。

膦酸类捕收剂因其磷酸根对氧化矿有很好的选择性，是金红石浮选过程中非常重要的一类捕收剂，具有代表性的有苯乙烯膦酸、烷胺双甲基膦酸和双膦酸。其中苯乙烯膦酸对金红石有很好的选择性，彭勇军等在对湖北枣阳金红石浮选试验的过程中采用苯乙烯膦酸与脂肪醇的组合捕收剂，获得了较好地指标，其效果可以替代有毒性的苄基砷酸，作用机理是苯乙烯膦酸选择性地吸附在金红石表面，脂肪醇增加其疏水性提高药剂的捕收能力，从而有效回收金红石。

羟肟酸类捕收剂是氧化矿浮选中被广泛应用的一类螯合类捕收剂，其能与很多金属离子形成稳定的络合物，用于金红石浮选的主要有 $C_{7\sim9}$ 羟肟酸和水杨羟肟酸。其中 $C_{7\sim9}$ 羟肟酸与金红石作用的主要机理是：金红石表面的钛质点与羟肟酸作用形成五元环状螯合物，烃基疏水上浮。

2）组合捕收剂。在金红石的选矿实践中，几种捕收剂组合使用的效果往往要好于单独使用，如用苄基砷酸与油酸的组合捕收剂浮选河南某泥质片岩金红石，效果明显优于单一的苄基砷酸捕收剂；苯乙烯膦酸与辛醇的组合捕收剂浮选枣阳金红石，能大大减少 SPA 用量并提高浮选指标；苄基砷酸与非离子型表面活性剂混用浮选枣阳金红石，在总药剂用量相同的条件下，组合捕收剂浮选指标超过单一捕收剂，同时苄基砷酸的用量可以减少一半。混合用药的主要原理是两种药剂共吸附于含钛矿物表面，其中一种捕收剂可以特异性地吸附在矿物表面，而中性油和醇类没有与钛作用的官能团，在浮选过程中起增强疏水性和捕收能力的作用，两种药剂通过氢键作用或分子离子缔合的形式吸附，往往可以取得较好的浮选指标。

研究发现，在很多不同的浮选体系中，两种不同的捕收剂混合使用时的浮选效果要比各自单独使用的效果之和要好，这被认为是两种捕收剂之间存在协同效应。常见组合类型有：①阴离子—阳离子型组合捕收剂；②阴离子—阴离子型组合捕收剂；③阳离子—阳离子型组合捕收剂；④离子—非离子型组合捕收剂。

3）组合捕收剂的协同作用机理。在矿物浮选过程中，组合捕收剂的协同作用主要体现在其对气－液界面和固－液界面性质的影响，不仅会改变矿物表面的疏水性强弱，同时会影响到浮选泡沫的形态、结构及稳定性，从而影响到最终的浮选结果。

4）金红石浮选体系中调整剂的研究。朱建光等评述了硝酸铅、六偏磷钠、羧甲基纤维素（CMC）、氟硅酸钠、硫酸铝和糊精等对金红石及其脉石矿物的活化或抑制性，提出有必要加强对高选择性抑制剂的研究。

丁浩等研究了以烷胺双甲基磷酸（ATF1024）为捕收剂，六偏磷酸钠［$(NaPO_3)_6$］为调整剂来分离金红石与石榴石，试验结果表明，$(NaPO_3)_6$ 能较好地抑制石榴石，实现金红石与石榴石之间的浮选分离。$(NaPO_3)_6$ 对石榴石的抑制作用存在两种机理：其一，$(NaPO_3)_6$ 与石榴石表面 Fe^{2+} 发生化学键合导致其牢固吸附而使石榴石表面强烈亲水；其二，$(NaPO_3)_6$ 选择性溶解石榴石表面 Ca^{2+} 导致石榴石与捕收剂作用的表面活性质点减少。此外还有较多的学者也对金红石及其脉石矿物抑制剂进行了研究。

3.2.3.3　金红石矿矿物加工存在的问题、发展趋势与对策

目前，金红石选矿过程中存在的问题主要有：①金红石矿物晶体结构、表面性质、矿物与药剂相互作用的界面化学研究较少，这是金红石选矿的必要理论基础；②金红石浮选实践合适浮选捕收剂的选择由于矿石的复杂性、成本和环境的制约出现瓶颈；③金红石的浮选过程中矿泥的危害很大；④浮选过程研究较少，在金红石浮选过程中，往往只关注金红石最终的回收率和品位，对浮选过程中金红石的浮选行为了解甚少。

我国的金红石选矿工艺及流程已经得到了较详尽的研究，制约金红石行业发展的主要问题在于钛的冶金工艺，因为我国没有自主的知识产权，需要从国外购买，这无疑影响着我国钛工业的发展。因此，加强钛冶金工艺的研究也是非常有必要的，金红石的发展无疑也要走选冶联合的路线。

3.2.4　钛铁矿矿物加工

3.2.4.1　钛铁矿资源及特点

钛是一种重要的金属，金属钛及其合金无毒、无磁性、耐高温，且具有硬度高、抗拉强度高、密度小的特点，因此具有良好的可塑性和较高的比强度；同时钛及其合金抗腐蚀能力强，对海水具有更强的抗腐蚀能力；钛及其合金还具有一定的记忆功能。基于钛及其合金以上的优异性能，钛被誉为“21 世纪金属”，已经广泛应用于海空航天、航海船舶、医学制药、催化材料等领域。钛铁矿和金红石是工业提取钛资源的主要来源，近年来也得到了越来越多的关注，目前主要可开采的分为岩矿和砂矿，其中砂矿较易选别，比如澳大利亚等国家均以海滨砂矿为主要的开采对象；岩矿的开采利用难度相对较大，特别是针对钛铁矿而言难度更大。这主要是由于钛铁矿表面活性质点较少且与脉石矿物具有相同的活性位点，分离难度较大。早期的生产技术水平决定了金红石的大量开采利用，因此其相对储量也越来越少，此时钛铁矿则越来越重要。特别是对我国而言，我国含钛资源 90% 以上为钛铁矿，因此钛铁矿的开发研究对我国钛工业的发展具有重要的意义。

在金属元素中，钛仅次于铝、铁、镁，列居第四位，在各种元素中排第九位，因此，钛资源是一种含量相对丰富的资源。然而，基于目前我们对钛资源的开发利用现状，我们依然将钛作为一种稀有金属来进行开发利用，这主要是由于钛资源分布广泛，开发利用难度较大，目前可供开发利用的含钛资源也仅有几种（钛铁矿、金红石、白钛矿、锐

钛矿等）。

从全球来看，最具开发利用价值的钛资源主要是钛铁矿和金红石两种类型，其中钛铁矿资源占全球钛储量的93.6%，金红石只占6.4%。我国钛资源98%以钛铁矿形式存在，占世界钛铁矿资源的28.6%，居世界第一；但主要以难选钒铁磁铁矿为主，主要赋存于基性岩－超基性岩岩体之中，具有高钙高镁的特点，导致整体的开发利用难度大。因此，立足于我国的钛资源分布实际状况，钛铁矿开发利用技术的提高对于我国钛工业的发展进步具有重要作用。

3.2.4.2　钛铁矿矿物加工研究现状及进展

相比于硫化矿的特性而言，钛铁矿可浮性较差，同时又具有密度大、弱磁性和导电性等特点，所以单一浮选法的工艺流程对钛铁矿的浮选并不是很有效果，大部分采用重磁浮联合工艺进行处理。而且，近些年的研究实验也致力于研究适于处理超微细粒的钛铁矿的新型浮选工艺，许多成果已被证实可行，例如自载体浮选法、絮凝浮选法、微波处理浮选法等。

（1）浮选联合工艺流程。

钛铁矿分选可以采用磁选、电选、重选和浮选等方法来完成，但每一个分离过程都具有自身的缺陷性，同时钛铁矿表面活性位点较少，采用单一的分选手段难以达到生产合格精矿的目的，并且随着资源深度开采，贫细杂逐渐成为矿物开采的特征之一。因此进行选别工艺的联合使用具有重要的意义。

钛铁矿的浮选联合工艺法是指利用浮选与重选、电选和磁选等方法联合进行选别的工艺流程。重选法是利用钛铁矿密度较大的特点，根据密度的不同对钛铁矿颗粒进行密度分层，得到品位较高的精矿和中矿，丢弃尾矿；磁选法是利用钛铁矿弱磁性的特点，在磁选机中将具有弱磁性的钛铁矿和非磁性矿物分离开；电选法则是利用钛铁矿导电性的特点，在电选设备上将钛铁矿和非导电性矿物分离开；浮选法则是利用浮选药剂主要回收细粒钛矿物，以上几种方法各自具有自己的优势，但单一使用进行处理钛铁矿时效果都较差，而与浮选法联合使用则有良好的效果。为了达到更好的分选效果，在进行钛铁矿浮选联合工艺流程前需要进行粒度分级，粗粒级部分可以采用重选、磁选等流程处理，而细粒级部分一般采用浮选或者磁选继续处理，常用的分选工艺流程通常有以下三种：①重选－磁选－浮选联合工艺流程；②磁选－浮选联合工艺流程；③粗粒重选－电选－细粒磁选－浮选联合工艺流程。这三种工艺流程各自具有不同的优缺点，根据不同的矿石性质可以选择不同的工艺流程进行合理的选择使用。

河北某选矿厂的铁尾矿中含有品位4.82%的TiO_2，在过去这种尾矿是直接丢弃不做处理利用的，尾矿中含有影响品位的磁铁矿和黄铁矿必须除尽，可以分别使用弱磁选和浮选法进行处理，存在的细粒级钛矿物可用强磁选进行回收，所以现在用磨矿－螺旋溜槽－弱磁－强磁－磨矿－反浮选的联合工艺流程进行回收试验，在浮选实验中严格控制浮选条件尤其是硫酸的用量，因为硫酸用量不足会使品位下降，用量过高则导致回收率降低，浮选过程总采用氟硅酸钠作为脉石抑制剂。通过该浮选联合工艺，最终得到品位为 46.33% 的钛精矿。

黑山选铁尾矿的钛铁矿矿石性质比较复杂，矿样中金属氧化物主要是钛铁矿和钛磁铁矿，同时含有少量金红石、白钛矿、锐钛矿、褐铁矿和赤铁矿等杂质矿物存在，金属硫化物主要为黄铁矿，还有黄铜矿，偶见铜蓝、白铁矿、闪锌矿和磁黄铁矿的少量存在，脉石矿物以绿泥石和斜长石为主，存在少量的黑云母、绢云母、辉石、角闪石、石英、黝帘石、磷灰石、方解石，此外还有极少量的尖晶石、石榴石、锆石、榍石等，导致分选困难。经研究后，采用弱磁 – 强磁 – 粗精矿再磨 – 浮选联合工艺流程进行处理；弱磁选处理回收杂质中的少量磁性矿物杂质，浮选前必须采用脱硫来去除试样中含量较高的有害杂质硫以获得合格的钛精矿。经联合工艺法处理后，TiO_2 的品位达到 46.5%，回收率大于工业试验一般指标的 50%。

（2）新型浮选工艺流程。

絮凝浮选法主要分为选择性絮凝法和疏水性絮凝法两种。选择性絮凝法是分散体系中存在两种或多种矿物，只选择其中一种矿物进行絮凝的方法；疏水性絮凝是指在分散体系中存在多种疏水性矿物，它们因为都具有疏水作用而彼此吸引絮凝成团，通过加入捕收剂和中性油并且在高速搅拌下才能形成疏水性絮凝团。目前最新研究并发展的一种微细粒矿物的浮选新技术是高分子化合物选择性絮凝技术，其中采用人工合成的高分子絮凝剂是值得我们关注的新方向，但是目前而言，钛铁矿的絮凝理论的完整性、经济成本的适用性以及实际矿泥的絮凝效果等一系列问题仍然没有解决，所以该方法目前在实际生产中还难以应用。中南大学的陈斌在研究微细粒钛铁矿与长石混合矿的选择性絮凝试验中使用人工合成的高分子进行絮凝。试验用 –20μm 粒级的钛铁矿作为研究对象，所用的絮凝剂均为人工合成的部分水解（30%）的聚丙烯酰胺和带轻肪酸官能团的改性型聚丙烯酰胺。试验结果表明，用量 20 ~ 30 克 / 吨，研究中所用的两种絮凝剂均可以在较宽的 pH 值范围（6 ~ 9）内有效地絮凝钛铁矿。通过微细粒钛铁矿的絮凝，钛铁矿精矿的 TiO_2 品位可达到 47.05% ~ 48.14%，回收率为 84.90% ~ 88.70%。

载体浮选法的药剂用量大，对于异类载体难以回收利用。采用攀枝花的 0 ~ 20μm 的钛铁矿样品进行自载体浮选试验，实验中采用比较具有代表性的油酸钠进行浮选试验，在 pH 值的范围为 4.5 ~ 5.0 的条件下，选择 38 ~ 74μm 粒级的矿物作为载体进行自载体的浮选试验，浮选试验的效果受载体的比例影响；载体的比例低于 50% 时其可浮性受到细粒级的影响比较大，比 38 ~ 74μm 的粒级单独的浮选回收率有所下降，载体比例达到 50% 后，随着载体的比例逐渐增大，0 ~ 20μm 粒级的钛铁矿的回收率会有明显升高，与此同时载体矿物的可浮性基本保持和其单独浮选的可浮性一致。据此，我们可以通过控制载体比例来实现利用自载体的作用来优化微细粒矿物的浮选并且可以不影响载体自身可浮性条件。

此外，还有乳化浮选和油团聚浮选以及微波浮选新技术。

3.2.4.3　钛铁矿矿物加工国内外关键技术

钛铁矿通常被认为是一种难选性矿物，研究已经表明，钛铁矿矿物表面的钛和铁不同同时作为活性质点，因此相比于其他矿物而言，钛铁矿表面的活性位点是少了一半的。钛铁矿溶液化学组分研究已经表明，在酸性条件下（pH<4）钛铁矿表面主要的活性位点为钛及其系列羟基化合物，在弱酸性及碱性条件下，钛铁矿表面的主要活性位点为铁及其系列羟基化合物。通常在选别工艺上，我们采用联合流程来最大化钛铁矿资源的回收利用。近年来，国内外学者对提高钛铁矿的综合回收做了大量的基础性研究并取得了一定的成果。

目前，表面改性依然是钛铁矿研究领域的热点之一。通常而言，对于难选的矿物，我们可以通过表面改性来增加其可浮性：通过表面改性改变矿物表面性质以及人为引入新的活性质点等方式来提高矿物颗粒表面与捕收剂碰撞概率，从而强化浮选。针对钛铁矿，目前主要的研究集中在以下几个方面：引入外来离子增加矿物表面的活性位点进而强化浮选；采用氧化的方法促使钛铁矿矿物表面的亚铁离子转化为三价铁离子，从而使矿物与捕收剂接触强度增加，进而强化浮选。

（1）金属离子活化浮选。

金属离子活化浮选在浮选领域已经被广泛应用并获得了大量的研究，目前活化的主要机理为羟基络合假说以及金属离子表面沉淀假说，这两种经典假说被广泛应用于解释在不同的活化体系中不同的活化机理。金属离子活化钛铁矿的研究相对较晚并且机理研究尚待进一步的完善，因此近年来一直是表面改性研究的方向之一。

铜离子作为活化剂活化钛铁矿浮选近两年才有所报道，相关研究表明铜离子可以有效活化钛铁矿的浮选，纯矿物实验表明其浮选回收率可以提高 20% 以上，实际矿的实验结果同样表明了铜离子活化的钛铁矿的可浮性具有明显提高，在精矿品位略有降低的情况下其浮选回收率得到明显提升。进一步的机理研究表明，铜离子的加入可以明显增加矿物表面的电位值，从而使捕收剂阴离子更易于吸附在钛铁矿矿物表面；XPS 研究深入表明了随着铜离子的加入，矿物表面的部分二价铁离子在铜离子的氧化作用下转化成了三价铁离子，并且存在铜离子和捕收剂分子之间的部分氧化还原反应。因此铜离子活化钛铁矿浮选的主要机理为：加入的铜离子以离子交换、羟基络合物吸附和氧化还原反应吸附于钛铁矿表面，促使部分二价铁转化为三价铁离子，在增加了活性位点的同时又改变了矿物表面活性点的价态，进而强化了钛铁矿的浮选分离。

铅离子在脂肪酸体系中可以显著提高钛铁矿的可浮性，近期的报道同样对铅离子活化钛铁矿的机理进行了深入的探讨，研究结果表明，铅离子可以显著提高钛铁矿的可浮性，铅的一羟基化合物为主要的活性组分与钛铁矿矿物表面的活性位点一羟基铁发生化学反应，形成 Fe–O–Pb 复合物，由于油酸铅的溶度积常数小于油酸亚铁，因此铅离子改性的钛铁矿更易于与捕收剂相互作用，此外，铅离子在钛铁矿表面的物理吸附同样增加了钛铁矿矿物表面的活性质点，强化了钛铁矿的可浮性；电位测试和红外光谱检测均证实了这一结论。这在前人的基础上进一步完善了铅离子在不同矿物体系中的活化机理。

（2）矿物表面化学状态的变化强化浮选。

这种强化钛铁矿浮选的方法集中在改变矿物表面的活性位点的化学状态，在不外来引入其他金属离子的前提下强化浮选。这主要集中在表面溶解、氧化焙烧和超声波振荡强化钛铁矿浮选回收这些方面，其主要共性是经过表面改性处理的钛铁矿矿物表面发生了二价铁离子向三价铁离子的转化，由于三价铁离子与油酸根作用生成的复合物的溶度积比二价铁离子与油酸根作用生成的复合物的溶度积更小，因此经表面改性的钛铁矿可以更加强烈地与捕收剂相互作用，进而强化浮选。以下将进行具体分析。

表面溶解强化钛铁铁的浮选回收一直以来是研究的热点之一，近年来同样得到了许多研究和报道。最新的一项研究表明，经过表面溶解的钛铁矿，其表面的三价铁含量增加了 11% 左右。浮选结果进一步表明了表面溶解对提高钛铁矿可浮性的重要意义：经过表面溶解，钛铁矿的浮选回收率可以提高 20% 左右。研究过程中同样采用了其他检测手段进行了相关的表征，其机理与之前的相关研究相一致。

氧化焙烧和微波振荡可以显著提高低品位钛铁矿的综合回收利用水平，近年来对其中的机理研究日趋成熟，相关研究同样表明氧化焙烧和微波振荡主要促使矿物表面的二价铁离子转化为三价铁离子，其中微波振荡还可以清洗矿物表面，裸露新鲜的矿物表面，这对矿物表面被污染的钛铁矿具有重要的应用前景。研究表明，经过氧化焙烧或者表面溶解的钛铁矿可浮性大大提高，这种预处理方式可以显著提高难处理钛铁矿的整体利用水平。

总之，目前集中在改变矿物表面活性位点化学组成的预处理方法研究均为强化钛铁矿矿物表面二价铁向三价铁离子的转化过程，进而强化浮选。

（3）新药剂开发利用。

钛铁矿常用的捕收剂为脂肪酸，这类捕收剂适用范围广但是存在的问题也日益突出，比如选择性差、活性受温度影响较大、可溶性差等。随着资源的深入开采，贫细杂矿产逐渐成为今后的研究方向，因此捕收剂的研发进展同样重要。近年来螯合捕收剂以其良好的选择性日益受到研究者的关注，同时膦酸类捕收剂由于其更易于与金属离子作用生成稳定的络合物而表现出更优异的浮选性能也受到了研究者的关注，下面针对钛铁矿的浮选捕收剂研究进展进行简要的描述。

HPA（α–hydroxyoctyl phosphonic acid）便是磷酸类捕收剂的一个代表，其分子式为 $C_8H_{18}PO_4$，研究表明其对钛铁矿具有良好的捕收能力，在最佳的浮选条件下可以有效回收钛铁矿。这类捕收剂主要是与相应的羧酸类捕收剂相比，其更易于与金属离子生成稳定的络合物，进而强化目的矿物的疏水性，提高浮选。

近年来所报道的钛铁矿的螯合捕收剂我们以 EHHA（2-ethyl-2-hexenoic hydroxamic acid）为代表，早期的钛铁矿捕收剂主要有苯甲羟肟酸以及水杨羟肟酸，但这些螯合捕收剂对钛铁矿的浮选回收还存在一定的缺陷。EHHA 是近年来报道的关于钛铁矿的一种有效捕收剂，其可以和钛铁矿矿物表面的活性质点形成稳定的环状化合物，几何结构稳定，不易脱落，因此 EHHA 可以强化钛铁矿的浮选回收，同时由于其选择性好的特点，因此其对钛铁矿的浮选回收展现出良好前景。

3.2.4.4　钛铁矿矿物加工存在的问题、发展趋势与对策

虽然我国钛铁矿的选矿研究已经取得了很大的进步，但对伴生有多种金属组分的钛铁矿资源的综合回收利用仍存在一定的不足。如针对攀西的钒钛磁铁矿综合利用总体水平虽然已经达到了全球领先，但铁、钒、钛利用率分别为 70%、41% 和 17%。选铁尾矿到钛精矿的回收率仅为 35%，造成了资源的大量浪费。此外，目前所有工艺流程仍然无法回收微细粒级（–19nm）钛铁矿。针对目前科研及生产现状，以下几方面是钛铁矿选矿研究应重点关注的内容也是今后钛铁矿研究的方向：

（1）–19μm 钛铁矿的合理回收技术开发：选钛原矿中 –19μm 粒级钛铁矿占总量的 30% 左右，回收该部分钛铁矿对提高整个选钛回收率意义重大。

（2）钛铁矿浮选新型捕收剂开发：开发出新型高效、无毒、价廉浮选药剂，不但可以产生显著的经济效益，对可持续发展也起到重要作用。

（3）尾矿选铁技术开发：早年由于选矿水平较低，尾矿品位很高，部分尾矿含甚至达 15% 以上，与目前处理的原矿相当，具有很高的综合利用价值。

（4）钛铁矿全粒级直接浮选技术开发：不经分级脱泥与磁选抛尾的全粒级浮选技术，由于入选品位低，细泥含量大，其技术难度很大，但该思路也存在一定的合理性：一方面，目前磁选在钛铁矿选矿中承担抛尾与脱泥的双重任务，在经磁选提高浮选作业入选品位、降低浮选难度的同时存在大量金属损失，采用全粒级直接浮选有望从根本上提高钛资源的回收率；另一方面，–19μm 级钛铁矿单独回收的难度太大，与粗粒共同浮选，一定程度上有利于其回收。

（5）钛铁矿在后续的冶金工艺中主要利用钛铁矿中的钛元素，铁元素都基本作为废物丢弃，这样既对资源造成了浪费又对环境造成了严重的污染。

针对以上问题有以下对策：

（1）钛铁矿浮选基础理论的进一步完善：众多研究者针对攀枝花钛铁矿的浮选回收开展了大量工作，但多以分选工艺的优化与浮选药剂的开发为主，对涉及浮选过程本质的矿物表面溶解、界面组分吸附与界面作用并无系统认识，如今后能更多地针对以上方面开展研究，有利于从根本上认识钛铁矿浮选的作用机理，进而指导生产实践。

（2）实现钛铁矿的综合利用：针对于钛铁矿资源的综合利用，以下几个方向值得关注：利用钛白生产流程中的活性中间品，生产新型的高附加值氧化钛功能材料，如介孔氧化钛；利用钛铁矿中的钛和铁元素制备附加值高的含钛、含铁的新材料，如碱式钛铁酸盐；利用副产物硫酸亚铁废渣生产 $LiFePO_4$ 这类高附加值的产品。

3.2.5 氧化镍矿矿物加工

3.2.5.1 氧化镍矿资源及特点

镍具有良好的延展性，能与很多金属组成抗氧化、抗腐蚀、抗高温、高强度的合金。近年来，高新技术领域应用的充电电池、泡沫镍、镀镍钢带、活性氢氧化镍等产品，对镍的需求日益增加。

目前，世界上可以开采的镍矿床主要分为三类，即硫化镍矿、砷化镍矿和氧化矿，据美国地址调查局（USGS）的统计数据，2013 年世界镍储量为 7400 万吨，此外尚有远景储量 1.68 亿吨，其中硫化镍矿约占 30%、红土型镍矿约占 70%。世界镍储量主要集中分布在澳大利亚、新喀里多尼亚、巴西、俄罗斯、古巴等 10 个国家，约占世界镍总储量的 90%。

当富含镍的岩石经过大规模的长期风化、淋滤变质，NiO 取代了相应硅酸盐晶格中的部分 FeO 和 MgO 以及铁氧化物中的部分 FeO，并在一定层位富集，形成红土镍矿床。因此镍首先存在于铁镁硅铝酸岩浆所形成的铁镁橄榄石中，不同的岩石中含镍的一般规律是：氧化镁及氧化铁等碱性脉石中含镍高，二氧化硅及三氧化二铝等酸性脉石中含镍低，红土镍矿共伴生矿产主要为钴和铁。

红土镍矿的特点为：①矿石中几乎不含铜矿物、贵金属和铂族金属，通常含有钴，其中钴的含量一般为镍的 1/25；②含镍量和脉石成分非常不均匀，通常含镍极低，只有 0.5% ~ 1.5%，在极少的富矿中才能达到 5% ~ 10%；③由于大量黏土的存在，因此含水高，通常为 20% ~ 25%。总的来说，红土型镍矿床具有分布广泛、资源丰富、埋藏浅、规模大等特点，但是冶炼技术较复杂，成本高。随着冶炼技术的改进，原生矿石的消耗殆尽，这种矿石已显示出极大的经济潜力。随着硫化镍矿的日益枯竭，红土镍矿床必将在未来镍生产中占据主要地位。

我国镍资源紧缺，按照美国地质调查局数据，我国镍资源储量约为 110 万吨，占世界镍资源储量的 1.57%，其中 70%的镍矿资源集中在甘肃，27%分布在新疆、云南、吉林等省（区）。我国红土镍矿资源较少，分布在红土镍矿中的镍占全国镍储量的 9.6%，主要分布在云南元江。综合来看，我国的镍矿资源具有如下特点：①我国的镍矿资源储量分布相对比较集中，平均镍大于 1%的硫化镍富矿石约占全国总保有储量的 44%。仅甘肃金川镍矿，其储量就约占全国总储量的 64%，新疆喀拉通克、黄山和黄山东三个铜镍矿的储量也占到全国总保有储量的 12%左右；②我国镍矿以硫化铜镍矿为主，占全国总保有储量的 86%，其次是红土镍矿占全国总保有储量的 9.6%；③我国镍矿开采难度较大，地下开采的比重较大，占全国总保有储量的68%，而适合露采的只占到13%。

3.2.5.2 氧化镍矿矿物加工研究现状及进展

近年来，针对镍红土矿的处理工艺，国内外进行了大量研究工作，目前实际生产中所采用的工艺主要为化学选矿，也就是湿法冶金，同时还有火法冶金。特别是针对低品位难处理红土镍矿，在生物浸出、微波浸出、离析焙烧浸出、超声波浸出等方面进行了大量研究工作，取得了积极进展。

在处理含铜、钴比较高，矿石组成较为复杂的低品位红土镍矿时，采用化学选矿能够较为有效地综合回收各种有价金属和降低能耗。

（1）还原焙烧－氨浸出工艺。

还原焙烧－氨浸工艺（RRAL）由 Caron 教授首次提出，又名 Caron 流程。氨浸是用 NH_3 及 CO_2 将焙砂中金属镍或金属镍铁以及钴转化为镍氨及钴氨络合物进入溶液。通过还原焙烧，使镍、钴和部分铁还原成合金，然后再经过多级逆流氨浸，浸出液除铁、蒸氨，产出碱式硫酸镍，经煅烧转化成氧化镍，也可以经还原生产镍粉。采用该工艺生产的镍块中镍质量分数可达 90%，全流程镍的回收率达 75% ~ 80%。

（2）高压酸浸工艺。

高压酸浸法（HPAL）由于其能耗低、碳排放量少、有价金属综合回收好等优点，现为国内外处理高铁、低品位红土镍矿资源的主要技术。主要过程包括原料制备、高压浸出、中和及洗涤和产品生产。在温度 232 ~ 268K 时，镍和钴的浸出率在 95%以上，而铁的浸出率很低。高压酸浸法工艺最大的优点是钴的浸出率高，一般可达 85%以上，大大高于其他工艺流程。但这种工艺适合处理以针铁矿为主的矿石，不太适合处理泥质较多的矿石。

（3）常压酸浸。

相对于高压酸浸，常压酸浸工艺具有能耗低、设备维护费用低，对生产过程的操作控制要求较低等优点。将矿浆与洗涤液和硫酸按一定的比例在加热的条件下反应，镍浸出进入溶液，再采用碳酸钙进行中和处理，过滤，得到的浸出液用 CaO 或 Na_2S 做沉淀剂进行沉镍。但该工艺浸出液分离困难，浸渣中镍含量仍较高。对某进口红土镍矿湿法提镍进行试验研究，结果显示硫酸常压浸出过程的镍浸出率为 78.62%，浸出液中沉镍采用 Na_2S 溶液，可得到镍品位为 20% 的硫化镍产品；沉镍后的母液可副产氢氧化镁，所得氢氧化镁中 MgO 质量分数达 58.40%。

（4）生物浸出。

生物浸出是当前研究从红土镍矿中浸出镍钴的热点领域之一，其原理是利用微生物自身的氧化或还原特性，使矿物中的有用金属氧化或还原，然后在水溶液中以离子或沉淀的形式与矿料分离。近几年来，国外有报道利用异养型微生物，即真菌代谢碳源产生的有机酸浸出红土镍矿中的镍、钴等有价成分，并取得了良好的试验结果。利用异养微生物从硅镁镍矿中浸出镍，镍浸出率大于80%。用真菌的衍生物黑曲霉菌（AsPergillus niger）浸出红土镍矿，镍浸出率大于90%。此外，超声波能够使黑曲霉素的生长增强，浸出20天可使镍的浸出率达92%。生物浸出工艺的优点是环境污染小、成本低，但是其浸出周期长、且尚不成熟应用于工业生产。

（5）氯化冶金。

氯化冶金是将物料与适量的氯化剂混合，在一定条件下发生氯化反应，使矿物中的有用金属变为易挥发、易溶或易还原的氯化物，然后再将金属提取出来的冶金方法。

将矿物与氯化剂混合一起造球，通过焙烧使被提取的金属生成氯化物，然后用水或其他溶剂浸取而得到有用金属离子，或者形成的氯化物呈蒸气状态挥发，通过冷凝回收有价金属离子。氯化焙烧工艺处理红土镍矿的技术正在创新研发的阶段，对国内某红土镍矿氯化焙烧处理提取镍、钴的研究，镍、钴浸出率都能达到90%左右，而铁的氯化可降至1%，这是氯化焙烧在红土镍矿应用中的突破性进展，此法可以处理任何品位的红土镍矿。但是氯化焙烧对设备的要求高。随着抗腐蚀材料的不断发展，此法在将来处理红土镍矿中很有发展前景。

在矿石中加入一定量的碳质还原剂（煤或焦炭）和氯化剂（氯化钠或氯化钙），在中性或弱还原性的气氛中加热，使有价金属从矿石中氯化挥发，并同时在炭粒表面还原成为金属颗粒的过程。其目的在于使矿石中呈难选矿物形态存在的有价金属转变为金属颗粒，随后用选矿的方法富集，产出品位较高的金属精矿。但对于大部分的贫红土镍矿，由于镍矿中的镍大部分和硅、铁结合而成复杂的硅酸镍和铁酸镍，不宜采用氯化离析一湿式磁选法。

（6）还原熔炼镍铁。

目前最常用的火法还原熔炼生产镍铁的方法为回转窑－电炉还原熔炼工艺（RKEF）。该工艺主要工序包括干燥、煅烧－预还原、电炉熔炼和精炼。一般是在干燥窑内（523K）脱除游离水，在较高的温度下焙烧预还原，脱除结合水，出窑炉料直接送人电炉上面的料仓中，加入交（直）流电弧炉还原熔炼制取镍铁。该工艺适合于低铁高镍型红土镍矿，得到的镍铁产品镍品位一般为10%～23%，铁品位为60%～80%，镍的直接回收率大于90%，但其中的钴利用率不高。

（7）还原硫化熔炼造镍锍。

该工艺是在氧化镍矿中配入一定量的氧化钙和二氧化硅，在高温下（1373K左右）烧结成块，接着再加入适量硫化剂，如黄铁矿、硫磺等，以及还原剂和燃料，在1623K温度下熔炼产出低镍锍，再通过转炉吹炼生产高镍锍。一般地，获得的低镍锍产品镍品位为5%～8%，镍金属回收率70%～90%左右。

采用还原硫化熔炼处理氧化镍矿生产镍锍的工艺，其产品高镍锍具有很大的灵活性。经焙烧脱硫后的氧化镍，可直接还原熔炼获得镍基，用于不锈钢工业。高镍锍也可以作为常压羟基法精炼镍的原料，来进行镍粉的生产。此外，还可以直接铸成阳极板送电解精炼的工厂生产阴极镍。另一方面，采用还原硫化熔炼－镍锍吹炼中，钴会在炉渣中富集，便于钴的回收利用。

3.2.5.3　镍氧化矿矿物加工国内外发展比较

国内外红土镍矿的典型处理工艺有湿法和火法之分，两者相对投资相差不大，均取得一定成效。湿法以加压酸浸即 AMAX / PAL 技术工艺为主。红土型镍矿的 PAL 技术可在现场生产出中间产品氢氧化镍或硫镍，由此可以提供现有镍精炼厂的扩产或解决供料不足的问题，这是目前西方许多镍公司所采取的经营方向。这个经营思路值得我国借鉴，但又有别于我国，这主要和我国镍矿资源缺乏和大量进口红土镍矿的品质有关。另外，尽管加压浸取等湿法工艺随着大型压力釜制造技术的成熟也越来越受到重视和应用，但现阶段及今后很长一段时间，以 RKEF 法为主的火法处理工艺在红土镍矿开发中还是占主导地位。其主要是因为湿法工艺适于处理褐铁矿，适合在矿山附近就地建厂，火法工艺适于处理硅镁镍矿。

我国虽有一定量红土镍矿，但品位较低。大量红土镍矿几乎全部进口，进口的红土镍矿是典型硅镁镍矿。随着硫化矿资源的日益匮乏，镍产量的扩大将主要来源于红土镍矿。

我国红土镍矿处理方法主要有 RKEF 法、小高炉熔炼法和“烧结机－矿热炉”法。RKEF 法即中回转窑干燥预还原－矿热炉熔炼，根据我国实际情况，在该工艺的基础上，不断研究与改进。目前基本形成了适应我国镍铁生产的 RKEF 工艺流程，现阶段及今后很长一段时间将具有更大趋势和潜力；小高炉熔炼法即“烧结机－高炉”法，是我国处理红土镍矿自主研发的一种冶炼方法，仅适合生产低镍生铁，单对原料的适应性差、无法大型化生产，随着焦炭价位回归合理、镍价下跌和环保政策落实。目前我国的高炉镍铁厂大部分已停产；“烧结机－矿热炉”法，虽在我国已有建厂，但仅属很少几家，因其冶炼能耗高、效率低、污染大，未能广泛推广。

3.2.5.4　氧化镍矿矿物加工存在的问题、发展趋势与对策

（1）镍氧化矿矿物加工存在的问题。

1）资源短缺。随着近 40 年来国民经济的发展，我国大约 80% 的镍矿储量已经得到了开发利用。在新疆东部的弯塔格地区和塔里木北缘发现了有可能形成铜镍矿床的超基性岩体，是当前我国唯一的镍找矿规划区。为了缓解国内镍原料供应紧张的局面，国内主要镍生产企业开始采取进口镍精矿等原料的措施。近年来，中国镍精矿进口量逐年上升镍矿资源后备不足制约钢铁产业和国防工业的发展，影响国民经济的可持续发展。

2）镍矿行业安全、节能、环保面临巨大压力。深井和低品位镍矿开采伴随大量废石、废水排放，镍矿选冶也排出大量尾砂和水淬渣，污染环境。同时，深井采矿的高温、高压和高渗透的“三高”采矿技术条件不仅提高采矿成本，降低采矿经济效益，而且给围岩稳

定性控制带来巨大困难。同时，随着开采深度增加，地下承压水增大，采场突水地质灾害危险性增大，由此给资源开采带来严峻的安全、高效和环保压力。

3）提取困难。传统的处理方法中由于镍的品位较高，多采用火法处理和氨浸工艺，随着工艺技术的不断成熟，处理工艺也不断改进。未来火法处理红土镍矿的发展主要在改进煅烧的工艺和煅烧炉的改进方面。随着资源的不断消耗，湿法处理技术将会占据主要地位，而加压酸浸在技术和经济上比传统技术占有优势。但是该技术对矿石的成分有要求，不适合处理镁含量高的矿石，而且固液废料多，这些是需要解决的问题。

（2）发展趋势与对策。

1）合理开发资源，寻求海外发展。合理开发利用国内资源，积极开发海外资源，是保证中国国民经济发展、国家安全和镍资源可持续发展的需要。中国国内镍矿资源开发应严格遵守国家矿产资源和环境保护的法律法规，在国家产业政策和发展规划的指导下有序进行。严禁对镍矿资源的破坏性乱采滥挖；国家应出台相关鼓励政策，积极发展再生镍产业，建立完整的回收体系，保障再生镍原料的供应，提高再生镍在原镍产量中所占的比率；大力推进海外镍矿资源开发利用，实现中国镍矿资源的生产和供应的国际化经营。尤其重视红土镍矿资源的开发利用，在境外（印度尼西亚、菲律宾等）建立原料供应基地。同时国家有关部门应不断完善海外镍矿资源开发的金融、保险、服务体系，为企业的镍矿资源国际化经营创造有利的融资条件。

2）高效、节能清洁利用资源。采用传统工艺已难以经济高效地实现有价金属的富集与提取利用。微生物浸出是处理低品位镍矿、废渣以及难采矿的有效方法，将微生物冶金技术大规模、广泛应用于各种含镍矿物资源的提取是今后努力的方向。氯化离析、气基还原等工艺能耗低、效率高，可以很大程度上促进冶金工业的节能和减排，具有相当广阔的发展前景。这些技术虽然不会在短时间内解决我国镍的供需矛盾，但具有重大的战略意义，应予以高度重视。另一方面，加强二次资源的综合利用，发展物质循环利用工艺，不仅是资源的高端利用，而且在实现冶金工业的节能和减排的同时也促进其他工业的可持续发展。在此基础上开展有价金属提取过程中的基础理论研究，尤其是针对矿物重构过程中矿相转变的研究，探索 / 开发新的高效、经济、绿色的金属 / 合金制备新工艺。

3.2.6 铝土矿矿物加工

3.2.6.1 铝土矿资源及特点

铝土矿是指在工业上能利用的，以三水硬铝石、一水软铝石或者一水硬铝石为主要矿物所组成的矿石的统称。

（1）世界铝土矿资源。

铝土矿资源在世界范围内分布广泛。根据 2016 年美国地质调查局统计显示，世界铝土矿资源总量为 550 亿 ~ 750 亿吨，其资源储量相对集中、分布区域不均衡，按其储量高低分布于非洲（32%）、大洋洲（23%）、南美洲和加勒比地区（21%）、亚洲（18%）、其他地区（6%）。2015年，全球探明的铝土矿储量约为280吨，遍布以上各个地区的40多个国家，其储量和2015年开采量数据如表11所示。

铝土矿矿石根据其所含的主要含铝矿物可分为三类：三水铝石型、一水软铝石型和一水硬铝石型。国外铝土矿矿石主要是三水铝石型，其次为一水软铝石型，而一水硬铝石型铝土矿极少。但我国则主要是一水硬铝石型铝土矿，三水铝石型铝土矿极少。世界不同国家的铝土矿主要类型如表12所示。

表11　2015年世界各国铝土矿储量及开采量

国家	储量（亿吨）	开采量（万吨）	国家	储量（亿吨）	开采量（万吨）
几内亚	74	1770	苏里南	5.8	220
澳大利亚	62	8000	委内瑞拉	3.2	150
巴西	26	3500	希腊	2.5	190
越南	21	110	俄罗斯	2.0	660
牙买加	20	968	马来西亚	0.4	2120
印度尼西亚	10	100	美国	0.2	–
圭亚那	8.5	1920	其他国家	24	850
中国	8.3	6000	世界总量	280	27400
印度	5.9	1920			

表12　不同国家的铝土矿类型

三水铝石型	一水软铝石型	一水硬铝石型
澳大利亚、巴西、圭亚那、印度（东海岸）、印度尼西亚、牙买加、马来西亚、塞拉利昂、苏里南、委内瑞拉	澳大利亚、几内亚、匈牙利、俄罗斯、南斯拉夫、印度（中部地区）	中国、希腊、几内亚、罗马尼亚、土耳其

（2）我国铝土矿资源。

我国铝土矿资源储量较为丰富，基础储量约为8.3亿吨，铝土矿储量约居世界第8位。根据国土资源部2016年的统计数据显示，截至2015年年底我国铝土矿矿石查明资源储量为47.1亿吨矿石，预测铝土矿矿石资源量为129.7亿吨矿石，资源查明率29.3%。我国铝土矿资源的分布范围相对较集中，山西、贵州、河南和广西四个省份的储量分别为41.6%、17.1%、16.7%、15.5%，占全国总储量的90%以上。

从矿石性质上看，我国铝土矿的特点为：①我国铝土矿贫矿资源比重较大。铝土矿平均品位以氧化铝计为40% ~ 60%，平均铝硅比为4 ~ 6，铝硅比大于7的资源储量不足全国总量的30%。此外，铝土矿品级不明的保有资源储量8.54亿吨，约占27%。②开发、冶炼难度大。我国适合露采的铝土矿床不多，据统计只占全国的1/3。有用矿物组成主要为一水硬铝石。总体特征是高铝、高硅、低铁、中低铝硅比，矿石质量差，加工难度大，氧化铝生产多用耗能高的联合法，限制了产能的扩大。③以古风化壳沉积型为主，共生、伴生多种元素。中国铝土矿以古风化壳沉积型为主，其次为堆积型，红土型最少。中国的古风化壳沉积型铝土矿常共生和伴生多种矿产。在含矿岩系中，通常与半软质黏土、硬质黏土、铁矿和硫铁矿共生。在铝土矿矿石中，还常常伴生有镓、钪、钛、铌、钒、锂和稀土元素等多种元素。

3.2.6.2　铝土矿矿物加工研究现状及进展

铝土矿是我国重要战略矿产之一，是铝冶炼的主要原料，因此铝冶炼是其最主要的应用领域，其用量占铝土矿总产量的90%以上。铝土矿的非金属用途主要是作耐火材料，用量占总产量的8%以上。除此之外还应用于研磨材料、化学制品及高铝水泥的原料。铝土矿在非金属方面的用量比重虽小，用途却十分广泛。例如，化学制品方面以硫酸盐、三水化合物及氯化铝等产品可应用于造纸、净化水、陶瓷及石油精炼方面；活性氧化铝可在化学、炼油、制药工业上可作催化剂、触媒载体及脱色、脱酸、脱水、脱气、干燥等物理吸附剂；玻璃组成中有3%～5%的氧化铝可提高熔点、黏度、强度；研磨材料方面是高级砂轮、抛光粉的主要原料；耐火材料方面，是工业生产中不可缺少的筑炉原料。因此，提高我国铝土矿资源供给能力及其品质对有色金属工业和耐火材料产业的可持续发展意义重大。

3.2.6.3　铝土矿矿物加工国内外发展比较

（1）矿物加工工艺。

由于铝土矿的矿物种类、氧化铝含量、铝硅比、含硅、含硫、含铁量等主要物理化学性质指标决定了其质量等级和选别难易程度，因此国内外对铝土矿选矿工艺技术的发展，最终应用目的在于提高铝土矿的铝硅比、实现其脱硫脱硅便于冶炼。围绕该目的，开展的相关研究主要包括铝土矿矿石的破碎筛分与磨矿分级、不同选矿工艺流程的设计优化、各个工艺阶段选矿设备的开发应用、铝土矿正反浮选体系中药剂制度的研究及作用机理、选矿厂各个工艺阶段过程的控制和尾矿及选矿废水的处理处置方法等方面。

铝土矿矿石的破碎筛分与磨矿分级主要集中在破碎阶段颗粒聚散行为、磨矿介质对选择性磨矿的影响和助磨剂的使用方面。研究表明，助磨剂的使用能够较为明显地降低矿浆黏度，改变颗粒表面电位，影响颗粒表面形貌特征，进而提高磨矿效率，降低磨矿阶段能耗。

铝土矿选别工艺流程的研究主要集中在脱硅脱硫、降铁除杂等，其具体工艺的使用要根据不同地区铝土矿的成分分析结果而定，因此相对应不同类型铝土矿的选别工艺流程各有差别。目前研究和应用较多的有低铝硅比铝土矿浮选脱硅技术、高硫铝土矿浮选脱硫技术、高铁铝土矿的降铁技术和利用技术、铝土矿选择性絮凝脱硅技术以及铝土矿的洗矿技术等。

各个工艺阶段选矿设备的研究方面主要涉及新型碎磨设备、浮选柱、专用浮选机、重选设备以及浓密脱水设备应用等。

铝土矿浮选体系中药剂的研究及应用方面包括是调整剂、分散/抑制剂、捕收剂等的开发应用。其中最主要的方面在于捕收剂的合成和应用，正反浮选捕收剂分别为阴阳离子捕收剂，应用较多的主要是中南大学和北京矿冶总院所开发的相应产品。近年来对其研究主要是通过合成、改性和复配等方式，增强浮选药剂的作用效果和低温性能。

选矿厂各个工艺阶段的过程控制主要是以自动化监测－控制系统、神经网络模糊数学等建模方法的应用、在线监测软硬件的开发等方面。通过新型软硬件技术方法的组合优化实时监测选矿工艺阶段的运行状态，从而实现铝土矿浮选过程的高效控制。

铝土矿尾矿与选矿废水的处理和利用方面主要是铝土矿浮选尾矿中高岭石、伊利石等硅酸盐矿物的回收利用和废水的循环利用。尾矿的回收利用主要有建筑材料的开发利用（包括水泥、路基填料、人造石板材、陶瓷材料、轻质泡沫复合材料等），耐火材料以及制备化学制剂环保材料等。废水的循环利用研究主要是针对其中有机、无机金属污染物的去除、选矿药剂的回收利用和处理回水的再利用等方面。

（2）理论及装备。

铝土矿选矿理论研究方面主要在于矿物晶体结构和表面性质、选矿药剂的制备及其在浮选过程中的作用机理、一水硬铝石和铝硅酸盐矿物颗粒的聚集分散行为方面。铝土矿矿物晶体结构与表面性质方面开展的研究在于通过 XRD、原子力显微镜、XPS 等分析手段研究一水硬铝石等矿物表面对水、药剂、气体等的黏附能大小。铝土矿浮选药剂的制备及其作用机理方面的研究有通过分子构筑、软件模拟计算等方法结合 ζ 电位测试、表面张力分析等试验手段开展新型药剂设计与矿物物理化学吸附作用的基础研究。铝土矿中一水硬铝石和铝硅酸盐矿物颗粒的聚集分散行为研究方面，通过研究分散剂和絮凝剂加入浮选体系后矿物颗粒表面 ζ 电位变化，对一水硬铝石、高岭石、伊利石、和叶蜡石等铝硅酸盐矿物的分散凝聚作用进行研究。

在铝土矿选矿装备方面，碎磨设备的研究主要涉及高压辊磨机和立式球磨机在铝土矿碎磨中的适用性，浮选设备方面出现了专门针对铝土矿浮选的专用设备研发和已有浮选柱在铝土矿浮选中的应用效果及流场和组合力场参数优化研究，在重选设备方面开展的有结合铝土矿沉降脱硅的处理能力和分选效率进而制作心型水力分选设备，高效浓密脱水设备方面开展的研究是根据已有浓密机存在的底流浓度低、溢流浮游物高等缺点进行的设备优化改进。

3.2.6.4　铝土矿矿物加工存在的问题、发展趋势与对策

铝土矿选矿重点需要解决我国不同类型及低品位铝土矿铝－硅矿物的选择性浮选分离

与综合利用问题。其难点是：不同类型铝土矿及低铝硅比铝土矿的矿物组成、化学成分、铝硅比、晶体结构、嵌布特性与可分选性差异大，硅矿物和杂质矿物含量高，浮选体系杂质离子影响多，多种不同铝硅矿物间浮选分离难，而且浮选尾矿及铝土矿中稀散金属的综合利用复杂等。

针对上述难点问题，需要针对特定的低铝硅比铝土矿浮选分离体系进行浮选药剂的功能、结构与合成设计，建立铝、硅矿物高效浮选剂分子组装设计理论；需要研究同质、异质颗粒，粗粒与微细粒颗粒，在不同流场中碰撞、分散 / 聚集时，动能 – 界面能间的平衡，微结构调控的聚集与分散行为，建立微细粒铝、硅矿物选择性聚集、分散及与界面力相互作用和流体动力学调控体系；需要研究铝 – 硅矿物 / 浮选剂 / 水溶液体系中各种相互作用溶液化学行为及复杂界面相互作用，确定不同铝硅酸盐矿物间选择性分离及与一水硬铝石选择性分离调控原理，形成一水硬铝石型铝土矿浮选分离技术体系；需要研究铝土矿尾矿中不同铝硅酸盐矿物间的分离与富集行为，浮选尾矿机械化学和热处理过程复杂铝硅酸盐矿物的物化性质变化规律，以及稀散金属（镓、钪等）在铝土矿原矿、浮选精矿和尾矿中的赋存行为。

3.3 稀有稀散稀土金属矿物加工新工艺和新技术

3.3.1 钨矿矿物加工新工艺和新技术

3.3.1.1 钨矿资源及特点

中国是世界上钨矿资源最丰富的国家，占世界总量的 60% 以上。已发现的钨矿物和含钨矿物有 20 余种，但其中具有开采经济价值的只有黑钨矿、白钨矿及混合矿。中国钨矿资源有以下特点：①资源丰富，分布高度集中，主要集中在湖南和江西两省，其钨资源储量占全国总资源的 65% 以上；②矿床类型较全，成矿作用多样，常在同一矿田或矿床中，呈现多型矿床（矿体）共生的特点；③钨矿中共生、伴生组分多，综合利用价值大，单一的钨矿床少；④伴生在其他矿床中的钨储量可观，如含钨的铜（铅、锌）矿床和含钨的锡矿床；⑤多数钨矿资源属于贫、细、杂的难选资源；⑥易选黑钨矿资源接近枯竭，逐渐形成了钨矿储量以白钨矿为主的局面。

3.3.1.2 钨矿矿物加工研究现状及进展

（1）选矿工艺研究现状及进展。

由于矿床类型不同，黑钨矿和白钨矿以及混合矿三种资源的选别技术条件有很大的差别。黑钨矿选矿以重力选矿为主，部分企业精选用干式强磁选；白钨矿多采用浮选法进行选别；黑白钨混合矿则需要采用黑钨矿和白钨矿的选别方法进行综合选别；如含有其他共伴生有价成分时，须对其进行综合回收。

1）黑钨矿选矿。

中国的黑钨矿选矿普遍采用重选为主的联合选矿工艺，一般分为四个阶段，即粗选、重选、精选和细泥处理。黑钨矿选矿的原则流程一般为：预先富集手选丢废；多级跳汰、多级摇床、阶段磨矿、摇床丢尾；细泥归队处理、多种工艺精选、矿物综合回收；原则流程如图 2 所示。

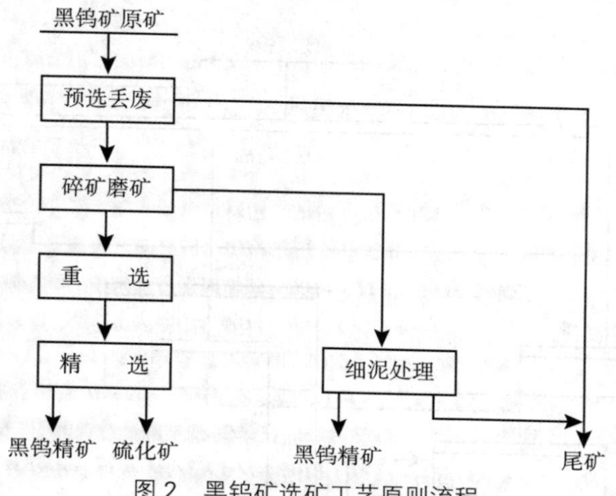

图 2　黑钨矿选矿工艺原则流程

①粗选。依据“早丢多丢”的原则，预先丢弃低品位废石，提高原矿品位，对黑钨矿进行粗选即预选丢废阶段是必要的。预选方法已由过去单一的手选发展成为了多种方法的联合工艺，主要有光电选矿、重介质选矿和动筛跳汰机预选丢废等方法。

②重选。由于黑钨矿的密度大，因此一般采用多级跳汰、多级摇床、中矿再磨的重选工艺流程进行回收，其原则流程如图 3 所示。跳汰早收、摇床丢尾是黑钨矿重选流程的核心，各矿山根据矿石性质特点及流程特点，通过改进重选工艺参数来提高黑钨矿选矿效率。

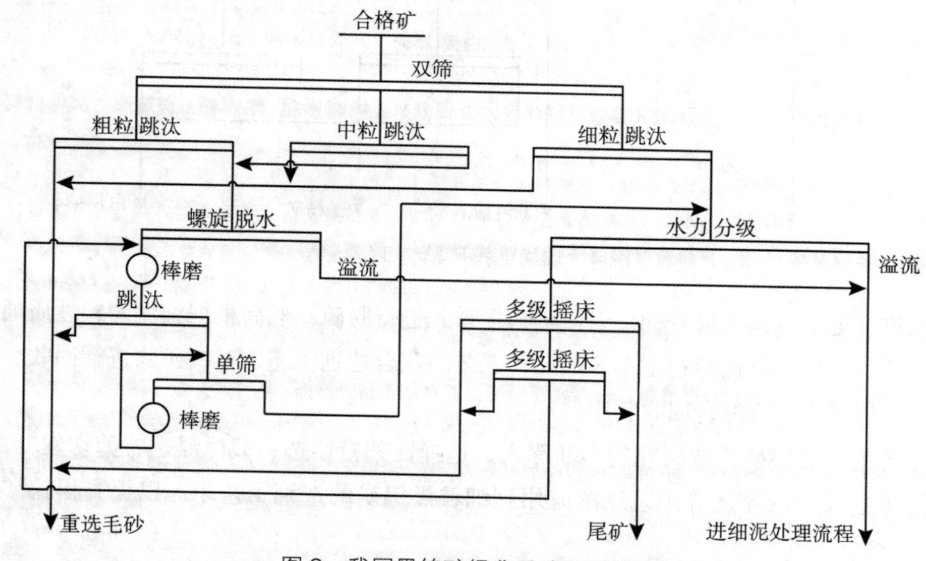

图 3　我国黑钨矿经典重选原则流程

③精选。精选一般采用浮－重联合或浮－重－磁联合的多种选别工艺对钨粗精矿进行精选，并在精选段对伴生元素进行回收，如瑶岗仙黑钨矿选矿厂精选则采用浮－重－磁联合流程，如图 4 所示。

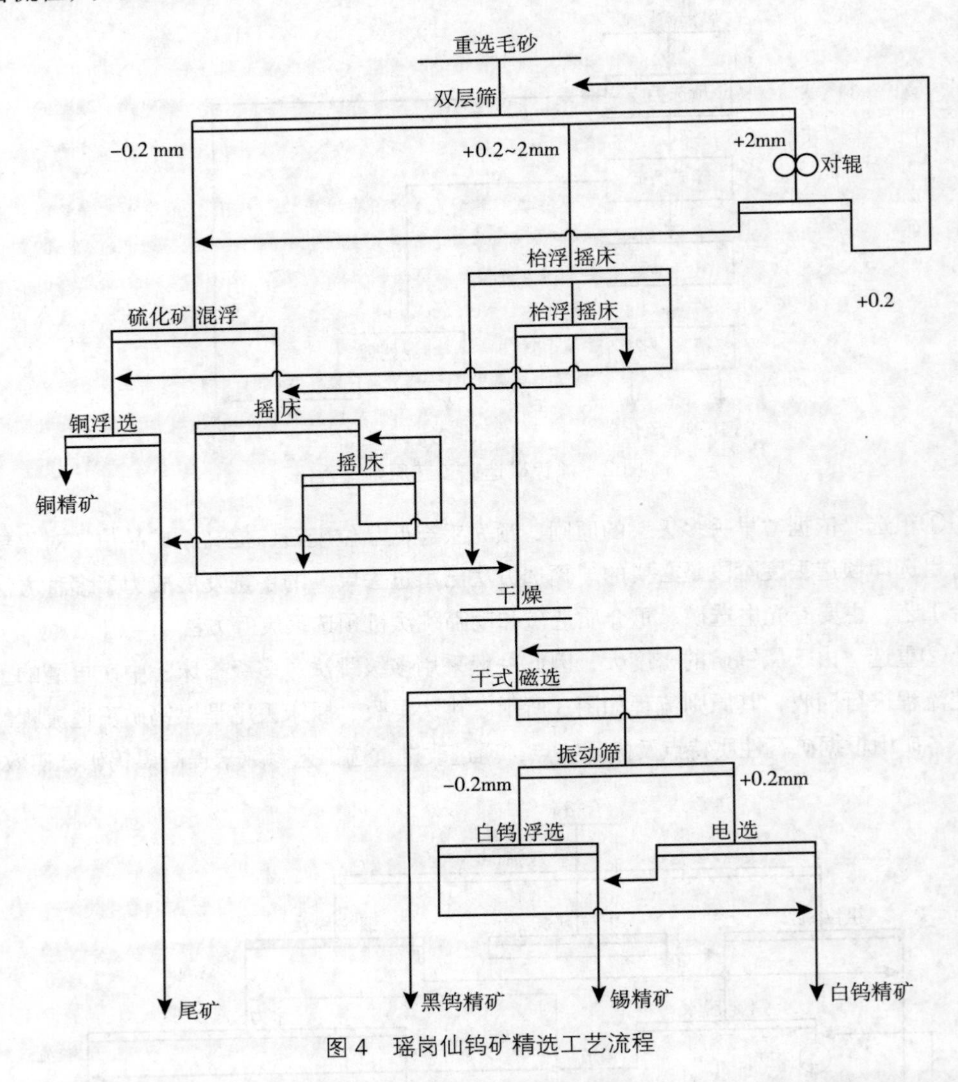

图 4 瑶岗仙钨矿精选工艺流程

④细泥处理。细泥处理的一般流程为：首先进行脱硫，然后根据细泥物料性质通过重选、浮选、磁选、电选等选别工艺或几种工艺的联合选别工艺，对钨矿物进行回收，同时对伴生金属矿物进行综合回收利用。

随着细粒黑钨矿浮选研究的不断深入，选择性絮凝浮选、载体浮选、剪切絮凝浮选、油聚团浮选及两液浮选等工艺逐渐应用到细粒黑钨矿的选别工艺中，以提高黑钨矿的回收率。

（2）白钨矿选矿。

白钨矿选矿工艺流程以浮选为主，分为硫化矿浮选、钨粗选和精选。硫化矿浮选的原则流程与普通硫化矿浮选厂相似。

白钨粗选通常采用常温浮选，主要是采用碱性介质－脂肪酸法，在白钨粗选中采用最多的调整剂和抑制剂组合为碳酸钠－水玻璃，其次为氢氧化钠－水玻璃以及碳酸钠－氢氧化钠－水玻璃等，有时加入多价金属离子，以强化抑制效果。

白钨粗精矿的精选工艺主要有加温法和常温法。加温浮选，即对白钨粗精矿添加大量水玻璃或改性水玻璃（可选择性添加少量氢氧化钠和硫化钠），在高浓度下加温搅拌后，利用矿物间表面吸附的捕收剂膜解析速度的不同，提高抑制的选择性，然后稀释或直接精选，该法对矿石的适应性较强、选别指标稳定，在白钨－含钙脉石矿物型矿山得到广泛应用，但其高碱度、强搅拌及高温的工艺条件使得其对浮选设备的要求很高，对工人的工作环境也有一定的影响。常温浮选主要指 731 氧化石蜡皂常温浮选法和石灰法，前者在白钨－石英型矿山得到广泛利用，后者主要应用于低品位白钨矿与含钙脉石矿物间的常温浮选分离。

（3）黑白钨混合矿选矿。

黑白钨混合浮选的难点在于细粒黑钨矿的浮选，因此，黑白钨混合浮选工艺的研究重点在于细粒黑钨矿的回收。

1）柿竹园法，其核心在于使用高效选择性螯合捕收剂 GYB 和 CF 混合浮选黑白钨、回收黑钨细泥，提高了金属回收率和精矿品位，其浮选工艺原则流程图如图 5。

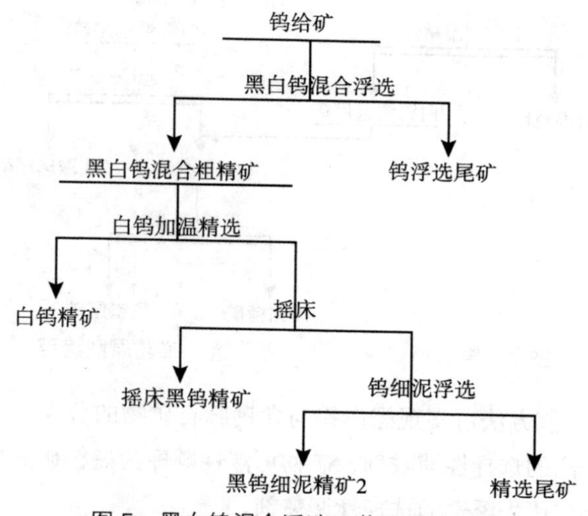

图 5　黑白钨混合浮选工艺原则流程图

2）强磁分流－黑白钨分开浮选工艺流程，该工艺由北京矿冶研究院研发，流程见图6。

3）浮－磁－浮工艺流程，该工艺由广州有色金属研究院在“十一五”攻关项目中提出并研究，流程见图 7。

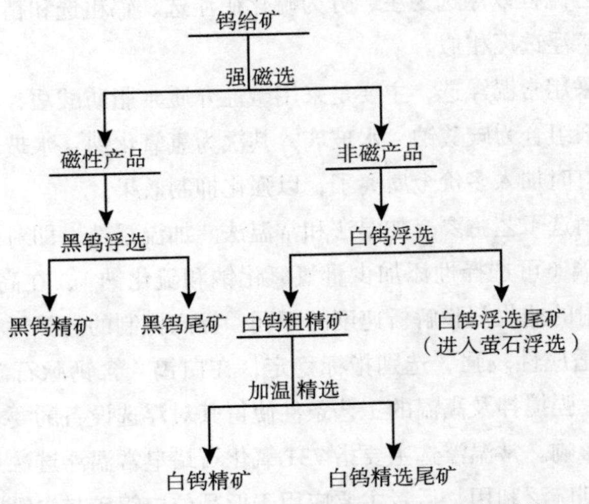

图 6　强磁分流 – 黑白钨分开浮选工艺原则流程

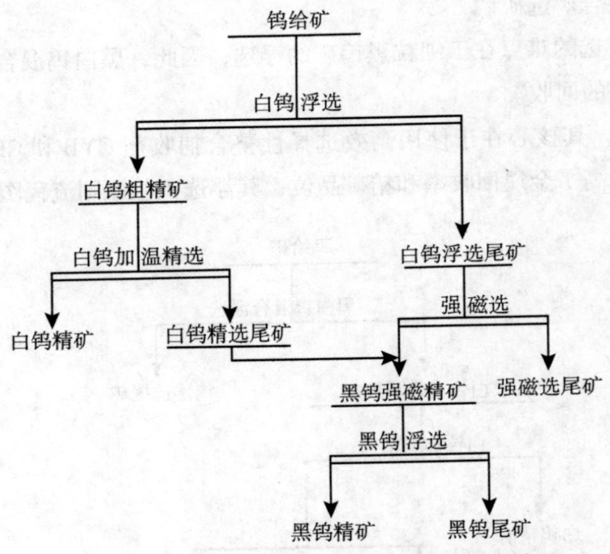

图 7　黑白钨“浮 – 磁 – 浮”选矿工艺原则流程

4）异步浮选法。该方法可实现黑白钨与含钙脉石矿物的分离，苯甲羟肟酸是黑、白钨与其他含钙矿物分离的选择性捕收剂，矿物可浮性顺序为黑钨矿 > 白钨矿 > 其他含钙矿物；柠檬酸作为黑钨矿优先浮选的选择性调整剂。

（4）选矿药剂的研究现状及进展。

1）黑钨矿选别药剂。黑钨矿浮选通常指黑钨细泥浮选，其关键在于选择合适的、选择性好的捕收剂。由于黑钨矿自身可浮性较差，需要添加适当的活化剂才能实现黑钨细泥的浮选回收。黑钨矿浮选常用捕收剂包括羧酸类捕收剂、膦酸类捕收剂、胂酸类捕收剂、螯合类捕收剂以及组合药剂等；常用的活化剂有硫酸亚铁和硝酸铅等，以硝酸铅的效果最好；抑制剂主要为水玻璃及其改性制品，其次为淀粉氟硅酸钠羧甲基纤维素以及六偏磷酸钠等。

2）白钨矿选别药剂。白钨矿浮选过程中，常用的捕收剂可分为阴离子捕收剂、阳离子捕收剂及两性捕收剂三大类；阴离子捕收剂主要包括脂肪酸类、硫酸酯类、磺酸类、膦酸类、胂酸类及羟肟酸类等；阳离子捕收剂主要包括亚硝基苯胲铵盐（CF）、十二烷基氯化铵、醋酸十二胺、季铵盐及松香胺醋酸盐等；两性捕收剂 β－胺基烷基亚膦酸脂、α－苯氨基苯甲基磷酸（BABP）、nRO-X 系列烷基酰胺基羧酸等。

白钨矿石粗选多采用在弱碱性介质（pH=8.5 ～ 10.0）中调浆后再用脂肪酸类捕收剂浮选。为了提高浮选的选择性，在浮选前必须加入合适的调整剂，矿浆 pH 主要是采用添加氢氧化钠、碳酸钠、石灰＋碳酸钠等方法来调整，活化剂用的主要是硝酸铅，通常采用的抑制剂主要有无机抑制剂如水玻璃、磷酸钠等，有机抑制剂如淀粉、羧甲基纤维素等。

3.3.1.3　钨矿矿物加工国内外发展比较

我国是钨储量居世界第一，但大部分钨资源属于贫、细、杂的难选钨资源，而国外钨矿资源质量较高，原矿品位高，矿石易选别。虽然我国大型黑钨矿山黑钨矿回收水平高于国外钨矿山，但白钨矿的回收率较国外钨矿山仍有一定差距。由于资源性质的差异，我国的科研工作者在钨资源的选别方面做了大量的工作，在贫、细、杂钨资源选别技术方面我国具有重要的地位。

就技术装备而言，国内钨选厂的装备相对陈旧、落后、自动控制水平低。国外钨选矿厂虽未实现全盘自动化，但比较普遍地实行检测仪表化和重点部位自动化。国外钨选矿厂在选矿自动化方面的研究，最大的进展在磨矿与浮选方面，同时也逐渐向重选及磁选领域发展。

3.3.1.4　钨矿矿物加工存在的问题、发展趋势与对策

（1）钨矿选矿存在问题。

1）钨资源优势逐步减弱，钨资源安全形势严峻。经过长期的开采利用，钨资源正在逐渐减少，且易选的黑钨矿资源已近枯竭，嵌布粒度细、品位低、可选性差的白钨矿的品位主要在 0.4% 以下。

2）选矿装备及自动化水平较低。中国钨矿山的自动化控制水平低，绝大多数矿山没有采用选矿过程的自动检测与控制。传统的设备无法回收嵌布粒度细、组成复杂的钨资源。

3）入选品位降低，选矿成本高、选矿难度增加。我国的白钨矿石储量中贫、细、杂的矿床占多数，还有大量属于品位极低、赋存于其他金属矿床中的白钨矿，这类白钨矿的选矿是我们近期需要认真研究的问题。钨品位下降，造成生产成本提高，选矿难度增加。

4）选矿工艺流程不完善，伴生资源未得到合理利用。很多钨选厂仍使用传统的一些选别工艺，对于嵌布粒度细、组成复杂的钨矿资源的选别适应性不强、回收率偏低。传统

的选矿药剂存在选择性差、价格昂贵、污染环境等缺点，难以充分满足选矿生产的要求。

5）伴生资源未得到合理利用。钨矿石中大都伴生多种有用组分，但资源综合利用水平低。

（2）发展趋势及对策。

钨原矿品位逐年降低，是目前钨资源的总趋势。因此加强白钨矿采矿和选矿工艺研究，寻找新的选矿工艺和方法，如何在钨选矿环节提高效率、降低成本，选矿废水处理回用，将成为钨矿产业科研和生产的重要课题。

1）加强钨资源勘探找矿工作，增加接替资源量，保持我国钨资源优势。

2）提升选矿装备及自动化水平。高效率的磨矿、重选和分级设备，避免钨在磨矿过程中过粉碎，从根源上减少细粒级钨的产生，提高钨的回收率。选矿过程的自动检测与控制，实现自动化不只是为了节省劳动力，更重要的是有利于稳定生产操作，实现过程最佳化，以提高选矿技术经济指标和劳动生产率。

3）选矿联合流程的应用。选矿工艺由单一的选别方法向重、浮、磁、电、重介质预选等多种选矿技术联合流程、选冶联合流程等发展，从回收单一钨精矿产品向多种有用精矿产品综合回收发展。

4）微细粒选矿技术的应用。由于钨矿性脆，易过粉碎，且大多白钨矿嵌布粒度细等特点，微细粒选矿技术对于钨矿选矿来说更具有非同一般的意义。

5）高效选矿药剂的应用。为了达到良好的选别效果，在浮选过程中需强化对钨矿的选择性捕收，同时强化对脉石矿物的选择性抑制，加强对螯合类捕收剂的研究，解决好成本及环保问题将是螯合类捕收剂能否推广使用的关键。继续对脂肪酸类捕收剂进行改性研究和药剂与矿物作用的机理研究，提高选择性，拓宽原料来源，对水玻璃进行改性研究以增加水玻璃的亲水，加强对脉石矿物的抑制作用，对有机高分子抑制剂进行改性，从而提高其选择性，将是抑制剂研究的新方向。根据组合用药原理，研发适合钨矿浮选的组合新药剂，不但可以提高药剂的浮选效果，也可以降低药剂的用量以及药剂的费用，改善生态环境。利用浮选药剂的同分异构原理，加大对现有浮选性能好的药剂的同分异构体的研究，开发性能更好、选择性更强的高效选矿药剂；加强对钨矿石性质研究，开发新型廉价环保的钨矿物特效选矿药剂。

3.3.2 钼矿矿物加工新工艺和新技术

钼是一种重要的有色金属，具有良好的导热性、导电性、低热膨胀系数、耐高温性、低蒸气压、耐磨性、耐腐蚀性和化学稳定等特性，广泛运用于医疗、冶金、材料、航空航天等行业。

3.3.2.1 钼资源概况及特性

钼作为一种重要的有色金属，主要赋存矿物为辉钼矿。世界钼矿储量和产量集中在少数几个国家。以钼精矿金属量计算，2015 年世界钼矿产量为 235000 吨，按产量大小排列为中国、智利、美国、秘鲁、墨西哥和亚美尼亚，这些国家提供约94%的钼产量。据国际钼协会称，2015年全球钼消费量为229700吨，中国消费量为世界第一。我国钼资源储量丰富，自改革开放以来钼产业发展迅速，钼产量近几年已超越美国成为世界首位。钼主要赋存矿物为辉钼矿，国内矿山辉钼矿主要与黄铜矿、黄铁矿、黑钨矿等有色金属伴生，部分也与金、银等贵金属伴生，矿石中共伴生组分多，综合利用价值大。

3.3.2.2 钼的浮选回收工艺

辉钼矿是一种易浮矿物，其选矿难点为辉钼矿与多种有价金属的浮选分离，其常见工艺有辉钼矿优先浮选工艺、铜钼混浮－铜钼分离浮选工艺、钼硫混浮－钼硫分离浮选工艺和其他工艺。

（1）辉钼矿优先浮选工艺。

对于某些有价金属可浮性较差，或回收意义不大的复杂矿物，可从矿浆中将辉钼矿优先浮出，获取一部分高品质辉钼精矿，再对中矿进行处理，提高对辉钼矿及其他有价金属的回收率。例如，西藏某复杂铜钼矿中铜次生严重、氧化率高，黄铜矿嵌布粒度细，被脉石包裹现象严重，辉钼矿嵌布在脉石裂隙和粒间，采用优先浮钼，再磨分离铜钼工艺取得了较好指标，相比混浮工艺，优先浮选工艺节约了成本，降低了钼精矿中的铜含量。德兴铜矿泗洲选矿厂引入“选铜前优先选钼”新工艺，成功实现一段磨矿条件下钼的优先浮选，提高了钼的回收率，并且其铜和金的回收率也明显优于混合浮选现场生产工艺。河南某选钼尾矿矿石含辉钼矿、黄铁矿、白钨矿，该矿样采用石灰作抑制剂，煤油作为捕收剂，进行优先浮钼，钼回收率及品位均取得了较好指标。

（2）铜钼混浮－铜钼分离工艺。

采用铜钼混浮工艺，混浮后对混浮精矿进行脱药后再分离，可以提高辉钼矿与铜硫化矿回收率。如云南某斑岩型铜钼矿中主要矿物为黄铜矿与辉钼矿，且嵌布粒度较细，该矿石进行混浮后，粗精矿再磨进行铜钼分离，达到了较好的分离效果。铜钼混浮后的分离是辉钼矿浮选的关键所在，针对混浮粗精矿常用的分离手段为抑钼浮铜或抑铜浮钼，但由于辉钼矿可浮性较好，因此常选择抑铜浮钼方案，但当进行高铜低钼矿的分离时，便应当考虑抑钼浮铜工艺，因为抑铜将产生高昂的药剂费用。铜钼分离前为保证浮选分离效果，常加入预处理工序，如采用陶瓷过滤机作为铜钼混合浮选后的浓缩设备，通过浓缩以脱除矿浆中大部分药剂；或采用加热器、焙烧、吹蒸汽等加温方式，对混合精矿加温可使矿物表面的捕收剂分解，破坏疏水膜，蒸发矿浆中起泡剂，采取加温处理方式，可降低硫化钠的用量，也使选矿指标有明显提高；也可加入氧化性药剂，如过氧化物、臭氧、氯气、高锰酸钾、氧气等，以使铜矿物表面氧化而亲水，附着的捕收剂被氧化分解。经预处理后便进行铜钼分离的工序，一个重要的方面就是浮选抑制剂的选择，常用抑制剂可分为无机物和有机物两类，无机物主要是诺克斯类、氰化物、硫化钠类等，有机物则主要是巯基乙酸盐等，单独使用或混合使用均可。

（3）钼与多种有价金属伴生的综合回收工艺。

当辉钼矿与其他有价金属如方铅矿、闪锌矿、白钨矿、黑钨矿和黄铁矿其中两种以上伴生时，就需要考虑对矿石中有价组分进行综合回收。当辉钼矿与伴生矿物物理化学性质差异较大时，选别方法往往较简单，如海南某地钨钼矿原矿主要有价矿物为辉钼矿、黑钨矿、白钨矿和磁铁矿，通过“浮选－弱磁选－重选”工艺流程处理该钨钼多金属矿选矿，取得了较好的指标。而当辉钼矿与多种硫化矿伴生时，相似的表面物理化学性质使其浮选分离十分困难。例如：陕西某钼矿石矿物成分复杂，主要有用矿物有辉钼矿、方铅矿、黄铁矿，并有少量钼铅矿等，为高效开发利用该矿石，采用了粗精矿再磨经四次精选选钼，1粗1扫钼尾矿1粗1扫2精选铅，铅扫选尾矿1粗2扫2精选硫，所有中矿顺序返回闭路流程处理，达到了钼铅硫综合回收的效果。辉铋矿也是一种常与辉钼矿共生的硫化矿，其共生关系较为紧密，可浮性接近，生产上常采用钼铋混浮，混合精矿再磨后分离的工艺分别回收钼铋。有研究者采用 Na_2S 作调整剂从钼铋粗精矿中回收辉钼矿，较好地分离了钼铋粗精矿。

（4）氧化钼矿选矿工艺。

氧化钼矿中有利用价值的主要为钼钙矿，常与辉钼矿伴生，对硫化－氧化混合钼矿的利用依然不足，造成大量钼金属浪费。氧化钼矿选矿技术的研究热点主要集中在对新型高效氧化钼矿捕收剂的开发，如 BP 系列、CSU—M、R JT、EA–15、CPC、卤化或磺化脂肪酸等。有研究者开发了新型两性捕收剂 α－氨基酸，实现了对内蒙古某钼尾矿中钼酸钙矿物的有效回收。矿浆中石膏释放的大量 Ca^{2+} 和大量矿泥也会严重影响氧化钼的回收，有研究者采用硝酸铅为活化剂、苯甲羟肟酸为螯合捕收剂以避免 Ca^{2+} 离子影响，回收浮硫化钼尾矿中的氧化钼及白钨，通过浓缩后加温解吸药剂，然后进行加温浮选。

3.3.2.3　复杂硫化钼矿选矿关键性新技术

（1）高效浮选药剂研制及应用。

辉钼矿是最易浮选的矿物之一，属于非极性矿物，易被非极性烃类油浮选，然而在实际选矿过程中其伴生的硫化矿会影响其分选效果，因此高效的捕收剂或抑制剂是浮选分离的关键所在。国内选厂优先浮钼时多数采用黄药类，烃油类捕收剂，也有针对辉钼矿研发的具有特异性捕收能力的捕收剂，如以正己酰氯为原料合成的 N，N–二正烷基 –N’－烷基酰基硫脲，能选择性浮选辉钼矿实现铜钼分离。

有研究发现假乙内酰硫脲酸（PGA）在铜钼分离时对黄铜矿有很好的抑制效果，较硫化钠好。也有研究者用 2、3–二巯基丁二酸（DMSA）作为抑制剂，将 DMSA 与常规药剂的浮选效果进行对比，结果表明，DMSA 的用量少、抑制效果好。过氧化氢和臭氧等氧化剂也能通过氧化硫化铜矿表面以降低硫化铜矿可浮性。

（2）柱机联合浮选新技术。

浮选柱优点之一在于对难矿化细颗粒、细泥含量高的回收效果好，铜钼矿的特点就是嵌布粒度细、原矿品位低、伴生严重，需要细的磨矿粒度，加之过粉碎现象严重，分选变难，因而，可采用浮选柱替代部分浮选机提高分选效果。目前应用的浮选柱很多，如旋流－静态微泡浮选柱、Jameson 浮选柱、SFC 型充填式静态浮选柱等，新疆某铜钼选厂改建中采用旋流－静态微泡浮选柱作为铜钼混合浮选、铜钼分离、钼精选的主要设备，铜钼分离扫选和铜钼混合浮选则采用浮选机，构成机柱联合浮选系统，较好地改善了回收指标。

（3）铜钼选冶联合技术。

对于某些品位较高但难以分离的钼、铜共生的斑岩型铜钼矿床，可采用选冶联合技术。如犹他州 BinghamCanyon 铜钼矿，属于斑岩型铜钼矿，主要矿物为辉钼矿、黄铜矿，滑石、绢云母含量大，矿石易泥化。传统工艺为混合浮选，抑铜浮钼，多次钼精选，反浮选滑石，得到含钼 52.3% 精矿，再氧化焙烧，回收率也仅有 49.4%。采用浮选湿法冶金联合技术，即对铜钼混合精矿进行一次粗选，得到钼粗精矿（钼 40.5%、铜 3.6%）进行氧压氧化法处理，该工艺减少了传统铜钼分离时抑制剂的消耗，降低了成本。

3.3.3 锡矿石矿物加工新工艺和新技术

3.3.3.1 锡矿资源及特点

锡石是最主要的含锡矿物，包括锡石－硫化物矿石和矽卡岩型锡矿石，这两种类型的矿石是锡工业的主要矿物资源。锡矿床具有多种类型，主要工业类型有矽卡岩型、斑岩型、锡石硅酸盐脉型、锡石硫化物脉型、石英脉及云英岩型、花岗岩风化壳型等。云南个旧和广西大厂是世界级的超大型锡多金属矿区；青海锡铁山是含锡铅锌矿区；四川冕宁县泸沽铁矿、内蒙古克什克腾旗黄岗铁锡矿、南岭地区铁锡矿是铁锡矿床；湖南柿竹园等矿区是大理岩型多金属含锡矿床。就世界范围内而言，目前开采的主要锡矿是原生锡和砂锡。

锡矿资源丰富的国家主要有中国、印度尼西亚、秘鲁、巴西、马来西亚、玻利维亚、俄罗斯、泰国和澳大利亚等。中国锡矿资源十分丰富，锡矿探明储量占世界的 1/4，是世界上锡矿储量最多的国家之一。中国锡资源分布具有以下特点：①储量丰富，分布较为集中；②原生锡矿比例高，共伴生矿居多；③锡矿资源品位低，以大中型矿床为主；④矿体埋藏浅，开采条件好。

3.3.3.2 锡氧化矿矿物加工研究现状及进展

（1）锡矿选矿工艺。

1）锡石－多金属选矿工艺。锡石的密度比共生矿物大，因此，锡矿石传统选矿工艺为重力选矿。由于锡石多金属硫化矿中含有其他有用金属矿物和脉石，在对这类锡矿石分选时有浮选、磁选等辅助流程的出现，这些辅助流程和重选一起组成联合流程。联合工艺的原则流程一般是先经过磨矿、伴生矿浮选、磁选、电选等得到伴生金属精矿，然后进行分级重选得到锡精矿、中矿和尾矿。

目前已开发出处理锡石－铅锑锌多金属硫化矿的新工艺，主要是采用预先筛分、阶段磨矿、采用新型高频细筛减少锡石过粉碎；在流程前部用磁选选出磁性矿物，排除磁黄铁矿对浮选和摇床选别的干扰，提高选厂的处理能力；采用浮选流程强化脱硫，为重选回收锡石创造条件，并兼顾硫化矿浮选和摇床回收锡对粒度的要求。

2）铁锡矿的选矿工艺。铁锡矿是矽卡岩锡矿石的一种，铁锡矿中含有磁铁矿、褐铁矿、赤铁矿等铁矿物，这些铁矿物对锡石的分选有较大影响，使锡石不能和铁矿物有效分离。因此在选别前应先除去铁，然后再对除铁尾矿进行摇床重选得到锡精矿。

云南、内蒙古等省内的某些铁锡矿矿床下部为锡矿，上部为含锡磁铁矿。含锡磁铁矿铁品位相对较高，锡品位相对较低，铁除了以磁铁矿形式存在外，还有少量的赤铁矿和褐铁矿。根据矿物性质的差异，先利用弱磁或强磁或弱磁强磁联合选别得到铁精矿，再对磁选尾矿进行重选，最终可有效实现铁和锡的回收。

基于黄岗铁锡矿中铁的品位高，且铁矿物主要为磁铁矿的工艺矿物学特征，目前已开发出“磁选－浮选－重选”流程，对磁选尾矿进行浮选得到锌、砷精矿，并同时实现除去对回收锡影响大的杂质，最后利用重选得到锡精矿，综合回收矿石中的有价元素铁、锡、钨、锌、砷，提高了资源的综合回收水平，并使多年来未解决的呆矿得以开发利用。

3）含锡尾矿的选矿工艺。锡矿石性脆，在磨矿过程中会产生大量的细粒级锡石和锡矿泥。这些细粒级的锡矿物和锡矿泥在选别过程中，由于当时回收技术手段的限制而成为尾矿排入尾矿库存放。锡矿山之外的其他矿产选矿尾矿有时也含锡，也是回收锡的重要资源。处理尾矿锡泥的浮选流程一般先经过脱泥脱硫等除泥除杂流程，再经过浮选流程得到锡精矿和尾矿。

4）细粒锡矿石的选矿工艺。对于嵌布粒度细或泥化严重的细粒锡石，采用重选方法难以获得理想的选别效果，主要采用重浮联合工艺来实现高效回收。近年来已在羟肟酸类、胂酸类、烷基羟肟酸类、烷基磺化琥珀酸类及 P86 联合用药方面进行了深入研究，取得了较好的应用效果。

5）其他锡矿回收新工艺的研发。近几年，载体浮选和分支浮选已用到了锡石浮选中，特别是锡石载体浮选的基础研究取得了积极进展。如加入载体比例的大小、搅拌时间长短、搅拌强度及金属离子浓度等对锡石载体浮选的影响及机制研究方面取得了一些成果。疏水化粗粒锡石对微细粒锡石产生的助凝作用明显；在载体浮选中，微细粒与粗颗粒间的碰撞速率远远大于微细颗粒间的碰撞速率。载体浮选中回收率的提高主要是因为粗粒效应和微细粒矿物直接絮凝的结果。粗粒效应中载体作用的实质是在加入载体和强烈搅拌的条件下，粗－细颗粒的碰撞能大大高于微细粒间的碰撞能，在捕收剂存在的条件下，比较容易克服其斥力能垒而形成絮团。

此外，还有学者研究了微生物诱导的电化学浮选行为，在锡石浮选体系中加入疏水性菌株混浊红球菌，微生物药剂与矿物表面的吸附作用能够增大矿物接触角。电化学研究结果表明，在 pH=5、浓度 2.87×10^{12}cells/ml（50mg/L）和电流密度为 51.4mA/cm^2 的条件下，在浮选体系中使用疏水性微生物可获得 65% 的回收率。

（2）锡矿选矿设备。

近年来，随着材料技术和机械工业的进步，将高强度离心力场成功引入选矿领域，取得一系列成果。文献报道了多种类型的重力选矿机械，包括跳汰机、重介质旋流器、摇床、Falcon 选矿机、Kelsey 离心跳汰机、Knelson 选矿机和 Mozley 选矿机等。

（3）锡矿选矿药剂。

近年来，有很多文献报道了锡矿石浮选的基础和应用研究。前人的这些研究成果促进了锡矿浮选药剂的发展。这些药剂包括亚硝基苯胲铵、油酸钠、十六烷基硫酸钠、十二烷基硫酸钠、磺酸盐、烷基和芳基膦酸、烷基胂酸、二羧酸、双膦酸、水杨醛、磷酸和异羟肟酸等。

虽然现有捕收剂种类繁多，但仍存在一些问题，如成本高、污染环境、细粒级难处理等，因此，近年来国内外大力研制了许多新型捕收剂，如 ZJ–3、BY–9、CF、SR 等。ZJ–3 药剂适于处理粒度小于 19μm 的细粒锡石。BY–9 是锡石的螯合捕收剂。

（4）锡矿选矿基础研究进展。

1）锡矿物晶体结构与表面性质。锡石晶体结构为四方晶系，对称性为 $L^4 4L^2 5PC$，具金红石型结构，氧离子近似呈六方最紧密堆积，锡离子位于由六个氧离子组成的八面体空隙中，并构成 SnO_6 八面体配位。SnO_6 八面体沿 c 轴方向呈直柱状排列，每个 SnO_6 八面体与相邻的两个 SnO_6 八面体有两条棱公用。锡石晶胞尺寸的变异与晶格内杂质类质同象的替换有关。锡石晶体破裂后，表面排布着 O^{2-} 离子和 Sn^{4+} 离子。从磨矿开始，锡石颗粒即与水作用在颗粒表面生成水合物。锡石表面零电点由于其晶格中含有各种杂质，这些杂质原子与锡石原子半径接近，常以类质同象形式代替锡石晶格中的锡原子使得其零点电的 pH 值在一定范围内变化。

2）锡矿物的溶解特性。纯净的锡石几乎不发生化学反应且溶解度很低，在溶液中形成的离子浓度可以忽略不计。随着温度和时间的变化，锡石在水介质中存在羟基化的过程，在温度为 25℃时，pH 为 2 ~ 11 范围内二氧化锡的溶解不依赖于 pH，但是形成能够溶解的中性分子，根据不同 pH 下锡石溶液组分的分布计算，在溶液 pH>1.2 的情况下 $Sn(OH)_4$ 处于主导地位。氢氧化锡（IV）配体与 pH 的关系呈现一定规律性。当水溶液中 H^+ 浓度高时，锡石表面为正电荷，水溶液中 OH^- 浓度高时，锡石表面为负电荷。在酸性条件下，溶液中锡石主要以 Sn^{4+}、$Sn(OH)^{3+}$、$Sn(OH)_2^{2+}$、$Sn(OH)_3^+$ 等状态存在。在碱性条件下，主要以 $Sn(OH)_5^-$、$Sn(OH)_6^{2-}$ 形式存在。

3）锡石浮选体系中金属离子的作用。苯甲羟肟酸是锡石的良好捕收剂，在适宜的浓度、温度、pH 和搅拌力作用下，回收率可达 80% 左右，它对方解石捕收能力较差，回收率仅有 20%，而对石英则没有捕收效果。在苯甲羟肟酸浮选体系中，Cu^{2+}、Fe^{3+}、Ca^{2+}、Pb^{2+} 四种金属离子中，Pb^{2+} 是唯一能活化锡石的金属离子，可将锡石回收率提高 5%，其他三种离子均对锡石表现出一定程度的抑制作用，抑制强度依次为 Cu^{2+}、Fe^{3+}、Ca^{2+}；Pb^{2+} 还能有效活化方解石，活化后的回收率可由原来的 20% 提高到 80%，其他三种金属离子对方解石作用不大。

4）细粒锡石浮选体系中的碰撞黏附机理。锡石 – 气泡间发生黏附的概率主要取决于锡石 – 气泡间的碰撞效率，一旦细粒锡石与气泡间发生碰撞，二者间在力的作用下发生黏附的概率很大。锡石 – 气泡间接触并黏附前后的自由能变化△ G 负值越大，锡石越易与气泡发生黏附。不同条件下锡石 – 气泡间的碰撞 – 黏附 – 脱附模式和发生的概率有很大不同。尺寸不同的气泡间的聚团因其上升速度和所携带锡石颗粒量的不同，碰撞之后黏附的概率不同，尺寸较大的气泡表面携带锡石颗粒量较多，负载较大，上升速度减小，与小气泡携带的锡石颗粒间发生黏附的概率较低。大小和上升速度基本相同的气泡 – 锡石聚团较易发生黏附而形成更大的聚团，并最终达到上浮的目的。

5）药剂与矿物表面的作用原理。①磷酸三丁酯对锡石浮选的作用。磷酸三丁酯在矿物表面的吸附主要有以下几种方式：静电吸附、化学吸附、表面沉淀、多层吸附和多层积沉等。由于磷酸三丁酯的用量达到一定数值后，溶液中游离的离子与溶液中的 Ca^{2+}、Sn^{4+} 等离子作用，发生疏水吸附，这种疏水吸附从根本上讲是化学吸附或表面沉积，它在所有的有关磷酸三丁酯作用机理的解释中占主要地位。而有学者认为有磷酸三丁酯存在的条件下，细粒锡石矿粒特别是 –10μm 以下颗粒会发生相互凝聚。矿粒之间的相互作用不仅包括范德华和静电作用（DLVO 相互作用），还应包括能够使颗粒凝聚的其他力。一定量的磷酸三丁酯的加入可以强化细粒锡石间的凝聚，与其他锡石捕收剂配合使用，可提高细粒锡石的浮选回收率。②辛基羟肟酸与锡石表面的作用机理。溶液化学分析表明，锡石回收率较高的 pH 范围内为辛基羟肟酸离子 – 分子共吸附模式。辛基羟肟酸的存在使得锡石纯矿物的零电点负移，并使矿物动电位降低。锡石与辛基羟肟酸的作用主要为化学吸附作用、氢键力以及静电作用力，反应产物可表示为 Sn^{2+} 的 O，O– 五元环结构。辛基羟肟酸浓度大于 30mg/L 时，其在锡石表面可能形成了药剂的多层吸附。③苯甲羟肟酸与锡石表面的作用机理。在整个浮选过程中可能存在两种不同的作用形式，一方面是锡石表面出现活性的金属阳离子 Sn^{4+} 时，主要由水解生成的锡羟基络合物与羟基化的 SnO_2 通过脱水形成，Sn^{4+} 能与苯甲羟肟酸水解出的［A^-］形成螯合物，产生化学吸附；另一方面是［HA］分子的非极性基能通过氢键联结的形式吸附在锡石表面。就整个回收率变化情况而言，化学吸附应该是捕收剂在锡石表面上的主要作用。④新型捕收剂 SR 与锡石表面的作用机理。SR 在锡石表面吸附主要形式不是电性吸附，而属于特性吸附，因为阴离子捕收剂能在负电性的锡石表面吸附，并使其负电性增大。SR 与纯矿物 SnO_2 作用后的红外光谱有明显的药剂特征峰，在 1560cm^{-1}，有 C=O 双键吸收峰，各主要吸收峰位置与 SR 锡盐基本相对应。

此外，矿物的特征峰有所改变，这说明在锡石表面有 SR 锡盐产物，红外光谱测定表明药剂在矿物表面发生化学吸附。

3.3.3.3　锡氧化矿矿物加工国内外发展比较

各国锡矿床类型和矿石性质不同，历史条件和发展情况不同，因此不同国家的锡选矿状况差别较大。

近年来，由于科学技术的进步，国内外锡选矿工艺都有一定进展，各国的选矿水平有所提高。其中，具有重要意义的是各种联合流程的应用，包括选冶联合流程、重介质预选、浮选、防止过粉碎、细泥选别、精矿加工、尾矿再选和综合回收等。

以 2012—2017 年为时间节点，通过科学引文索引、工程索引、中国知网及其他数据库检索，以 Tin Ore 为关键词，检索得知该时间区间内有近千条矿业工程领域的相关文献报道，包括学术论文、专利和图书，这说明关于锡氧化矿选矿的理论与工艺研究在国际范围内有一定热度，但逊于铜铅锌等其他有色金属矿矿物加工研究的热度。

在国际范围内，文献报道的研究对象主要是锡石，主要研究内容包括矿物学、晶体化学、选矿设备、浮选药剂、冶金、选矿新工艺研究等。

用 Web of Science 核心合集、中国科协引文数据库、KCI- 韩国期刊数据库、MEDLINE、Russian Science Citation Index 及 SciELO Citation Index 综合检索，且筛选 *MINING MINERAL PROCESSING*、*ENGINEERING*、*MINERALOGY*、*METALLURGY METALLURGICAL ENGINEERING* 矿物或矿物加工领域的文献，时间节点确定为 2012—2017 年，检索结果表明，在全部文献结果数量中中国研究学者报道的成果占绝大多数比例，中国具有世界最大的研究群体，报道的成果数量遥遥领先，且在新工艺等方面处于领先优势。同时澳大利亚、加拿大也有部分研究成果，特别是锡矿选矿大型设备方面，具有突出优势。

因为我国在国际锡矿资源方面具有优势地位，相应的研究群体和成果也有较大实力，在今后也将继续引领国际范围内锡矿选矿的发展。即使如此，我国也有不足之处，特别是设备大型化、自动化方面。

3.3.3.4　锡氧化矿矿物加工存在的问题、发展趋势与对策

随着锡矿资源的持续开发利用，可开采的锡矿床品位越来越低，特别是一些大中型矿床，这增加了锡矿选矿难度及选矿成本。世界各国实现锡矿石的高效加工仍面临着诸多挑战。

（1）呈细粒级和微细粒级嵌布的锡矿石是锡回收的重要对象。在细粒锡矿石浮选试验研究过程中，研究者发现捕收剂对 -20μm 的细粒锡矿的选择性和捕收性均较差，进而使得浮选锡精矿中锡的品位和回收率均较低，同时，药剂用量大、生产成本高；锡矿石磨矿细度对整个浮选工艺影响较大。另外，锡矿石性脆，在磨矿过程中会产生大量细粒级锡石和锡矿泥，这造成了重选选别效果差，浮选药剂消耗量大和浮选指标不好的现实问题。如何降低矿石细度的消极影响是改善和提高锡矿石浮选效果的重要因素。虽然针对细粒锡石

的特点，研究者开发了载体浮选、絮凝浮选、溶气浮选等技术，但其工业化之路还需进一步推进。

（2）工艺矿物学研究发现，很多锡矿石中的锡呈离子状态分布在磁铁矿等矿物晶格中或其他原子取代锡原子存在于锡矿物内部，致使锡与其他元素分离困难，也限制了铅、锌、铜、铋、钨、钼等伴生有价金属的综合回收。

（3）铁锡矿在我国有着广泛分布，这种矿石中的锡石颗粒细，呈离子状态分布在磁铁矿等矿物晶格中的比例较高，铁锡分离困难。在铁锡矿进行分选时增加磁选作业。对磁选尾矿再进行重选流程选别，最终可得到合格产品，这是目前较常用的技术。随着我国铁、锡资源形势的变化，加强对此类资源的选矿技术研究具有重要的理论意义和实际应用价值。

（4）重选和浮选仍然是处理锡矿石的最主要方法，但是对于不同地区不同矿床不同性质的锡矿石，重选指标受到分选粒度下限限制、处理量小和耗水量大等因素制约；浮选指标受到药剂消耗量大、运行成本高和环境污染等因素制约；同时，锡矿选矿的自动化程度也需进一步提高。

（5）随着资源不断消耗，锡二次资源的回收显得越来越重要。日本、美国、德国等发达国家废锡回收利用工艺水平较高，再生锡可占其总消费量的 20% ~ 60%。但总体而言，世界范围内锡消费量大，而再生锡加工水平还有待提升。

（6）锡选矿面临的挑战还包括环境因素。随着人类环保意识增强，锡选矿厂的无废排放和无害化处理以及锡焊接过程中的无铅化越来越受到重视。

今后，对于锡矿资源品位低、嵌布细、共生复杂的特点以及锡矿选别面临的诸多问题，联合流程仍是未来锡矿加工的主流趋势；从单一流程逐渐向重、浮、磁、电多种选矿技术的联合工艺过渡，从回收单一锡精矿产品向多种有用精矿产品综合回收过渡，具有良好的应用前景。开发具有运行成本低、环境污染小、适用面广的锡矿选矿新技术、新设备、新药剂需要更深入的研究。围绕复合力场、同分异构原理、理论计算和模拟以及多种现代分析测试手段等，在重力设备开发、药剂分子设计与合成、环境友好和资源高效利用等方面不断突破，实现锡选矿的科技进步是选矿科技工作者的共同责任和目标。

3.3.4 锂铍矿石矿物加工新工艺和新技术

锂铍矿石通常是指花岗伟晶岩中锂辉石、绿柱石、云母、长石和石英等矿物在矿石中致密共生，表面化学性质相似，表面活性质点皆主要为 Al^{3+}，与传统脂肪酸类捕收剂作用的选择性差，致使浮选分离难度大。因此锂铍矿物之间的浮选分离是当今矿物加工领域的难题之一。

3.3.4.1 锂铍矿石资源的特性

目前，世界上两种最主要的锂资源：一是来自盐湖里的氯化锂；二是伟晶岩中的锂辉石矿。据美国地质调查局 2016 年最新统计，世界已查明的锂资源量约 4099 万吨，储量约1400万吨。从分布来看，主要分布在南美洲和亚洲（约70%），重要富集地为南美洲“锂三角”（玻利维亚、阿根廷、智利）。我国探明的金属锂资源量510万吨，储量320万吨，总储量居世界第二位，其中卤水锂盐占总储量79%。尽管卤水提锂成本相对低廉，而我国储量丰富的卤水锂基本上没有得到工业规模利用，其主要原因是盐湖卤水中含镁较高，Mg/Li比一般大于40（国外如智利阿塔卡马盐湖仅6.47），镁锂难以分离。同时国内卤水资源多分布在青藏高原地区，开发条件恶劣；致使我国盐湖卤水提锂目前尚未实现大规模的工业化。因此，我国目前以锂矿物为原料提锂的现状在短期内仍难以改变。我国锂矿石资源分布较为集中，其中花岗伟晶岩型锂矿床主要分布在四川、新疆、江西、湖南等地。主要的锂矿床有：四川康定甲基卡锂铍矿、四川金川－马尔康可尔因锂铍矿、新疆富蕴可可托海锂铍钽铌矿、新疆富蕴柯鲁木特锂铍钽铌矿、江西宜春钽铌锂矿、湖南临武香花铺尖峰山锂铌矿、湖南道县湘源正冲锂铷多金属矿等。伟晶岩被称作是稀有金属之家，宝石之库。与伟晶岩有关的稀有金属矿产很多，包括锂、铍、铌、钽、锡等重要战略稀有金属。伟晶岩型锂辉石矿石的主要矿物有锂辉石、绿柱石、云母、长石和石英等，这类铝硅酸盐矿物表面活性质点均为Al^{3+}，有用矿物和脉石矿物的表面性质差异性小，可浮性相近，与浮选药剂作用的选择性差，一直是矿物加工领域的世界性难题。

3.3.4.2 锂铍矿石选矿工艺

对锂矿石资源，通过低成本、低能耗和低污染的选矿技术进行富集，得到品位高的锂精矿产品，然后再进行冶炼加工，是目前国内外普遍采用的技术路线。由于含锂矿物比重小（2.4 ~ 3.2），大部分都不具有磁性（铁锂云母除外），因此无法采用一般的重选法和磁选法将含锂矿物与常见的石英、长石等脉石矿物分选。目前，锂辉石的选别方法主要有手选法、热裂法、重悬浮液法、浮选法和联合选矿法。当前最具有实际意义的锂铍矿石选矿方法仍是浮选法。

（1）手选法：根据矿物自身的形状或颜色等外部特征与硅酸盐类脉石矿物进行分离的方法是手选法。对于粗粒结晶结合体，即锂辉石与锂云母，通过手选可以获得很好的锂辉石精矿。目前美国南达科塔州的埃特矿床的锂辉石矿石仍采用此法进行选别。四川金川县李家沟锂辉石矿采用手选法对矿石进行预处理，即在粗碎之后通过手选作业将部分废石剔除。人工手选拣出较为简易，手选不但可提高入选矿石品位，降低选矿成本，同时也有助于提高锂浮选指标。但该方法效率低下，且不适于细粒浸染矿石。

（2）热裂法：通过加热、冷却等措施，能对某些矿物进行选择性的破坏，这就是热裂法。锂辉石矿物在加热过程中其晶体会发生转变，即同素异形体的转变。一些脉石矿物与锂辉石矿物性质不同，在加热过程中晶体未发生变化，因此，用此法选别锂辉石是可行的。但此方法仅限于矿石组分良好的情形，如若矿石中存在大量具有和锂辉石同样晶体性质的脉石矿物，如钠长石、方解石和云母等，那么采用此方法就难以得到合格的锂辉石精矿。四川甘孜州雍江县的甲基咔锂辉石矿区采用热裂法对该锂辉石进行选矿试验研究，试验结果显示，在矿石粒度 -55 ~ ±0.2mm，温度 1050±50℃，恒温时间 30 ~ 40 分钟的工艺条件下进行电炉焙烧，在原矿含 Li_2O 2.0% 左右的情况下，可获得精矿中 Li_2O 品位为 6% ~ 8%，回收率达到 80%。但因此法焙烧需要在很高的温度下进行，不能综合回收其他有用金属组分，因此，在实际工业生产中存在一定的局限性。

（3）重悬浮液法：由于锂辉石矿物与脉石矿物的密度不同，利用该性质对其进行选别，此法即为重悬浮液或重液选矿法。锂辉石单矿物密度为 3.10 ~ 3.20g/cm³，而与锂辉石矿物共生的脉石矿物（长石、石英、白云母等）的密度约为 2.6g/cm³，虽然这一密度差对于用摇床和跳汰机选别无法进行，但对于某些类型的锂矿石是可行的。常用的悬浮液有磁铁矿、三溴甲烷、硅铁等。在保证悬浮液的黏度保持最小的同时，该悬浮液比重能够保持不变，最终可得到的锂辉石精矿质量很高。有人对某锂辉石矿采用重介质法进行的选矿工业试验，结果表明，当重介质系统的介质密度为 2.95 ~ 3.0kg/L，锂辉石样品的粒级为 -3+1mm 时，采用一粗一精流程，在原矿含 Li_2O 液 2.95% 的情况下，即可获得品位为 7.06%，总回收率为 87.47% 的锂辉石精矿。重悬浮液法不仅简单实际，而且同时也直观、效果显著，是锂辉石有效选别的一种预可选性考查方法。采用此法可使我们了解到锂辉石矿物在不同粒度条件下的单体解离情况以及锂辉石矿物从脉石矿物中分离的精度，进而快速做出该矿石的可选性初步评价，提供下步扩大选矿试验的依据。

（4）浮选法：锂辉石、绿柱石分别是获取锂、铍资源最重要的矿物之一。表面纯净的锂辉石很容易用油酸及其皂类浮起，最佳 pH 为近中性的弱碱性。由于矿石表面常受风化污染或在矿浆中受矿泥污染，其可浮性变坏。且矿浆中的一些溶盐离子（Ca^{2+}、Fe^{3+} 和 Mg^{2+} 等）不仅活化锂辉石，同时也活化脉石矿物，使锂辉石浮游性下降，锂辉石浮选前一般要脱泥，并在加入 NaOH 所形成的高碱性介质中进行表面擦洗。NaOH 在此过程中所起的作用为：一方面可以减少和消除矿物表面污染，恢复矿物天然可浮性；另一方面可使矿物表面 SiO_2 发生选择性溶蚀，减少水化性较强的硅酸盐表面区，使金属阳离子富集，从而有利于阴离子捕收剂在矿物表面的吸附。用氢氧化钠处理时，锂辉石回收率随其用量的增加而提高。另外，粗粒难浮是锂辉石浮选的特点之一，浮选粒度一般要小于 0.15mm。锂辉石的浮选有两种不同的流程，一是正浮选，二是反浮选。

正浮选流程即优先浮选锂辉石的流程，其实质是：磨细矿石在加入 NaOH 或 Na_2CO_3 形成的碱性介质中，高浓度、强搅拌，并多次洗矿脱泥后，添加脂肪酸或其皂盐作捕收剂直接浮选锂辉石。但是浓密、洗矿、脱泥等工序会使工艺复杂化。

反浮选就是在石灰调节的碱性介质中加入淀粉或糊精抑制锂辉石，用阳离子捕收剂将硅酸盐类脉石矿物作泡沫产品浮出，槽内产品即为锂辉石精矿。研究发现，淀粉、糊精抑制的选择性较好，在合理的用量下可抑制锂辉石，而对脉石矿物作用不大，但用量多时则都可抑制。

表面纯净的绿柱石用油酸钠作捕收剂浮选时效果良好，但对 pH 值的变化比较敏感，氟化物对浮选可产生较大的抑制作用。采用烷基石油磺酸盐浮选绿柱石时，最佳 pH 值为 2.2 左右，说明捕收剂与矿物表面发生静电吸附。胺类捕收剂对绿柱石浮选效果中等，最佳 pH 为 9.0 ~ 10.5，若矿浆经 HF 预先处理后，在强酸性介质中，绿柱石和长石表面形成荷负电的氟硅络合物，加强了对胺类阳离子捕收剂的吸附，所以绿柱石和长石可疏水上浮，而石英由于没有金属离子表面区，在强酸性介质条件下受到强烈抑制而不浮，即在这一条件下，绿柱石 - 长石可与石英得到很好的分离。中等粒度（-0.250+0.150mm）的绿柱石浮游性最好。绿柱石浮选前加入酸或碱进行预先处理，可以消除矿物表面污染，并选择性溶蚀表面 SiO_2，使铍离子突出暴露，强化阴离子捕收剂体系下的可浮性。依据预先处理方法不同，绿柱石浮选流程分为两类：一类为酸法流程，另一类为碱法流程。

酸法流程是预先用氢氟酸（氟化钠和硫酸）处理矿浆，活化绿柱石，然后加捕收剂和起泡剂浮绿柱石，根据绿柱石在流程中浮出的顺序，酸法流程又可细分为酸法混合浮选流程和酸法优先浮选流程两种。前者如丹佛（Denver）公司推荐的流程：在酸（硫酸）性介质中（pH=1.5 ~ 2.0）用胺类捕收剂浮出云母，再加入氢氟酸活化长石和绿柱石，在强酸性介质中（pH=2.0 ~ 2.5）加入阳离子捕收剂混合浮选长石 - 绿柱石，混合精矿经洗矿、脱泥后，用石油磺酸盐浮选绿柱石。而酸法优先浮选流程是用硫酸调浆加入阳离子捕收剂浮出云母，然后洗矿、浓缩，再加氢氟酸处理，在 Na_2CO_3 介质中用脂肪酸类捕收剂浮选绿柱石。需要指出的是，上述浮选方法得到的绿柱石精矿品位不太高，常需用磁选、加温浮选或其他方法精选。

碱法浮选流程就是矿石在磨矿中或浮选前用氢氧化钠处理，在 pH 为 8 ~ 8.5 的条件下用脂肪酸类捕收剂将绿柱石从脉石矿物中浮出。

花岗伟晶岩矿床中锂辉石与绿柱石共生在一起，它们的浮游性相近，两者的浮选分离被公认为国际性的一大选矿难题。实现这一分离的关键是寻找有效的抑制剂，使其中一种矿物得到抑制，而对另一种矿物影响不大。由于军事备战的需要，国内外 20 世纪五六十年代对锂、铍浮选分离研究较多，研究发现，在阴离子捕收剂浮选体系中，几种常用调整剂对锂辉石的抑制作用递增顺序为：氟化钠、木素磺酸盐、磷酸盐、碳酸盐、氟硅酸钠、硅酸钠、淀粉等。其中木素磺酸盐对锂辉石的抑制作用很微弱，而氟化钠基本不起抑制作用，反而可以增加其浮选速度。而对绿柱石浮选来说，这些调整剂的抑制作用有很大差别，在中性和弱碱性介质中，多量的氟化钠、木素磺酸盐、磷酸盐和碳酸盐等对其有强烈的抑制作用，而少量的淀粉、硅酸钠的抑制作用不明显，在强碱性介质中上述药剂对绿柱石的抑制作用普遍减弱，而对锂辉石的抑制作用普遍加强。早期对锂辉石与绿柱石浮选分离的研究即是基于上述调整剂对两种矿物的作用不同而展开的。工业生产中得到实际应用的工序归纳起来有以下三种：

① 优先浮选部分锂，然后锂铍混选再分离。用 NaF、Na_2CO_3 作调整剂，用脂肪酸皂优先浮选部分锂辉石，然后添加 NaOH 和 Ca^{2+}，用脂肪酸皂混合浮选锂辉石 - 绿柱石，最

后将锂辉石 – 绿柱石混合精矿用 Na_2CO_3、NaOH 和酸、碱性水玻璃加温处理后，浮选分离出绿柱石。

② 优先选绿柱石，然后再选锂辉石。先选易浮矿物，然后在 Na_2CO_3、Na_2S 和 NaOH 高碱介质中使锂辉石外于受抑制状态，用脂肪酸皂优先浮选绿柱石，绿柱石浮选尾矿经 NaOH 活化后，再添加脂肪酸皂浮选锂辉石。

③ 优先选锂辉石，然后再选绿柱石。在 Na_2CO_3 和碱木素（或氟化钠和木素磺酸盐）长时间作用的低碱性介质中，绿柱石和脉石矿物受到抑制，用氧化石蜡皂、环烷酸皂和柴油浮选锂辉石。此后加 NaOH、Na_2S 和 $FeCl_3$ 活化绿柱石并抑制脉石矿物，用氧化石蜡皂和柴油浮选绿柱石。

3.3.4.3　锂铍矿石浮选关键性新技术

（1）全泥浮选新技术。

单独选别锂辉石的工艺流程较为简单，一般采用一段磨浮。锂辉石浮选工艺流程有脱泥浮选和不脱泥浮选。大部分矿泥由硅酸盐矿物组成，由于长期风化和深度氧化产生的原生矿泥以及磨矿过程中不可避免产生的次生矿泥对浮选都会产生很大的影响。有研究表明，矿泥的存在主要是影响矿浆的还原黏度，矿泥越多，还原黏度越大，表明矿物颗粒之间分散性越差，从而恶化矿浆环境。另一方面，矿泥的粒度细，比表面积大，会吸附更多的药剂，部分矿泥会罩盖在有用矿物表面，导致亲水而受到抑制。因此，脱泥主要是为了降低矿浆的还原黏度，增加矿物之间的分散性，降低异相矿物颗粒之间的相互作用，减少药剂消耗和矿泥在目的矿物表面的罩盖，从而改善浮选环境，有利于浮选。目前国内的大多数选厂均采用高浓度、强搅拌，并多次洗矿脱泥后再浮选的工艺流程，这些工序不但使工艺变得复杂化，并且脱泥率还很低，进一步恶化了后续浮选。同时部分有用矿物也会因为脱泥而损失，如果此部分损失较大则不宜采用脱泥浮选流程。另外，脱泥工艺需要额外增加设备，流程更复杂，多数情况下生产者不愿意增加此部分投资，因此不脱泥浮选流程成为工艺开发的一个重点。中南大学针对四川某低品位锂辉石矿矿石风化严重、矿泥含量高、分选困难的问题进行了试验研究。工艺研究结果表明，采用碱法不脱泥流程，氢氧化钠 – 碳酸钠 – 氯化钙作联合调整剂，采用新型捕收剂 YOA（同时含羧基和胺基）浮选锂辉石，成功实现了锂辉石与脉石矿物的浮选分离，得到 Li_2O 品位 5.59%、回收率 85.24% 的锂辉石精矿。

（2）高效组合药剂。

传统浮选锂铍矿物的捕收剂大多为脂肪酸及其皂类捕收剂，而脂肪酸类捕收剂一般水溶性差，不耐低温，选择性差。目前新型选锂铍矿物捕收剂的开发主要集中在螯合捕收剂的研发和组合捕收剂的使用方面。在锂辉石浮选新药剂的开发方面，有人对新疆可可托海某锂辉石尾矿进行了再回收锂试验，采用羟肟酸代替原来的氧化石蜡皂做捕收剂，锂辉石精矿品位（Li_2O）从 2.30% 提升到了 5.80%。中南大学使用新型两性捕收剂 YOA-15（同时含羧基和胺基）浮选锂辉石，在酸性条件下对锂辉石的浮选性能强，对被强碱擦洗之后的锂辉石亦有较强的捕收能力，Fe^{3+} 能明显活化锂辉石，提高 YOA-15 对锂辉石的浮选回收率。新型的捕收剂的开发对锂辉石的浮选有着积极的作用，但是要实现工业化还需要不小的努力。新型的高效、易降解捕收剂的开发成为主流，同时组合捕收剂的广泛采用可以降低药剂成本，充分发挥药剂之间的协同作用，有效提高锂辉石的浮选效率。

在组合药剂方面，大量实验普遍采用氧化石蜡皂和环烷酸皂组合使用浮选伟晶岩锂辉石矿，均得到了较好的指标，解决了回收率低的问题。中南大学率先研制出阴阳离子组合捕收剂 YAC（油酸类与胺基类组合）应用于锂辉石的浮选，浮选效果明显优于油酸钠、氧化石蜡皂等阴离子捕收剂，并成功应用于工业生产。对于原矿 Li_2O 品位为 1.48% 左右的锂辉石矿，获得 Li_2O 品位为 5.59% 精矿，回收率可达 85% 以上。

（3）阶段磨矿阶段选别新工艺。

基于伟晶岩型铝硅酸盐矿物晶体表面性质的各向异性理论，研究发现锂辉石在相对较粗粒级（−74+38μm）可浮性最优，而脉石矿物长石在相对较细粒级（>38μm）的可浮性最佳。即粒度对钠长石与锂辉石浮选行为的影响规律相反，即粗粒级的锂辉石浮选效果好，而细粒级的钠长石浮选效果好。对于实际锂辉石矿石浮选分离指导意见为：在磨浮矿过程中，应尽量减少细粒级的产生；应阶段磨矿阶段选别作业，粗磨粗选。实验研究发现，针对原矿品位 Li_2O1.50% 的四川甘孜州甲基卡伟晶岩型锂辉石矿通过阶段磨矿阶段浮选选别工艺可分别获得产率为 5.26% 的云母精矿；Li_2O 品位高达 6.20%，Li_2O 回收率为 87.34% 的锂辉石精矿。

（4）尾矿综合回收长石和石英。

目前，文献报道有关长石－石英浮选分离的方法主要有：酸性、中性和碱性浮选三种。其中中性和碱性浮选条件苛刻，浮选指标不是很稳定，目前还停留在实验室阶段，很少成功应用于工业实践。有研究[25]对四川金川锂辉石矿浮选尾矿进行了长石和石英浮选分离试验，探索了无氟有酸法和有氟有酸法两种浮选工艺。硫酸法不能有效分离长石和石英，氢氟酸法分离效果较好。氢氟酸法进行了搅拌擦洗时间、氢氟酸用量、十二胺用量和浮选时间等条件试验，在条件试验的基础上，依次进行了长石浮选开路试验和闭路试验。结果表明，通过“1 粗 2 扫 1 精”闭路流程试验，可获得 K_2O、Na_2O 品位分别为 4.13%、7.46%，回收率分别为 98.03%、98.42% 的长石精矿。对产品进行质量检查，长石精矿、石英精矿（长石浮选尾矿）均达到工业要求，实现了锂辉石浮选尾矿综合利用的目的。

3.3.5 钒矿加工新工艺和新技术

稀有金属钒作为重要战略资源，主要应用于冶金、宇航、化工和新能源等领域。随着钒产品应用领域的拓宽，钒用量不断增加，推动了提钒技术的发展。近年来，从钒钛磁铁矿、钒页岩及含钒固废等资源提取钒过程中，在选矿预处理、焙烧－浸出、净化富集、沉钒精制等方面研究具有重要进展。

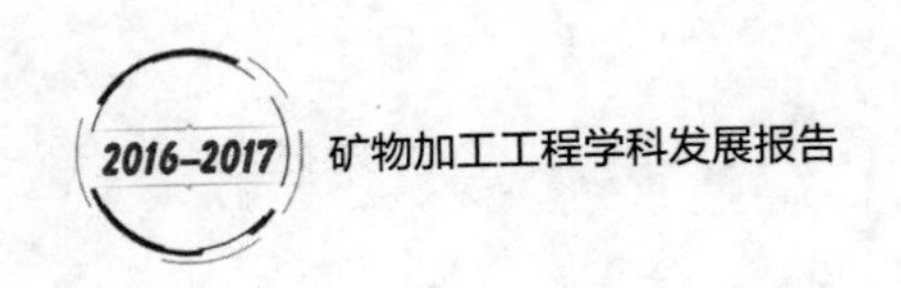

3.3.5.1　含钒资源概况

全球钒资源主要分布在中国、南非、俄罗斯及美国，据 USGS 统计数据显示，中国钒资源占全球总量的 34%，居世界第一。自然界中主要含钒矿产包括钒页岩、钒钛磁铁矿、石油等。

钒页岩（石煤）是我国特有优势含钒资源，全球 90% 以上钒页岩赋存于中国，占中国钒总储量的 87%，钒页岩中钒含量为 0.5% ~ 1.2%，且主要以类质同象形式赋存于硅酸盐矿物中。

钒铁磁铁矿是全球范围内的含钒矿产，广泛分布在俄罗斯、南非、中国，我国钒钛磁铁矿集中在四川攀枝花地区、河北承德地区与辽宁西部地区，钒钛磁铁矿中钒含量为 0.2% ~ 0.5%，钒主要从钒钛磁铁矿冶炼后钒渣中被提取。

中东地区和中美洲地区石油中都含有钒，含量为 0.001% ~ 0.14%，钒在石油燃烧后被富集于飞灰中。除原生矿产外，石油精炼、硫酸生产等化工生产过程中产生的含钒固废，其主要形式是含钒催化剂，钒含量约为 5%，作为二次资源被回收。

3.3.5.2　提钒技术综述

（1）选矿预处理。

选矿预处理通过磁选、重选、浮选的方法促使含钒矿物与脉石矿物分离，提高钒品位，减少湿法提钒过程的处理量。多数钒页岩具有钒品位较低，方解石、黄铁矿、石英等脉石矿物含量高的特点，导致提钒过程矿石处理量大，药剂耗量高，为此，采用浮选、重选、重浮联合等方法进行选矿预富集越来越得到重视。

钒钛磁铁矿经过磁选获得含钒铁精矿后进行冶炼提铁，钒转移进入渣相形成钒渣，钒渣进行湿法提钒，当钒钛磁铁矿精矿钒品位达到 1% 左右时，适合先提钒后炼铁。

在石油加工后残渣（重油）作为燃料发电时，钒在飞灰中富集，其品位可达 1% ~ 7%，甚至高达 10% 以上。由于废催化剂中钒含量高，一般无需预处理直接进行湿法提取。

（2）焙烧 – 浸出。

焙烧和浸出是含钒物料湿法提取过程中的关键步骤，当钒以低价态赋存于矿物晶格中时，焙烧过程可破坏矿物结构同时实现钒转价，根据有无添加剂，焙烧方式分为添加剂焙烧和空白焙烧两类；根据浸出物料中钒的溶解性，浸出分为水浸、酸浸和碱浸等。焙烧和浸出工序对湿法提钒过程中钒回收率具有决定性作用。为提高钒回收率，焙烧和浸出添加剂及相应工艺流程受到一些学者重视，希望降低焙烧能耗，缩短浸出周期，减少药剂耗量，优化焙烧和浸出过程，从而实现钒清洁高效提取。

1）添加剂焙烧 – 水（酸、碱）浸。

在焙烧过程中加入添加剂可促进矿物结构破坏，含钒物相发生转变，钒迁移进入易溶于水或酸的物相。钠化焙烧将 NaCl、Na_2SO_4 等单一或者复合钠盐与含钒物料混合后在

700 ~ 900℃条件下焙烧生成水溶性钒酸钠盐，再通过水浸或者稀酸浸进行提钒。早期该工艺在钒渣、钒页岩、飞灰中应用较为广泛，含钒物料物相组成、焙烧气氛等方面理论研究比较系统深入，但该工艺盐耗量大一般为 10% ~ 20%，钒回收率低，环境污染严重，随着环境保护要求日益苛刻，钠化焙烧工艺已经被淘汰。武汉科技大学在国内首创双循环高效氧化页岩提钒工艺，通过在线循环和多种强化机制，发明了自催化 - 高效解离 - 循环氧化提钒新方法，突破了含钒页岩低价难氧化转价的技术难题。

钙化焙烧是将石灰石、生石灰等钙盐与含钒物料混合后在 800℃ ~ 100℃条件下焙烧生成不溶于水的钒酸钙盐，再通过酸浸或者碳酸化浸出，钙化焙烧产生有害气体较少，环境污染小，但对物料选具有一定的选择性，存在转化率低、成本高等问题，不适于大量生产。

近年来，研究学者开发了 MnO_2、$BaCO_3$、K_2SO_4 等单一或复合添加剂，将其用于含钒物料焙烧过程，提高了焙烧效果，但这些添加剂焙烧工艺，技术尚不成熟，大多处于研究阶段。

2）空白焙烧 - 酸浸。

空白焙烧（无盐焙烧）是将含钒物料在氧化气氛中焙烧，矿物晶格破坏并使低价钒转变为高价钒，再通过酸浸提钒，与加盐焙烧相比，该工艺无 Cl_2、HCl 等废气产生，消除了钠盐焙烧带来的环境污染，但浸出过程酸耗量较大，空白焙烧在页岩提钒中具有普遍适应性。焙烧设备将影响空白焙烧效果的好坏，除平窑、竖炉、回转窑外，沸腾炉亦被用于页岩提钒，钒页岩流态化焙烧在短时间内完成脱碳、矿物结构破坏、钒氧化转价，同时可实现余热利用，流态化焙烧优化了焙烧过程，大大提高焙烧效果。空白焙烧将脱碳与高温转价合为一步，源头控制了焙烧添加剂带来的污染，但气氛、温度等焙烧过程控制问题等仍需深入研究。

焙烧物料一般在硫酸体系中高温搅拌浸出，但存在浸出周期长、酸耗量高、浸出率低的缺陷，为此，浸出助浸剂如 CaF_2、$NaClO_3$ 等和混酸体系如 H_2SO_4-HF 被用于强化钒的浸出过程，代表性工艺有湖南省煤炭科研所与湘西双溪煤矿钒厂共同开发的空白焙烧 - 酸浸 - 溶剂萃取流程、武汉科技大学和武汉理工大学共同研发的一步法沸腾提钒技术。

3）直接酸浸。

直接酸浸是将含钒物料中加入一定量适当浓度的硫酸，直接对其浸出。页岩中钒大部分钒赋存在云母、伊利石等铝硅酸盐矿物晶格中，一定温度下，高浓度硫酸可以直接破坏含钒矿物晶体结构，该技术的优点是没有焙烧过程，能耗小，也避免了烟气污染问题，但该技术存在硫酸消耗量大、浸出时间长，生产设备的耐腐蚀性要求高、废水处理难的问题。

为了提高钒浸出率并缩短浸出时间，氧压酸浸技术被研究并提出。昆明理工大学研究了钒页岩氧压酸浸中影响钒浸出率的主要因素，氧压浸出可使钒的浸出率大大提高，缩短了浸出时间，但浸出中需要的硫酸量没有减少，低品位钒页岩采用高压酸浸工艺投资成本高，难以工业推广。针对直接酸浸工艺中硫酸的消耗量大的问题，助浸剂被引入浸出过程以提高钒浸出率，降低酸耗量，陕西五洲矿业公司采用直接酸浸工艺处理氧化型含钒页岩，钒浸出率达到90%以上。

4）其他工艺。

近年来，除上述三类工艺外，一些其他提钒工艺被研究开发。有学者采用微波加热来取代常规加热对钒页岩进行焙烧和浸出处理，由于微波在特定情况下存在“非热效应”，改善焙烧和浸出反应过程，促进了矿物结构破坏和钒的浸出。硫酸化焙烧（硫酸熟化）将浓硫酸与含钒物料混合，在相对较低的温度150～300℃下，浓硫酸与含钒物料发生剧烈反应，彻底破坏含钒矿物结构，具有钒浸出率高的优点，但对设备要求较高，硫酸化焙烧用于处理废催化剂、钒页岩等含钒物料中研究较多。

针对目前钒渣焙烧提钒工艺钒资源利用率低、铬无法同步提取、“三废”环境污染严重等问题，中国科学院过程工程研究所基于亚熔盐非常规介质的物理化学性能，通过反应分离耦合工艺设计，研发了亚熔盐法高效清洁提钒新技术，该技术已在河北钢铁集团应用，技术处于国际领先水平。

（3）净化富集。

净化富集是生产高纯度钒产品的核心步骤。含钒溶液按照酸碱度可以分为酸性含钒溶液、中性或弱酸性含钒溶液、碱性含钒溶液三类。中性或弱酸性含钒溶液一般由有含钒物料钠化焙烧浸出后获得，碱性含钒溶液由含钒物料通过碱浸后获得。

目前，各种含钒物料浸出过程主要采用酸性体系，在浸出过程中，许多杂质元素随钒同时进入浸出液中，尤其采用助浸剂等方法强化钒的浸出过程的同时，Fe、Al、Mg等杂质元素大量进入浸出液中，导致浸出液中杂质离子种类多且浓度高。含钒溶液净化富集方法主要有离子交换法、溶剂萃取法、化学沉淀法三类。

1）离子交换法。

离子交换法通过使树脂上的可交换离子与溶液中同类型的离子进行交换，用于分离钒的离子交换树脂多为碱性阴离子交换树脂，包括D201、D296、D314、ZGA414等。由于V（V）在溶液中多以阴离子形态存在，而V（IV）以阳离子形式存在，因而离子交换法净化富集含钒容易，通常需要将V（IV）氧化为V（V）。含钒物料钠化焙烧后水浸或稀酸浸获得的含钒溶液呈中性或弱酸性，主要含有高浓度的Na，其他杂质如Fe、Al、Mg等含量较少，离子交换法对于此类含钒溶液具有较好的适应性，应用广泛。

随着浸出工艺的发展，含钒溶液从杂质较少的中性或弱酸性浸出液转变为杂质种类多且浓度高的强酸性溶液，对于此类含钒溶液，离子交换法选择性较差，无法满足钒产品纯度要求。含钒溶液分离提纯工业应用和研究重点已经转移至溶剂萃取法。

2）溶剂萃取法。

溶剂萃取法是一种液液分离方法，一般通过萃取、洗涤、反萃三个主要阶段实现溶液中钒与其他杂质离子的分离，具有选择性强、处理能力大、平衡速度快的优点，因此在含钒溶液净化富集中具有广泛应用。

钒溶剂萃取常用的萃取剂有磷类萃取剂和胺类萃取剂，磷类萃取剂主要用于从酸性溶液中萃取以阳离子形态存在的钒，而胺类萃取剂可以萃取从酸性到碱性溶液中以阴离子形态存在的钒。酸性磷酸萃取剂主要有P204、P507及Cyanex 272等，其中P204萃取能力强，应用最为广泛，但其选择性比P507和Cyanex 272差。由于磷类萃取剂对Fe（III）具有较强的萃取能力，采用还原铁粉、Na_2SO_3等还原剂将含钒溶液中Fe（III）还原为Fe（II），V（V）还原为V（IV），可减少Fe共萃，提高钒铁分离效果。胺类萃取剂主要有N1923、N235、Alamine 336等，胺类萃取剂对Si、P等阴离子存在一定的共萃。螯合类萃取剂如LIX63、LIX841亦可含钒溶液的净化富集，但研究较少。复合萃取剂组成的协同萃取体系也是目前溶剂萃取分离含钒溶液的前沿方向。

3）化学沉淀法。

化学沉淀法通过加入沉淀剂使杂质离子形成难溶性沉淀物从而与钒分离。当含钒溶液中含有少量P、Si时，采用钙盐或者镁盐作沉淀剂，调节pH值至8～9后反应生成$Ca_3(PO_4)_2$、$Mg_3(PO_4)_2$等沉淀，从而达到除磷、硅的目的。但酸浸液中Fe、Al含量较高时，加入钾盐或者铵盐可生成黄钾铁矾及明矾，从而去除溶液中部分杂质离子。化学沉淀法单独使用时具有较大局限性，一般与离子交换法和溶剂萃取法配合使用，强化含钒溶液分离纯化效果。

4）其他方法。

由于离子交换法和溶剂萃取法具有各自的优缺点，有学者结合各自优点提出了溶剂浸渍树脂分离法，将萃取剂负载于大分子树脂后进行含钒溶液的分离提纯，该技术克服了溶剂萃取法乳化和离子交换法选择性差的缺点。为进一步提高溶剂萃取法选择性、缩短萃取级数，有学者将液膜分离技术应用于含钒溶液净化富集领域，液膜分离技术是一种以液膜为分离介质，以浓度差为推动力的液液萃取与反萃过程结合为一体的膜分离操作，在液膜分离过程中，萃取－反萃同时进行、一步完成，而溶剂萃取分步进行、多级完成，因此，液膜萃取法简化含钒溶液的分离过程。溶剂浸渍树脂、液膜萃取等新型分离方法具有潜在的应用价值，但大多处于研究阶段，技术尚不成熟。

（4）沉钒精制。

沉钒精制是通过沉淀和固液分离的方法使钒转移进入固相，从而与杂质离子分离。沉钒方法主要包括水解沉钒、铵盐沉钒、钙盐沉钒、铁盐沉钒等，铵盐沉钒是制备V_2O_5的主要方法，弱碱性铵盐沉钒和酸性铵盐沉钒分别制得偏钒酸铵和多聚钒酸氨，脱氨后获得钒产品V_2O_5。

酸性铵盐沉钒具有药剂耗量少、沉钒率高的优点，已成为近年来应用最广泛的V_2O_5制备方法，但由于铵盐沉钒产生大量氨氮废水，氨氮排放超标，需进一步处理。源头氨氮减排控制和无氨沉钒将是沉钒研究的重要课题。

3.3.5.3　发展与展望

采用重选、磁选、浮选或联合工艺对钒页岩、钒钛磁铁矿进行选矿预富集钒，是减少湿法提钒处理量、降低生产成本的重要途径。由于钒页岩、钒钛磁铁矿中钒赋存状态特殊，矿物组成复杂，相应选矿技术尚处于初步阶段，在这方面亟待加强研究。

对于含钒物料焙烧、浸出过程方面，已经有较为成熟的工艺，但生产流程仍在工艺、装备等方面存在不足，研究改进整个工艺流程及装备，提高生产操作控制水平，提高钒的回收率和生产过程环保水平，是实现钒资源综合利用的必然选择。从作用机理方面深入探讨，进一步优化焙烧浸出工艺，开发低能耗、低污染、低沉本等高效清洁焙烧浸出工艺是提钒技术发展的重要方向。

含钒溶液的净化富集工艺仍需进一步加强，以满足钒产品深加工过程中对纯度的要求。提钒工业的全过程涉及废气、废水、废渣等诸多污染，随着国家对环境要求的日益严格，加大行业环境保护力度，实现钒工业清洁生产是重要的发展趋势。

此外，重视钒二次资源的回收、利用，从废催化剂、废高温合金、废硬质合金、废磁性材料等含钒固废中进行钒的回收利用，是支撑钒工业可持续发展的重要组成部分。

3.3.6　稀土矿矿物加工新工艺和新技术

稀土的英文是 Rare Earth，简写 RE，意即“稀少的土”，其实这不过是 18 世纪遗留给人们的误会，由于当时人们只能制得一些不纯净，像土一样的氧化物而得名。稀土元素并不稀少，只是分散。美国国防部公布的 35 种高技术元素和日本科技厅选出的 26 种高技术元素中，包括了除 Pm 外的 16 种稀土元素。

全球已发现的稀土资源主要分布在少数几个国家。中国是已发现稀土资源最多的国家，其次是美国和俄罗斯，再就是印度、澳大利亚和加拿大等国。全球 2015 年稀土产量 19.7 万吨，2016 年稀土产量 19.88 万吨，其中，中国稀土产量 16.9 万吨，约占 85%。

稀土元素在矿石中的赋存主要有独立矿物，诸如氟碳铈矿和独居石等，其次是以水合或羟基水合的稀土离子吸附在黏土矿物上形成一种准矿物。这两种赋存形式的矿石都能形成工业矿床，然而它们的稀土分选富集工艺截然不同，存在着明显的差别。为了研究和制定开发工艺，可将稀土矿分为矿物型稀土矿和风化型稀土矿。

3.3.6.1　矿物型稀土矿

最重要的矿物型稀土矿主要有我国的白云鄂博矿混合型轻稀土矿，山东的微山稀土矿和四川攀西稀土矿以及美国的芒廷帕斯稀土矿，白云鄂博稀土矿是两种最重要稀土矿物氟碳铈矿和独居石组成的稀土矿，也是世界最大的稀土矿，而且富含钍资源，其他稀土矿都是单一氟碳铈矿的稀土矿。矿物型稀土矿有一个共同特点就是强烈选择轻稀土配分型，以白云鄂博稀土矿为列，La+Ce+Pr+Nd 等四个轻稀土的配分和就超过 98%，它们是轻稀土的主要来源。

白云鄂博矿是一个铁 – 稀土 – 铌共生的复杂矿床，长期主要以铁矿开采为主，稀土作为副产品回收，稀土利用率不足10%，绝大部分稀土矿都堆存量在尾矿库，已达2亿吨，所含稀土（REO计）达1400万吨，作为未来的稀土资源。白云鄂博稀土矿用弱磁–强磁–浮选工艺分选出的矿产品为氟碳铈矿与独居石的混合型稀土精矿，稀土品位（REO50%）以稀土精矿为主。浓硫酸焙烧工艺直接生产硫酸稀土。

采用选–冶联合流程可以有效解决高品位稀土精矿的选矿技术难题，将稀土精矿的品位由50%提高到65%，收率达到90%，为稀土冶炼工艺的彻底革新提供优质的原料基础。基于65%稀土精矿，开发出了焙烧–盐酸浸出–碱分解–盐酸溶解的酸浸碱溶法清洁提取稀土新工艺。工艺的凝练成形充分考虑污染物的源头消减和过程控制，65%稀土精矿的矿物杂质较50%稀土精矿减少了70%，减少能源消耗和酸、碱等原材料消耗，伴生元素氟、磷、钍都得到有效回收。

美国芒廷帕斯稀土矿是以氟碳铈矿为工业矿物，属于美国钼公司，20世纪八十年代是主要的稀土矿产品供应商。20世纪90年代后，中国稀土矿业快速发展，迫使芒廷帕斯矿停产闭矿，2009年稀土矿产品暴涨，刺激了钼公司，融资10亿美元，重新技术改造准备生产，直到2016年上半年投产，半年后又不得不停产关闭，其产品无法与中国竞争，这再次表明中国的稀土矿的分选水平处于世界领先。

四川攀西和山东微山的单一氟碳铈矿的稀土矿分选工艺已很成熟，最近几年的改进主要集中在伴生有价矿物重晶石和萤石回收及提高稀土回收率。

3.3.6.2　离子型稀土矿

离子型稀土矿是我国独有的稀土资源，广泛分布于我国南方的江西、福建、湖南、广东、浙江、云南与广西7省。离子型稀土矿中稀土配分齐全，富含与高科技材料相关的中重稀土元素，是世界上最为稀缺、价值最高和战略需求最大的稀土资源。

（1）离子型稀土矿资源浸出新理论。

离子型稀土矿浸取动力学属于内膜扩散模型控制，其浸出传质过程最终表现为流动液层与颗粒表面结合液层之间的物质传递。在离子型稀土矿的浸出过程中，当浸出剂与矿石接触时，总是先发生矿石颗粒的加湿过程，浸出剂在矿石的表面形成一层不可流动的液膜（即由物理化学力固定的溶液）铺展于整个矿物颗粒表面，通常被称为结合液，当进一步加入浸出剂时，矿石颗粒加湿达到饱和，浸取柱内矿石粒层中才出现溶液的流动，形成流动液层，在浸出过程中流动层的铵离子需要通过结合液层到达黏土矿物颗粒表面与其吸附的稀土离子发生交换反应，而被交换下来的稀土离子也同样需要通过结合液层到达流动层中。因此，离子型稀土矿的传质过程最终表现为流动液层与颗粒表面结合液层之间的物质传递。

（2）离子型稀土矿资源浸出药剂。

离子型稀土矿浸出药剂是具有一定交换能力的电解质，不同浸取药剂交换性能和选择性能各异。研究发现，酸、强碱、弱酸盐、强酸弱碱盐、高价盐、低价盐、有机酸以及能够与稀土形成配合物的碱类在一定浓度条件下均能有效浸出离子吸附型稀土矿中的离子相稀土。目前最常用的浸出剂为铵类浸出剂，其中氯化铵对稀土的交换性能较强，选择性能较弱，浸出液中杂质含量较高，硫酸铵对稀土的交换性能较弱，但选择性较强，采用多种铵类组成的混合浸出药剂进行浸出，能提高稀土产品质量和稀土回收率。为消除氨氮废水对环境的污染，也有研究采用氯化镁代替硫酸铵作为浸出药剂。为了提高离子型稀土矿浸出率，在浸出过程中还会添加助浸剂，如 EDTA、田菁胶等，均能取得较好的效果。

（3）离子型稀土矿资源浸出新工艺。

离子型稀土矿资源的利用技术主要有室内桶浸、池浸和原地浸出三种工艺。室内桶浸和池浸方式是矿山早期常用的技术，20 世纪 90 年代以来，原地浸出技术得到了应用，该技术基本不需要破坏植被，不需要移动矿物，具有相对较好的环境保护优势，此外其劳动强度与生产成本也低，是目前广为推崇的技术。原地浸出技术是将浸出剂溶液直接注入原生矿体注液井，浸取剂溶液沿离子型稀土矿矿体的孔裂隙进入矿体，在一定范围内均匀渗透，浸取剂溶液在重力和压力作用下，在矿体孔隙中扩散并挤出孔裂隙水，同时浸出剂中的阳离子与矿物表面的稀土离子发生交换，稀土离子扩散（传质）进入溶液，形成孔裂隙稀土浸取液，新鲜浸出剂挤出孔裂隙已完成离子交换的稀土浸出液，并与为发生交换作用的稀土离子发生交换，产生新的稀土浸出液，因此，稀土浸出过程实质上是“浸出剂渗流 – 离子交换 – 传质”的循环过程。

3.3.7 钽铌矿矿物加工新工艺和新技术

钽铌是国家高科技发展和新能源产业的重要战略资源，钽铌金属、合金和化合物广泛应用于电子、钢铁、化工、冶金、原子能及航空航天工业，在超导技术、现代战略武器、医疗器械领域也多有应用。20 世纪 60 年代开始，我国陆续建设了新疆可可托海、江西宜春、广西栗木、内蒙古包头等钽铌矿选矿厂。但我国钽铌矿资源品位低、粒度细、回收难，生产 1 吨钽铌精矿需开采超过 3000 吨矿石量，导致我国国内钽铌矿资源稀缺，对外依存度超过 80%。

钽铌矿的选矿工艺主要由钽铌矿物与其他矿物密度的差异，以及钽铌矿物嵌布粒度的粗细等因素确定。对仅钽铌矿物密度大，且钽铌矿物嵌布粒度较粗的矿石，通常采用以重选为主的分选工艺，如宜春钽铌矿和新疆可可托海锂、铍、钽铌多金属矿等；对有多种矿物密度大，且钽铌矿物嵌布粒度较粗的矿石，多采用重选与磁选、电选等相结合的分选工艺，如福建南平钽铌 – 锡矿、广西栗木锡 – 钽铌 – 钨矿、广东泰美钽铌 – 锆石矿等；对有多种矿物密度大，且钽铌矿物嵌布粒度较细的矿石，多采用以浮选为主的分选工艺，如白云鄂博铁 – 稀土 – 铌多金属矿。

近年来，宜春钽铌矿通过采用调浆重选和不分级重选新技术以及强磁回收微细粒钽铌新技术等钽铌矿回收新技术解决了长期以来低品位钽铌矿回收率低、细粒钽铌难回收的重大技术难题。技术成果与国际最好水平对比，我国钽铌原矿品位仅为其 1/5，日处理量为其 8.4 倍，获得的钽铌精矿富集比高出 1209 倍，回收了锂云母和长石，资源综合利用率高出90%以上，成果应用面已达全国钽铌资源总量73%，技术成果于2013年获中国有色金属工业科技进步一等奖，是钽铌矿资源开发领域的重大技术创新。

4. 高效矿物加工药剂设计、开发及清洁合成

4.1 硫化矿新型药剂开发及实践

（1）铅锌硫化矿有机抑制剂。

广西某铅锌硫化矿分选难点在于：矿石性质复杂，铅锌矿石嵌布粒度细，共生关系密切，以及矿石中铅锌矿物浮游性质十分接近，导致铅锌分离困难。且相对于无机抑制，有机抑制剂具有种类多、来源广、污染少，并可根据实际需要来进行官能团和分子量的设计等突出优点。有文献以CS_2、Na_2S、$ClCH_2R$为原料，通过取代反应制备出有机抑制剂D1，并加以纯化。其合成条件为：Na_2S和CS_2在剧烈搅拌下，反应6小时，保持温度在35 ~ 38℃，反应完毕后在冰浴中冷却，后将$ClCH_2R$边搅拌边慢慢滴入其中，大约耗时1小时，保持温度在40℃以下，滴加完毕后在室温下搅拌1小时，反应完毕后移除溶剂得亮晶色晶体。在闭路试验中，新型抑制剂D1作为抑锌药剂时，可获得铅锌品位分别为22.15%、4.79%的铅精矿，铅锌回收率分别为90.89%、3.59%，相比组合药剂亚硫酸钠与硫酸锌作为抑制剂时，使铅精矿中锌的品位降低了0.86个百分点，同等条件下用量更少，且无毒无污染，为企业实现无毒、无公害及低成本生产提供新的途径。

（2）磁黄铁矿高效组合抑制剂。

浮选分离是含磁黄铁矿的硫化铜镍矿石的常用选别方法。现有技术认为磁黄铁矿最有效的抑制剂是石灰，但在复杂硫化物的浮选中，石灰的选择性抑制效果并不突出，一般需与其他药剂复配且药剂用量高。针对含磁黄铁矿、镍黄铁矿、黄铜矿的矿石的浮选分离，由于一般情况下前两者密切共生，国内外至今未开发出对磁黄铁矿具有高效选择性抑制但对铜镍的浮选基本无抑制作用的抑制剂。有研究选用高效选择性磁黄铁矿组合抑制剂碳酸钠+焦亚硫酸钠+二乙烯三胺，其中矿浆pH=7.5 ~ 8.0，二乙烯三胺用量为200克/吨，采用“铜镍硫混浮－精矿分离硫”新工艺，闭路试验获得了铜品位2.69%、镍品位7.54%、铜回收率77.52%、镍回收率77.87%的铜镍混合精矿、硫精矿硫品位34.25%。与现有技术相比，该抑制剂对磁黄铁矿具有高效选择性抑制，但对铜镍的浮选基本无抑制作用，并且使用时不会影响捕收剂对镍黄铁矿、黄铜矿的吸附效果，用于含磁黄铁矿、镍黄铁矿及黄铜矿的复杂矿物的浮选分离（特别是磁黄铁矿含量高、铜镍品位低的矿石的浮选分离）时，能在不影响矿物回收率的情况下，使精矿品位显著提高，且该抑制剂仅需低碱环境，对环境危害小，极具工业化应用前景。

（3）铜钼分离高效抑制剂DMSA。

由于黄铜矿和辉钼矿均具有极好的可浮性，使得共生铜钼矿的浮选分离一直是比较难

解决的问题。硫化钠、硫氢化钠是铜钼分离最常用的抑制剂，但这类药剂存在用量大、选择性差、环境污染严重等问题。随着环境保护力度不断加大，这些无机抑制剂的继续使用面临越来越大的压力。与无机抑制剂相比，有机抑制剂具有选择性好、环境污染小及分子结构人为可控等优点，因此有机抑制剂表现出越来越好的应用前景。2，3– 二巯基丁二酸（DMSA）是一种具有特殊的巯基臭味的白色晶体粉末，每个 DMSA 分子含有 2 个巯基和 2 个羧基，DMSA 常被用作重金属解毒剂，至今未见在选矿行业中应用，尤其是在黄铜矿和辉钼矿浮选分离方面的报道。有报道即以煤油为捕收剂，对比研究了有机药剂 DMSA 和常规抑制剂硫化钠对黄铜矿和辉钼矿浮选行为的影响。浮选结果表明，DMSA 对黄铜矿抑制作用较强，而对辉钼矿基本无抑制作用，在获得对黄铜矿较好抑制效果的同时，其用量仅为硫化钠的 1/9 ~ 1/13。而相应的浮选试验结果也表明，在 pH 为 4 ~ 12 的范围内，少量的 DMSA 可对黄铜矿产生强烈的抑制作用。在 pH=6 条件下对单矿物、人工混合矿、含钼铜精矿进行浮选分离试验，钼的浮选回收率分别为 85%、75% 和 80%，同时铜的回收率仅为 15%、5% 和 20%。

（4）铜硫分离新型有机药剂。

我国铜矿物资源比较丰富，已探明的铜矿资源储量为 7048 万吨，其中大部分矿床的类型为硫化铜矿。目前国内外主要采用石灰为抑制剂、黄药为捕收剂的高碱工艺来实现铜硫浮选分离，然而这种工艺不利于铜矿物的浮选，不仅使铜的回收率偏低，同时也造成铜矿物中伴生贵金属的大量流失。为解决采用无机抑制剂进行铜硫分离时铜硫分离效果差、伴生贵金属流失严重等问题，有研究开发了新型有机抑制剂三羧基甲基 – 二硫代碳酸钠。单矿物浮选试验结果表明：在 pH=9 ~ 12、三羧基甲基 – 二硫代碳酸钠浓度为 2.4×10^{-3}mol/L 时，对黄铁矿抑制效果较好、对黄铜矿抑制作用较弱，可以实现低碱条件下的铜硫分离。采用三羧基甲基 – 二硫代碳酸钠进行黄铁矿、黄铜矿人工混合矿浮选试验，获得了铜品位为 31.69%、回收率为 91.36% 的铜精矿，实现了铜硫有效分离。

黄药是硫化铜矿浮选利用最主要的捕收剂，其捕收能力强，操作简单，被普遍使用。但是黄药存在选择性差、酸性环境易分解、碱耗高及其带来的环境污染、水治理等各种问题已经无法满足高效资源利用的需求。与黄药相比，二烷基黄原酸酯对硫化铜矿物的捕收剂能力稍弱，但对黄铁矿等其他硫化矿物却具有更好的选择性，并且在弱碱性或者中性条件下也能取得较好的铜硫分离效果，有研究对传统黄药进行改性，开发出一种耐酸性、高选择性的新型二烷基黄原酸酯类捕收剂 S – 十二烷基，O– 异丙基 – 黄原酸酯（DIDTC），将其用于黄铜矿和黄铁矿的浮选分离。通过和丁基黄药（BX）的对比表明，DIDTC 在 pH 为 4 ~ 10 范围内对黄铜矿回收率都＞ 85%，对黄铁矿捕收力则稍差，并随着 pH 值的升高而略有降低。而 BX 在酸性中不稳定使用范围略窄，但对两种矿物的回收率都＞ 70%，随着用量增加两种矿物的浮选回收率升高。采用 DIDTC 浮选黄铜矿时，用量达到 3×10^{-5}mol/L 即可获得较高回收率，而浮选黄铁矿时即使用量超过 5×10^{-5}mol/L，回收率也不超过 60%，证明 DIDTC 对于黄铁矿具有非常好的选择性，可用于黄铜矿与黄铁矿的浮选分离。

（5）黄铜矿新型有机捕收剂的开发。

三唑硫酮类化合物具有良好的杀菌、抑菌、调节植物生长和螯合金属等性质。在生物医药领域该类化合物具有消炎、镇静、抗焦虑、抗微生物、抗真菌等多种生物活性；在农业领域可用于开发高效低毒的除草剂、杀虫剂和植物生长调节剂；在金属防腐领域其用作金属缓蚀剂。虽然三唑硫酮类杂环化合物是过渡金属的优良螯合剂和防腐剂，但目前鲜有其用作浮选捕收剂从金属矿石中回收有价金属矿物的报道。有研究以二氨基（TCH）和正庚酸为原料制备了 3- 已基 -4- 氨基 -1，2，4- 三唑 -5- 硫酮（HATT），其合成条件为：准确称量 2.125g 二氨基硫脲（0.02mol）于 50mL 三口瓶中，向其中加入 8.5mL 正庚酸（0.06mol）（n（TCH）：n（n-C6H13COOH）=1：3），油浴中加热回流（回流温度为 145 ~ 150℃）2h，室温冷却析出白色晶体后抽滤，蒸馏水洗，用乙醇 - 水重结晶得到白色针状晶体，合成的化学反应方程如下所示：

$$H_2NHNC(=S)NHNH_2 + C_6H_{13}COOH \xrightarrow{reflux} \text{(3-}C_6H_{13}\text{-4-}NH_2\text{-1,2,4-triazole-5-thione)} + H_2O$$

单矿物浮选实验表明，随着 pH 的增加，黄铜矿的回收率先增加后减小，在整个实验 pH 范围内，HATT 对黄铜矿的浮选捕收效果较好，pH=7.3 时，HATT 对黄铜矿的回收率达到 97.89%。

硫脲是具有通式 R—NH—C（=S）—NH—R' 的一类化合物，具有生物活性和金属螯合性能，是重要的化工原料和有机化工中间体。有报道以一缩二乙二醇双氯甲酸酯与硫氰酸钾为原料，以 N，N- 二甲基苯胺为催化剂，经相转移催化反应，合成一缩二乙二醇二羰基双异硫氰酸酯中间体；该中间体再与乙胺发生加成反应，合成了一种未见报道的 3，3'- 二乙基 -1，1'- 一缩二乙二醇二羰基双硫脲（DEOECTU）。DEOECTU 与金属离子的作用结果表明，在实验条件下，DEOECTU 与 Zn^{2+}、Pb^{2+}、Fe^{3+} 或 Fe^{2+} 之间可能不存在化学作用，而与 Cu^{2+} 之间存在化学作用，其可通过分子中的 S 和 N 原子与 Cu^{2+} 作用而生成螯合环。吸附实验结果表明：DEOECTU 能以化学作用方式吸附在黄铜矿表面，其在黄铜矿表面的吸附量远远高于在黄铁矿、闪锌矿和方铅矿表面的吸附量。纯矿物浮选实验进一步表明，DEOECTU 对黄铜矿具有优良的捕收能力，而对黄铁矿、闪锌矿和方铅矿的捕收能力弱。

（6）载金黄铁矿新型有机捕收剂。

黄铁矿矿石是中国硫资源的主体，也是金等贵金属的主要载体矿物，金呈微细粒分散状赋存于黄铁矿、砷黄铁矿等矿物中，且载金矿物与脉石矿物嵌布粒度极小，为微细粒浸染型金矿石，给选别造成严重困难。有报道研究了新药剂 2- 甲基 -5- 已基黄药（ZJ-

6）与丁基黄药对比下的含金黄铁矿捕收性能。针对紫金山矿区的实际矿样，在 1 次粗选 +1 次扫选 +3 次精选浮选闭路试验流程，药剂用量完全相同的条件下，捕收剂采用新药剂 ZJ–6 与丁基黄药对比，可获得比丁基黄药的硫精矿产率高 0.34%，硫回收率高 3.35%，而且硫品位基本相当，对于紫金黄铁矿，新药剂具有比丁黄更好的浮选效果。对于回龙金矿，采用 1 次粗选 +3 次扫选 +3 次精矿闭路试验流程，在药剂用量相同的条件下，新药剂 ZJ–6 比丁基黄药的浮选效果更加明显，金的回收率高 7.12%，尾矿金品位降至 0.68 克 / 吨，远低于采用丁基黄药的尾渣品位 1.07 克 / 吨。新药剂的合成原理见如下反应：

$$(CH_3)_2CH-CH_2-CH_2-CH(CH_3)(OH) + CS_2 + NaOH \xrightarrow{30\ ℃} (CH_3)_2CH-CH_2-CH_2-CH(CH_3)-O-C(=S)-SNa + H_2O$$

（7）铜铅分离有机药剂的开发。

目前，铜铅硫化矿浮选分离方法主要有“抑铅浮铜”和“抑铜浮铅”两种。近年来，根据抑多浮少的浮选基本原则，许多研究者针对铜铅混合精矿进行了“抑铅浮铜”抑制剂的研究。但是，随着矿石的大量开采，使得复杂难处理的矿石量越来越多。因此，还需要进一步开展更深入、系统的试验研究，以满足未来发展的要求。有报道考察了在乙硫氮浮选体系中，2，3 – 二羟基丙基二硫代碳酸钠（SGX）对黄铜矿和方铅矿可浮性的影响。单矿物浮选试验结果表明，在整个 pH 值范围内，SGX 对黄铜矿的浮选有一定的促进作用，而对方铅矿有强的抑制作用；随着 SGX 质量浓度的增加，方铅矿的回收率迅速下降，而黄铜矿的回收率有小幅度的增加。人工混合矿浮选试验结果表明，当矿浆 pH 值为 6，SGX 质量浓度为 1.9g/L 时，可得到较好的分离效果，精矿中铜的质量分数和回收率分别为 29.66% 和 85.23%。

4.2 氧化矿及稀有稀土金属矿物加工药剂开发和实践

（1）磷矿有机捕收剂的开发。

我国磷矿资源以胶磷矿为主，分选难度大，加工成本高。因此，长期以来我国磷矿企业基本耗用富磷矿，我国大部分中低品位胶磷矿资源至今未得到高效开发利用。目前，随着资源形势的紧张，中低品位磷矿资源的开发与利用已受到国家高度关注与重视。有研究以贵州瓮福胶磷矿为研究对象，开发了胶磷矿常温正浮选药剂 EM–LP–01。采用新药剂进行了实际矿石选矿试验，在常温条件下采用正反浮选工艺，最终获得了 P_2O_5 品位 30.86%、回收率 89.57%，MgO 含量仅为 0.77% 的磷精矿；调整药剂用量和流程内部结构，还可获得 P_2O_5 品位 32.29%、回收率 84.22%、MgO 含量 0.64% 的优质磷精矿。新药剂制备方法：

将油酸、亚油酸及亚麻酸比例接近 3 : 2 : 1 的混合油脂肪酸皂化；再将 SDS 与 OP–10 按 1 : 1 混合制成组合增效剂；最后把混合油脂肪酸皂与组合增效剂按 100 : 20 复配获得 EM–LP–01 新型捕收剂。研究结果表明，EM–LP–01 溶解分散性好，选择捕收性强，能有效实现胶磷矿的常温浮选。

目前来说，常用的磷矿浮选捕收剂是长链脂肪酸及其盐类，但此类捕收剂对中低品位磷矿选择性不佳，常温下分散性和溶解性差。而羟肟基是一类配位活性较高的基团，其与矿物表面的金属离子配合可生成稳定螯合物而吸附在矿物表面。有报道以工业硬脂酸为原料，经简单路线合成了一种新型 α – 氯代长链烷基羟肟酸浮选捕收剂，进一步与脂肪酸钠复配得到一种复合捕收剂（HP–2），对湖北某中低品位（P_2O_5 品位 22%）难选磷矿进行浮选试验，获得了精矿 P_2O_5 品位 30.73%、回收率 91.27%、MgO 含量 0.67% 的良好浮选指标，并且闭路浮选工艺简单，浮选温度较低，这表明多功能团化尤其是羟肟化能明显改善捕收剂的选择性及浮选温度依赖性。HP–2 的具体合成条件为：称取工业硬脂酸置于干燥的三口烧瓶中，进行 α – 单氯代，得产物 α – 氯代硬脂酸，75℃下缓慢滴加二氯亚砜，充分反应 2h 后，滴加稍过量的甲醇，保温 75℃，微回流的状态下继续反应 1h，将所得产品水洗至中性，干燥，得产品 α – 氯代硬脂酸甲酯，再与羟胺在碱性条件下以甲醇为介质 28℃下进行肟化，反应完全后用稀硫酸进行酸化，抽滤得产品，并进一步与脂肪酸钠按一定比例复配而得。

（2）铝土矿反浮选有机药剂。

我国铝土矿资源丰富，但绝大部分属于低铝硅比的一水硬铝石型铝土矿，不宜直接采用拜耳法生产氧化铝，必须通过选矿方法预先脱硅，才能为拜耳法提供合格的高铝硅比精矿。酰胺基胺类捕收剂是胺类阳离子捕收剂的一种，占有比较重要的地位，酰胺基胺类化合物捕收矿石的能力比较强，同时合成酰胺基胺类化合物的条件比较温和，操作简便。有研究即主要以十二碳酸和尿素为原料，将其混合后置于反应器中，加热待混合物熔化后，启动电动搅拌装置，升温至 150 ~ 160℃，加热两小时，撤去空气冷凝管和吸收装置，继续搅拌升温至 180℃持续反应，结束后，趁热转移物料，即得到十二碳酰胺。以合成的十二碳酰胺作为捕收剂进行铝土矿的浮选试验研究，调节矿浆 pH 值为 5，合成产物用量为 160 克 / 吨，经过一次粗选，浮选精矿的铝硅即可达到 6.65，氧化铝的回收率达到 80.85%。通过浮选实践证明合成的十二碳酰胺具有良好的捕收性能，是一种铝土矿反浮选的有效药剂。

（3）铁矿石浮选药剂的开发。

醚胺类是一类重要的阳离子捕收剂，在国外铁矿石反浮选中占据重要的地位。国内用于铁矿石反浮选中的捕收剂主要是阴离子捕收剂，阴离子捕收剂存在药剂制度复杂、选择性和捕收能力难以进一步提高等不足，阳离子捕收剂则具有药剂制度简单、耐低温性能等优点，需求量逐年快速增长。有研究以十二醇和丙烯腈为原料，在碱性条件下高收率合成 3– 正十二烷氧基丙腈；然后采用氨水抑制剂，在雷尼镍催化剂作用下加氢合成 3– 正十二烷氧基丙胺，回收率可达91.48%。将3-正十二烷氧基丙胺经酸化处理，添加少量促进剂为阳离子捕收剂，应用于鞍山式铁矿石1粗1精3次扫选反浮选，与现场阴离子捕收剂进行对比试验，在精矿品位相近的情况下，尾矿降低3.24%以上，浮选作业回收率提高3.13%左右，可作为鞍山式铁矿石反浮选捕收剂，具有显著的经济效益和社会效益。

为适应钢铁工业节能减排的发展趋势，铁矿石的“提铁降硅”已经成为选矿界的重要研究课题。针对油酸选择性差和捕收能力弱的缺点，有研究以油酸为原料，在实验室条件下对油酸进行改性，以得到具有较强选择性和捕收能力的改性油酸。有文献报道改性油酸的制备：改性工艺用热水浴控温，温度控制在90℃左右，用200g高锰酸钾和150mL浓盐酸反应制得氯气。将氯气与空气以体积比1∶1混合，按0.1L/h通入50mL油酸中并不断搅拌，搅拌反应2小时后得到深棕色液体产品就是改性油酸。另一种改性油酸的制备过程是：改性工艺用冷水浴控温，温度控制在90℃左右，将20mL浓硫酸缓慢滴入50mL油酸中并不断搅拌，搅拌反应1小时后得到棕黑色液体产品可获得改性油酸。实验表明：对于石英单矿物，改性油酸对石英的捕收能力比油酸强。在氧化钙调浆pH=11的条件下，淀粉用量为500克/吨，油酸对石英的回收率为84.62%，两种方法制备的改性油酸对石英的回收率为89.22%和93.47%；对于汶上铁精矿，CaO调浆pH=11为最佳的介质条件，在此条件下改性油酸较普通油酸也体现了较好的捕收效果，这说明适当地对油酸进行改性有利于优化浮选效果。

（4）萤石及与钾长石的分离浮选药剂的开发。

萤石工业用氟的主要来源，油酸是最常用的萤石浮选捕收剂，水玻璃是主要的抑制剂。油酸来源广泛、捕收能力强，但也存在选择性差、低温弥散性不好（凝固点为13.2℃）等缺点。因此，通常采用对矿浆进行加温的方法来改善油酸在矿浆中的分散状况。但加温浮选不仅增加能耗，增加生产成本，而且给生产操作和管理带来不利影响。为此，人们对油酸进行了很多改性处理，如油酸进行卤代、磺酸化、硫酸化和醚化等改性。改性后的油酸效果明显，但也存在放久分层和容易分解等缺点，导致使用效果时好时坏，难以稳定。针对现有捕收剂的不足，开发利用新型、高效和低凝固点的药剂成为萤石矿选矿技术发展的热点之一。有研究以正丁醛为原料，采用氢氧化钠和季铵盐作催化剂，通过羟醛缩合反应、迈克尔加成反应和鲁宾逊环合反应一步合成1,3,5-三乙基-6-正丙基-2-羟基-3-环己烯甲醛中间体，然后采用亚氯酸钠-双氧水体系选择性氧化该中间体生成一种类似于环烷酸的新型羧酸1，3，5-三乙基-6-正丙基-2-羟基-3-环己烯甲酸（HPTECHFA）。用HPTECHFA浮选萤石纯矿物，在矿浆pH为10、HPTECHFA用量为100mg/L的条件下，萤石的回收率达90.60%。用HPTECHFA对坑口萤石实际矿石进行一次粗选浮选实验。结果表明，在30℃时，萤石粗精矿的品位和回收率分别达到82.71%和97.98%，与使用捕收剂油酸相比，CaF2的品位提高2.23%，回收率提高1.86%；在10℃时，萤石粗精矿回收率达到89.88%，与使用捕收剂油酸相比，CaF2的回收率提高16.09%。实际矿物浮选实验结果表明，HPTECHFA 特别适合低温下萤石矿的浮选。

钾长石、石英在物理性质、晶体结构等方面相似，浮选成为它们分离的主要方法，但常规捕收剂存在选择性不好、不耐低温、不耐硬水以及药剂用量大的问题。且一些浮选条件为强酸和强碱环境，对设备具有严重腐蚀和对生产造成安全隐患。因此有报道利用十二胺、辛胺与甲基丙烯酸甲酯合成 N– 十二烷基 – β – 氨基甲基丙酸甲酯进行浮选实验，结果表明，在 pH 为 5.0 ~ 6.0 的弱酸性范围内，N– 十二烷基 – β – 氨基甲基丙酸甲酯用量为 180mg/L 的条件下，石英的浮选回收率可达到 100%，用量为 35.7mg/L 时，石英比钾长石的回收率高出近 50% 以上，是钾长石、石英浮选分离的新型有效捕收剂。

（5）钛铁矿新型捕收剂的合成。

中国的钛资源约占世界钛资源储量的 48%，居世界首位，攀西地区钛铁矿的巨大储量使其在国内甚至世界钛资源中占有举足轻重的地位，由于攀西钛铁矿山开采的日益深入，矿山性质的变化以及选矿厂采用细末措施等因素，使得大量的钛铁矿遗弃在尾矿中，造成宝贵钛资源的浪费，当前使用的捕收剂存在着成本较高、用量较大、回收率有待提高等问题，故有研究在实验室合成了分子中含有磺酸基和羧基等极性基团的新型捕收剂 LN1、LN2 和 LN3。具体合成流程如图 8 所示：将脂肪酸、醇胺有机物、酸酐和磺化试剂依次加入反应容器，并加入适量的催化剂，经过酰胺化、酯化和磺化等工艺合成。

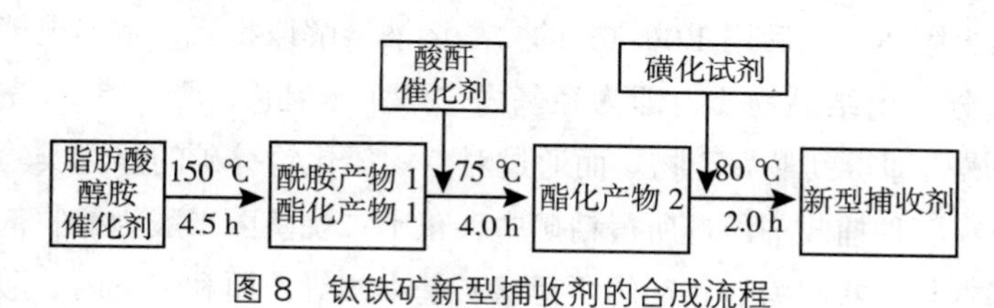

图 8　钛铁矿新型捕收剂的合成流程

实验结果表明，当三种捕收剂用量大于 60mg / L 时，在较广泛的 pH 范围内对钛铁矿的回收率均超过 80%，对钛辉石的回收率只有 20% 左右；对于品位为 20.54% 的人工混合矿，在不添加任何抑制剂的条件下一次粗选精矿品位为 40%。通过红外光谱分析和动电位测试手段研究了新型捕收剂在钛铁矿和钛辉石表面的作用机理。捕收剂在钛铁矿表面既有物理吸附也有化学吸附，以化学吸附为主；而捕收剂在钛辉石表面的吸附较弱，从而可以实现钛铁矿和钛辉石的有效分离。

（6）白钨矿和方解石的常温浮选分离。

由于含钙矿物白钨矿（$CaWO_4$）、方解石（$CaCO_3$）具有相似的表面结构和溶解性能，白钨矿的浮选分离一直缺乏有效的高选择性的捕收剂。目前，白钨矿的浮选工艺通常采用以油酸、氧化石蜡皂等为捕收剂，碳酸钠、水玻璃为调整剂，首先进行粗选，然后用彼得洛夫法进行精选。但这一工艺能耗高，污染大。因此，开发高选择性的捕收剂，实现白钨矿的常温浮选是目前选矿研究的一个重要课题。因此有报道以二辛基二甲基溴化铵

（DDAB）作捕收剂，研究白钨矿、方解石单矿物的浮选行为和其人工混合矿的浮选分离以及柿竹园白钨矿的常温精选。结果表明，在单矿物和人工混合矿的浮选中，DDAB 在对白钨矿的捕收能力和选择性上均显著优于油酸，其最佳的浮选 pH 值范围为 8 ~ 10；在对柿竹园白钨矿的常温精选中，DDAB 取得了开路最终浮选精矿 WO3 品位 51.63%，回收率 43.83% 的良好指标。这些都证明 DDAB 是一种新型高效的白钨矿常温精选捕收剂。

（7）氧化铅锌矿的浮选分离。

目前，在氧化铅锌矿的浮选大多采用硫化浮选工艺中存在着捕收剂选择性不好、选别指标低、药剂品种复杂、药耗大、成本高等问题。螯合捕收剂由于具有很高的选择性，因此可以高选择性地浮选含有某些金属离子的矿物。烃基丙二酸具有很好的螯合结构，也具有一定的捕收性能，但烃基丙二酸的合成通常采用碱性极强的醇钠，严格要求无水条件，危险性极大，而限制了该类物质的大规模工业合成，有报道采用了固 – 液相转移催化方法，研究烃基丙二酸的合成及其对氧化铅锌矿的浮选性能。在干燥的 250mL 三口烧瓶中加入 0.50mol 的卤代烃（氯化苄、溴十二烷和溴辛烷）、0.7mol 丙二酸二乙酯，0.60mol 无水 K_2CO_3，0.016mol 相转移催化剂（聚乙二醇 –400）。油浴加热回流反应 2 小时后，过滤分离出无水 K_2CO_3，减压蒸馏出未反应的丙二酸二乙酯，剩余物即为烃基丙二酸二乙酯。然后将该物质与 20mL 40% NaOH 溶液在烧杯中常温搅拌，有大量白色物质析出为烃基丙二酸钠盐，分离出固体。然后用 1.0mol/L 的盐酸溶液溶解该物质，常温搅拌，很快有白色结晶物质析出，分离出结晶物质，即为烃基丙二酸（苄基丙二酸、十二烷基丙二酸和辛基丙二酸），干燥后即得到最后产物。而通过对兰坪氧化铅锌矿的浮选实验得出，通过与十八胺的对比，在四种捕收剂浮选所得精矿中，正十二烷基丙二酸为捕收剂所得精矿中铅和锌的回收率基本与十八胺为捕收剂的所得精矿基本相等，而和辛基丙二酸和苄基丙二酸为捕收剂所得精矿中，铅和锌的回收率都高于十八胺所得精矿，其中以苄基丙二酸为捕收剂所得指标最高，铅回收率为 27.04%，锌回收率为 19.40%，有一定的应用前景。

（8）膦酸类药剂的研究。

磷酸类药剂是氧化矿物的优良捕收剂，它可使金属资源的利用更加充分，矿物的加工成本有所降低。由于其属于低毒或无毒化工产品，故有利于对生态环境的保护。尽管与其他种类的氧化矿物捕收剂对比，膦酸类药剂具有显著的优势，但是由于这类药剂合成工艺复杂，产品的产率较低，成本一直居高不下，在市场上难以被接受，因此在国内尚没有厂家推出稳定的批量产品。有研究开发了全新的合成工艺，在最经济的条件下，用最短的流程制备出了膦酸类药剂系列产品（含有 8 碳烃基的烃基单膦酸、含有 7 碳烃基的烃基双膦酸和含有 14 ~ 20 碳的有机膦酸酯）。其中烃基单膦酸的具体制备过程为：先将一氟二氯乙烷（为进一步增加溶剂的化学稳定性，还加入了含氯稳定剂，加入这种稳定剂的溶剂可无限次循环使用）200mL 加入装有搅拌器和温度计并浸在温水（油）浴中的四口烧瓶，然后将定量的五氯化磷一次性加入，开动搅拌，缓慢滴加烯烃 50g，随着烯烃的加入，有副产物 HCl 生成，用水将其吸收以盐酸形式回收。反应充分完成后，加水进行水解，水解反应也产生 HCl，其吸收操作与合成工序相同。水解完成后转移到分离装置脱除溶剂，溶剂返回到合成工序，粗制产品转移到精制工序，通过重结晶得到精制产品。精制后的烃基膦酸含水率较高，应干燥到适当指标方为合格。为保证产品质量，干燥操作在真空条件下进行。由于干燥工序和合成工序排出的水均返回到水解工序重复利用，干燥合格的产品即可包装。制得的有机膦酸产品为白色片状结晶。采用该烃基膦酸在四川某选钛厂开展的钛铁矿选矿小型试验表明，经一次粗选，TiO_2 品位就可达到 38.8%，回收率达到 90.42%；经一次粗选、两次精选的开路流程，TiO_2 品位可达到 46.29%，回收率达到 80.25%，指标远高于原用捕收剂。用该膦酸在广西某选矿厂开展选锡的小型试验，对重选和脱硫后的锡细泥再经一次粗选、一次精选、一次扫选，精选和扫选精矿合并，精矿品位达到 3.38%，回收率达到 51.38%，而原用捕收剂的选别指标为：精矿品位 1.45%，回收率 21.01%。用有机磷酸苯甲羟肟酸、油酸和有机磷酸作捕收剂对某含金红石矿样进行了浮选对比试验，也证明了使用有机磷酸作为捕收剂可获得更为优异的选别指标。

4.3 絮凝剂、助滤剂、助磨剂、水处理剂等其他药剂开发与实践

（1）JCSS 絮凝剂。

选铅锌选矿废水中含有大量的重金属离子和选矿药剂等有毒有害成分，若排入水环境易造成水体污染，因此选矿废水的循环利用关系到铅锌矿山的持续发展。福建金东矿业股份有限公司梅仙选矿厂所处理矿石为硫化铅锌矿石。由于选矿厂地处闽江源头，其废水须加以回用而不宜外排。但这些废水中含有黄药、Cu^{2+}、Pb^{2+} 等，必须经过处理才能回用，否则对浮选指标尤其是铅精矿质量影响较大。梅仙选矿厂从 2008 年开始采用尾矿库内曝晒自然降解 - 絮凝沉降 - 碳吸附工艺（以下简称 PAM 工艺）将废水净化后回用，但在生产过程中发现该工艺存在循环周期长、处理成本高等诸多缺点。有研究用聚丙烯酰胺（PAM）、硫酸铝和 JCSS（主要由珊瑚、贝壳、海藻化石、大理石、石膏、煤灰、碳水化合物等经高温加工后形成的超细粉末）三种絮凝剂对选矿废水进行了沉降试验，结果表明 JCSS 絮凝沉降效果较好。将 PAM 和 JCSS 处理过的废水与清水进行铅锌浮选对比试验，得出 JCSS 絮凝剂处理的回水浮选指标与清水相当。工业试验统计结果表明，改造前，采用 PAM 处理废水综合成本为 1.95 元 / 吨，而采用 JCSS 絮凝剂处理工艺废水的综合处理成本为 0.47 元 / 吨，节约成本约 1.48 元 / 吨，具有良好的经济效益和社会效益。

（2）壳聚糖。

壳聚糖作为一种天然高分子聚合物，应用于废水处理中，不仅具有投加量少、沉降速度快、去除效率高、污泥易处理等优点，而且经过壳聚糖类絮凝剂处理后的废水无二次污染。但是由于壳聚糖分子量小、架桥能力差、成本较高的缺点，使其应用受到限制。有研究将壳聚糖与丙烯酰胺进行接枝共聚，不但增大了壳聚糖的分子量和架桥能力，而且可以

在一定程度上节约壳聚糖类絮凝剂的生产成本。实验表明，选取的反应原料的质量比为：壳聚糖：丙烯酰胺 =1：8 时，反应温度为 110℃时，壳聚糖与丙烯酰胺可以进行接枝共聚反应，且接枝共聚物产品的接枝率较高；而且随着二者接枝率的增高，产品的特性黏数越大，在处理废水中澄清沉淀效果也越好。

（3）助滤剂的开发利用。

拜耳法生产氧化铝新技术于 2003 年在中国铝业中州分公司成功地实现产业化。铝土矿正浮选后的精矿过滤设备最初为陶瓷过滤机，但由于陶瓷过滤机产能低、运转率不高，逐步被大型立盘所代替。近年来，随着铝土矿品位的下降，精矿黏度较大、粒度极细的硅矿物含量逐步上升，立盘过滤变得困难。由于立盘过滤能力不足，实际生产中一部分未经过过滤的精矿浆被迫直接进行矿浆调配，造成消耗增加、指标恶化。石灰本身是一种凝结剂，能使矿浆中微细颗粒凝结。这是由于 Ca^{2+} 被吸附在微细矿泥表面，中和矿泥表面的负电荷而引起彼此之间的聚沉。由于铝土矿正浮选精矿粒度偏细且带负电，而石灰又是后续拜耳法生产所需要的原料，因此有研究考虑用石灰作为助滤剂。工业应用是用化灰机化制成固含为 300g/L 的石灰乳，然后用离心泵将水化石灰乳添加到精矿立盘的进料槽里，精矿底流量 $250m^3/h$，石灰乳加入量为 40 ~ $80m^3/h$，结果表明铝土矿正浮选精矿在过滤时添加石灰乳可以达到很好的助滤效果，滤饼厚度由之前的 6mm 最大提高到 15mm，有效地解决了由于铝土矿品位的下降，铝土矿正浮选精矿过滤困难，过滤设备产能低下的难题。

5. 矿物加工设备

伴随着矿产资源的快速开发，近年来破碎、磨矿、浮选、磁选等向着大型化、高效化、自动化不断发展，提高了选矿厂装备技术水平，促进了矿山规模化、高效化、资源化、绿色化开发。

5.1 碎磨分级筛分设备

碎磨及筛分设备以大型化、高效化为显著特征，大幅度提高了碎磨系统的生产能力，主要特点体现在以下 5 个方面。

5.1.1 碎磨装备大型化

旋回破碎机大型化，Metso 公司 Superior MK–II“超级横梁”旋回破碎机最新改进型号 60 ~ 110E 的装机功率为 1200kW，生产能力达到 5535 ~ 8890 吨 / 时。圆锥破碎机大型化，Sandvik 公司 CH890 单缸液压圆锥破碎机，装机功率 750kW，最大处理能力可达到 2595 吨 / 时。自磨（半自磨）机大型化，Metso 公司 $\Phi12.8m \times 7.6m$ 的短筒型半自磨机，装机功率 28MW，生产能力 100000 吨 / 天。球磨机大型化，中信重工 $\Phi7.93m \times 13.6m$ 球磨机安装功率 $2 \times 7.8MW$，转速 11.5r/min，用于澳大利亚 Sino 铁矿；中国黄金集团乌山二期项目中也安装了该规格的球磨机，单机总功率为 2×8.5MW。

5.1.2　料层粉碎原理不断获得实践和应用

高压辊磨机的粉碎机理为“料层粉碎”，主要用于细碎。料层粉碎时，全部颗粒都受力并产生粉碎，而不仅仅是同辊面直接接触的较粗颗粒受力，能量利用率高。德国 KruppPolysius 公司 Φ2400mm×1650mm 高压辊磨机，装机功率 2×2500kW，对高硬度矿石的磨碎效果尤为突出，生产能力达到 2900 吨 / 时。

立式辊磨机近年来不断向金属矿、非金属矿等领域发展，国内 LGMS5725 立式辊磨机，磨盘直径为 5.7m，转速 22r/min，主电机功率为 5000kW，成套设备总重达 950 吨，处理水泥、矿渣等物料的能力 150 ~ 170 吨 / 时。

5.1.3　细磨和超细磨成为研究热点

随着矿物细磨和超细磨要求的不断提高，搅拌磨机的应用越来越广泛，主要有 Isa 磨机、立式螺旋搅拌磨机等。Isa 磨机是一种卧式搅拌磨机，由澳大利亚 Mount Isa 矿山和德国耐弛公司在 20 世纪 90 年代左右合作开发，最大规格为 50000L 的 Isa 磨机装机功率 8MW。Metso 生产的 VTM-4500 立式螺旋搅拌磨机，装机功率 4500。北京矿冶研究总院研制了 KLM 型立式螺旋搅拌磨机，最大设备规格为 1250kW。

5.1.4　重视筛分设备运动轨迹的研究，派生出多种筛分设备

筛分机向标准化、通用化、系列化发展，并不断大型化。在筛分理论研究方面，更加重视筛面运动轨迹的研究，向理想运动轨迹发展。目前处于世界领先水平的香蕉筛制造企业主要有德国申克（SCHENCK）公司、德国 KHD 公司、美国康威德（Conn-Weld）公司等。SCHENCK 公司制造的宽度为 4m、长度 8.5m、面积为 34 ㎡的焦炭筛分机，处理能力达 800m^3/h。

5.1.5　超细分级逐渐成为水力分级设备的研究热点

根据分级介质不同，超细分级机可分为两大类：一是以空气为介质的干法分级机，主要是转子（涡轮）式气流分级机，如 MS 型微细分级机、MSS 型超细分级机等；二是以水为介质的湿法分级机，湿式分级机主要有两种类型，一种是基于重力沉降原理的水力分级机，另一种是基于离心力沉降原理的旋流式分级机，这类分级机包括沉降离心机，如卧式螺旋离心分离（级）机、小直径水力旋流器、LS 离旋器等，分级粒径可达到 1 ~ 5μm。

德国 ALPINE 公司研制涡轮式超细分级机，适用于非金属超细粉体的分级，分级粒度范围为 5 ~ 50μm，处理量可达 7000kg/h。日本 Okuda 和 Yasukuni 应用射流技术的附壁效应研制成功的一种新型射流式分级器，分级精度高、重现性好、流场稳定、分级粒度可调、结构简单、易维修。

5.2　分选设备

5.2.1　浮选设备研究进展

浮选设备发展以大型化和高效化为显著特征，带动了整体选矿技术水平的提高，主要

体现在以下 5 个方面。

5.2.1.1　浮选设备大型化方法不断丰富

浮选机放大方法总的出发点以相似放大准则为基础。浮选机设计时，不可能所有方法准则都同时适用，不同类型的浮选机需选择不同的放大准则（如表 13）。

（1）Outotec 公司大型浮选机以 Tankcell 机型为代表。运用的放大参数包括：转子 / 定子结构、槽体几何形状、矿粒悬浮能力和泡沫特性。Tankcell 在按比例放大过程中根据弗劳德数相等及泵的条件相似得出了系列浮选机的比例放大方程组：

1）叶轮直径与槽宽比：$\frac{D'}{D}=\left(\frac{L'}{L}\right)^{\frac{2}{3}}$

2）泵浆量比：$\frac{Q'}{Q}=\left(\frac{L'}{L}\right)^{\frac{5}{3}}=\left(\frac{D'}{D}\right)^{\frac{5}{2}}$

3）功率比：$\frac{P'}{P}=\left(\frac{L'}{L}\right)^{\frac{7}{3}}=\left(\frac{D'}{D}\right)^{\frac{7}{2}}$

其中：D、Q、P 和 L 为浮选机的叶轮直径、矿浆流量、功率和槽宽。

（2）Wemco 浮选机利用流体动力学参数进行按比例放大，这些参数包括单位泡沫表面的气体流速、气体和矿浆在分散器区域中的停留时间、浮选槽矿浆的循环强度、矿浆在竖管中的速度和气体流量数。Wemco 建立了基于 Particle–Droplet Image Analysis（PDIA）的试验系统，开展三相体系下的多项研究，量化浮选机内部能量耗散分布（W/kg）、气泡直径分布、表观充气速率分布，同时尝试开展碰撞黏附过程的仿真研究。

（3）北京矿冶研究总院利用计算流体动力学技术，对 KYF 浮选机的三相流态进行仿真研究，加快了 KYF 浮选机大型化进程。2007 年沈政昌教授公布了 KYF 充气搅拌式浮选机的放大方法，主要放大规律为：

1）槽体放大，以槽体截面积与叶轮直径的比值$\frac{S}{D}$为放大因子，其放大规则为$\frac{S}{D}=a_1V^{b1}$。

2）叶轮放大，包括叶轮形状放大和叶轮搅拌雷诺数放大。

叶轮形状放大的放大因子为叶轮直径，放大规则为：$D=a_2V^{b2}$；

以悬浮准数为放大因子，其放大规则为：$J=a_3V^{b3}$。

3）槽内流体动力学相似，以 S/D 倍的叶轮线速度为放大因子，其放大规则为：$\frac{S}{D}v=a_4V^{b4}$。

表 13　最大容积浮选设备统计表

浮选设备品牌	最大容积浮选机	充气方式	研发时间	所在国家
KYF 浮选机	$600m^3$	外加充气	2013 年	中国
JJF 浮选机	$300m^3$	自吸空气	2012 年	中国

续表

浮选设备品牌	最大容积浮选机	充气方式	研发时间	所在国家
TankCell 浮选机	630m^3	外加充气	2014 年	芬兰
Wemco 浮选机	660m^3	自吸空气	2014 年	美国
Dorr-Oliver 浮选机	660m^3	外加充气	2014 年	美国
XCELL 浮选机	350m^3	外加充气	2009 年	美国

北京矿冶研究总院建立了浮选机 3D-PIV 试验平台，利用 CFD 技术对浮选机内的气液两相流态进行分析，成功研制了 KYF-320 浮选机，并基于 CFD 技术，对 600m^3 浮选机分别进行了单相（水）、气液两相、气液固三相流体流动状态数值模拟，并开发设计了单槽容积 600m^3 的 KYF-600 超大型浮选机。

5.2.1.2　浮选机大型化和高效化步伐越来越快

随着浮选设备大型化方法的不断丰富、新检测技术和计算流体力学仿真技术的大量应用，浮选设备大型化和高效化的步伐越来越快。2012—2014 年的三年时间，浮选机大型化单槽容积又翻了一倍。

5.2.1.3　粗或大颗粒浮选技术与设备多元化进展

粗颗粒浮选技术的发展不仅表现为常规浮选流程用机械搅拌式粗颗粒浮选机和闪速浮选机的大型化，而且流态化大颗粒浮选技术在半自磨回路开始尝试应用，实现预先抛尾。代表性的设备主要有闪速浮选机、粗颗粒浮选机、流态化分选柱等。其中闪速浮选机的代表性设备有北京矿冶研究总院的 YX 闪速浮选机、Outotec 公司的 SkimAir 闪速浮选机、俄罗斯 RIVS 闪速浮选机等。粗颗粒浮选机以北京矿冶研究总院开发的 CLF/CGF 浮选机为代表。流态化浮选柱代表性的设备有 NovaCell 浮选柱等。

5.2.1.4　浮选柱技术多样化

浮选柱技术向更加多样化和精细化推进，应用范围更加广泛，同时浮选柱全（短）流程技术也开始应用和推广。此外，从精选作业向粗选与扫选作业推进，从细颗粒矿物到粗颗粒上推进都是浮选柱不断推进应用的主要特点。具有代表性的浮选柱有美国 Erize 公司 CPT 浮选柱、中国矿业大学 FCSMC 浮选柱、北京矿冶研究总院 KYZB 和 KYZE 型浮选柱、Jamson 浮选柱等。Eriez 公司成功开发了直径 6m、高 14m、容积 400m^3 的世界上最大浮选柱，在 Salobo Metais 铜矿安装应用。

5.2.1.5　设备过程控制与检测技术不断提高

浮选设备的大型化需要高可靠性的自动化技术支撑。因此各个大型浮选设备的供应商在研究浮选设备大型化的同时，也致力于过程自动控制技术研究。

Outotec 公司开发 Tankcell 配套自动控制技术走在世界前列。已经推出第二代 Froth-Master2^{TM} 泡沫图像分析仪，并结合 EXACT 液位控制系统和 FrothCon 模块化控制技术以及

Courier™ 系列分析仪完成浮选过程的优化控制。

北京矿冶研究总院 BFLS 系列浮选过程控制系统可以实现浮选液位、气量和冲洗水量等参数的自动控制，开发的 BFIPS- Ⅱ型泡沫图像分析仪硬件主要由相机子系统、照明子系统、机械架构、网络传输以及图像工作站等部分组成，用以指导、优化浮选作业生产。

5.2.2 磁选设备研究进展

近年来，迫于节能降耗及降本增效的压力，磁选设备发展以强化预选、大型化和高效化为显著特征，从而带动整体选矿技术水平的提高，主要体现在以下 4 个方面。

5.2.2.1 设备大型化

伴随着铁矿山大规模的开发利用，磁选设备的大型化不断发展：①大块干式磁选设备的大型化：北京矿冶研究总院于 2013 年研制出 Φ1500mm × 3200mm 超大型干式磁滚筒，皮带宽度达 3m；中钢天源科技股份有限公司研制了 CTDG 型大块矿石干式磁选机，规格为 Φ1600mm × 2400mm，分选粒度可达 500mm；②湿式永磁筒式磁选机的大型化：2013 年山东华特磁电科技股份公司研制 Φ1800mm × 5000mm 超大型永磁筒式磁选机，并应用于首钢塔东矿业公司处理低贫磁铁矿，在磨前湿式预选工艺段其处理量达 350 ~ 450 吨 / 时。我国的大型永磁筒式磁选机技术和应用达到了国际先进水平。

5.2.2.2 磁选设备精细化

磁选设备的多样化发展是近年来的突出特点，比较典型的包括：①细粒干式精选机：该设备针对西部缺水地区对干法精选的技术需求，采用空气介质替代水介质，以下部给矿的方式，通入压缩空气使细粒在悬浮状态下，利用不同矿物间的磁性差异进行选别；②立盘式尾矿回收磁选机：该设备主要用于浓度低、磁性物含量少的尾矿中磁性物的回收，近年来通过结构改进和优化，卸料效率提高，易损件更换周期增长；③磨机排矿端弧形除铁器：用于除去磨矿回路中的碎钢球等大块有害铁件，确保了 SABC（半自磨 + 球磨 + 破碎）破磨工艺流程的稳定。

5.2.2.3 电磁设备永磁化

北京矿冶研究总院和长沙矿冶研究院研发了新型挤压磁系结构的永磁筒式强磁选机，实现 50mm 粒度弱磁性铁矿石的预选，单机处理能力在 50 吨 / 时以上，主要用于粗粒弱磁性矿石的预选。北京矿冶研究总院研制出了一种新型垂直磁场的永磁立环强磁选机，背景磁场强度可达 0.8T，已研制出 Φ1.5m、Φ2m 等规格。长沙矿冶研究院研制了一种双箱往复式永磁高梯度磁选机，该设备为湿法分选，背景磁场可达 0.8T 以上，感应介质多采用网介质和钢毛，主要用于微细粒非金属矿的除铁提纯。

5.2.2.4 与其他分选方法联合实现难选矿物的分离

①复合力场分选设备：针对细粒铁精矿分选过程中采用筒式磁选机分选精度不高的问题，北京矿冶研究总院研制了一种磁力旋流分选机，构成磁力、离心力、上升水流力、重

力等力的复合力场，脱除精矿中夹杂的脉石矿物和贫连生体；采用该设备对首钢大石河选厂细筛筛下产物进行精选半工业试验，所获指标与现场所用精选机的生产指标相比，精矿品位提高幅度达到1.2%，回收率提高2%左右。②柱式磁选设备：近年研制的新设备如磁选柱、旋转螺旋磁场磁选机、电磁螺旋柱、低磁场自重介跳汰机等，共同的特点都是利用磁力、重力和上升水的冲力进行分选。

5.2.3 重选设备研究进展

重选是借助有用矿物和脉石之间密度差异实现分选的一种古老的选矿方法。近年发展的重点主要有以下两个方面。

5.2.3.1 以重介质旋流器为主的设备大型化

重介质是指密度大于1g/cm^{3}的介质，介质包括重液和重悬浮液两种流体，实际工业应用的重介质都是重悬浮液。近年来发展迅速的重介质选矿设备有：①重介质旋流器：该设备在洗煤厂得到广泛应用。唐山国华公司设计的目前国内最大的3GDMC1400/1000A无压给料三产品重介质旋流器，入料粒度小于100mm，工作压力0.21 ~ 0.38MPa，处理量450 ~ 550吨/时；②重介质分选机：该设备工作原理是利用阿基米德浮力定律，分选粒度50 ~ 300mm，入料口宽度3500mm，刮板链速度0.7m/s，电动机型号Y200L1-6/18.5kW，转速60rpm，处理能力350吨/时；③重介质流化床分选机：2013年中国矿业大学与唐山市神州机械有限公司在神华新疆能源有限责任公司建成了世界上首座模块式空气重介质流化床干法选煤厂。设备布局紧凑、工艺流程简单，大幅降低了基建投资。

5.2.3.2 离心设备优化研究与推广应用

离心选矿是利用离心力场强化重选的一种方法，而离心选矿机是实施离心选矿的最主要手段。近年来，选矿工程师在离心选矿机的研究与应用领域做了大量工作。主要的设备形式有Falcon离心选矿机、Knelson离心选矿机、Kelsey离心跳汰机、射流离心选矿机、Slon离心选矿机。

5.3 浓缩过滤干燥

尾矿膏体排放、膏体充填等技术的快速发展，促进了高效浓密脱水技术和设备的研究开发和应用，主要体现在浓密机、压滤机的大型化和高效化。

5.3.1 浓密机的大型化

近年来国外公司不断地推出大型高效浓密机和膏体浓密机，2014年Outotec研制、设计出世界上最大的Φ45m膏体浓密机用于智利某铜矿（100千吨/天）的尾矿浓密，底流浓度65% ~ 75%，设计扭矩14.5×10^{6}Nm。乌努格土山铜钼矿尾矿浓缩一期工程采用FLsmidth Dorr-Oliver Eimco公司联合设计的Φ40m深锥膏体浓密机，处理矿浆量2035m^3/h，进料矿浆浓度25%，获得底流浓度65%左右和89000m^3/d回水。长沙矿冶研究院研制出了HRC-60（Φ60 m）型高压浓密机用于歪头山铁矿马耳岭选矿车间尾矿浓密。

5.3.2 压滤机的大型化

近年来压滤机技术在单块滤板过滤面积、隔膜压榨压力和设备大型化方面取得了长足的进展。北京矿冶研究总院 2014 年研制的 BPF-60 自动压滤机，压滤机过滤面积 60m^2，在某铜钼矿进行工业试验，处理量 350 吨 / 天，水分小于 9%。Outotec Larox 研发的世界上最大的立式压滤机 PF180 在芬兰拉普拉塔工厂问世，单块滤板面积达 9m^2，最多可装配 28 块滤腔厚度为 60mm 滤板，最大过滤面积可达 252m^2。Outotec Larox 开发的卧式 FFP3512 型快开隔膜压滤机，最大过滤面积达 991m^2。

5.4 其他

5.4.1 电选设备

电选技术是根据矿物导电率的不同在高压电场中实现分离的方法，已在海滨砂、磷酸盐、锡矿、钨矿、金刚石、金红石、煤炭等多种矿物分选中获得应用。目前的鼓筒式电选机处理量可达 35 ~ 50 吨 / 时，国内方面应用较多的是长沙矿冶研究院研制的 YD 系列高压电选机。

5.4.2 光电拣选设备

拣选技术是根据物料中不同颗粒之间易被检测的物理特性（光性、放射性、磁性、电性等）的差异，在对颗粒逐一检测和鉴别后，通过一定外力分拣欲拣颗粒或剔除废弃颗粒的一种分选方法。目前利用可见光、X 射线、γ 射线等的机械拣选设备有了较快的发展，受到各国的重视，在矿产资源开发领域，拣选技术应用主要是大块矿石的预选。

目前，研发拣选设备的主要是国外公司，俄罗斯 RADOS 公司生产的 PPC 型拣选机最大分选矿石粒度达到 300mm；奥地利 BT-GROUP 生产的 XRF 拣选机可用于分选铜矿、铅矿、锌矿及铁矿等，分选粒度范围 2 ~ 300mm，分选带宽 600 ~ 2000mm；德国 Commodas 公司生产的 XRT 拣选机给矿方式为振动给料自由下落式，分选粒度范围 5 ~ 300mm，给料宽度 1200 ~ 2400mm，最大处理量 400 吨 / 时；德国 STEINERT 公司研制的 XSS 系列 XRT 拣选机已在金属回收、煤矿以及钨矿等行业得到应用，给料方式为皮带式，最大分选宽度 2000mm，分选最大粒度为 200mm，最大处理量 150 吨 / 时。

5.4.3 搅拌槽

矿浆调浆搅拌槽主要由槽体、主轴部件、循环筒、叶轮等部件组成。2011 年北京矿冶研究总院开发了 BK8080 矿浆调浆搅拌槽，直径和高均为 8m，装机功率为 132kW，是目前国内应用最大的调浆搅拌槽。

6. 智能工厂

近年来，矿物加工自动化的发展迅速，从传统的单体设备控制、常规控制逐步向全流程、智能化方向发展，矿物加工工厂也从传统工厂向新型自动化、智能化工厂转变。

6.1 检测与控制

选矿生产过程中破碎、磨矿、浮选、浓缩和脱水等工序为实现流程平衡、过程稳定和保障产品质量所需要的流量、物位、压力、浓度、粒度、品位、水分等关键工艺参数的自动检测分析和控制技术。

6.1.1 浓度检测与控制

对矿浆中的固体矿粒含量进行检测，矿浆浓度在整个选矿工艺中有着极为重要的作用，它直接影响到选矿工艺的各项技术经济指标。常见的浓度检测仪器有射线浓度计、超声波浓度计、差压法浓度计等。

射线浓度计采用放射性同位素放射源做成的元件，作为基准的射线源，一般是采用 γ 射线源，用专用的接收器进行检测。超声波（矿浆）浓度计是利用超声波在一定条件下的衰减量和悬浮液浓度成比例这一原理推算出被测悬浮液的浓度。矿物加工过程较为重要的浓度控制包括旋流器给矿、分级溢流、浓密机底流等浓度控制。旋流器给矿浓度主要由磨机的排矿浓度决定，可以通过旋流器给矿泵池的补加水在一定范围内进行调节；磨矿分级溢流浓度通过旋流器给矿压力、浓度等进行调节；浓密机底流浓度利用浓密机底流泵转速来进行调节与控制，避免压耙、跑浑等现象。常用控制方法包括 PID、专家系统等。

6.1.2 矿石粒度检测

利用图像分割技术实现皮带运输机上的矿石粒度（块度）测量，测量对象包括粗碎、细碎的给矿矿石和破碎后矿石、自磨 / 半自磨机给矿矿石以及皮带上的钢球、球磨机给矿等，以此为指导进行碎磨控制，能够提高碎矿和磨矿的生产效率和处理量。

美国 SPLITENGEINEERING 公司开发的 Split–Online Rock® Fragmentation Analysis system，KSX 公司研发的 PlantVision 系统已在国外矿山用于生产实践。国内在这方面的研究起步较晚，尚处于工业试验研究阶段。

6.1.3 矿浆粒度检测与控制

粒度的在线检测对磨矿过程的优化控制、提高精矿品位和金属回收率具有重要意义。国内外相关公司和科研机构已经研发出采用超声波衰减、直接测径、激光衍射等多种测量原理的稳定的检测方案和产品。

采用超声波衰减原理的包括德国 SYMPATEC GmbH 生产的在线超声波衰减粒度仪 OPUS（on–line particle size analysis by ultrasonic spectroscopy），美国热电公司的 PSM–400 型粒度仪，国产设备包括东方测控公司研发的 DF–PSM 在线超声波粒度分析仪等，这些产品在国内的矿山企业都有应用案例。

直接测径式粒度仪不需要除气装置，不受矿浆磁效应和矿浆中杂质的影响，浓度变化的影响也不敏感，从相关报道可见其推广应用的数量远大于其他测量原理的粒度仪产品。

激光衍射粒度分析仪在行业内对其应用的效果褒贬不一，芬兰 Outotec 公司的基于光衍射原理的 PSI500 粒度分析仪。

矿物加工过程中比较重要的粒度控制是磨矿产品粒度控制，是影响浮选等分级流程的重要因素，通常控制磨机出口粒度和磨矿分级产品粒度，前者通过磨机给矿、给水等调节磨机出口粒度，后者通过调节旋流器给矿浓度、压力或者分级机给矿浓度等控制分级产品粒度，常用的方法包括 PID、多变量专家控制等。

6.1.4 矿浆 pH 值检测与控制

矿浆 pH 值是浮选工艺重要参数之一，由于矿物组成复杂、需要通过添加药剂调整矿浆 pH 值、以达到抑制某些矿物与有价金属共同浮出的目的。因此需要对矿浆 pH 值进行在线检测并和药剂添加装置构成闭环控制，用来稳定选矿工艺指标。大多数金属选矿工艺是碱性选矿化学环境，pH 值一般在 10 ~ 12 之间。

矿浆 pH 检测的关键是电极，与普通溶液的 pH 检测不同，由于矿浆添加了石灰乳，钙离子很容易和硫酸根形成硫酸钙，这种钙质很容易包裹住电极，导致测量失效；工业上和实验室中应用最广泛的一种工作电极是玻璃电极，它采用对氢离子活度有电势响应的玻璃薄膜制成的膜电极作为测量电极。国内也曾经开发锑金属材料制作的 pH 电极，目前采用玻璃电极并配套相应的自动清洗装置，是矿浆 pH 值检测最佳的应用方案之一。矿浆 pH 值检测的工业应用仍有很多的提升空间。

浮选过程酸碱度控制通常采用工业带冲洗水的 pH 计作为检测机构，管夹阀或者特定的气动锥阀作为执行机构，实现单回路控制，通常利用此回路调节石灰乳添加量来调节 pH 值。

6.1.5 药剂检测与控制

指在浮选过程中，根据工艺技术指标要求和浮选给矿条件自动地计算浮选过程中所需的浮选药剂量，并对加入的浮选药剂流量进行控制，从而为浮选过程顺利进行创造合适的浮选条件。需要根据工艺条件变化实时对浮选药剂进行调整，从而达到稳定浮选过程、提高浮选效率、提高浮选过程精矿品位（尾矿品位）和金属回收率，同时减少浮选药剂的用量的目的。

加药添加量自动控制，使用自动加药机或者药剂调节阀对浮选药剂添加过程的药剂加入量进行实时调节。其执行机构有两种方式，第一种是药剂泵方式，通过变频器控制交流药剂泵，根据变频器与交流泵转速之间的正比关系、交流泵转速与药剂流量之间的正比关系，标定出变频器输出频率和药剂流量的线性关系模型，这样通过上位机给变频器发送的给定频率值便可实现药剂流量的准确计量。但是这种方法控制装置较为复杂，成本高。第二种是电磁阀方式，给定的药剂流量值通过软件设计调制成对应占空比的脉冲输出。自动加药机通常采用 PLC 控制系统，完成药剂流量的检测、累计、量程转换以及药剂添加量的控制。在采用分布式计算机控制系统（DCS）的选矿厂中，自动加药机内部的 PLC 需要和主控室的 DCS 实现通信，接受主控室发来的药剂添加指令，并将实际的药剂流量数值反馈给主控室。

除自动加药机外，有些浮选生产过程也采用调节阀加流量计构成常规闭环控制的方式实现药剂自动添加。

6.1.6 矿浆品位测量

矿浆品位的在线、实时分析对指导生产、节约药剂、控制产品质量和提高回收率等方面都起着非常关键的作用。

矿浆品位分析仪从测量方法上来说，有波长色散X射线荧光分析（WDXRF）和能量色散X射线荧光分析（EDXRF）两种；前者有以澳大利亚Amdel公司为代表生产的放射性同位素型在线X射线荧光分析仪；后者则有以芬兰奥托昆普公司为首，多年来，奥托昆普公司一直致力于库里厄家族的开发、研制和生产，成为全世界著名的载流波长色散X射线荧光分析仪生产厂家。

我国在“十一五”“863”研究计划中立项支持了“载流X荧光品位分析系统开发”课题。该课题由北京矿冶研究总院承担，研制成功了BOXA型载流X荧光品位分析仪，该分析仪系统包括一次取样器、多路器、分析仪控制单元、分析仪探头和分析仪管理站5部分组成。目前BOXA型分析仪在国内外选矿厂已经推广应用十几台，取得了良好的应用效果。与此同时，国内的中钢集团马鞍山矿山研究院有限公司、丹东东方测控技术有限公司也研发成功了采用核辐射源作为激发源的能量色散型分析仪产品。

6.1.7 自动取样

取样技术对于矿物加工而言是一项至关重要的技术，取样技术的关键是取样代表性，即满足概率取样的要求。从工程实现上分析，取样代表性首先受工艺条件的约束很大，即要求被截取的“固体流”或者“液体流”的流体形态相对稳定；其二要保证取样装置工作时对流体形态造成的改变越小越好；其三应保证样品获得后的快速输送和清理，避免输送延滞过久失去时效性和被外界条件污染。上述三点也是设计自动取样系统的基本准则。

自动取样系统在国外矿业中的应用非常普遍，包括采矿生产的固体取样、选矿生产过程中的矿浆取样和冶炼过程的炉体取样技术。我国应用最为广泛的是选矿生产过程的矿浆取样。

6.2 全厂自动化

选矿全厂自动化是在选矿生产全流程的设备、工序及工艺参数进行集中监控，实现生产全流程的远程操作、设备监控、生产调整、故障报警、数据集成归档和网络发布等功能。通常按工艺流程对破碎、磨矿、选别、浓密等各工序进行自动化、智能化控制，对全流程进行监控和调度协调。

破碎过程控制与优化方面，Metso的DNA控制系统旨在提高生产过程可操作性和安全性，国内在破碎过程智能故障诊断方面做了初步的探索，并采用PID、模糊控制技术进行控制。

磨矿过程存在一个多变量耦合，通常基于单变量和单回路的磨机恒定给矿、比例给水，稳定磨矿浓度；基于串级控制的旋流器入料浓度或者螺旋分级机溢流浓度的定值控制，基于分段控制的旋流器分级控制。ABC、AB等新型磨矿工艺的普遍应用，基于PID

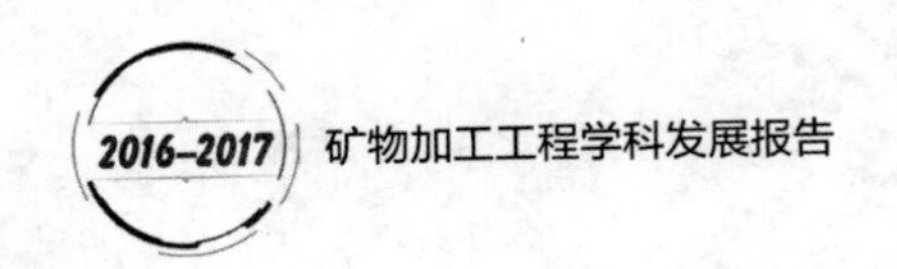

单变量控制、专家系统多变量控制以及仿真优化控制均得到不断发展。

浮选过程控制，主要对浮选过程的液位、充气量、加药量、酸碱度等参数进行实时检测和协调控制，近年开展了大量针对浮选过程的指标建模、预测与优化方法研究，以及大量基于泡沫图像处理技术的研究和应用。

浓密过程控制主要关注浓密机的安全运转，以及对浓密机底流浓度、流量进行优化控制等。浓缩生产过程具有非线性、大滞后、变量间耦合程度高及受外界扰动频繁等特点，底流浓度波动频繁为下游工序的连续及稳定生产造成了困扰，并且“跑浑”或“压耙”等生产事故时有发生。基于 PID、模糊 PID 以及软测量智能控制等技术用于调整底流渣浆泵转速，控制矿浆的排出速度来调节浓密机浓度。

6.3 智慧管理

实现矿物加工智慧管理，首先实现综合自动化，实现管控一体化，通常以 PCS、MES 和计算机支撑系统为基础，PCS 采用一体化计算机集散控制系统集成设计技术、先进控制技术和以综合生产指标为目标的智能优化控制技术，具有破碎筛分、原料输送、磨矿、选别、浓缩脱水等过程控制子系统与生产过程多媒体监控系统；选矿生产制造执行系统（MES）实现选矿生产过程运行与管理优化技术，包括生产计划与调度、生产指标统计监控、生产过程成本控制与管理、质量控制与管理、设备运行管理、能源管理等；利用无线移动通信技术，将工厂传统的人工巡视与生产过程实时控制系统结合在一起，为操作工在巡视过程中提供移动终端生产信息服务。

智能矿山、智能选矿厂的建设，必须将自动化、智能化、信息化融入到工业项目的前端设计里去。利用云计算、物联网等为代表的新一代信息技术，促进矿冶生产制造工业化与信息化的深度融合，并充分利用工厂设计、生产、管理等大数据分析工具，利用基于云服务的远程智能监测、故障诊断与控制，矿冶装备和流程运行优化、智能服务推送等技术，实现矿冶工业生产智能优化制造和智慧化管理创新。

7. 二次资源综合利用

7.1 二次金属资源生产状况

截止到 2016 年底，中国再生有色金属产业主要品种（铜、铝、铅、锌）总产量约为 1073 万吨，同比增长 3.3%。其中再生铜产量约 275 万吨，与 2015 年持平；再生铝产量约 520 万吨，同比增长 8.3%；再生铅产量约 150 万吨，同比增长 7.1%；再生锌产量 128 万吨，同比下降 11.1%。

据有关资料统计，与原生金属生产相比，每吨再生铜、再生铝、再生铅分别相当于节能 1054 千克、3443 千克、659 千克标准煤，节水 395 立方米、22 立方米、235 立方米，减少固体废物排放380吨、20吨、128吨；每吨再生铜、再生铅分别相当于少排放二氧化硫0.137吨、0.03吨。回收再生资源对提高资源保障能力，节约能源和降低排放都意义重大。

再生金属产量的增加得益于信息化、城镇化的快速发展。然而，伴随着再生金属产量的不断增长，行业内部的发展瓶颈亦逐渐显现，行业集中度较低、产能过剩等问题将制约再生金属行业的发展。因此，优化产业结构、淘汰落后工艺及其装备将成为再生行业发展重点，同时也是贯彻实施节能减排、循环经济等国家方针政策的重要举措。

7.2 二次金属资源加工工艺及装备状况

7.2.1 再生铜

中国是铜资源短缺的国家，但又是世界上铜消费量最大的国家，再生铜的回收利用极大地弥补了中国市场对铜的需求。据统计，约有38%的废杂铜进入铜加工行业直接做成铜制品，约12%进入熔炼铜精矿的转炉或阳极炉处理，50%左右的废杂铜进入专门冶炼废杂铜的工厂或生产系统处理，传统的再生铜冶炼工艺按照原料品位高低分为一段法和两段或三段法，一段法主要针对高品位废杂铜，一般指含铜90%以上，可采用火法精炼炉直接精炼成阳极铜。二段法或三段法工艺主要针对低品位废杂铜料，一般为含铜在90%以下的废杂铜、电子废料和含铜较高的炉渣等。

针对国内废杂铜冶炼技术长期落后、先进技术依赖国外的局面，近10年，中国通过自主创新与汲取国外生产经验，先后开发了一些先进的技术和设备，并已在国内一些大型企业项目中开始应用，有些技术和装备已超过国外的水平。

在高品位铜料处理方面，中国瑞林工程技术有限公司开发了NGL炉，结合倾动炉和回转式阳极炉的优点，自动化程度高，不用人工持管，炉体密闭，环保好。研发的350吨/台精炼摇炉是对倾动炉的改进和完善，并完全国产化，处理物料含铜92%以上。该炉型已经在广西梧州30万吨再生铜项目以及山东金升有色金属公司20万吨再生铜项目中投产使用。西部矿业天津制造基地项目20万吨再生铜项目以及江苏环球铜业公司20万吨铜电解项目完成初步设计，山东恒邦10万吨阴极铜技改项目完成可行性研究。此外，竖平炉的组合工艺也引起了国内企业的关注。

在低品位铜料处理方面主要包括顶吹炉工艺和大型密闭鼓风炉工艺，但能耗很高，而且单系列规模仅为年处理2万～5万吨铜金属，对于10万吨规模工厂需要两套装置，投资和生产成本较高。国外已有几家采用大型固定式氧气顶吹炉工艺（包括ISA、奥氏麦特、TBRC等工艺）处理低品位废杂铜的工厂，但是技术封锁非常严，所以目前中国瑞林公司和铜陵有色公司已确定自主开发规模为10万～20万吨铜的固定式氧气顶吹炉系统。云南铜业开发了一种双顶吹工艺，将铜精矿和废杂铜混合熔炼，充分利用铜精矿熔炼过程的余热，降低废杂铜冶炼能耗。

在高品位废杂铜直接生产火法精炼铜杆技术方面，江钨集团是国内第一家引进西班牙法格技术的公司，建成年生产能力达 12 万吨的再生金属生产高导电铜铜杆生产线。主要工艺是采用 COS-MELT 组合炉处理含铜 96% 的废杂铜，用 150 吨倾动炉处理含铜 92% 的废杂铜，用流槽和 COS-MELT 组合炉连接。此外，天津大无缝铜材有限公司用的是 COSMELT 倾动炉生产工艺和设备，选择 150 吨倾动炉 2 台，可处理含铜 92% 的废杂铜，年生产高导电铜铜杆 8 万吨，于 2009 年 10 月开始生产。

7.2.2 再生铅

我国目前再生铅的生产者有 300 家以上，年产两万吨以上的仅有 4 家，小生产者占绝大多数。近 10 年来建成了工业规模的工厂，并能长期稳定生产，“三废”污染基本能控制在国家标准以内。河南豫光金铅股份有限公司引进意大利安吉泰科废旧蓄电池 CX 集成预处理技术，与富氧底吹工艺进行集成创新，实现了利用原生铅已有的工业技术装备，经济环保处理再生铅物料的重大技术突破。豫北金铅引进美国 MLT 公司的分选处理设备，于 2008 年建成 10 万吨 / 年再生铅生产线，实现了污水零排放，100% 循环利用。江苏春兴集团通过引进美国 MA 公司开发的 MA 破碎分选系统，之后进行系统改进与升级，建成 15 万吨 / 年再生铅生产线。湖北金洋冶金股份有限公司自主开发了国内首创的具有世界先进水平的“无污染再生铅技术”，采用废蓄电池预处理破碎分选、铅膏、脱硫转化、密闭回转短窑富氧燃烧冶炼等工艺技术，综合回收利用废铅蓄电池中各组分，使废弃物最大限度地转化为资源，变废为宝，化害为利。

在铅膏湿法冶金方面，主要有两种工艺，一种是中国科学院过程工程研究所研制成功的固相电解技术，另一种是沈阳环境科学研究院自主研发的预脱硫 - 电解沉积工艺。湿法冶金回收工艺尽管解决了铅膏火法冶炼工艺中的 SO_2 排放以及高温下铅的挥发问题，但工艺投资大，甚至比传统火法冶金工艺还要高。因此，国内再生铅的处理工艺技术以火法为主。

7.2.3 再生锌

我国锌的主要消费领域为冶金产品镀锌、干电池、氧化锌、黄铜材、机械制造用锌合金及建筑五金制品等行业，其中镀锌行业对锌的需求量最大。目前国内用于镀锌的比例占 40% 左右，而发达国家占 55% 以上。

中国再生锌加工与利用的原料主要来源于各钢铁公司冶炼镀锌废钢时产生的含锌烟尘，热镀锌行业生产过程中产生的锌泥、锌渣；废旧锌和锌合金废料，冶金及化工行业生产过程中产生的各种含锌废料，而对于锌锰废电池以及含锌钢厂烟尘类废料的处理与利用技术较为薄弱。在再生锌传统回收的工艺中，对于如锌渣和锌灰等含锌量较高的废杂料，主要包括火法和湿法两种工艺。火法工艺又包括横罐蒸馏法、真空蒸馏法、熔析熔炼以及铝法等，横罐蒸馏法投资成本较低但得到的锌产品质量较差，真空法金属锌总体回收率高于 98% 但设备投资较高。湿法工艺按处理物料性质分为锌渣（锌铁合金）阳极电解和烟灰（氧化锌为主）浸出 - 净化 - 电沉积工艺，两种工艺都采用硫酸和硫酸锌的水溶液作电解液，耗电量较大，耗酸量也较大，对设备腐蚀较严重。

为克服传统再生锌处理技术的不足，近年来，国内学者报道了一些新的研究成果及产业化案例。河北钢铁集团有限公司邯郸分公司通过分别研究铝法再生回收工艺和蒸发冷凝法生产高纯度、高活性的锌粉工艺，实现资源的综合利用并得以在工业上应用。同时探索从锌渣中连续制备锌粉的工艺方法，解决锌渣传统回收工艺中存在的问题和不足。于洋将成熟的蓄热式燃烧技术应用在塔式锌精馏炉设计中，极限回收利用烟气余热，降低炉子排烟温度，提高炉子热效率，减少燃料消耗。袁训华通过理论分析、实验室以及产业化验证提出了热浸镀锌渣蒸发－凝聚法制备金属锌粉的工艺路线的可行性。在钢厂烟尘处理方面，广西梧州鸳江立德粉有限责任公司用回收钢铁厂烟囱灰等含锌废料为原料，通过已有干法生产立德粉。

7.2.4 再生铝

中国再生铝按来源可分为国内废料和进口废料。国内废料主要包括纯铝、变形铝和铸造铝三种，诸如废旧铝箔、机器零件和废飞机铝材等，进口废料主要包括内燃机活塞、铝门窗和汽车轮毂等。尽管我国是铝生产和消费大国，但铝再生起步较晚，回收利用未标准化、规范化。国家在“十一五”期间对再生金属行业实施结构调整和产业转型以及“十二五”制定节能减排的政策方针以来，再生铝行业通过科技创新，引进国外技术与装备，消化吸收与改进，使得国内再生金属行业技术水平正在向发达国家接轨。

永磁铝水搅拌技术以及双室反射炉熔炼已被国内大型再生铝企业广泛采用，分别是上海新格有色金属有限公司、怡球金属（太仓）有限公司、福建漳州灿坤实业有限公司和浙江万泰铝业公司，致使当年新增再生铝产能 30 万吨，另外在建的产能还有 30 万吨。上海中荣铝业有限公司采用具有自身知识产权的三室反射炉，使再生铝的熔炼回收率提高了 2 ~ 3 个百分点。长葛市天润有色金属研究所自主研发了废旧铝再生高强耐腐 6063 圆铸锭技术，该技术通过运用创新的溶体纯净化和均质细晶化综合处理技术，使处理后的铝细晶铸坯的塑性性能和力学性能大大提高。中国嘉诺资源再生技术（苏州）有限公司通过自主创新研制出了倾动回转炉，可以处理包括易拉罐、优质的工艺废料、反射炉无法熔炼的炉渣、带铁铸件和脏废铝等低品质废料。

有学者分析了美国 Almex 公司研制的 LARS（liquid aluminum refining system）装备在废铝回收利用和铝熔体精炼技术方面的优势，认为中国引进该系统可以强化精炼，除氢、除杂之后可得到高品质铝材。也有企业家认为高速发展的中国引进国外先进的金属废料传感分选技术，可以帮助中国客户提高分选产品的附加值和降低成本。在铝灰处理方面，尤其是二次铝工业所产生的废弃物，即含有 5% ~ 20% 铝的黑灰，主要还是采用冷态回收法，新技术与新装备的应用未见报道。

7.2.5 其他

湖南省永兴县永鑫环保科技有限公司每年从工业“三废”中综合回收金、银、铂、铟、铋、硒、碲等稀贵金属 20 余万吨，年处理工业废弃物上百万吨，开发了“利用冶炼熔渣、CRT 玻璃生产微晶玻璃板材关键技术”。

7.3 重点再生金属行业资源回收技术与设备研发进展

7.3.1 废旧家电

电视机、冰箱、洗衣机、空调和电脑作为中国家电“以旧换新”的废旧家电，其合理的处理处置问题越来越受到人们的关注。各类家电废弃量基本呈现上升趋势，其中计算机增加幅度较大。这些废弃家电富含铜、铝、铁、稀贵金属以及塑料，回收价值较高但如果方法不得当的话必然导致环境污染。因此，科学环保地对这些废旧家电处理并回收有用物质已成为中国关注的热点。

早在 20 世纪 80 年代，欧洲等发达国家开始关注电子废物环境污染和资源化问题，其中日本是世界上电子技术最先进的国家之一，特别重视资源的节约及再利用。国内一些有实力的公司通过不断创新与吸收国外先进技术，使国内电子废弃物工艺技术与装备得到了较大的提升。浙江丰利公司在国内外先进技术的基础上进行自主创新，研发成功的以废旧电子线路板超微粉碎机和废旧电子线路板高压静电分离机为关键设备的回收处理成套设备有效解决了废旧线路板的金属与非金属基体的分离、多金属的分离回收和非金属材料的高值利用这一技术难题，使电子废弃物变成再生的宝贵资源，得到充分利用。此外，在其专项粉碎领域发明的又一套 QWJ 气流式涡旋微粉机于 2013 年进军俄罗斯市场，生产调试后设备运行一直比较稳定。湖北力帝公司引进美国纽维尔公司 SHD 型废钢破碎机生产技术，并成功研制生产了我国第一台 PSX-6080 型废钢破碎机。目前湖北力帝公司生产的 20 余条废钢破碎流水线在山东邹平、济钢、麻城、青岛、遵化等地的钢铁企业及部分废钢回收加工企业中运行。国内高校基于材料分类识别，采用人工和自动化相结合的拆解方案，对于废旧电视机和电脑，开发一套密闭自动拆解设备，解决 CRT 的拆解回收问题；对于废旧冰箱和空调，开发一套密闭拆解系统，解决废旧冰箱和空调的无害自动拆解问题；对于 PCB 板，开发一套包括高价值元器件识别系统及元器件拆解专用工具的密闭自动无损元部件拆解设备以完成对高价值元器件的直接回收。

7.3.2 报废汽车

截止到 2011 年，中国汽车保有量已经超过一亿辆，同时我国报废汽车的数量也在快速增长，据相关机构预测，2020 年我国的年报废汽车数量将达到 600 万辆。汽车报废已经成为一个严重的社会和环境问题，如果不进行科学有效地回收和处理，将会对人类环境造成重大的影响。近年来，在国家有关政策的扶持之下，我国报废汽车回收拆解行业已经形成一定的规模，现有报废汽车回收拆解企业 1000 多家。

美国是世界上最大汽车生产和使用的国家，也是汽车回收利用最有效的国家，其回收利用率已达到 80%，但其采用的回收模式是一种粗放式拆解模式，整车在抽取废液和拆除轮胎后，直接进行压缩打包和粉碎处理，然后通过分选设备对碎片进行分选处理，大功率破碎机功率可达数万千瓦，能耗极高，不适合中国国情。欧洲国家在报废汽车的拆解与回收利用方面制定了一系列严格的法律法规，其基本原则是谁生产谁负责回收处理，回收利用率在70% 以上。日本作为亚洲的汽车大国，大量报废汽车曾一度成为日本环境污染的重要源头之一，通过立法以及鼓励企业进行报废汽车绿色回收再利用技术和装备的研发，目前汽车拆解机、汽车拆解翻转机等报废汽车拆解专用设备已相继投入使用，其回收率已高达 85%。

国内知名高校开发了报废汽车塑料的识别技术等多项关键技术，在零部件再制造和拆解零部件信息管理方面以及拆解线的物流传输技术方面开展了相关研究。在报废汽车车身破碎及综合回收技术方面，湖南万容科技有限公司建成生产线每小时可处理 10 台报废汽车车身生产线，其整个报废汽车报废破碎分选处理生产线安排十分合理紧凑，在第一道车身破碎工序，采用的是两段式撕碎过程，整个车身被撕碎的过程只要两分钟。破碎报废汽车车身的刀具超过了国外的刀具设计，使用寿命长达一年以上。在报废部件回收技术方面，马自达汽车公司和日本 SATAKE 自动化公司开发出了更快捷更方便地将报废的汽车零件分类回收再利用技术，目前用在废旧保险杠的回收再利用上。

7.3.3 废旧电池

世界电池的产量和用量分别以每年 20% 和 10% 以上的速度增长。我国是世界上最大的电池生产国和消费国，年生产能力 150 亿 ~ 160 亿只，同时也产生了大量的报废电池，但是我国电池的回收率却不足 2%。相比之下，国外在废旧电池的回收利用方面起步较早。美国的废旧电池回收体系较为完善，并有以火法冶金工艺为主的废旧电池处理厂；日本从 1993 年开始有规模地回收废旧电池，目前汽车用铅酸电池已全部回收，其他二次电池的回收率接近 90%；德国从 1998 年 10 月开始规定对废旧电池进行回收。在国家“十一五”计划中特别提出要建立废旧电池回收处理体系，经过数年的不断努力，国内出现了废旧电池的一些新技术以及先进的资源综合回收示范生产线。

在废旧锌锰电池处理方面，国内知名高校发明了一套新的废旧电池真空蒸馏装置，该设备可以使不同熔点的金属选择性地回收，且同一套设备能处理不同种类的废电池，具有物质回收效率高、纯度高和污染小的特点。据有关资料显示，由高校和河北易县共同投资的东华鑫馨废旧电池再生处理厂是我国首家废旧电池回收厂，该处理厂设计年处理废旧电池 3000 吨，其工艺通过物理分解、化学提纯、废水处理可以获得铁皮、锌皮、铜针以及锌锰等多种产品。在锂离子电池回收方面，由于锂离子电池在我国的大规模使用时间尚短，因此我国在废旧锂离子电池的回收处理仍处于试验研究阶段。有报道采用特定的有机溶剂分离法，将锂离子电池正极材料中的钴酸锂从铝箔上溶解下来，直接分离钴酸锂和铝箔。铝箔清洗后直接回收，所用的有机溶剂通过蒸馏方式脱除黏结剂，循环使用。有专家提出了一种基于物理方法把废旧锂离子电池的钴酸锂、铜铝箔、隔膜和电解液等成分分离的方法。在氢 – 镍以及镉 – 镍电池回收方面，有研究报道对废旧氢 – 镍电池正负极材料进行混合湿法处理，采用浸出、浸出液中稀土离子的分离回收、滤液中镍钴离子分离的工艺。国内研究者对氢镍电池原料采用湿法冶金方法综合回收氢镍电池负极材料中稀土元素并同时回收镍、钴，最终获得稀土的综合回收率为98.4%，镍、钴的综合回收率为98.5%。湖南邦普循环科技有限公司2006年自行研发设计出电池拆解机实用新型技术并获得专利授权。

7.3.4 废电路板

废弃线路板的来源主要有两个，一是废弃的电子电器产品中所含有的印刷线路板，二是印刷线路板在生产过程中形成的边角料和报废品。废弃电路板含有铜、铁、镍、铅、锡等基本金属，金、银、铂、钯等贵金属，铅、汞、镉等重金属和溴化阻燃剂等有毒有害物质，如果处理不当会对大气、土壤和地下水造成严重污染，对人类健康造成巨大危害。目前报道最多的废弃电路板回收技术主要有机械处理法、湿法、热解、火法等或几种技术的组合方法。

在机械处理方面，美国于70年代末采用物理方法处理军用电子废弃物，同一时期西欧一些国家也开始进行研究，但一直没有商业化进展。到了90年代末期，机械处理方法不仅在美国、西欧，在日本、新加坡和中国台湾也进行了规模化的应用。德国的Kamet Recycling Gmbh公司和Trischler und Partner Gmbh公司均采用破碎和分选的方法获得90%的金属和塑料的回收，10%左右的剩余物进行焚烧或者填埋，目前工艺已经实现机械化和自动化。日本NEC公司采用去除元件和焊料后再破碎分选的方法处理废弃电路，破碎使用剪切破碎机和具有剪断和冲击作用磨碎机，将废板粉碎成小于1mm的粉末。再经过重力分选和静电分选过两级分选可以得到铜含量约82%的铜粉，铜的回收率达到94%。

近年来，中国也开始进行废弃电路板机械处理技术研发。有文献报道对废旧电路板的回收采用剪切式旋转破碎机和冲击式旋转磨碎机相结合的两级破碎方式对废弃线路板进行粉碎。针对传统高压静电分离技术中物料团聚作用和荷电不充分、电选机的工作负荷大以及物料的输送过程中扬尘的不足，国内知名高校又开发出了破碎废旧电路板风选–高压静电分选技术，与传统技术相比，金属物料的产率提高了4.36倍，同时金属产物纯度和回收率分别为99.90%和93.85%。国内科研机构提出了一种采分选回收废旧印刷线路板中有色金属的新工艺，该工艺采用剪切破碎和摇床分选的方法，将废旧印刷线路板经过剪切机、切割研磨机、搅拌槽、摇床、磁选机，实现了废弃印刷线路板中有色金属的全面回收。有学者采用湿法破碎–浮选工艺流程来回收废弃线路板中金属成分，在理论分析的基础上进行验证试验，发现新型捕收剂9858和起泡剂9862搭配使用时可获得沉物产率为64.76%，金属品位为25.38%，回收率98.44%的回收指标。尽管中国已经重视废旧电路板的机械处理技术研发，但目前国内一直没有商业化生产。

在湿法冶金方面，国内学者采用全湿法工艺路线，对废旧印刷电路板进行了“机械预处理—NH3–（NH_4）$_2SO_4$–H_2体系浸出—萃取净化—反萃富集硫酸铜溶液—二次还原制备MLCC用铜粉”的新工艺研究。也有相关报道提出盐酸–正丁胺–硫酸铜体系高效浸析铜的新方法，在最佳条件下获得铜的浸出率达到95.31%。文献报道采用H_2SO_4–H_2O_2体系溶解废印刷线路板颗粒中的铜，使得铜的浸出率高达98%以上。之后采用硫氰酸盐–二氧

化锰和硫氰酸盐 – 铁（Ⅲ）两个浸金体系对浸铜渣进行试验研究，得到金的浸出率均在96%以上。研究人员利用从硫化矿山分离得到氧化亚铁硫杆菌 GZY–1 菌株进行了废弃电路板粉末中铜的浸出试验研究，在最佳条件下得到铜的浸出率为 95.16%。文献报道也进行了氧化亚铁硫杆菌浸出废弃线路板中铜的研究，认为细菌培养时间越长，浸出过程进行的就更快。然而，大多数试验仍然处于实验室阶段，相关产业化示范工程未见报道。

在热解方面，国内研究者做了大量的研究工作。热解法分为常压热解、真空热解、微波热解以及等离子体热解等。有学者研究了酚醛树脂为基板的废旧电路板和混合碳酸钙后的废旧电路板的热解行为，发现在 600℃等量 $CaCO_3$ 与 PR–WPCBs 共热解时生成 75.6%无机卤，其中 70.62% 束缚于固体残渣中，达到了较好的脱卤效果。有学者研究了废弃电路板环氧树脂真空热裂解行为，发现所得固体产物主要由热解炭和玻璃纤维组成，热解炭与玻璃纤维很容易分离，固体残渣中含有碳、氧、硅、铝、钙等元素。有学者对机械处理后的废旧电路板材料进行综合回收新技术试验研究，将其中的塑料高分子有机物进行微波化学法制备活性炭试验研究，而金属物质则采用二氧化锰作为氧化剂微波加热辅助的方法，在硫酸溶液浸出废电路板中铜、铝、铁、锌等贱金属元素，金属综合回收率较高。国内科研机构发明了一种利用电弧等离子体处理废弃电路板的方法以及相应的电弧等离子体装置。

在火法冶金方面，国内研究报道较少，国外只有比利时 Umicore 公司用铜熔炼的方法处理电子废弃物，电子废料经机械预处理后，送入 ISA 熔炼炉进行熔炼，塑料燃烧产生的有毒气体经过电吸尘处理，尾气有毒物含量达到排放标准。

7.3.5 废旧易拉罐

易拉罐是当今世界饮料包装行业中备受青睐的包装材料，具有美观、轻便、便于携带、使用方便等特点。全世界每年要消费易拉罐 1500 亿只，耗铝高达 200 多万吨，占世界铝消费量的 15% 左右。世界上日本是最早生产回收易拉罐的国家，瑞典能够实现易拉罐铝材的循环利用，美国以废旧易拉罐为原料生产的材料需要经过金属成分调制，才可以生产出符合要求的铝材，但其回收周期较短。中国虽然是易拉罐的生产大国，但对其回收和利用在国内起步较晚。易拉罐用的是高级铝合金，至今很少有国营铝厂收购和熔炼易拉罐，基本上由分散的小熔炼点经营，设备简陋，技术落后，回收率较低，有的回收熔炼点的回收率不足 60%。针对国内易拉罐的回收技术比较落后，熔炼回收率低以及污染严重等特点，国内有学者建议采用一种破碎、预热处理脱漆、混合熔炼的国际通用工艺流程生产易拉罐罐体的 3004 铝合金。其中核心设备是采用了双室侧井熔化炉，极大地降低了熔化过程中的烧损。国内高校开发了一种废旧易拉罐回收利用技术，该技术是以废旧铝制易拉罐为原料开发氧化铝纳米纤维非织造材料的制备技术，制备出的材料是一种比表面积高、热稳定性好以及力学性能优良的催化剂及其载体材料和耐高温过滤材料，可以广泛应用在航天飞机、高温锅炉隔热、增强复合等领域。

近10年，我国再生金属行业通过自主创新、引进与吸纳国外先进技术使得再生金属回收工艺与装备有了较大地提升。在再生金属铜、铅、锌、铝以及贵金属冶金方面，国内已经拥有成熟的工艺生产线以及装备，但总体以火法冶金为主，与国外先进熔炼技术仍有一定差距，需进一步优化与改进。在再生金属重点行业领域，破碎与分选在整个技术路线中起着重要的作用，尽管许多领域国内已经拥有选冶技术生产线，但是在粉碎与分选环节以国外技术引进为主，国内技术落后。在废旧电路板及废旧易拉罐方面，国内研究一直处于实验室阶段，几乎没有一条完整生产线，需要不断努力突破技术瓶颈，使理论研究尽快产业化。

8. 矿物加工环境保护

8.1 矿物加工废水循环利用和达标排放新技术

矿物加工废水是指选矿厂在破碎、磨矿、重选、浮选、磁选等选矿过程中产生的废水，它不仅包括各种选矿方法产生的尾矿废水，还包括各种中矿精矿产品浓密机溢流水，各种中矿精矿产品干燥脱水，各个选矿车间地面冲洗水等废水。目前矿物加工过程产生的废水连同尾矿一同排入尾矿库，在尾矿库自然沉降澄清后流出，流出的水有两个去向：循环利用和达标排放。制约矿物加工废水循环利用和达标排放的主要问题在于固体悬浮物含量高，残余选矿药剂多，起泡性强，含有重金属。

在矿物加工废水循环利用方面，可将不同矿物加工废水按一定原则进行合并，分质适度处理，处理后分级按质进行不同用途的回用，返回到特定的流程点。对水质要求不高的流程点，如破碎、重选、磁选、地面冲洗等，产生的废水只要固体悬浮物含量达标，都可以直接返回原流程点利用。对于返回到浮选的水，应做选矿实验确定残存的选矿药剂对选矿指标有无坏的影响，没有坏的影响即可返回利用。由于精矿浓密机溢流水中含有较多的捕收剂，返回粗选还能降低捕收剂用量，这样也为废水处理减轻了负担，一举两得。

在矿物加工过程中，水玻璃作为脉石抑制剂被广泛应用，同时水玻璃还是一种矿浆分散剂，这导致在尾矿中矿浆很难自然沉降。目前通常采用的方法是在尾矿矿浆中加石灰乳破坏水玻璃的稳定作用，同时加聚丙烯酰胺加速尾矿的沉降，通过这种处理，固体悬浮物很容易除去。因此当前矿物加工废水处理的重点在于残余选矿药剂和重金属的处理，在处理时残余选矿药剂的含量通常用COD表示。

对残余选矿药剂的处理目前常采用的方法有混凝沉淀法、氧化法、吸附法等；新方法有膜分离法、电絮凝法等。

混凝沉淀法主要去除废水中的悬浮物及重金属离子，同时也可去除少部分COD。其基本原理是在混凝剂的作用下，通过压缩双电层、吸附电中和、吸附架桥、沉淀物网捕等一系列物理化学过程，使废水中的悬浮物、胶体等物质脱稳并形成大颗粒絮体沉降，从而从废水中去除。常用的混凝剂有石灰、硫酸铁、硫酸亚铁、三氯化铁、聚合硫酸铁、硫酸铝、结晶氯化铝、聚合氯化铝、聚合硫酸铝铁、硫酸铝钾、聚丙烯酰胺等；新型的混凝剂有聚硅酸硫酸铝铁、田菁胶、羧甲基纤维素钠、壳聚糖等。混凝沉淀法具有方法简单、沉淀速度快等优点，但也存在混凝剂用量大、渣量大的不足。

氧化法是在废水中加入氧化剂，使之在废水中发生氧化还原反应，降解残存的选矿药剂。常用的氧化剂有 Fenton 试剂、臭氧、二氧化氯等，新型的氧化剂有氯酸钠等。Fenton 试剂是亚铁离子和双氧水的混合体系，这一混合体系在 pH 为 3 左右时能产生强氧化性的羟基自由基，羟基自由基再与残余选矿药剂作用。臭氧在水溶液中可以与溶解的物质直接反应，或可以分解成二次氧化剂，如羟基自由基等，然后立即与溶质反应。二氧化氯和氯酸钠本身是强氧化剂，可直接与有机物作用。

吸附法主要是利用固体吸附剂的物理吸附和化学吸附性能，去除废水中多种污染物的过程。常用的吸附剂主要包括活性炭、硅藻土、膨润土、羟基磷灰石、吸附树脂、沸石、泥煤、粉煤灰等，新型的吸附剂有以植物为基础的改性吸附剂等。

膜分离法以膜两侧的压力差为驱动力，截留水中胶体、颗粒和分子粒径相对较高的物质，而水和小的溶质颗粒透过膜的分离过程。在超滤过程中，原液在压力推动下，流经膜表面，小于膜孔的溶剂（水）及小分子溶质透过膜壁上的微孔，成为净化液（滤清液），比膜孔大的溶质、胶体和颗粒等被截留，随水流排出，成为浓缩液，从而实现对废水的净化、分离和浓缩的目的。

电絮凝法是指在外电源作用下，阳极溶解产生大量阳离子生成一系列多核羟基络合物和氢氧化物，这些络合物对水中悬浮物及有机物进行吸附、网捕等；同时，阴极上产生的氢可与污染物起还原反应；氢还可以聚集成微气泡与悬浮接触上升到液面形成浮渣层，从而达到净化废水的目的。

对重金属的去除目前常用的方法有氢氧化物沉淀法、硫化物沉淀法和吸附法等，新方法有添加重金属离子捕收剂等。

氢氧化物沉淀法是指加石灰乳或氢氧化钠调节废水的 pH，使重金属生成氢氧化物沉淀，从废水中除去。这一过程可以在进尾矿库前的矿浆中添加，使生成的重金属沉淀沉到尾矿库中。硫化物沉淀法是在废水中添加硫化剂（有硫化钠、硫氢化钠、硫代硫酸钠等），使重金属离子生成硫化物沉淀从废水中除去。应用硫化物沉淀法时应注意硫化物不能加过量，因为过量的硫化物会引入 COD，造成二次污染。吸附剂也可以吸附去除重金属。重金属离子捕收剂也称界面活性剂，它可与重金属离子形成可溶性的络合物或不溶物附着于气泡上，通过浮选泡沫或浮渣除去。

当前矿物加工废水的处理多采用多种方法组合的形式，有混凝沉降－活性炭吸附组合，混凝沉淀－二氧化氯氧化，混凝沉淀－Fenton 试剂氧化等。矿物加工废水如果经过处理达到排放的标准，那么把处理后的废水循环利用一般也没问题。提高矿物加工废水的循环利用率，对我国矿物加工事业的可持续发展及生态环境的保护具有重要意义。

8.2 矿山粉尘和 $PM_{2.5}$ 控制技术

近年来，颗粒物对人体的危害在社会范围内引起了广泛关注，环境保护部也新增或修订了一系列国家标准来规范企业的污染排放。在选矿行业内，根据采选金属种类不同，选矿厂的颗粒物排放浓度限值在 20 ~ 200mg / m^3 不等，如自 2015 年 1 月 1 日起，现有及新建的铁矿选矿厂的矿石运输、转载、矿仓、破碎、筛分工序中颗粒物的排放浓度限值为 20mg / m^3。这就要求选矿企业要加强环保设施和职业卫生设施的建设。选矿厂内颗粒物基本属于生产性粉尘，矿石的破碎、筛分和运输工序均可大量产生粉尘。这些生产性粉尘对人体呼吸系统损害非常大，生产性粉尘达到一定浓度时容易影响设备运行，加速设备磨损，当浓度超过一定阈值时容易发生爆炸，酿成安全事故。除尘设备的有效利用是减少生产性粉尘产生和扩散的基础，而由于操作不当、设备老化及除尘设施不到位等原因，部分选矿厂仍无法达到国家要求的排放标准。

8.2.1 选矿厂生产性粉尘尘源分析

选矿厂的主要尘源可分为破碎筛分系统产尘、运输系统产尘和二次扬尘三部分。矿尘为多金属混合粉尘，其中的二氧化硅含量一般会超过 10%。与除尘相关的粉尘的物理性质主要有以下几点：①粉尘的密度：粉尘的真密度用于研究尘粒在气体中的运动、分离、去除等方面，堆积密度用于贮仓或灰斗的容积确定等方面；②粉尘的比表面积：影响粉尘的物理、化学活性以及通过过滤层的阻力；③粉尘的含水率：影响粉尘的导电性、黏附性、流动性等物理特性；④粉尘的润湿性：润湿性是选择湿式除尘器、除尘方法的主要依据之一；⑤粉尘的荷电性和导电性：对电除尘器的运行有很大的影响和决定性作用；⑥粉尘的黏附性：影响颗粒捕集和含尘气流的输送；⑦粉尘的自燃性和爆炸性：影响除尘方式的选择和操作条件的选取；⑧粉尘的安息角与滑动角：是设计除尘器灰斗锥度及除尘管路或输灰管路倾斜度的主要依据。

8.2.1.1 破碎筛分系统产尘

破碎筛分系统是选矿厂中的重点尘源，产尘强度高，粉尘粒径细。破碎筛分系统的产尘机理主要有以下 4 个方面：①下落的矿尘受到空气剪切作用而尘化，下落高度越大，矿粒速度越高，尘化越严重；②物料运动时带动其周围空气随之流动，产生诱导尘化；③筛分过程中，物料随着振动筛作垂直于筛面方向的快速震动，使矿粒与空气混合形成粉尘；④破碎过程中，矿石间隙中的空气被猛烈挤压出来，产生剪切压缩作用，并在高速运动下携带粉尘从加料口排出产生污染。

8.2.1.2 运输系统产尘

运输系统产尘点主要在皮带运输机的受料点、卸料点和运输过程中。受料点和卸料点的产尘机理均是由于高度差引起物料下落时受到空气剪切作用而尘化。运输过程中，中段的皮带会上下振动和左右摆动，产生对物料的间断性瞬时挤压，物料间隙中的空气携带着粉尘被挤出。当皮带接头经过托辊时，也容易由于振动而扬尘。此外，黏附在皮带上的物料在皮带返程过程中也会撒落而产尘。

8.2.1.3　二次扬尘

二次扬尘可能是经湿法喷洒而沉降在地面的矿尘由于液体蒸发，在通风或人员走动时被卷起而产生，也可能是除尘器的振打清灰或灰斗返混产生。

8.2.2　现有除尘设备及使用效果

根据其起主导作用的除尘机理，习惯上将除尘器分为机械式除尘器、过滤式除尘器、湿式除尘器和电除尘器4类。但在实际选型时，由于湿式除尘器需要额外配备加水及导流设施，与其他除尘器的设计有所不同，故本文按除尘过程中是否采用液体进行除尘或清灰而分为干式除尘器和湿式除尘器。

8.2.2.1　干式除尘器

干式除尘系统不需用水作为除尘介质，使用范围广，排出的干粉状粉尘有利于集中处理和综合利用，故占所有除尘系统的90%以上。但该系统也有无法去除气体中的毒害成分、处理不当时易造成二次扬尘等缺点。选矿厂常用的干式除尘器主要有袋式除尘器、干式电除尘器和旋风除尘器。

（1）袋式除尘器。

袋式除尘器是一种使用最广泛的干式除尘设备。在这种除尘器中，含尘气体单向通过滤布，尘粒被滤材截留在进气侧，使干净气体从滤材另一侧流出，滤材上的尘粒则借助自然或机械的方法除去。其过滤机理如图9，主要有以下几种。①截留：粒子在流动过程中，到纤维的距离小于粒子半径时被纤维捕获；②惯性沉降：粒子由于惯性脱离气流而射向纤维表面并沉降。粒子直径越大、气流速度越大，则惯性沉降作用越大；③扩散沉降：粒子由于布朗运动而脱离气流，扩散并沉降到纤维表面。粒子粒径越小，布朗运动越显著，扩散沉降效率越高；④重力沉降：粒子由于重力获得一定沉降速度，偏离气流而接触并沉降在纤维表面；⑤静电沉降：滤材纤维或粒子上带有电荷，由于库仑力导致粒子在纤维上的沉降。

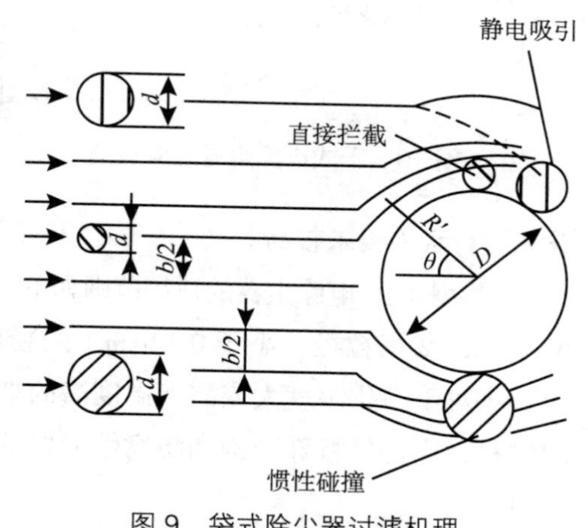

图9　袋式除尘器过滤机理

袋式除尘器除尘效率高，对不同性质的粉尘捕集适应性强，处理风量灵活，结构简单，工作稳定，因此常作为选矿厂的首选除尘设备。但在生产过程中，实际风量超过设计风量导致过滤阻力增大，或机械磨损、操作不当引起滤袋破损，都会极大地降低袋式除尘器的过滤效率和使用寿命。

生产实践方面，袋式除尘器广泛用于选矿厂各个尘源的抑尘点。在原矿仓、粉矿仓处，可采用座仓式袋式除尘器，结合满足集气要求的风机，可以达到较好的抑尘效果。破碎系统采用袋式除尘器，可以在尘源采用半封闭收集装置，并合理配置气流输送管网系统，使含尘气体排放浓度达到国家标准。在细碎设备安置集尘罩，通过风机收集含尘气体输送至袋式除尘器进行除尘，还可与筛分车间合并封闭，处理效果也可达标。当破碎过程中产生的尘粒具有回收价值时，可将袋式除尘器的清灰口通过皮带与上一工序的给料仓连接，减少粉尘排放的同时提高经济效益。

（2）干式电除尘器。

电除尘是利用高达几万伏甚至十几万伏的高压电产生的强电场使气体电离，进而使粉尘荷电，荷电粉尘被捕集而分离出气流。电除尘器的工作原理如图 10 所示。

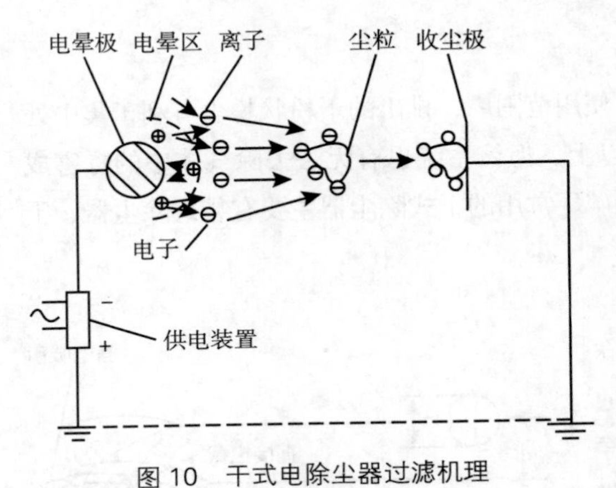

图 10　干式电除尘器过滤机理

电除尘器的优点是：①除尘效率高，且对 0.1μm 粒级的矿尘也有良好除尘效果；②处理风量大；③阻力损失小，气体通过电除尘器的压降一般在 150 ~ 300Pa；④特殊结构的电除尘器可以捕集腐蚀性很强的尘粒；⑤运行费用低。

电除尘器的缺点是：①一次投资费用高，钢材消耗量大，占地面积大；②应用范围受粉尘比电阻的限制；③对制造、安装和运行水平要求较高。

一般来说，电除尘器的适用范围如下：①大风量、高温烟气及含尘浓度较高（$40g/m^3$）的气体；②细粒径（小于 0.14μm）的粉尘；③比电阻在 10^4 ~ $10^{11}\Omega\cdot cm$ 范围内的粉尘；④对于净化湿度大或露点温度高的烟气，需采用保温或加热措施；⑤对于腐蚀性强的物料，应选择特殊结构和防腐性能好的电除尘器；⑥电场风速一般在 0.4 ~ 1.5m/s 范围内。

电除尘器在我国选矿厂的利用率并不是很高，主要是由于购置费用较高，且需配备有经验的员工进行操作，否则容易出现故障而影响生产。某钢选矿厂在皮带通廊将半密闭罩与高压静电除尘方式相结合，取得了比较好的除尘效果。

（3）旋风除尘器。

旋风除尘器是使含尘气体沿切线方向进入装置，利用离心力将尘粒从气体中分离来达到净化目的的除尘器。其结构如图 11，含尘气流由除尘器进口沿切线方向进入除尘器后，沿外壁向下做旋转运动，到达锥体底部后转而向上，沿轴心向上旋转后从排气管排出。粉尘在离心力作用下甩向外壁，在下旋气流和重力的共同作用下沿壁面落入灰斗。

旋风除尘器的优点有：①内部没有运动部件，方便维护，制作管理较为方便；②处理相同风量的情况下，体积小，价格便宜；③可立式安装作为预除尘器使用；④多台并联处理大风量时，效率和阻力不受影响；⑤干法清灰后可以回收有价值的粉尘；⑥采用特殊材料时可处理高温、高腐蚀性含尘气体。

旋风除尘器的缺点是：①卸灰阀漏损时会严重影响除尘效率；②处理高浓度或磨损性大的粉尘时，磨损较严重；③单独使用时除尘效率不高；④筒体直径增加时除尘效率降低，因此单个除尘器的处理风量有一定限制。

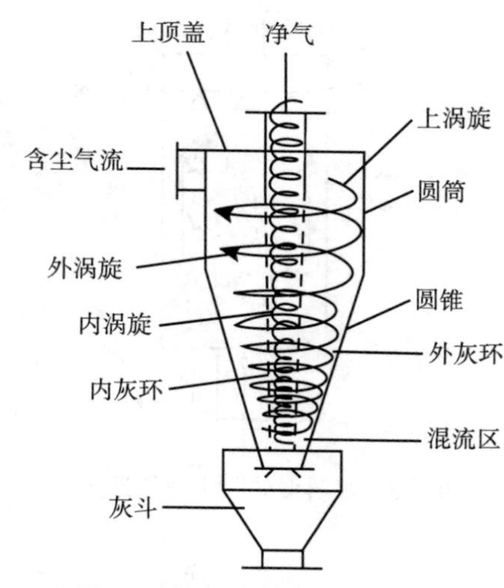

图 11　旋风除尘器设备结构图

某矿山企业铅锌生产线在提升皮带段采用洒水抑尘，含尘空气经旋风除尘器净化后，经 15m 高排气筒排出。

8.2.2.2　湿式除尘器

湿式除尘器是利用含尘气体与水或其他液体的作用除去粉尘的设备，尘粒与水滴、水膜或湿润的器壁接触时，发生润湿、凝聚、扩散沉降等过程，从而从含尘气体中分离出来，达到净化作用。

湿式除尘器主要依靠下列物理过程进行除尘：①惯性碰撞。含尘气体在快要接触液滴时会稍微改变方向，但惯性较大的颗粒还会保持原有直线运动而与液滴发生碰撞，从而被液滴拦截；②扩散效应、黏附、扩散漂移和热漂移。饱和蒸汽与较冷液滴接触时，在液滴表面凝结，形成向液滴运动的附加气流，使较小尘粒向液滴移动并沉积在液滴表面；③热泳。即微粒由高温区向低温区的运动；④凝聚作用。排放烟气中的水蒸气和气态有机物在温度降低时，吸附在粉尘表面，使尘粒互相凝聚成更大的粒子。

湿式除尘器的主要优点有：①设备简单，占地面积小，一次投资低，工作可靠；②在消耗同等能量的情况下，比干式除尘器的效率高；③同时具有除尘、降温、增湿的效果，可以处理易燃易爆、高温、高湿、高黏性和有害气体。

目前选矿厂设计时，由于湿式除尘器维护方便且具有以上优点，在非干旱地区会采用湿式除尘器。但湿式除尘器也有它的缺点：①需要处理湿式除尘器排出的泥浆；②气体具有腐蚀性时，污水系统要用防腐材料；③对疏水性烟尘净化效果不佳；④净化黏性烟尘时容易堵塞管道、叶片；⑤在严寒地区需要采用防冻措施等。

国内选矿厂破碎系统应用较多的湿式除尘器主要是喷雾湿式除尘器、自激式湿式除尘器（如水浴除尘器、冲激式除尘器）和文丘里湿式除尘器等，对于高黏性粉尘的回收处理效果较好。

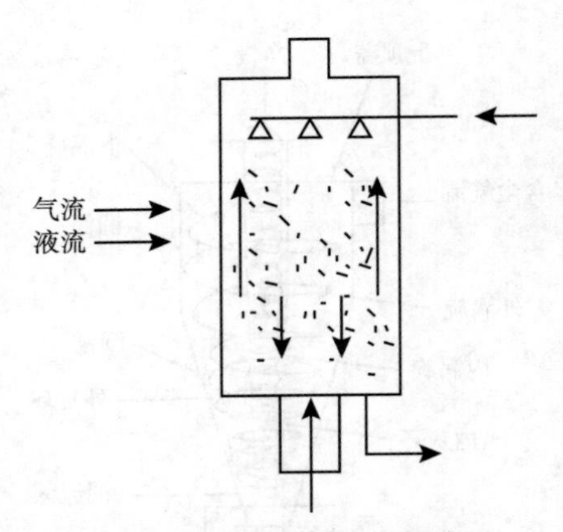

图 12 喷雾湿式除尘器构造图

（1）喷雾除尘器。

喷雾降尘技术是最简便、最经济的治理开放性粉尘的方法，能够形成良好降尘效果的雾流的喷嘴是喷雾技术的关键。常用的喷雾湿式除尘器如图 12。

在物料运输和处理过程中，喷水加湿物料可以减少或消除粉尘的产生，在扬尘地点对已经产生的粉尘进行喷雾可以抑制扬尘，故该技术适用于破碎、筛分、皮带运输机转运点等粉尘细、扬尘大的部分。某钢选矿厂利用喷头产生的水雾，形成“雾帘”来控制下料处的粉尘外扬，并在翻车机、电振给矿机和皮带运输机处设计安装了自动化喷水装置。还可以利用压缩空气的冲击共振腔产生超声波，把水雾化成浓密的微细雾滴，从而捕获和凝聚微细粉尘，实现就地抑尘。对于具有一定疏水性的矿尘，可在喷雾中添加降尘剂，增加水溶液对矿尘的润湿性，使固－液界面代替矿尘粒子原来的固－气界面，从而提高降尘效率。

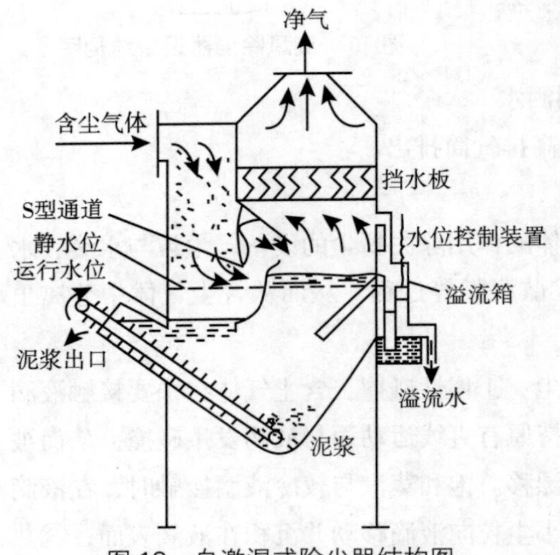

图 13 自激湿式除尘器结构图

（2）自激湿式除尘器。

自激湿式除尘器是依靠气流自身的动能，冲击液体表面而激起水滴和水花的除尘器，其结构见图 13。

含尘气体进入除尘器后，向下流动冲击水面，部分较粗尘粒被水捕获，较细尘粒则进入叶片间的 S 形净化室，激起水花和泡沫，尘粒与液滴得以充分碰撞、混合，同时由于气流在 S 形通道突然转向产生的离心力作用，尘粒和含尘水滴甩向容器外壁。净化后的气体向上经挡水板除雾后排出。这种除尘器结构简单，造价低廉，耗水量少，但对于细小粉尘的除尘效率不高，泥浆处理比较麻烦。某选矿厂在中细碎车间采用两台自激湿式除尘器，用于处理圆锥破碎机下料口、振动筛下料口和皮带转运部位等用集尘罩收集的含尘气体，虽然出现了集尘罩漏吸、排放淤泥困难等问题，但在设备改进后也取得了较好的除尘效果。

（3）文丘里湿式除尘器。

文丘里湿式除尘器是一种高效湿式洗涤除尘器，既可用于高温烟气降温，也可用于净化含有微米和亚微米粉尘粒子的气体及易于被洗涤液吸收的有毒有害气体。其设备构造如图 14。

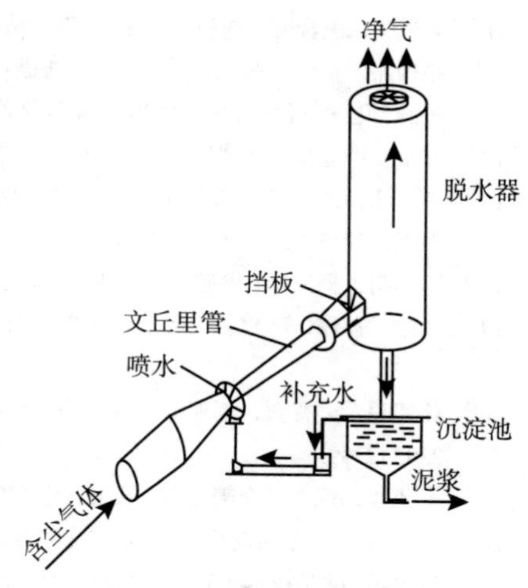

图14　文丘里湿式除尘器设备构造图

含尘气体进入除尘器的渐缩管后，气流速率逐渐增加，在喉管中达到最高速，将喉管处喷嘴喷出的水滴雾化，其中的尘粒与水滴碰撞并凝聚。当气体行至渐扩管，气流速率降低，大颗粒经连接风管进入脱水器中除去。

文丘里湿式除尘器的优点是：①除尘效率高达99%；②对1μm以下的细微尘粒消除效果良好；③结构简单，维护容易，造价低；④还可用于需要除雾、降温、吸收、蒸发等场合。它的缺点主要是压力损失较大，用水量较多。

某冶金矿业公司在选矿系统除采用电除尘、袋式除尘器和冲激式除尘器外，还配备了文丘里除尘器，除尘效率>95%。对防尘设施的调研结果表明，大型低压文丘里除尘器是其选矿系统除尘设备的选型方向。

在选矿厂设备选型时，应根据不同尘源的粉尘特性、粉尘治理要求及选矿厂所处的地理环境位置特性等综合因素进行除尘设备选型。在寒冷及干旱地区，尽量选择干式除尘技术，以减轻水冻现象或减少水资源浪费。而在水资源比较充足或潮湿闷热的地区，适宜选择湿式除尘技术，以较低的设备投资获得较好的除尘效果。具体某个选矿厂的设备选型，需要考虑的因素还有很多，如结合集尘密闭罩的使用和通风输灰管道的布置等。本文仅从概念上提供选型方向，为选矿厂选择适合且效果达标的除尘设备提供参考。

参考文献

[1] 赵旭会. 探究铅锌矿选矿废水的处理及循环利用[J]. 世界有色金属，2017(2)：118-120.

[2] 孙伟，孟祥松，张庆鹏，等. 湖南某白钨矿选矿废水处理与利用试验研究[J]. 矿冶工程，2014(34)：80-83.

[3] 何丽辉，曹吉龙，李长颖. 试析硫化铅锌矿选矿废水处理与回用技术[J]. 科技创新与应用，2016(35)：153.

[4] 行瑶，程爱华，刘哲. 强化混凝沉淀法处理铅锌矿尾矿废水中铅离子的研究[J]. 中国矿业，2016(11)：162-164.

[5] 雷金勇，王利国，黄伟，等. 铅锌矿选矿废水的节水工艺与重金属的低成本处理技术[J]. 资源节约与环保，2016(6)：64-65.

[6] 杨飞，汤玉和，周晓彤. 铜硫矿选矿废水对浮选的影响及处理现状[J]. 材料研究与应用，2016(1)：5-9.

[7] 张辉，周晓彤，邱显扬. 多金属硫化矿选矿废水处理的研究现状[J]. 材料研究与应用，2015(4)：226-230.

[8] 曹颖倩. 混凝沉淀法在某钨矿废水处理中的应用[J]. 资源节约与环保，2015(7)：33-35.

[9] 陈向阳. 生物制剂协同氧化处理铅锌矿尾矿废水[J]. 资源节约与环保，2015(2)：53-54.

[10] 王志高，王金荣，彭文博，等. 膜分离技术处理离子型稀土矿稀土开采废水[J]. 稀土，2017(1)：102-107.

［11］熊道文，王合德，刘利军，等．电絮凝法用于重金属废水处理研究进展［J］．环境工程，2013（S1）：61–65.

［12］张峰振，杨波，张鸿，等．电絮凝法进行废水处理的研究进展［J］．工业水处理，2012（12）：11–16.

［13］田静．化学氧化法处理铅锌硫化矿浮选废水的研究［D］．广州：广东工业大学，2014.

［14］许永，邵立南，杨晓松．钼矿选矿废水处理的试验研究［J］．矿冶，2013（2）：103–107.

［15］王自超，刘兴宇，宋永胜．臭氧生物活性炭工艺处理某多金属硫化矿浮选废水的小试研究［J］．环境工程学报，2013（5）：1723–1728.

［16］郑祥明，杨三妹．钨矿选矿废水处理新技术［J］．化工矿产地质，2012（3）：187–190.

［17］董栋，孙伟，苏建芳，等．铅锌矿选矿废水处理与回用试验研究［J］．有色金属（选矿部分），2012（3）：28–31.

［18］郭朝晖，姜智超，刘亚男，等．混凝沉淀法处理钨多金属矿选矿废水［J］．中国有色金属学报，2014（9）：2393–2399.

［19］范荣桂，董雪，李美，等．催化氧化处理磨矿含砷废水的工程试验［J］．工业水处理，2014（6）：56–58.

［20］娄可宾，罗英．有色冶金用袋式除尘器滤料技术进展及应用分析［J］．暖通空调，2010（9）：6–11.

［21］彭丽娟．除尘技术［M］．北京：化学工业出版社，2014.

［22］马宁．矿山企业粉尘控制及应对策略［J］．北方环境，2011（8）：88–91.

［23］曹玉龙，丁伯埙，李刚，等．矿山选厂破碎筛分的粉尘控制方法研究［J］．现代矿业，2011（10）：97–99.

［24］申泽星，袁梅芳，宋佳妮．大型破碎系统高黏性有价粉尘干式回收技术［J］．金属矿山，2014（9）：152–155.

［25］付涛．选矿车间破碎尘源的控制方法总结［J］．城市建设理论研究（电子版），2013（10）：10–12.

［26］刘绍银，唐从明．电除尘器二次扬尘及其检测［J］．湖北电力，2008（6）：39–40.

［27］王宇虹，姜大志．旋风除尘器二次扬尘的影响因素及改进方案［J］．水泥，2008（6）：20–21.

［28］胡满银，照毅，刘忠．除尘技术［M］．北京：化学工业出版社，2006.

［29］魏阳．新疆公司新建 3500t / d 选矿厂除尘系统方案探讨［A］．全国有色矿山环境保护工程与环境风险防范管理交流会论文集［C］．北京：中国有色金属学会，2014：33–36.

［30］阚永明．近北庄铁矿选矿车间粉尘污染与治理的调查研究［J］．科技资讯，2013（32）：136.

［31］王晖，邓国春，张大超．某金矿选矿厂粉尘回收的环境经济效益分析［J］．工业安全与环保，2014（11）：62–63.

［32］覃玉飞．破碎系统除尘净化方案比较与优选［J］．采矿技术，2013（6）：65–67.

［33］胡耀胜．对选矿厂生产性粉尘的治理措施［J］．北方环境，2010（3）：69–73.

［34］李冬，潘利祥，李朝晖，等．某企业铅锌生产线污染源治理现状分析［A］．全国有色矿山环境保护工程与环境风险防范管理交流会论文集［C］．北京：中国有色金属学会，2014：41–44.

［35］刘伟东，张殿印，陆亚萍．除尘工程升级改造技术［M］．北京：化学工业出版社，2014.

［36］汪俊．矿山破碎筛分工序中除尘设计改进建议［J］．现代矿业，2012（11）：157–158.

［37］陈宜华，唐胜卫．冶金矿山选矿厂粉尘治理技术新进展［J］．现代矿业，2011（7）：37–39.

［38］徐国华．煤矿矿尘综合防治技术探讨［J］．职业，2010（36）：125–126.

［39］牛学勤．自激湿式除尘器的应用与改进［J］．新疆有色金属，2012（2）：78–79.

［40］赵秀君，王望，付伟，等．某冶金矿业公司防尘设施状况调查［J］．工业卫生与职业病，2008（6）：360–362.

［41］严红．马钢南山选矿厂生产性粉尘的预防和控制［J］．现代矿业，2014（6）：194，197.

［42］徐斌．黝铜矿型铜铅锌硫化矿浮选新药剂及其综合回收新工艺研究［D］．长沙：中南大学，2013.

［43］刘有才．斑岩型铜钼矿的浮选新药剂与新工艺研究［D］．长沙：中南大学，2013.

［44］代宗，蒋太国，方建军，等．铜钼混合精矿浮选分离的研究进展［J］．矿山机械，2017（4）：1–6.

［45］胡元，黄建平．铜钼矿的浮选工艺和浮选药剂研究进展［J］．云南冶金，2014（3）：9–12.

[46] 张三田 . 北坑钨矿选钨硫化矿尾矿综合回收工艺研究 [J]. 金属矿山，2001（1）：50-52.
[47] 纪军 . 铜矿石中低品位辉钼矿回收工艺研究 [J]. 矿冶，2011，20（3）：16-20.
[48] 翟庆祥 . 含钼铜精矿脱药过程中黄药的迁移与转化规律研究 [D]. 沈阳：东北大学，2014.
[49] 李琳，吕宪俊，栗鹏 . 钼矿选矿工艺发展现状 [J]. 中国矿业，2012（2）：99-103，107.
[50] 邱廷省，丁声强，张宝红，等 . 硫化钠在浮选中的应用技术现状 [J]. 有色金属科学与工程，2012（6）：39-43.
[51] 郑描，罗冶 . 铜钼分选改造中新工艺新设备的应用 [J]. 中国矿山工程，2013（2）：8-11.
[52] 宋永胜，曹亦俊，马子龙 . 柱机联合浮选工艺在铜钼矿分选中的应用 [J]. 中国钼业，2012（2）：30-34.
[53] 孙传尧，王福良，师建忠 . 蒙古额尔登特铜矿的电化学控制浮选研究与实践 [J]. 矿冶，2001（1）：20-26.
[54] 陈旭 . 铜钼混合精矿铜钼分离抑制剂的选择试验研究 [D]. 沈阳：东北大学，2012.
[55] 朱龙刚，李宇宏 . 铜钼分离研究现状与进展 [J]. 矿山机械，2015（11）：16-20.
[56] 曾锦明 . 硫化铜钼矿浮选分离及其过程的第一性原理研究 [D]. 长沙：中南大学，2012.
[57] 李金辉 . 氯盐体系提取红土矿中镍钴的工艺及基础研究 [D]. 长沙：中南大学，2011.
[58] 陈浩琉，吴水波 . 傅德杉，等 . 镍矿床 [M]. 北京：地质出版社，1933.
[59] 江源，侯梦溪 . 全球镍资源供需研究 [J]. 有色矿冶，2008，24（2）：55-57.
[60] 郭声琨，尚福山 . 中国有色金属现状及发展 [J]. 中国矿业，1999，8（5）：23-26.
[61] 乔富贵，朱杰勇 . 全球镍资源分布及云南镍矿床 [J]. 云南地质，2005（4）：14-18.
[62] 廖乾 . 金川低品位镍矿矿物学特性及选矿工艺技术研究 [D]. 长沙：中南大学，2010.
[63] 彭先涂 . 金川镜矿选矿的技术进步 . 国外金属矿选矿，1998（4）：30-32.
[64] 刘同有 . 中国镍钴铂族金属资源和开发战略（下）[J]. 国土资源科技管理，2003（2）：21-28.
[65] 阿孜占丽 . 喀拉通克铜镍矿优先选铜 - 铜镍混选工艺研究 [J]. 新疆有色金属，2000（2）：18-21.
[66] A A Sirkeci，A Gul，G Bulut. Recovery of Co，Ni and Cu from the tailings of Divrigi iron ore concentrator [J]. Mineral Processing and Extractive Metallurgy，2006（27）：131-141.
[67] 徐百辉，黄开国 . 硫酸锌用于浮选分离高冰镍的研究 [J]. 矿冶，1994，3（4）：37-41.
[68] 法克清，王淑秋，张心平 . 应用闪速浮选技术处理某铜镍矿石的研究 [J]. 有色金属（选矿部分），1998（2）：11-14.
[69] 金大安 . 金川铜键矿闪速浮选工业试验后的思考 [J]. 矿冶，1999，8（1）：35-38.
[70] 唐敏，张文彬 . 流程结构的选择对微细粒铜键硫化矿的浮选影响 [J]. 矿冶，2008，17（3）：4-9.
[71] 赵阵，李永辉，张汉平，等 . 某复杂铜镇矿的选矿试验研究 [J]. 矿冶工程，2009，29（5）：50-53.
[72] 唐敏，张文彬 . 微细粒铜镍硫化矿浮选的电化学调控 [J]. 有色矿冶，2003，19（5）：12-14，50.
[73] 陈勇，宋永胜，刘爽，等 . 镍黄铁矿和黄铜矿无捕收剂电位调控浮选分离 [J]. 金属矿山，2012（2）：86-88，98.
[74] 尹冰一 . 镍黄铁矿自诱导浮选行为及电化学研究 [J]. 山西冶金，2012，35（5）：4-5，9.
[75] 常永强 . 金川二矿区贫矿石弱酸性介质选矿工艺试验研究 [J]. 中国矿山工程，2004，33（2）：7-9.
[76] 陈云，周平，张才学 . 云南某低品位硫化铜镍矿细菌浸出试验研究 [J]. 云南冶金，2006，35（6）：16-20.
[77] Bremmell. K. E.，Fornasiero D.，and Ralston J.. Pentlandite-lizardite interactions and implications for their separation by flotation [J]. Colloids and surfaces A physicochemical Eng. Aspects，2005（252）：207-212.
[78] Songtao Yang，obert Pelton' CarlaAbarca. Towards nanoparticle flotation collect. For pen andite separation [J]. International Journal of Mineral Processing，2013（123）：137-144.
[79] 向平，李永战 . 高效硫化矿捕收起泡剂 PN405 [J]. 国外金属矿选矿，2002（5）：24-26.
[80] 张文翰 . BF 系列捕收剂在金川公司选矿厂的应用 [J]. 甘肃冶金，2003（81）：57-59.
[81] 冯其明，张国范，卢毅屏 . 新型捕收剂 BS-4 对镇黄铁矿捕收性能及作用机理 [J]. 中南工业大学学报（自然科学版），1999，30（3）：244-247.

[82] T N Matveeva N K Gromova. Influence of sodium thiosulphate on oxidation of sulphide minerals during selective flotation of copper–nickel ores [J]. Journal of Mining Science, 2006, 42 (4): 387–392.
[83] 张秀品，戴惠新 . 某镍矿选矿降镁研究探讨 [J]. 云南冶金，2006，35 (3)：12–17.
[84] 刘绪光 . 红旗岭铜镍硫化矿石铜镍分离试验研究 [J]. 中国矿山工程，2008，37(4)：12–16.
[85] 王毓华，孟书青 .HA 和石灰组合剂对铜镍硫化矿浮选分离的影响 [J]. 中南矿冶学院学报，1991，22(3)：249–255.
[86] Witney J Y, Yan D S. Reduction of magnesia in nickel concentrates by modification of the froth zone in column flotation [J]. Minerals Engineering, 1997, 10 (2): 139 –154.
[87] Jowett L K. The influence of pH and dispersants on pentlandite–lizardite interactions and flotation selectivity [D]. Adelaide: University of South Australia, 1999.
[88] Chen G. The mechanisms of high intensity conditioning on Mt.Keith nickel ore [D]. Adelaide: University of South Australia, 1998.
[89] Senior G D, Thomas S A. Development and implementation of a new flowsheet for the flotation of a low grade nickel ore [J]. International Journal of Mineral Processing, 2005, 78 (1): 49–61.
[90] Valery Jnr W, Morrell S. The development of a dynamic model for autogenous and semi–autogenous grinding [J]. Minerals Engineering, 1995, 8 (11): 1285–1297.
[91] Beckera M , Villiersb J, Bradshawa D. The flotation of magnetic and non–magnetic pyrrhotite from selected nickel ore deposits [J]. Minerals Engineering, 2010, 23 (11–13): 1045–1052.
[92] Xiao Z, Laplante A R, Finch J A. Quantifying the content of gravity recoverable platinum group minerals in ore samples [J]. Minerals Engineering, 2009, 22 (3): 304–310.
[93] Nanthakumar B, Kelebek S. Stagewise analysis of flotation by factorial design approach with an application to the flotation of oxidized pentlandite and pyrrhotite [J]. International Journal of Mineral Processing, 2007, 84 (1–4): 192–206.
[94] 毛莹博 . 铵 – 胺盐强化硫化孔雀石浮选理论与试验研究 [D]. 昆明：昆明理工大学，2016.
[95] 胡保拴，余江鸿，王李鹏，等 . 铜矿石选矿年评，矿产资源高效加工与综合利用——第十一届选矿年评 [M]. 北京：冶金工业出版社，2016.
[96] 王淀佐，邱冠周，胡岳华 . 资源加工学 [M]. 北京：科学出版社，2005.
[97] 蒋太国，方建军，等. 铵（胺）盐对氧化铜矿硫化浮选行为的影响 [J]. 矿产保护与利用，2014 (2)：15–20.
[98] 刘殿文，张文彬，文书明. 氧化铜矿浮选技术 [M]. 北京：冶金工业出版社，2011.
[99] 陈经华，孙志健，叶岳华. 同步浮选和异步浮选在氧化铜矿选矿中的应用研究 [J]. 有色金属（选矿部分），2013（增刊）：67–69.
[100] 唐平宇，王素，田江涛，等. 山西某难选氧化铜矿选矿试验研究 [J]. 中国矿业，2013，22 (6)：93–96，100.
[101] 刘殿文 . 氧化铜矿浮选技术 [M]. 北京：冶金工业出版社，2009.
[102] Babich I N, Adamov E V, Paniv V V. Effect of alkalinity of apulp on selective flotation of sulfideand oxide copper mincrals from the Udoykandcposition ore [J]. Russian Journal of Non Ferrous Metals, 2007, 48 (4): 252–255.
[103] 印万忠. 难选氧化铜矿选冶技术现状与展望 [J]. 有色金属工程，2013，3 (6)：66–70.
[104] 蒋太国，方建军，张铁民，等. 氧化铜矿选矿技术研究进展 [J]. 矿产保护与利用，2014 (2)：49–53.
[105] 罗良峰，文书明，周兴龙，等. 氧化铜选矿的研究现状及存在的问题探讨 [J]. 矿业快报，2007，460(8)：26–28.
[106] 文书明，张文彬，彭金辉，等. 难处理混合铜矿高效加工新技术（发明）[G] // 中国有色金属工业科学技术奖，获奖项目汇编（内部资料）. 北京：中国有色金属工业科学技术奖励工作办公室，2012：11.

[107] 王世涛，曾茂青，罗兴，等．云南兰坪高含泥低品位氧化铜矿选矿试验［J］．云南地质，2010，29（1）：105-108.
[108] 袁明华，潘继芬，赵继春．云南某氧化铜矿选冶联合工艺试验研究［J］．云南冶金，2012（5）：34-37.
[109] Li, J. First-principles investigation on Cu/ZnO catalyst precursor: Energetic, structural and electronic properties of Zn-doped $Cu_2(OH)_2CO_3$ [J]. Computational Materials Science, 2015 (96): 1-9.
[110] Klokishner, S, et al. Cation Ordering in Natural and Synthetic $(Cu_1-xZn_x)_2CO_3(OH)_2$ and $(Cu_1-xZn_x)_5(CO_3)_2(OH)_6$ [J]. The Journal of Physical Chemistry A, 2011, 115 (35): 9954-9968.
[111] Zlatar, M, Schläpfer CW, Daul C. A New Method to Describe the Multimode Jahn - Teller Effect Using Density Functional Theory, in the Jahn-Teller Effect [J]. Springer, 2009, 131-165.
[112] Merlini, M, et al. Phase transition at high pressure in $Cu_2CO_3(OH)_2$ related to the reduction of the Jahn-Teller effect [J]. Acta Crystallographica Section B: Structural Science, 2012, 68 (3): 266-274.
[113] 江登榜．黄药和羟肟酸浮选复杂氧化铜矿的密度泛函理论研究［D］．昆明：云南大学，2013.
[114] 康哥罗，卢道刚，李长根．应用组合硫化剂改善氧化铜钴矿的浮选效果［J］．国外金属矿选矿，2008，45（2）：32-33.
[115] 孙和云．氧化铜碱式碳酸铜纳米矿物的合成及其表面络合研究［D］．济南：济南大学，2012.
[116] 刘诚．典型氧化铜矿孔雀石的硫化浮选研究与应用［D］．赣州：江西理工大学，2012.
[117] 刘殿文．氧化铜矿物抗抑制作用的表面形貌研究［J］．金属矿山，2009（3）：59-60.
[118] 刘殿文．微细粒氧化铜矿物浮选方法研究［J］．中国矿业，2010（1）：79-81.
[119] 刘殿文．微细粒氧化铜矿物难选原因探讨［J］．中国矿业，2009，18（3）：80-82.
[120] 邢春燕，贾瑞强．氧化铜矿浮选中硫酸铵对 S ~（2-）消耗的影响试验［J］．现代矿业，2012（4）：57-58.
[121] 方建军，李艺芬，张文彬．高钙镁难选氧化铜矿处理技术的进展［J］．矿冶，2009，17（4）：55-57.
[122] 胡本福．微细粒孔雀石硫化－浮选的强化研究［D］．长沙：中南大学，2011.
[123] 戴艳萍．氧化铜矿的化学处理研究［D］．赣州：江西理工大学，2009.
[124] 方建军．低品位氧化铜矿石常温常压氨浸工艺影响因素研究与工业应用结果［J］．矿冶工程，2008，28（3）：81-83.
[125] 方建军，李艺芬．氧化铜矿的工艺矿物学特征与选矿工艺研究［J］．云南冶金，2005，34(4)：50-53.
[126] 熊堃，左可胜，郑贵山．新疆滴水铜矿矿石工艺矿物学研究［J］．金属矿山，2014（4）：104-107.
[127] 朱月锋．滇西北某铜矿工艺矿物学研究［J］．有色金属工程，2013，3（6）：43-47.
[128] 艾光华，周源，魏宗武．提高某难选铜矿石回收率的选矿新工艺研究［J］．金属矿山，2008，389（11）：46-48，57.
[129] 周桂英，温建康，宋永胜，等．西藏玉龙氧硫混合铜矿选矿试验研究［J］．金属矿山，2009，397（7）：45-47.
[130] 顾庆香．某氧化铜矿选矿试验研究［J］．云南冶金，2014，43（1）：22-24，61.
[131] 叶富兴，李沛伦，王成行，等．某复杂氧化铜矿浮选工艺研究［J］．矿山机械，2014，42（5）：109-113.
[132] 罗良飞，覃文庆，刘兴，等．云南某低品位难选氧化铜矿选矿试验研究［J］．矿冶工程，2013，33（3）：74-78.
[133] 黎澄宇，黎湘虹，王卉．鑫泰含泥氧化铜矿制粒预处理堆浸工艺扩大试验［J］．有色金属，2009，61（2）74-76.
[134] 王凯，崔毅琦，童雄，等．难选氧化铜矿石的选矿方法及研究方向［J］．金属矿山，2012（8）：80-83，117.
[135] 杜淑华，潘邦龙．云南某难选氧化铜矿选矿试验研究［J］．矿产源综合利用，2008（6）：15-18.

［136］李荣改，宋翔宇，乔江晖，等．含泥难选氧化铜矿石选矿工艺研究［J］．矿冶工程，2008，28（1）：46–50.
［137］邱允武．螯合捕收剂 B130 浮选难选氧化铜矿石的研究［J］．有色金属（选矿部分），2006（2）：40–45，47.
［138］范娜，段珠，霍利平．B130 选别难选氧化铜矿石的研究［J］．现代矿业，2010（6）：41–43.
［139］谭兵．某地氧化铜银矿浮选试验研究［J］．矿产保护与利用，2012（1）：18–21.
［140］王恒峰，赵华伦．某含碳氧化铜矿选矿试验研究［J］．现代矿业，2010（9）：22–24.
［141］王洪江，吴爱祥，顾晓春，等．高含泥氧化铜矿石分粒级筑堆技术及其应用［J］．黄金，2011，32（2）：46–50.
［142］刘美林，刘国梁，武彪，等．低品位氧化铜矿堆浸工业试验［J］．有色金属（冶炼部分），2012（7）：1–5.
［143］武彪，谢昆，张兴勋，等．玉龙铜矿氧化矿石合理浸出工艺研究［J］．金属矿山，2010，414（12）：54–57.
［144］李希雯，王洪江，吴爱祥，等．防垢剂对复杂氧化铜矿堆浸的影响［J］．湿法冶金，2012，31（1）：25–28.
［145］吴爱祥，艾纯明，王贻明，等．表面活性剂强化铜矿石浸出［J］．北京科技大学学报，2013，35（6）：709–713.
［146］黎湘虹，黎澄宇，王卉．鑫泰含泥氧化铜矿制粒预处理堆浸工艺［J］．有色金属，2009，61（1）：86–90.
［147］杨威．从某废弃氧化铜渣中回收铜的研究［D］．长沙：中南大学，2012.
［148］刘志雄．氨性溶液中含铜矿物浸出动力学及氧化铜 / 锌矿浸出工艺研究［D］．长沙：中南大学，2012.
［149］方建军．汤丹难处理氧化铜矿高效利用新技术及产业化研究［D］．昆明：昆明理工大学，2009.
［150］李云刚．低品位氧化铜矿还原焙烧 – 氨浸试验研究［J］．矿产综合利用，2014（6）：27–29.
［151］陈喜峰，彭润民．中国铅锌矿资源形势及可持续发展对策［J］．有色金属，2008（3）：129–132.
［152］国土资源部信息中心．世界矿产资源年评（2013）［M］．北京：地质出版社，2013.
［153］薛亚洲，王海军．我国铅锌矿资源综合利用现状［J］．中国矿业，2005，14（8）：41–42.
［154］石道民，杨敖．氧化铅锌矿的浮选［M］．昆明：云南科技出版社，1996.
［155］陆智，蔡振波，刘子帅．氧化铅锌矿浮选工艺研究进展［J］．有色金属工程，2014（4）：77–80.
［156］雷力，周兴龙，文书明，等．我国铅锌矿资源特点及开发利用现状［J］．矿业快报，2007，461（9）：1–2.
［157］中华人民共和国国土资源部．2015 中国矿产资源报告［M］．北京：地质出版社，2015.
［158］丰奇成，文书明，柏少军，等．低品位难处理氧化锌矿综合利用现状［J］．矿产综合利用，2013（1）：4–8.
［159］张俊辉．浅谈氧化铅锌矿的浮选现状［J］．四川有色金属，2004（4）：13–17.
［160］王兰华，杨忠慧．某复杂铅锌氧化矿石的试验研究［J］．矿产综合利用，1992（3）：10–13.
［161］逄文好．缅甸铜铅锌多金属氧硫混合矿选矿技术研究［D］．长沙：昆明理工大学，2014.
［162］罗琳．微细粒氧化铅锌矿复合活化疏水聚团浮选分离新工艺［J］．国外金属矿选矿，2000（12）：6，7–9.
［163］杨进忠，陈晓青，毛益林，等．复杂难选硫化 – 氧化混合铅锌矿选矿分离技术［J］．矿产综合利用，2012（5）：11–14.
［164］陈军，卫亚儒，胡聪，等．氧化铅锌矿选矿现状及最新进展［J］．中国矿山工程，2015，44（2）：19–23.
［165］兰志强，蓝卓越，张琦福．氧化铅锌矿利用工艺技术研究进展［J］．矿产综合利用，2015（5）：8–12.
［166］刘荣荣，文书明．氧化锌矿浮选现状与前景［J］，国外金属矿选矿，2002（7）：17 –19.
［167］石道民，杨敖．氧化铅锌矿的浮选［M］．昆明：云南科技出版社，1996.
［168］Janusz W．Flotation of synthetic zinc carbonate using potassium ethylxanthate［J］. International Journal of Mineral Processing，1983，2（11）：79– 88.
［169］王洪岭．氧化锌浮选的新型捕收剂研究［D］．长沙：中南大学，2010.

[170] 张麟. 青海宏源氧化铅锌矿可选性试验研究［J］. 湖南有色金属，2004，20（1）：67-70.
[171] 黄承波，魏宗武，林美群. 云南某氧化铅锌矿选矿试验研究［J］. 中国矿业，2010，19（5）：75-77.
[172] 郭文宾，葛英勇，余俊，等. 四川某氧化铅锌矿石浮选试验［J］. 金属矿山，2016（11）：85-88.
[173] 罗进. 氧化铅矿石硫化浮选工艺研究［J］. 有色金属（选矿部分），2009（5）：8-10.
[174] 陆智，蔡振波，刘子帅. 氧化铅锌矿浮选工艺研究进展［J］. 有色金属工程，2014（4）：77-80.
[175] 李存兄，魏昶，邓志敢，等. 氧化铅锌矿元素硫水热硫化－浮选实验研究［J］. 昆明理工大学学报：自然科学版，2013，38（2）：1-6，11.
[176] 任占誉，王吉坤，魏昶，等. 低品位氧化铅锌矿的硫化及浮选［J］. 云南冶金，2009，38（1）：27-29.
[177] 李玉琼，陈建华，穆枭，等. 云南普洱某难处理氧化锌矿的选矿试验研究［J］. 金属矿山，2009（1）：81-84.

撰稿人：曹亦俊　陈代雄　陈　攀　池汝安　邓久帅　方明山　冯　博　付　强
高志勇　韩桂洪　韩海生　胡　波　黄万抚　刘　丹　刘润清　刘　涛
刘　维　刘文刚　罗溪梅　马　楠　潘高产　尚红亮　孙　伟　孙小旭
覃文庆　王　军　王青芬　文书明　先永骏　肖仪武　徐龙华　叶小璐
余　刚　张晨阳　张海军　张　明　张晓峰　张一敏　张　英　赵红波
周　芳　周俊武　朱阳戈　胡凤英　张　强

黑色金属矿物加工清洁高效智能化

1. 引言

黑色金属铁、锰、铬是国民经济发展中不可缺少的结构性、功能性材料，约占世界金属消耗量的95%。近年来，我国在黑色金属矿物加工学科的基础研究、工艺技术、药剂、装备、环保等各方面都取得了长足进展，具体体现在：

（1）随着各种高端先进的检测仪器、手段及方法的开发，工艺矿物学在微细粒难处理黑色金属矿的矿物组成、结构构造、主要矿物的产出形式、嵌布粒度、解离度、嵌连特征及共伴生微量元素的赋存状态等方面的研究取得了很大进展，并逐步深入到矿物微观界面的研究，如矿物表面吸附层元素的含量与分布、结合状态与结构、化学键等微观界面性质研究。

（2）工艺技术水平的快速发展。随着新型磁性材料的应用和磁系结构设计的进步，各类磁选设备在磁场强度、选择性分选和选别效率等方面取得了很大进展。大块矿石干式磁选机处理粒度上限已从75mm提升到350mm，筒式磁选机分选区磁感应强度由150mT提高到500mT；高压辊磨机和多磁极干选设备的开发及成功应用，干磨干选工艺技术得到发展；复合力场磁选机等高效磁选设备的成功应用使中粗粒磁铁矿选矿实现了全磁流程高效分选。立磨机在黑色金属选矿领域的推广应用，解决了球磨机细磨40μm到15μm磨矿耗能不做功的问题，磨矿粒度下限降至15μm；磁选机磁感应强度不断提高，分选粒度下线达到19μm，提高了微细粒铁矿回收；耐泥、耐低温、高选择性新型反浮选捕收剂的开发实现了铁矿物与各类难选含铁硅酸盐矿物高效分离，铁矿反浮选温度由40℃以上降至20℃以下；浮选动力学研究强化了矿化作用，缩短了浮选时间，提高了浮选效率。一系列微细粒矿物高效选矿技术集成推进了微细粒复杂难选铁矿选矿的发展，袁家村铁矿是其典型代表。流态化（悬浮）磁化焙烧技术与装备得以大规模工业应用，通过降低焙烧粒度，提高固气比和热交换率实现了快速、均匀磁性转化；与其配套的高效干式制粉技术和劣质燃料、生物质燃料的应用、流态化无焰燃装置的开发，解决了磁化焙烧成本高的难题。其突出代表闪速磁化焙烧技术成套系统工程技术已实现工业应用并稳定运行，酒钢等企业正在建设流态焙烧系统，即将投入工业生产。近年来围绕深度还原－磁选工艺及理论开展了大量研究、取得了重要进展，深度还原理论逐渐趋于成熟，为复杂难选铁矿的开发利用提供了新途径。

（3）针对未来资源、环境影响的制约，黑色金属矿物加工废水处理技术已由综合治理、达标排放发展到废水循环利用，各大黑色金属选矿厂都实现了废水零排放。黑色金属二次资源（如尾矿、冶炼废渣、城市矿山等）综合利用技术、黑色金属矿物加工粉尘和PM2.5 控制技术等大量新型环保处理技术应运而生。

（4）自动化技术和计算机技术的快速发展促进了我国黑色金属矿物加工自动控制和智能管理水平的大幅提高，国内选矿厂正由数字化选厂向智慧选厂转变。

2. 工艺矿物学理论及方法应用实践

2.1 我国黑色金属矿产资源的特点

我国铁矿资源的总体特点是蕴藏量大、分布广泛但又相对较为集中，主要分布于辽宁鞍本地区、四川攀西地区、河北冀东地区和邯邢地区、湖北大冶地区和鄂西地区、内蒙古白云鄂博地区、安徽马芜地区以及山西和云南等地；贫矿为主，富矿很少；成矿地质条件多种多样，矿床类型齐全；多组分铁矿比例大、共生矿价值高；矿石中有用矿物结晶粒度微细或含有害杂质组分过高，例如，广泛分布于我国南方的宁乡式铁矿因铁矿物粒度微细、含磷高难于脱除而成为典型的难处理铁矿石。据统计，我国 2/3 的铁矿资源由于难选或开采条件不理想、经济效果差而未能充分利用。国外铁矿分布广泛但资源量非常集中，巴西、澳大利亚、加拿大、俄罗斯、印度和美国等国的许多矿区的资源量都在 100 亿吨以上，其中不乏易采易选、有害杂质含量低的高品位铁矿石。

我国锰矿资源主要分布于广西、湖南、贵州、云南、四川、福建、陕西、山西等 21 个省、区，资源量超过 1 亿吨，但矿石质量较差、品位较低、氧化锰少、碳酸锰所占比例高，远远不能满足国家建设的需要。国外锰矿资源主要分布在非洲和俄罗斯，占世界总资源量的 80%以上，我国每年均需从国外进口上百万吨的氧化锰矿石。

铬矿是我国极缺矿产，探明达到资源量十分有限，而且多分布于西藏、新疆、内蒙古和甘肃等边陲地区，但因交通运输困难、勘探条件差而资源利用率低。就世界范围而言，铬矿资源分布极不均匀，仅南非、俄罗斯和津巴布韦三国即占世界总资源量的 95%。铬矿是冶金和国防工业不可缺少的矿种，我国资源不足，应强化找矿勘探工作和从伴生资源中开展综合利用的研究工作。

2.2 工艺矿物学研究的主要内容及目的

矿石选矿工艺矿物学研究主要是揭示矿石的选冶工艺性质特点，针对选冶工艺过程中出现的问题，为正确选择和制定选冶工艺流程提供科学依据。矿石选矿工艺矿物学研究的主要内容包括矿石化学成分、矿石矿物组成及含量、主要矿物的产出形式和嵌布特征、矿石结构构造、目的矿物的嵌布粒度及解离特性、有益有害元素的赋存状态和分布规律、矿石和矿物的物理性质及化学性质。

2.3 工艺矿物学研究的主要方法

工艺矿物学研究采用的研究手段及方法最主要的是光学显微镜、X 射线衍射、扫描电镜、多元素分析、元素化学物相分析、单矿物分离和物理性质测定等；根据研究内容的需要，还通常采用电子探针分析、差热分析、谱学分析等检测方法。近年来，工艺矿物学参数自动测定系统的出现提高了工艺矿物学研究的效率和精准度，其中代表技术为 MLA（mineral liberation analyser） 和 QEMSCAN（quantitative evaluation of minerals by scanning electronic microscopy），特别是 MLA 在工艺矿物学研究领域得到较广泛的应用，使工艺矿物学研究的水平提高到一个新的高度。

MLA 中文名为矿物参数自动分析系统，是由一台美国 FEI 公司生产的扫描电镜与一套澳大利亚研制开发的矿物自动识别系统组成。利用 MLA 不仅可以快速识别矿石或物料的组成矿物种类并统计出各种矿物的含量，同时还可测定矿物的嵌布粒度（特别是对粒度微细的矿物尤其有效）、统计不同磨矿细度条件下矿物的解离度，并可得出目的矿物连生体的类型及其镶嵌比例（如毗连型镶嵌、包裹型镶嵌）、与脉石矿物嵌连的脉石矿物所占比例，对选矿有着积极的指导作用。

QEMSCAN 由澳大利亚联邦科学与工业研究组织开发研制。该系统同样由扫描电镜和 1 ~ 4 个具有轻元素 Gresham X- 光探头的能谱、其自主研制的扫描电镜控制系统及能谱控制系统和软件组成。此系统既可以通过 X 射线能谱鉴定矿物，又可以通过背散射电子图像区分物相，其工作模式为利用背散射电子图像区分矿石颗粒和作为背景的环氧树脂，然后按确定模式布置 X 射线能谱分析点，并自动识别矿物。QEMCSCAN 可以自动测定解离度、矿物嵌布粒度、矿物相对含量、矿物嵌布复杂程度等工艺矿物学参数。

2.4 工艺矿物学研究的最新进展

随着矿产资源开发利用行业的发展，铁、锰、铬等黑色金属矿石选矿工艺矿物学研究工作取得了长足的进展，特别是对微细粒难选型铁矿石（如太钢袁家村铁矿、祁东铁矿和宁乡式铁矿）、难处理微细磁铁矿矿石（如西澳铁燧岩）、难处理氧化型褐铁矿矿石和菱铁矿矿石（如黄梅褐铁矿矿石和大西沟菱铁矿矿石）。总体来看，绝大部分工艺矿物学研究报告均能较详细地论述矿石的性质、系统阐述矿物的嵌布特征，较为完整地为选矿试验提供矿物含量、目的矿物的粒度组成和解离参数等三大基础数据。近年来，工艺矿物学研究工作在原有基础上，通常通过综合分析论述影响选矿指标的主要矿物学因素，从理论上分析出精矿品位和有益组分回收率偏低的原因。

与国外相比，我国工艺矿物学研究水平总体居于前列，主要体现在对矿石的性质认识较为深刻，所提供的数据能结合选矿工艺实际，对制订合理的选矿工艺流程具有较强的指导作用。国外工艺矿物学研究成果大多注重应用回归方程或直方图等数理统计的方法处理矿物嵌布粒度、矿物解离度等数据，对选矿指标进行分析预测。

2.5 工艺矿物学领域值得加强的方向

为提高精矿品位和有益元素的回收率，在黑色金属矿产资源开发领域中，目前较突出的问题是赤铁矿与共生含铁硅酸盐矿物（如透辉石、阳起石、绿泥石）的分离。由于赤铁矿和这些含铁硅酸盐矿物的磁性、密度均较为接近，因此无法通过单一磁选或重选工艺达到分选的目的，以致影响铁精矿的品位和铁的回收率，在太钢袁家村和安徽李楼等矿区均存在类似的问题。其中太钢袁家村影响强磁选铁精矿品位的矿物主要是绿泥石和角闪石，而安徽李楼则以角闪石居多。近年来，人们尝试通过正浮选或反浮选作业达到脱除含铁硅酸盐矿物的目的，结果虽然好于磁选或重选，但仍有较大的提升空间。为实现赤铁矿与含铁硅酸盐矿物的有效分离，浮选可能是一种较有发展前景的途径。但首先需要研究赤铁矿和含铁硅酸盐矿物的表面性质，具体内容包括矿物表层和吸附层元素的含量及分布、表层元素间的结合状态与结构、表层化学键。矿物表面性质的研究有助于选择合适分离赤铁矿 – 含铁硅酸盐矿物的药剂制度。

3. 黑色金属矿选矿技术进展

3.1 铁矿选矿技术进展

3.1.1 微细粒磁、赤铁矿选矿技术现状

3.1.1.1 高效碎磨技术

破碎磨矿能耗占整个选矿厂能耗的 50% 以上，而磨矿的能耗又占整个碎磨作业的 70% 以上，“多碎少磨”是选矿工作的基本原则。实现多碎少磨的关键是采用高效破碎设备，其中高压辊磨机和柱磨机均可将中碎产品破碎到 –5mm 甚至 –3mm，大幅度降低了入磨粒度，同时，辊压后产品的可磨性进一步提高。

磨不细与过磨现象并存是我国微细粒选矿技术中最突出的问题，选择性磨矿是减少过磨，提高选矿效率最关键的环节，选矿工作者在改变球磨机结构、磨机衬板形状和磨矿介质形状等方面做了大量工作，也取得了一定成效。随着矿石嵌布粒度越来越微细，细磨不

可避免，但球磨机的磨矿原理决定了球磨机最适用的磨矿粒度范围是 P80 > 37m，当磨矿产品粒度要求 P80 ≤ 37μm 甚至更细时，球磨机的磨矿效率显著降低，磨矿能耗急增。因此，采用更适合的高效细磨设备如塔式磨矿机和 ISA 磨矿机，改善磨矿产品粒度组成并降低能耗是今后的发展趋势。

3.1.1.2　预选抛尾技术

为了提高入磨矿石品位，节约选厂能耗，减少磨矿量，近年来预选抛尾技术得到了广泛应用。目前由于新型材料和复合磁系的应用，大块矿石干式磁选机分选区磁感应强度已从 150 ~ 180mT 提高到 240mT 以上，甚至最高可达 500mT。大块矿石干式磁选机的处理粒度上限已从 75mm 发展到 350mm 以上。

干磨干选工艺早期常采用干式棒磨机进行干磨，随着高压辊磨机的应用，高压辊磨－干式磁选工艺流程得到发展，主要针对品位 20% 以下的铁矿石的选别。高压辊磨机最终可将物料磨至 –0.5mm 甚至 –0.2mm，将高压辊磨机的一次产品送入打散分级机处理，得到粗粒、细粒和细粉三个级别的产品，粗粒产品返回高压辊磨机，细粒产品经过干式磁选机抛掉细粒尾矿，抛尾后的精矿返回高压辊磨机再磨。该工艺流程还可使细粉级产品连续多次通过干选机进行干式磁选，提高细粉精矿的品位。承德天宝矿业运用干磨干选工艺处理超贫钒钛磁铁矿，效果显著。最终，细粉精矿品位可达 40% 以上，回收率可达 95%。干磨干选流程实现了大量尾矿干排，延长了尾矿库使用寿命，减少环境污染，干式尾矿还可作为建筑用砂，增加了选厂的经济效益。该工艺流程可采用边磨边选的方法，及早抛出尾矿。

在湿式预选抛尾方面，巧妙地利用了重力、磁力和离心力协同作用的外磁系内选筒式磁选设备，实现粗粒湿式抛尾粒度可基本不受限制，既可去除大粒度围岩，也可保证细粒级磁铁矿回收。

3.1.1.3　回收高品质细粒铁精矿

新型高效精选设备——淘洗磁选机在处理微细粒磁铁矿过程中可替代部分磁铁矿选矿厂中的浮选作业，工艺高效环保。在处理信泰富 SINO 铁矿过程中，考虑到环保问题，淘洗磁选工艺替代浮选工艺，工业生产可以将精矿品位由 63% ~ 64% 提高到 68% 以上，作业回收率达到 89% 以上。

3.1.1.4　阴离子常温浮选技术

国内绝大部分铁矿选矿厂采用阴离子反浮选工艺提铁降硅，使用的捕收剂为脂肪酸类物质。捕收剂配制和所需浮选温度较高（配制温度通常为 50 ~ 70℃，矿浆温度一般为 35 ~ 40℃），导致浮选矿浆需要加温处理，增加了生产成本。常温高效铁矿捕收剂的研制成为浮选领域的研究热点。

长沙矿冶研究院对 CY 系列阴离子常低温浮选捕收剂在太钢尖山铁矿、山东华联铁矿、李楼低磷低硫的单一酸性中贫氧化铁矿的浮选中都获得了较好的浮选效果，低温浮选可获得与高温浮选接近的分选指标。东北大学研制出 DMP 等系列常温改性脂肪酸类捕收剂，对齐大山选矿厂、东鞍山烧结厂、司家营研山铁矿选矿厂的混合磁选精矿进行了反浮选试验，取得了良好指标。

3.1.1.5　含铁硅酸盐脉石分离技术

以太钢袁家村铁矿、安徽李楼铁矿等为典型代表的微细粒铁矿，其脉石成分除了石英之外，还含有表面物理化学性质与铁矿物极其相近的绿泥石、角闪石、阳起石等含铁硅酸盐，它们在阶段磨矿－强磁抛尾过程不但无法预先抛除，还会显著富集，而铁与含铁硅酸盐矿物的浮选分离理论研究少，二者的分离问题一直是个技术难题。长沙矿冶研究院通过多年的研究，成功开发出铁矿物与含铁硅酸盐脉石分离的阴离子反浮选药剂，在工业试验中取得了良好的反浮选效果。

3.1.1.6　高碳酸盐铁矿“分步浮选”技术

含菱铁矿、白云石等碳酸盐矿物的高碳酸盐赤铁矿石或磁铁矿石，总储量高达 50 亿吨，矿物组成复杂、结晶粒度微细，且随着碳酸铁含量的增加，选别指标日趋下降，尤其当原矿碳酸铁含量超过 4% 时，生产上无法处理，只能堆存，导致严重浪费和占用资源。鞍钢矿业公司与东北大学联合，系统研究了高碳酸盐铁矿石矿物可浮性的影响因素，发现细粒菱铁矿在石英和赤铁矿表面发生的吸附罩盖，造成石英和赤铁矿不能有效分选。提出了高碳酸盐赤铁矿石的“分布浮选”技术思路：先消除大部分菱铁矿，减小菱铁矿对石英和铁矿物表面的影响，再反浮选脱除石英。2013 年鞍钢东鞍山烧结厂采用该技术建成了年处理 170 万吨的工业化生产线，并在此基础上进行了工业试验，获得了总精矿铁品位 63.03%、回收率 63.77%，精矿品位 64.24%，作业回收率 75.61% 的分选指标。

3.1.1.7　粗粒浮选技术

研究普遍认为，粗粒浮选需要较大的矿浆浓度、较低的紊流强度、较大的气泡直径、较大的充气量、较小的矿化泡沫升浮距离、较小的泡沫层厚度，较大的浮选药剂用量，粗粒浮选工艺很少应用于黑色金属的选别。CLF 粗粒浮选机浮选来自加拿大魁北克的钛铁矿，矿样中 +300–1180μm 粒级含量达 76.27%，浮选效果良好。CGF 型宽粒级机械搅拌式浮选机，对于 –0.5mm 粒级的矿物浮选效果良好。该浮选机槽内上部区域满足粗粒级矿物浮选要求，槽内下部区域强化细粒级矿物的选别，实现了入选矿物粒级范围较宽的浮选。采用“强磁＋浮选”的主体工艺回收攀枝花密地选钛厂粗粒钛铁矿，使浮选钛铁矿的粒度上限由 0.1mm 提高到 0.154mm，浮选钛精矿 TiO_2 的品位达到 47.37%，粗粒级钛精矿回收率提高了一倍以上。目前，我国粗粒浮选工艺的应用研究相对滞后，尤其是黑色金属的粗粒浮选，鲜见于工业实践。

3.1.2　菱、褐铁矿选矿技术现状

磁化焙烧－磁选是菱、褐铁矿有效分选的重要技术，其技术的关键在于矿石的高效低耗磁化焙烧。目前得到工业生产运用的磁化焙烧方法有竖炉焙烧、回转窑焙烧和流态化磁化焙

烧。近年来随着流态化磁化焙烧热效率高、焙烧质量均匀、炉容积利用率高、操作方便可控可靠等优点，可实现难选弱磁铁矿资源高效、低成本地回收利用，得到大量深入的研究。

3.1.2.1 闪速磁化焙烧技术

据理论计算，流态化状态下相同质量的固体物料与气体的接触面积比回转窑内堆积态下的气固接触面积增加 3000 ~ 4000 倍、传热系数提高 10 倍以上，采用流态化技术可极大地强化焙烧过程的传热传质效率，使磁化焙烧过程可在数十秒内快速完成。因此，余永富院士提出了细粒铁矿石在流态化状态下快速完成磁化焙烧（闪速磁化焙烧）的工艺设想。余永富院士团队通过对冶金反应过程基础、矿石流化特性、磁化焙烧反应控制、磁化焙烧反应动力学等的研究，建立了闪速磁化焙烧理论体系；集成流态化技术、冶金技术、燃烧技术、矿物加工技术，开发了循环预热、尾气二次燃烧的闪速磁化焙烧新工艺和成套装置，形成了闪速磁化焙烧系统调控机制。期间先后对湖北黄梅铁矿、江西铁坑铁矿、湖北大冶尾矿库强磁粗精矿、重钢接龙铁矿、陕西大西沟铁矿、昆钢包子铺铁矿、鄂西鲕状赤铁矿等十余个矿山的矿样进行了“闪速磁化焙烧 – 磁选”试验研究，焙烧矿仅采用简单的弱磁选就能得到铁精矿品位 57% ~ 65%、铁回收率在 84% ~ 94% 的优良分选指标。与传统的物理分选工艺比较，不仅大幅度提高铁精矿品位 5 ~ 10 个百分点，铁回收率也可提高 30 个百分点以上，资源得以充分利用。

解决了低成本干式制粉、低 CO 浓度尾气再燃烧、自动控制和欠氧燃烧问题后，形成了闪速磁化焙烧系统工程技术，成功实现了首个 60 万吨 / 年菱（褐）铁矿闪速磁化焙烧 – 磁选产业化工程的工业生产。系统运行稳定，指标良好，对原矿品位 TFe32.52% 的菱、褐铁混合矿，工业生产中获得精矿 TFe57.52%、SiO_2 含量 4.76%、铁回收率 90.24% 的先进技术指标；该铁精矿四元碱度 1.144，具有自熔性，品质与鞍本地区 66% 铁精矿相当。原矿焙烧热耗 31.22kgce/t。经中国钢铁工业协会组织的评价（鉴定）会鉴定，“闪速（流态化）磁化焙烧成套技术具有突出的原始创新性，技术指标高，生产成本低，为国内外首创，整体技术达到国际领先水平”。

中国科学院过程工程研究所在复杂难选铁矿石流态化焙烧动力学及循环流化床反应器优化设计等方面开展了大量工作，并结合研究成果形成了复杂难选铁矿流态化磁化焙烧工艺，建成了年处理量 10 万吨的难选铁矿流态化焙烧示范工程，2012 年底进行调试，实现了稳定运行。

3.1.2.2 悬浮焙烧技术

东北大学提出了复杂难选铁矿悬浮焙烧技术，并设计出实验室型间歇式悬浮焙烧炉。利用设计的悬浮焙烧炉对鞍钢东鞍山烧结厂正浮选尾矿和鲕状赤铁矿进行了试验，获得了精矿铁品位 56% ~ 61%，回收率 78% ~ 84% 的实验室指标。采用电子探针、穆斯堡尔谱、Fluent 软件模拟等技术对细粒难选铁矿石悬浮焙烧过程中矿物的物相转化、矿石微观结构变化、颗粒的运动状态、悬浮炉内热量的传输等开展研究工作，形成了悬浮焙烧铁矿物物相转化控制、颗粒悬浮态控制、余热回收等核心技术。根据基础研究成果，东北大学与中国地质科学院矿产综合利用研究所和沈阳鑫博工业设计有限公司合作，在峨眉山市设计建成了 150kg/h 的复杂难选铁矿悬浮焙烧中试系统。以东鞍山烧结厂正浮选尾矿和眼前山磁滑轮尾矿经强磁选的精矿为原料，进行了扩大连续试验，磁化焙烧产品经磁选后达到了精矿铁品位 63% ~ 65%、回收率 78% ~ 83% 的分选指标。

3.1.2.3　深度还原 – 磁选技术

针对常规选矿方法和磁化焙烧技术也难以高效经济开发利用的复杂难选铁矿资源，国内相关科研人员提出了深度还原 – 磁选技术，即以煤粉为还原剂，在低于矿石熔化温度下将矿石中的铁矿物还原为金属铁，并通过调控促使金属铁聚集长大为一定粒度的铁颗粒，还原物料经磁选获得金属铁粉。深度还原 – 磁选技术为复杂难选铁矿的开发利用提供了新途径，成为近年来选矿领域研究热点之一。

东北大学、北京科技大学、河北联合大学、广西大学等多家单位围绕深度还原 – 磁选工艺及理论开展了大量的研究工作。鲕状赤铁矿、含碳酸盐赤铁矿、铁尾矿、羚羊铁矿石、赤泥、锌铁矿等含铁原料深度还原提铁试验表明，在最佳的还原温度、还原时间、煤粉用量条件下，可获得铁金属化率大于 90% 的还原物料，经磁选后可获得铁品位 85% ~ 95%、回收率大于 90% 的深度还原铁粉，该铁粉可以作为炼钢原料。

3.1.3　铁矿选矿技术发展趋势

未来铁矿选矿的研究方向以及工作重点应从以下几个方面着手：

（1）对于超贫磁铁矿，主要集中在高效碎磨设备和粗粒湿式磁选设备的开发与应用上。

（2）对于微细粒磁、赤铁矿，加强选择性磨矿和分级技术、超细磨设备的大型化等研究，加强适用于铁矿物与含铁硅酸盐矿物分选的捕收剂以及微细粒铁矿物分散、絮凝药剂的研发。此外，微泡浮选技术在微细粒矿浮选方面的优势日益突出，应加强其在微细粒铁矿选矿领域的应用。

（3）对于菱铁矿、褐铁矿，目前的主要任务是降低能耗、清洁生产，因此应围绕着提高热效率、强化固体粉尘和废气综合回收治理开展相关技术与装备研究。

3.2　锰矿选矿技术进展

3.2.1　锰矿选矿技术现状

由于我国锰矿石品位低、含杂质高、矿石结构呈隐晶质，嵌布粒度微细，且易泥化，导致选矿加工困难，因而常以锰集合体作为选矿富集的对象。目前，我国锰矿选矿常用方法为洗矿、筛分、重选、强磁选和浮选，以及特殊选矿法。

3.2.1.1　物理选矿工艺

（1）洗矿 – 筛分工艺。

锰矿质软易碎，多产生大量的矿泥，高时多达 30% ~ 40%，故较难选。近年来，国内外对锰矿洗矿、筛分作业都非常重视，它既有富集作用，又可为下步选矿提供方便。各类锰矿选矿厂中都设有洗矿作业，并由一次洗矿发展为二次或三次，甚至多次洗矿。

广西天等县低品位氧化锰矿，原矿 MnO_2 品位 13.53%，经过两次洗矿，并回收泥中细粒锰矿物，可得到 MnO_2 品位 22.71% 的精矿，回收率 87.99%，与原生产流程相比，锰回收率提高了 5%，多回收粉矿 8000 吨，经济效益明显。

（2）重选工艺。

重选工艺由于流程简单、成本低、对环境污染小，常作为优先考虑的工艺，但其对细粒级、微细粒级矿物分选回收较差，品位和回收率较低。近几年重选工艺没有大的进展，主要是在现有的重选流程中，通过分级和多次选别提高精矿品位及回收率。

格鲁吉亚的达尔克韦季碳酸锰矿石选矿厂入选矿石主要是锰方解石和菱锰矿等碳酸锰矿石，以及少量氧化锰矿石，原矿锰品位 20.2% ~ 22.0%。根据粒度不同，原矿分两段或三段破碎、洗矿和筛分，洗矿前的矿石破碎至 16 ~ 0mm，其中 16 ~ 5mm 矿石用直径 500mm 重介质旋流器两段分选，产出碳酸锰精矿。5 ~ 0mm 粒级进行跳汰选，产出氧化锰精矿，跳汰中矿再进行强磁选和跳汰选。可最终获得一级碳酸锰精矿、一级氧化锰精矿、供烧结用锰中矿等多种产品。

福建省连城锰矿兰桥矿区原工艺为洗矿 – 筛分 – 跳汰 – 棒磨 – 磁选，技术改造后，工艺流程为洗矿 – 筛分 – 大粒级跳汰 – 磁选 – 细粒级跳汰，技改后，跳汰精矿粒度由原来的大于 3mm 转为大于 6mm，更受冶金锰用户的欢迎，改变了产品结构，扩大了生产能力，产量提高了 45.38%，新流程采用细粒级跳汰机串联，尾矿由原有含锰 6% 左右可降至 3% 左右，使尾矿得到有效回收。

（3）磁选工艺。

磁选技术及设备近年来发展较快，磁选操作简单，易于控制，适应性强，可用于各种锰矿石选别，近年来已在锰矿选矿中占主导地位。大多选厂原有的重选流程被磁选取代或采用重选 – 磁选流程。

福建连城锰矿针对洗矿后粒度为 –1.0mm 的细粒级氧化锰矿尾矿进行试验研究。在原矿品位为 13.6%，采用单一强磁选工艺，在磁场强度为 1100kA/m 时，得到产率为 24.96%，含锰 38.62% 的精矿，回收率达到 74.10%，投产后得到品位为 40.32%，产率为 24.8%，回收率为 74.97%的锰精矿。

大新锰矿用中强磁选代替手选，由原来的洗矿 – 筛分 – 手选 – 磁选 – 重选 – 磁选联合流程改进为洗矿 – 筛分 – 中强磁选 – 重选 – 磁选工艺流程，冶金锰精矿品位达 28% 以上，锰的金属回收率提高 7.74 个百分点。

贵州铜仁白石溪矿区低品位锰矿石，在原矿品位为 10.96% 时，采用原矿（–12mm）一粗一扫干式磁选流程，取得了产率 60.78%、品位 16.47%、回收率 91.37% 的技术指标。

（4）浮选工艺。

近年来锰矿的浮选工艺研究和生产实践都得到重视，试验研究主要针对低品位碳酸锰、氧化锰矿，采用不同的药剂制度对矿石进行浮选试验，但浮选指标都不是很理想。锰矿石的浮选可以采用正、反浮选，目前国内外应用的是阴离子正浮选，阳离子反浮选尚处于试验阶段。由于锰矿大部分是碳酸盐类和氧化矿物，其表面易被水润湿，可浮性能差，加之浮选经营成本高，操作不易控制，因此浮选法较少应用于工业生产。

（5）联合工艺。

由于单一选矿工艺和分选力场难以满足复杂难处理锰矿石有效分选的需求。因此，复合力场和联合选矿工艺（重选 - 磁选、重选 - 磁化焙烧 - 磁选）在锰矿石上的应用受到国内外研究者的重视。

印度细粒铁质锰矿采用重选预先去除硅铝矿物，粗粒级（0.5 ~ 10mm）使用跳汰分选，细粒级（< 0.5mm）使用摇床分选；重选锰精矿再进行分级，< 0.3mm 的细组分经还原焙烧后以弱磁选脱除铁矿物，粗粒级用辊式磁选机两段磁选脱除铁矿物：一段强磁（磁场强度 1.7T）脱除硅质等非磁性矿物，一段精矿再在 1.1T 磁场强度中实现铁、锰分离，提高 Mn/Fe 比。

大新低品位氧化锰粉矿采用先磁选后跳汰的联合选矿流程，磁选采用辊径为 375mm 的 CS-1 型强磁选机，跳汰采用 300mm × 300mm 下动型隔膜跳汰机，最后得到锰品位为 38.60% 和锰品位为 31.95% 的两种精矿，效果很好。

3.2.1.2　特殊选矿工艺

特殊选矿法通常指火法选矿法、化学选矿法和生物选矿法等。

（1）火法选矿。

对于不能直接冶炼铁合金的贫锰矿或铁锰矿，常采用火法富集。我国除中性焙烧法外，其他各种特殊选锰方法还只是停留在实验室研究阶段，未能应用于工业生产。火法选锰是处理高磷、高铁难选贫铁锰矿石和多金属共生锰矿的一种分选方法，又称富锰渣法，它是指在高炉或电炉内使铁磷选择性还原出来，而锰以 MnO 的形式富集于渣中。对于难选贫锰矿和锰矿泥，可采用连二硫酸钙浸出法、硫酸亚铁浸出法、二氧化硫（亚硫酸）浸出法等化学选矿的方法进行处理。其工艺技术较为成熟，已实现了产业化。目前随着工艺的不断改进，采用高炉冶炼，在生产出富锰渣的同时，可回收铅、银等共伴生金属。

在传统煤炭还原焙烧法工艺上发展了绿色清洁的秸秆还原焙烧 - 浸出法，用此法锰的浸出率达到 90.2%。采用玉米秸秆为代表的植物副产生物质全湿法分离锰银，在相同酸消耗情况下，植物副产湿法浸出的锰浸出率接近煤焙烧浸出，而银在浸锰液中溶出率远低于煤焙烧浸出，从而实现锰、银浸出分离。

（2）化学选矿。

化学选矿一般处理微细粒嵌布锰矿或多金属难处理矿。针对碳酸锰矿和大洋锰结核提取技术有新的突破。张东方等人对锰品位 13.28% 的银锰矿进行了酸浸出，锰浸出率大于 97%。柴婉秋等人对大洋锰结核进行了硫酸浸出试验，铜、钴、镍的浸出率分别为 95.58%、99.61%、98.74%，锰、铁浸出率分别为 98.6%、25.54%，实现了多金属的高效综合回收。

（3）生物选矿。

生物冶金技术对低品位、结核锰矿石的还原浸出应用前景广阔，且其应用范围逐渐扩大。此外，重视湿法浸出与微生物选矿工艺的工艺和机理研究，加强微生物的培养技术及其在锰矿石中的应用技术研究。

3.2.1.3 选冶联合工艺

近年来，选冶联合法处理难选锰矿石得到了一定的应用。

对高铁高硫磷难选碳酸锰矿石、多金属共生锰矿石主要采用强磁选和强磁－浮选、火法富集或选冶联合流程。微细粒状浸染贫锰矿石中锰矿物结晶粒度极细，嵌布均匀，锰含量一般在 15% 以下，单采用机械选矿联合流程不能获得满意指标，采用机械选矿与火法选矿法或者化学浸染联合方法处理，为此类难选锰矿石找出了一条有效分选途径。

3.2.2 锰矿开发利用存在的问题

目前，我国锰矿资源开发利用存在着以下主要问题：

（1）锰矿资源依赖进口，严重制约着锰铁行业的发展

我国虽然储藏着大量的锰矿，但均为贫矿，品位极低，规模小，只能依赖于进口锰矿。近年来，我国每年进口锰矿达百万吨，当前，国际上锰矿出口国趋于大型化、垄断化，锰矿的价格不断上涨。

（2）锰矿企业集中度低，开采工艺落后

我国锰矿以群采小矿山为主，企业集中度低，矿山管理较为混乱，没有形成集约化、规模化的格局，采富弃贫现象普遍，矿山回采率低，综合回收率仅 60% 左右，造成锰矿资源的极大浪费。

（3）设备陈旧和生产工艺落后，制约了锰矿高质产品的发展

我国锰矿生产企业的工艺、技术装备落后，高质锰产品的发展较慢，如国外生产的锰系铁合金含磷量可达 0.05%，而我国生产 0.25% 含磷量的高碳锰铁仍有困难。

3.2.3 锰矿选矿技术发展趋势

锰矿选矿与其他金属矿选矿有共性，但也有其特殊性。由于我国锰矿贫、细、杂现象突出，低品位锰矿通过选矿实现“贫变富”是我国锰业需要长期坚持的技术方针。我国锰矿选矿发展方向主要体现在以下几个方面：

（1）锰矿工艺矿物学和选矿工艺研究。我国锰矿矿石结构较为复杂，正确细致的工艺矿物学研究对合理选矿工艺的确定和改进具有很强的指导意义。

（2）加强联合流程的应用，包括选冶流程。近十多年的选矿实践证明，对于低品位

锰矿和多金属共伴生锰矿而言，单一的选矿方法难以取得理想的分选效果，而针对矿石特点，采用联合流程则更为有效和经济，在今后的选矿过程中应继续加强联合流程的应用。

（3）继续开展洗矿、分级、重选、磁选工艺和设备的研究。通过工艺优化和新型高效设备的研究和开发，可有效提高分选效率和回收率。

（4）加强浮选研究。浮选成本虽然相对较高，但它在处理难选矿物和提高精矿品位上优势明显，而且研究重点为高效药剂的开发。

（5）选冶新工艺、新装备、新药剂的研究和开发。

（6）化学选矿方法的工业应用。

（7）锰矿选冶过程中的“三废”，即尾矿、废渣和废气的综合利用及清洁生产。

3.3 铬矿选矿技术进展

3.3.1 铬矿选矿技术现状

目前已探明的铬矿资源大多属低品位（Cr_2O_3 含量 10% ~ 40%）铬矿石，需要选矿富集。铬矿的选矿方法可以分为两大类，即物理法与化学法，化学法又分为湿法和火法。

3.3.1.1 重选

一般铬矿密度大且多呈块状、条状和斑状粗粒浸染，因此，目前铬矿选矿生产实践通常采用螺旋溜槽、摇床、跳汰等重选工艺，其中螺旋溜槽处理量大、摇床分选精度高而更是应用普遍。苏丹某低品位铬铁矿采用螺旋溜槽抛尾 – 摇床精选工艺流程，可获得 Cr_2O_3 品位 48.73%，回收率 86.90%的铬精矿；印度某地低品位铬铁矿采用螺旋溜槽抛尾 – 螺旋溜槽精选 – 中矿再磨后分级摇床选别流程，可以获得产率 43.17%、Cr_2O_3 品位 45.97%、回收率 81.83% 的铬精矿。重选成本低、对环境无污染、选矿效率高，我国西藏罗布莎铬矿、甘肃大道尔吉铬矿、商南铬矿、贺根生铬矿，津巴布韦塞鲁奎铬矿，土耳其贝蒂·凯夫铬矿、卡瓦克铬矿，塞浦路斯岛塞浦路斯铬矿，菲律宾的马辛诺矿等均采用此法。

铬矿碎磨过程中易产生严重泥化现象，分级重选工艺广泛应用于铬矿工业生产。某铬铁矿采用筛分分级 – 粗粒摇床重选 – 细粒螺旋溜槽重选 – 中矿再磨螺旋溜槽重选工艺流程，可获得 Cr_2O_3 品位为 44.89%、Cr_2O_3 回收率为 10.01%的粗粒精矿和 Cr_2O_3 品位为 46.45%、Cr_2O_3 回收率为 83.17%的细粒精矿。

某 Cr_2O_3 品位 6.82% 微细粒铬铁矿，泥化现象严重，采用重选前分级 – 两段螺旋溜槽 – 粗细分级 – 两段摇床工艺流程，可以获得 Cr_2O_3 品位 49.20%、回收率 54.39% 的精矿。南非某铬铁矿尾矿 Cr_2O_3 品位 23.07%，采用磨矿 – 分级 – 重选流程可以获得 Cr_2O_3 品位 46.36%、回收率 81.21% 的技术指标。

3.3.1.2 磁选

铬矿具有弱磁性，根据铬矿与脉石矿物的磁性差异，通过强磁选可实现铬矿与脉石矿物分离，如芬兰的凯米、土耳其的 Kefdagi、阿尔巴尼亚库克斯铬矿均采用强磁工艺流程；

对含磁铁矿的复合铬矿大多采用弱磁－强磁流程，分别回收磁铁矿、铬矿，磁选工艺具有流程简单、生产成本低、设备处理量大、自动化程度高等优点。

阿尔巴尼亚库克斯铬铁矿采用磁选流程可获得精矿 Cr_2O_3 品位 47.61%，回收率 96.26%的指标。强磁选抛尾量大，尾矿品位低。矿石通过强磁一粗一扫，可得 Cr_2O_3 品位 7.61%，回收率 96.26%的铬精矿。

3.3.1.3　磁重联合

铬矿选矿综合利用弱磁、强磁、摇床、螺旋溜槽等磁重联合工艺，是铬矿选矿工艺未来发展的一种重要趋势，充分利用铬矿的弱磁性及密度特性，采用磁选－重选联合工艺回收铬矿，在铬矿选矿领域应用越来越普遍。如四川大槽贫铬铁矿（$Cr_2O_3$8.57%）采用强磁－摇床重选－中矿再磨－强磁－摇床联合流程，可获得 Cr_2O_3 品位 40.75%、回收率 78.53% 的铬精矿。国外某低品位铬矿石采用弱磁－强磁－弱磁精矿再磨－摇床重选－强磁精矿分级－摇床重选工艺，可获得 Cr_2O_3 品位 45.12%、回收率 65.08%的铬精矿。菲律宾低品位高铁坡积铬铁矿应用洗矿脱泥－粗细分选－螺旋溜槽－摇床－弱磁选工艺流程，可获得产率 3.76%、Cr_2O_3 品位 44.15%、Cr_2O_3 回收率 34.23%、铬铁比 1.69 的铬精矿。

3.3.1.4　复合力场分选技术

近年来，针对细粒、微细粒铬矿高效回收利用，开发包括重力、离心力在内的复合力场分选装备及成套工艺技术，如多重力场选矿机（MGS）高效选矿工艺，将低品位（Cr_2O_3 品位 9.3%）土耳其铬矿，破磨至 -1mm 进行分级入选，+0.1mm 粒级采用摇床选别，可获得品位 45.03% ~ 40.30% 的铬精矿，摇床中矿磨至 -0.1mm，与原矿中 -0.1mm 粒级合并后采用多重力场选矿机（MGS）选别，可获得精矿 Cr_2O_3 品位 50.40%、回收率 84.70% 的良好指标。印度低品位铬铁矿石借助粗细分选，粗粒级（0.9mm ~ 0.3mm）采用螺旋选矿机选别，可获得 Cr_2O_3 品位 40.5% 的精矿；细粒级（-0.3mm）经摇床、微细粒级（-0.06mm）经离心分选，可获得 Cr_2O_3 品位 41.6% 的精矿，采用离心选矿机可有效选别 -0.06mm 细粒级铬矿石，采用 Φ600mm × 1000mm 双头离心摇床处理 -0.074mm 粒级铬矿石（原矿 $Cr_2O_3$6.4%），可得含 $Cr_2O_3$40.13%、回收率 49.22%的铬精矿。

3.3.1.5　电选

利用导电率的差异实现铬矿与脉石矿物的分离，美国加利福尼亚州、日本北海道砂铬均应用电选工艺。

3.3.1.6　浮选

浮选是选别微细粒铬矿的有效方法，化学组成差异影响铬矿的表面电化学特性（如零电点）及可浮性，阴离子捕收剂（如油酸、塔尔油）、阳离子捕收剂（如十二烷基氯化铵、C16 ~ C18 混合胺）均可作为铬矿的捕收剂，如津巴布韦铬矿、克拉斯诺尔选矿厂均应用浮选法生产，加强铬矿新型浮选药剂的研究、强化微细铬铁矿选择性浮选，对采用浮选工艺回收铬矿资源具有重要意义。

3.3.1.7　化学选矿

对于一些矿石结构复杂的铬矿石采用物理选矿方法难以有效回收，采用化学选矿是实现铬矿资源高效回收的一种重要工艺，包括选择性浸出、氧化还原、熔融分离、硫酸及铬酸浸出、还原及硫酸浸出等，如加拿大的曼尼托巴乌河铬铁矿重选只能选出铬/铁比为1:（1 ~ 1.48）、含 $Cr_2O_3$35.5% ~ 41.6%的铬精矿（低于冶金级铬精矿的要求），采用氧化还原法生产氧化铬，可获得含 $Cr_2O_3$90%、回收率93%的氧化铬。

将低品位铬精矿氧化焙烧制成氢氧化铬，再转化成铬铵钒电解产出金属铬，或用伯胺萃取提钒铬新工艺，可生产出 $Cr_2O_3$95 ~ 98%的产品，铬萃取率98%，反萃取率100%，为攀西地区红格矿中铬钒回收提供了新工艺。

化学选矿法在处理低品位复杂铬矿方面具有一定的优势，加强铬矿的化学选矿工艺研究及其选冶工艺的联合应用是未来铬矿选矿的重要趋势之一。

3.3.2　铬矿选矿技术发展趋势

国内外铬铁矿选矿研究发展及生产实践现状表明，应用复合力场、分级分选、磁重联合工艺是当前铬铁矿选矿技术的主要发展趋势。

由于铬铁矿密度大且多呈块状、条状和斑状粗粒浸染，因此目前铬铁矿选矿研究及生产实践中所采用的工艺主要以粗细分级－重选流程为主，一般粗粒富矿采用跳汰或重介质分选设备，而细粒采用摇床、螺旋选矿机或螺旋溜槽等，其中摇床因其分选精度高，应用比较普遍，采用重选工艺分选时，对粒度差异较大的铬铁矿采用多种不同的重选设备（如跳汰机、摇床、螺旋选矿机等），工艺流程比较复杂；其次是重选－磁选联合工艺，一般用弱（中）磁选脱除重选精矿中的强磁性矿物以提高铬/铁比，湿式强磁选用于预选抛尾，干式强磁选用于获得精矿。

铬矿石选矿技术进步发展方向：

（1）加强复杂难选铬铁矿石的工艺矿物学研究，为提出清洁环保、高效节能的选矿工艺流程及合理的分选指标奠定基础。

（2）近年铬矿选矿技术研究焦点集中在如何对低品位铬铁矿进行高效选矿，以提高铬资源利用率，加大低品位铬铁矿石预选设备和配套技术及磁重浮联合工艺流程的开发与应用。由于强磁选技术的发展，为微细粒铬铁矿的预富集提供了可能，预示磁重浮联合使用有可能获得更佳选矿效果和分选指标。

（3）开发离心多重力场重选设备、选择性絮凝分选技术、柱式浮选技术等微细粒铬铁矿回收技术与装备。

（4）应用阶段磨矿－阶段选别工艺、高效磨矿、精细分级技术，减少泥化。

（5）加强铬矿石共伴生组分、铬渣等二次资源综合回收利用技术研究。铬渣是重要的二次资源，铬渣中分离、回收铬的技术符合我国循环经济发展的理念，为减少污染而进行无废选矿，提出合理的清洁环保、节能高效的选矿方法和工艺流程及最佳指标，在低成本条件下，从铬渣中更有效地分离铬以及回收更纯的含铬产品也是今后的研究重点和发展方向。

4. 黑色金属矿高效分选药剂设计、开发及清洁合成

4.1 药剂设计新理论新方法

4.1.1 概述

浮选药剂的作用主要是选择地提高矿物表面疏水性及矿物在气泡上黏附的牢固度，因此在调节矿物表面性质、提高矿物浮选速度和选择性等方面，浮选药剂起着极为重要的作用。浮选药剂的选择和使用是提高浮选指标最重要的环节之一。随着黑色金属矿产资源的不断贫化，依靠传统的重选、磁选等选矿方法难于提高矿山企业的生产效益，选矿成本日益增加。为解决这一问题，需要更加深入地进行基础理论研究，从理论上了解药剂与矿物之间的作用机理。国内外学者做了大量的有关浮选药剂结构与性能关系研究的基础工作，研究键合原子性质、极性基几何尺寸、极性基在分子中的位置和数目、非极性基链长、非极性基结构对极性基的诱导效应和共轭效应、非极性基空间位阻等各种因素对浮选药剂性能的影响，相继提出了进行浮选药剂分子设计的“溶度积假说”“稳定常数假说”“同分异构原理”、CMC 判据、HLB 判据、等张比容判据、基团电负性判据、分子轨道指数判据等一系列理论和方法，把浮选药剂的分子设计引入定量设计的阶段。最近几年，黑色金属矿选矿药剂在原有的分子设计的理论基础上，借鉴了硫化矿及其他氧化矿选矿药剂分子设计的原理，提出和发展了新的分子设计理论和方法，对提高金属实收率、节能降耗、改善环保等方面起了很大的作用。

4.1.2 分子模拟方法在黑色金属矿选矿药剂分子设计中的新进展

分子模拟方法可以用来设计和筛选浮选药剂分子，方法主要包括分子轨道法、分子力学及动力学方法等。分子力学及动力学方法则是在量子化学基础上发展起来的应用于浮选药剂分子设计领域的最新方法，基于药剂分子在矿物表面的吸附作用能，逼近适合给定矿物表面的最好的药剂分子结构。由于分子模拟方法是基于完全的理论计算，与传统的试验相比较，此方法可以评价更多的药剂分子、节省试验成本和时间、增加试验的安全性并指导提高试验的针对性。

基于密度泛函理论计算表明，相比于脂肪胺和醚基脂肪胺，酯基脂肪胺在石英表面吸附的作用能更强；Gemini 双季铵盐铁矿反浮选捕收剂乙烷 -1，2- 双（二甲基十二烷基溴化铵）亲固基上的 Mulliken 电荷布局远高于传统铁矿反浮选捕收剂氯化十二铵亲固基上的 Mulliken 电荷布局，前者更容易通过静电吸引的机制吸附于荷负电的石英表面，捕收能力更强。

4.1.3 选矿药剂与矿物界面作用的“镜像对称规则”

浮选药剂与矿物界面间的化学吸附遵循“镜像对称规则”，即矿物表面具有断裂键

（悬空键）的金属离子倾向于与含有矿物晶体阴离子的浮选药剂作用。浮选药剂与矿物界面作用“镜像对称规则”的本质是系统能量最低及分子轨道匹配原则。氧化矿表面具有断裂键的金属离子 M 容易与含氧的药剂作用，形成浮选药剂与矿物界面间的镜像对称结构（O–M–O）。因而金属氧化矿的浮选捕收剂一般采用键合原子为氧的药剂，如脂肪酸、烷基膦酸（脂）等，抑制剂也常用键合原子为氧的淀粉、CMC 等。同样，磷酸盐矿物的浮选与抑制形成浮选药剂与矿物界面间的镜像对称结构（PO_4–M–PO_4）；硫酸盐矿物的浮选与抑制形成浮选药剂与矿物界面间的镜像对称结构（SO_4–M–SO_4）；硅酸盐矿物的抑制形成浮选药剂与矿物界面间的镜像对称结构（SiO_3–M–SiO_3）。“镜像对称规则”简单、直观，对于特定矿物表面的金属阳离子，通过“镜像对称规则”，应设计选矿药剂键合原子或原子团与矿物晶体内的阴离子相同、对称。

4.1.4 “氢键耦合与多极性基协同”在浮选药剂分子结构设计中的应用

氢键耦合与多极性基协同设计主要是通过在亲矿物基的 α－位引入易生成氢键的 O–H 或 N–H 基团，增加药剂分子中的极性基数目，利用氢键耦合与多极性基协同原理强化捕收剂与矿物表面的吸附，提高捕收剂的选择性。

脂肪酸 α－位上引入多氨基的 DTX–1 捕收剂和十二酸 α－位上引入癸烷醚胺基的 α－癸烷醚氧基十二酸捕收剂都取得了浮选铁矿的良好指标。

氢键耦合与多极性基团协同设计方法不仅能丰富和发展常温浮选捕收剂的构效原理，还能实现铁矿石阴离子反浮选过程中的低温浮选。

4.1.5 浮选组合药剂协同效应研究进入定量阶段

由两种或两种以上的矿用药剂按一定的比例进行组合应用于浮选的药剂通常称为组合药剂，又称混合药剂或联合药剂。浮选药剂的组合使用能够发挥不同药剂之间协同效应，从而获得更为理想的浮选选别指标。

铁矿阴离子反浮选组合用药应用广泛，但对于组合药剂的协同效应机理研究较少，组合药剂的选择主要凭经验。最近通过量子化学计算、热力学计算、基团电负性计算和极性基团几何尺寸计算发现：碳链长度影响浮选药剂的疏水性，但几乎不影响价键特性，碳链长度相差越大，组合药剂浮选效果越好，协同效应越明显；碳链不饱和度影响药剂的价键特性和疏水性，不饱和度相差越大，价键特性和疏水性差别越大，协同效应越明显；乳化剂使溶液表面张力下降越大，浮选效果越好，浮选效果与疏水碳链间相互作用强度密切相关；药剂极性基几何尺寸越大，其选择性越好。药剂协同效应的定量研究为组合药剂的合成和开发指明了方向。

4.1.6 药剂分子设计发展前景及展望

针对目的矿物的浮选药剂分子设计仍然存在着巨大的挑战，在现有研究成果基础上，对药剂分子设计的发展前景作如下展望：

（1）在未来的研究中，应更多考虑基于量子化学的矿物表面的结构、组成、性质及其变化。目前针对浮选药剂分子设计的研究不成比例地集中在了捕收剂的结构与性质之间的关系上，而矿物表面的角色却被低估甚至忽略了。为设计针对具体的矿物表面的捕收剂，应更注重对矿物表面物理化学性质的研究。

（2）分子模拟被证实是一种用于分子设计的新的有效手段，能模拟几千个原子组成的体系，并且能同时考虑药剂及矿物的结构特征，然而，分子模拟只能考虑矿物表面与药剂间的范德华力及静电作用，却不能处理包括离子键及共价键在内的化学键的作用，因此，需要引入能同时利用量子化学及分子动力学的更先进的分子模拟技术来为浮选药剂的分子设计构建更有效、更科学的框架。

（3）量子活度能量方程包括对捕收剂与矿物表面的结构及组成同时进行模拟，它能量化不同分子碎片对相互作用能的贡献，让科研工作者更具体地理解浮选药剂结构与性质间的关系，根据量子活度能量方程，不难估计针对特定矿物的任何捕收剂的捕收能力及选择性，是对针对特定矿物的浮选药剂进行设计和选择的有效手段，然而，需要建立和通过研究进一步完善捕收剂单点能计算及周期性的矿物表面的计算能量关系。

在未来的浮选药剂分子设计中，绿色化学应当成为一项必需的准则，绿色合成方法学及毒理学的飞速发展能进一步促进药剂合成的低毒性及环境友好性，同时具有高效性和更强的选择性，并考虑对浮选药剂的气味进行改善。

4.2 新型药剂开发及实践

4.2.1 铁矿浮选药剂

铁矿浮选药剂一直是我国选矿药剂研究的重点和热点，这主要是由我国铁矿资源的贫、细、杂等特点所决定的，几十年来我国铁矿选矿药剂的研究已取得举世瞩目的成绩。

4.2.1.1 我国铁矿选矿药剂研究进展

（1）阴离子捕收剂。

我国是世界上最早推广采用阴离子反浮选工艺进行脱硅的国家，从20世纪50年代开始，我国科技工作者就将阴离子捕收剂用作浮选铁矿，在强碱性介质中采用钙离子活化硅质矿物和抑制铁矿物，使铁矿物与硅质矿物的可浮性差异变大，提高了选择性，不但可以获得高质量浮选铁精矿，并且对入浮物料性质的变化具有良好的适应性，目前我国主要铁矿企业使用的主要是阴离子反浮选工艺。常用的阴离子捕收剂主要有脂肪酸类、羟肟酸类等。

1）脂肪酸类捕收剂。近几年脂肪酸类捕收剂的研发方向主要为脂肪酸改性，即在脂肪酸中引入卤素、羟基、氨基、磺酸基，进行硫酸化、氧化、过氧化、乙氧基化等处理，制备如氯代酸、氨基酸、羟基酸、磺化脂肪酸、硫酸化脂肪酸、自由基过氧化脂肪酸、乙氧基脂肪酸等，或者它们的混合组合物，以提高药剂浮选活性、分散性、选择性以及耐低温等浮选性能。如齐大山 / 鞍千 / 弓长岭铁矿、唐山司家营铁矿、太钢袁家村铁矿、安徽李楼/金日盛铁矿、湖南祁东铁矿等均采用此类捕收剂。

2）螯合捕收剂。螯合捕收剂是分子中含有两个以上的O、N、P等具有螯合基团的捕收剂，如羟肟酸、杂原子有机物等。由于该类捕收剂能与矿物表面的金属离子形成稳定的螯合物，其选择性比脂肪酸类捕收剂明显提高。但此类药剂对水质要求较高，有毒且成本高。

（2）阳离子捕收剂。

我国铁矿阳离子反浮选起步晚，药剂研究相对较少，近年来，随着我国大力提倡发展集约型经济，节约成本、降低能耗、友好环境，阳离子捕收剂具有高选择性和耐低温性能，可弥补阴离子捕收剂的不足，充分发挥阳离子浮选工艺药剂制度简单、耐低温、使用方便的特点，可降低选矿生产成本，提高经济效益，应该加强阳离子捕收剂的研究和应用，如酒泉选矿厂、陕西大西沟菱铁矿石等采用阳离子捕收剂均取得了较好的浮选效果。

（3）两性捕收剂。

两性捕收剂分子中同时含有阴离子和阳离子两种官能团，具有一些独特的性质，可以改善药剂的水溶性、抗低温性和抗盐性，在较宽的pH范围内具有捕收能力和选择性，现仅停留在机理研究和实验室试验阶段。

（4）组合用药。

浮选药剂的组合使用能够发挥不同药剂之间的协同效应，从而获得更为理想的浮选指标。

在铁矿石阳离子反浮选工艺中，单用胺类阳离子捕收剂效果比较差，工业应用多为具有不同碳链的混合脂肪胺，或者是不同碳链的单一胺类，其组合使用具有明显的协同作用。在矿粒与气泡之间，长烃链脂肪胺与短烃链互相结合，可以改善气泡和矿粒间的黏附强度，从而有利于提高浮选效果。

非离子性表面活性剂与阴离子、阳离子型浮选捕收剂的组合可以提高捕收剂在矿浆中的分散性，降低捕收剂临界胶束浓度，增加其在矿物表面的吸附浓度；又可以强化捕收剂非极性基团的亲固能力，增强药剂的选择性和耐低温性能。

（5）调整剂。

国内用于铁矿反浮选的pH调整剂主要是NaOH和$NaCO_3$；铁矿反浮选一般采用石灰作为活化剂，其他一些高硫铁矿脱硫用$CuSO_4$作活化剂，有利于硫铁矿的浮选；铁矿反浮选抑制剂主要有淀粉及其衍生物，国内主要矿山一般用NaOH苛化的玉米淀粉做抑制剂，而糊精、羧甲基淀粉、磷酸酯淀粉、氧化淀粉等淀粉衍生物仅用于实验室理论研究，无工业应用实例；铁矿正浮选工艺中一般选用氟硅酸铵、氟硅酸钠、水玻璃、改性水玻璃、偏磷酸盐类等作为石英、硅酸盐等脉石矿物的抑制剂。

4.2.1.2 新型铁矿药剂的研究方向

由于我国铁矿资源具有贫、细、杂的禀赋特性，对选矿工艺和选矿药剂的要求均较高，特别是随着国家对节能减排等环保措施的重视程度越来越高，开发和使用绿色高效新浮选药剂是未来的发展趋势。

（1）绿色低温捕收剂的研发及应用。CY 系列低温捕收剂是通过在脂肪酸中引入酰胺基、羟基等官能团，并添加乳化剂、增效剂和辅助捕收剂等，目的是提高药剂活性、分散性、选择性以及耐低温等浮选性能，使用时直接用水配制，与传统药剂相比，浮选温度可降低 10 ~ 20℃，适用于各类铁矿反浮选除杂，具有良好的捕收能力、选择性、耐低温性等，与速溶型抑制剂 CYZ 系列配合使用，可实现整个配药系统及浮选系统无需加温，为矿山企业实现绿色环保、节能减排提供了新途径。

阳离子捕收剂具有高选择性和耐低温性能，可弥补阴离子捕收剂的不足，充分发挥阳离子浮选工艺药剂制度简单、耐低温、使用方便的特点，可降低选矿生产成本，提高经济效益。YA–20 新型阳离子捕收剂有效解决了常规阳离子药剂泡沫流动性差这一技术难题，具有捕收能力强、选择性好、泡沫流动性好、药剂制度简单、稳定可靠、操作维护方便等优点，可有效实现精矿品位高和回收率高的双高目标，适用于磁铁矿、赤铁矿、褐铁矿等铁矿反浮选脱硅除杂。

（2）简化反浮选选矿药剂制度。现阶段铁矿浮选一般采用阴离子捕收剂反浮选作业，使用药剂种类多，多种不同类药剂的添加，量间的控制时常会影响指标。因此，研究铁矿高效调整剂和捕收剂使铁矿反浮选使用药剂种类减少至一到两种也是未来药剂发展的方向。CY–58 阴离子捕收剂具有自活化性能，对石英、硅酸盐等脉石为主的铁矿具有捕收能力强、选择性好、浮选过程不需要添加活化剂、药剂制度简单等特点。

（3）难选含铁硅酸盐矿物浮选药剂研发。铁矿石的脉石矿物除石英外，还有大量绿泥石、角闪石、阳起石等复杂难选含铁硅酸盐矿物，其易富集于强磁精矿中，常规浮选捕收剂难以去除。“一矿一药”的新理念通过在捕收剂中引入与复杂难选含铁硅酸盐中的 Al^{3+}、Mg^{2+} 或者其他组分有选择性螯合作用的基团，并对捕收剂活性官能团进行强化和嫁接形成多个亲固基团活性点以增强其捕收能力，进而可根据矿石难选脉石的种类而合成各种适应于不同含铁硅酸盐矿物浮选的捕收剂。

4.2.2 锰矿浮选药剂

为有效开发和利用锰矿资源，难选锰矿的浮选技术受到了选矿工作者的重视。由于氧化锰矿物表面易被水润湿，可浮性较差，因此，氧化锰矿的浮选分选目前仍处于研究阶段。碳酸锰矿由于可浮性较好，在浮选药剂和工艺研究方面都取得了一定的成绩。

碳酸锰矿的浮选技术根据捕收剂种类不同主要分为两种：一是用阴离子捕收剂正浮选碳酸锰矿物；二是用阳离子捕收剂反浮选脉石矿物。

4.2.2.1 正浮选药剂

碳酸锰矿的浮选工艺普遍采用阴离子正浮选，捕收剂一般采用油酸、油酸钠、氧化石蜡皂、石油磺酸钠、塔尔油、环烷酸、烷基羟肟酸等羧酸类药剂。在浮选过程中常添加一定的促进剂燃料油和煤油，可加强捕收剂在矿物表面的疏水作用。碳酸锰矿阴离子正浮选工艺中常用的调整剂有碳酸钠、水玻璃和六偏磷酸钠等。

4.2.2.2 反浮选药剂

碳酸锰矿的反浮选工艺主要采用阳离子捕收剂浮选矿石中的硅酸盐等脉石矿物。阳离子捕收剂主要有酰胺、醚胺、多胺、缩合胺及其盐类，并不断向季铵盐、亚胺脲、酰胺基胺等领域发展。目前碳酸锰矿阳离子反浮选技术存在着浮选泡沫发黏、选择性差、受矿泥影响大以及后期输送、过滤困难等实际生产问题，使得碳酸锰矿反浮选工艺主要处于试验研究阶段，并未在实际生产中广泛应用。

在碳酸锰矿反浮选工艺中，可通过抑制锰矿石的可浮性实现与脉石矿物的有效分离。抑制锰矿物的药剂主要有糊精、淀粉、六偏磷酸钠、水玻璃、三聚磷酸钠、羧甲基纤维素、单宁、淀粉、栲胶等。

4.2.3 铬矿浮选药剂

铬矿密度较大且呈块状、条状和斑状粗粒浸染，目前铬矿选矿研究及生产实践所采用的工艺仍以分级－重选为主，其次是重选－磁选联合工艺，而浮选工艺鲜有报道。

4.3 助滤剂、助磨剂、水处理剂等其他药剂开发与实践

4.3.1 助滤剂

近年来，随着黑色金属矿资源禀赋性恶化和矿物加工技术不断进步，微细粒矿产品日益增多，脱水过滤技术显得尤为重要，其中通过添加化学助滤剂强化过滤脱水具有简单易行、投入费用低廉、见效快等优点，正受到越来越多的重视。铁矿过滤常用的化学助滤药剂分为两种类型：表面活性剂和絮凝剂，其中前者应用较多，主要通过降低溶液表面张力和使固体表面大面积疏水来提高过滤效果。

目前应用于微细粒磁铁矿脱水的化学助滤剂主要是含有聚氧乙烯官能团的表面活性剂，河北庙沟矿业公司采用该类型助滤剂进行铁精矿脱水，当铁精矿品位 65.5%，细度 -0.045mm90% 左右时，添加助滤剂 150 ~ 200 克 / 吨，铁精矿滤饼水分与不添加助滤剂时相比下降 3.0 个百分点，水分低于 10%。针对人工磁铁矿由于比表面积大、微空隙发达以及磁团聚等特点导致滤饼水分难以降低的难题，长沙矿冶研究院开发的新型表面活性剂型助滤剂 CYG-3 成功应用于甘肃某人工磁铁矿（磁化焙烧矿）的过滤作业，当人工磁铁矿细度 -0.075mm 粒级占 93.57%(-0.038mm 粒级占 76.66%)，助滤剂用量 300 克 / 吨时，滤饼水分比不添加助滤剂时下降了 3.23 个百分点。

4.3.2 助磨剂

磨矿过程能耗高，特别是当需要对矿物进行细磨和超细磨时，能耗会更高。统计结果表明，磨矿作业的耗电量约占全厂投资的 30% ~ 70%。因此，降低磨矿能耗、特别是细磨和超细磨的能耗具有重要意义。在磨矿作业中通过添加助磨剂能够在一定程度上降低磨

矿能耗，取得较好的磨矿效果。助磨剂按化学成分可分为无机化合物、有机化合物和高分子聚合物三类；若按药剂性能和作用又可分为分散剂和表面活性剂两类。分散剂主要起分散颗粒的作用，如各类磷酸盐、水玻璃、醇类、柠檬酸、氯化铵、氯化镁、氯化铝等都具有良好的分散作用；表面活性剂类主要起降低矿石硬度的作用，如联氨、酰胺、脂肪胺等胺类化合物，羧酸、聚羧酸、腐殖酸和聚丙烯酸等。

助磨剂在一定的条件和用量下能够提高磨矿效率、降低磨矿过程的能耗，这是经过大量试验研究工作和生产应用实践所证实的。但助磨剂在不同条件下可能存在不同的作用机理，甚至多种机理的联合作用，因此，对于助磨剂的作用机理，仍有待于进一步深入研究。

4.3.3 水处理剂

随着钢铁产业结构调整，清洁生产成为黑色金属矿山转型升级的主要方向之一，选矿废水处理越来越受到选厂的重视。黑色金属矿山废水处理的主要工艺有“混凝 – 沉降”“混凝 – 絮凝 – 沉降”、离子吸附、化学氧化及联合技术。水处理剂根据处理工艺不同可分为絮凝剂、吸附剂等。

4.3.3.1 絮凝剂

絮凝剂主要是通过让细颗粒变成较大絮团，提高颗粒沉降速度，进而快速高效实现固液分离。絮凝剂可分为无机絮凝剂和有机絮凝剂两类。

（1）无机絮凝剂。

无机絮凝剂按分子量大小又可分为低分子系和高分子系两大类。

无机低分子絮凝剂有氯化铝、硫酸亚铁、氯化铁等，使用时以干法或湿法直接投入水处理设施中，其优点是较经济，但在水处理过程中聚合速度慢，形成的絮状物小，腐蚀性强，因而逐渐被无机高分子絮凝剂所取代。

无机高分子絮凝剂是一类新的水处理剂，既有吸附脱稳作用，又可发挥桥联和卷扫絮凝作用，比传统的絮凝剂效能更优异，且比有机高分子絮凝剂价格低廉，广泛用于给水、工业废水以及城市污水的处理工艺中，逐渐成为主流絮凝剂。无机高分子絮凝剂的品种很多，主要有聚合铝基絮凝剂、聚硅酸盐类絮凝剂、聚活性硅胶及其改性产品等。

（2）有机絮凝剂。

与无机絮凝剂相比，有机高分子絮凝剂对有机物和无机物都有很好的净化作用，同时具有用量少、成本低、毒性小、pH 适用范围广等特点，而且产生的絮体粗大，絮凝速度快，处理过程时间短，产生的污泥量少、易处理，所以近年来备受科研人员青睐。当前，有机高分子絮凝剂主要分为合成有机高分子絮凝剂、天然有机高分子改性絮凝剂和微生物絮凝剂三大类：①合成有机高分子絮凝剂，大部分为水溶性的聚合物，目前应用较多的主要是聚丙烯酰胺（PAM）及其衍生物。②天然有机高分子改性絮凝剂，如淀粉、单宁、糊精、明胶、羧甲基纤维素、腐殖酸钠等。天然有机高分子改性絮凝剂是利用农副产品中的天然有机高分子物质经过化学改性而得到，具有活性基团多、结构多样、来源丰富、价格便宜、无毒、可再生等特点，因而开发潜能巨大。③微生物絮凝剂是利用生物技术通过微生物发酵精制而得到的一类絮凝剂，对多种细微颗粒以及合成高分子絮凝剂的可溶性色素都有优良的絮凝能力，并有较高的热稳定性。与其他无机和有机高分子絮凝剂相比，微生物絮凝剂具有生物降解性，无二次公害，且高效、无毒、廉价，在安全环保方面更具优越性。我国对微生物絮凝剂的研究还处于起步阶段。

4.3.3.2　吸附剂

水处理常见吸附剂有活性炭、粉煤灰、硅藻土等，吸附方式分为物理吸附和化学吸附，物理吸附是指吸附剂与吸附质之间是通过分子间引力（即范德华力）而产生的吸附，在吸附过程中物质不改变原来的性质，因此吸附能小，被吸附的物质很容易再脱离，如用活性炭吸附气体，只要升高温度，就可以使被吸附的气体逐出活性炭表面。化学吸附是指吸附剂与吸附质之间发生化学作用，在吸附过程中不仅有引力，还存在化学键力，因此吸附能较大，要逐出被吸附的物质需要较高的温度，被吸附的物质即使被逐出，也已经产生了化学变化，一般的催化剂都是以这种吸附方式为主。物理吸附和化学吸附并不是孤立的，往往相伴发生。

采用粉煤灰、硅藻土、沸石对袁家村尾矿回水进行吸附处理均可获得较好的效果。原因是粉煤灰等多孔性吸附介质表面具有大量不规则小孔及大比表面积，可通过与吸附质（干扰物）分子间的吸引力发生物理吸附，同时，粉煤灰等表面所含的Si-O-Si键、Al-O-Al键与具有一定极性的分子产生偶极－偶极键吸附而发生化学吸附。此外，粉煤灰还具有一定的絮凝沉淀和过滤作用，因而作为吸附剂处理尾矿回水具有一定的效果。

5. 黑色金属矿物加工设备大型化

5.1　碎磨分级、筛分设备

我国低贫矿产资源的开采和利用已成趋势，矿石嵌布粒度细、品位低，造成生产成本高，各矿山都在积极研究和改造，以达到降低生产成本，其中选择规模效益是最有效的方法之一，矿山开采加工设备大型化发展是其必然趋势。设备的大型化不仅能保证生产效率，还能节约成本。文献资料显示，采用大型设备，动力消耗降低35% ~ 40%，维护费用为一般小型设备的20% ~ 25%，安装费用节约为60%，占地面积减少65% ~ 70%。大型的碎矿、磨矿设备开始广泛应用，如澳大利亚Karara磁铁矿采用了蒂森克虏伯（Förder technik）公司的POLYCOM-24/16 ~ 8辊压机，本溪钢铁公司南芬选矿厂使用了北方重工沈阳重型机械集团有限责任公司制造的PX1400/170型液压旋回破碎机，澳大利亚SINO铁矿使用了中信重工机械股份有限公司的Φ10.37m × 5.19m半自磨机、Φ12.19m × 10.97m自磨机和Φ7.9m × 13.6m溢流型球磨机，攀枝花钢铁集团矿业公司使用了鞍山重型矿山机械股份有限公司的2DYK3073双层圆振动筛（筛面尺寸为3m×7.3m）筛分钒钛磁铁矿石，巴西MMX采矿公司SerraAzul铁矿采用VTM–3000–WB型Verti Mill搅拌磨机作铁矿石再磨。

5.2 分选设备

5.2.1 磁选设备

5.2.1.1 磁选设备的发展现状

磨前预选已渗透至粗、中、细碎各个作业段。适应低品位大块磁铁矿石磁选抛尾的设备有大筒径磁滚筒和磁滑轮。美国埃利兹磁力公司磁滑轮最大直径为914mm，国内磁滑轮最大直径可达1200mm。国外磁滚筒筒表面磁感应强度250mT；国内筒表磁感应强度达到410mT。适应低品位细碎粒度15mm的磁、赤混合铁矿，国内开发了采用低场强平板磁系、中场强磁滚筒和高磁力磁滚筒组合式抛尾设备、湿式粗粒抛尾弱磁筒式磁选机和粗粒抛尾高梯度磁选机。

采用高效分选磁选机是黑色金属选矿过程中提质降杂的重要手段。永磁弱磁场筒式磁选机是最为普遍的磁选设备，目前主要是向大型、超大型化及专用化方向发展。目前国内针对微细粒磁铁矿石精选提纯开发的最大规格的磁选柱（淘洗机），直径为2000mm，每台单机处理能力可达50 ~ 80吨/时。该设备发展的方向是提高磁分离精度、降低水耗、进一步增大单台设备的处理能力。针对含有少量磁铁矿尾矿中铁的低成本综合回收设备是盘式尾矿回收磁选机，该设备的盘面磁感应强度最大可达500mT，最大盘径达1500mm。

永磁辊带式强磁选机的辊表面磁场强度可达1350kA/m（17000 Oe），目前国产永磁辊带式强磁选机磁辊直径最大达600mm，辊面磁场强度和分选性能均可达到（或超过）国外品牌设备的同等水平。投资和运行费用低的“铁轮”（立环）式永磁高梯度磁选机，最大“铁轮”磁选机单机有25个环，最大驱动功率4kW，单机最大处理能力达125吨/时。典型电磁强磁选设备代表有：Jones型平环电磁强磁选机用于处理铁矿石额定处理能力最大的达到1400吨/时。ZH平环湿式强磁选机目前最大直径为3200mm，间歇式高梯度磁选机最大分选腔内径为2000mm。Sala型连续式平环高梯度磁选机的环直径达4800mm，背景磁场磁感应强度有0.5T、1.0T、1.5T和2.0T四种，单磁极头最大处理能力可达200吨/时，但目前国内尚无该设备的工业应用，亦未研制出同性能的大型工业设备。VMS立环湿式电磁高梯度磁选机线圈中心磁感应强度最高达1.5 ~ 1.7T，环直径2000mm，处理量300吨/时。国内SLon立环脉动高梯度磁选机线圈中心磁感应强度最高可达1.3 ~ 1.5T，分选环直径最大可达5000mm。SSS–II电磁双立环高梯度磁选机的磁感应强度最高可达1.0 ~ 1.3T，分选环直径最大可达2750mm，该设备已在赤铁矿、钛铁矿等国内大型矿山推广应用。DMG型高梯度磁选机的最大转环直径为2000mm，CHAD–13型高梯度磁选机分选环最大直径1600mm，LHGC立环脉动高梯度磁选机最大转环直径为3600mm。

5.2.1.2　磁选设备发展存在的问题

（1）磁选的基础理论研究欠缺，创新动力不足。

目前磁选设备生产企业大多趋向于短、平、快的仿制研究，对磁场磁系结构、聚磁介质特性、磁场强度和梯度、漏磁问题等基础问题的研究不深入，加之我国知识产权保护体系尚处于建设完善过程等因素，目前国内磁选设备技术研发存在创新动力不足。

（2）磁选设备实时智能化控制落后。

国内磁选设备的生产运行绝大部分已实现机械化、电气化运行操作。但根据入选物料特性变化，即时调节系统操作参数，以保证合格产品质量的智能化控制设备和系统还有待研究开发。

5.2.1.3　磁选设备的未来发展方向

（1）理论与仿真结合，实现磁选机精细化设计。

我国对颗粒在磁选设备中的受力分析以及磁场的计算仿真和设计等磁选基础理论研究不足。设计粗放，靠工业试验来验证、修改、完善，研发周期长，失败率和研发成本高，应该借助现代化手段对磁选机进行系统的理论研究，对于物理分选过程建立数学模型，实现磁选机分选矿物的全过程动态仿真。

（2）节能高效大处理量磁选设备的开发。

随着大型、超大型节约环保型铁矿山的建设，工艺和设备配置相结合，基本能够实现标准化、模块化工艺和设备配置，将设备性能、种类、规格与数量形成标准化配置，利于矿山建设模式的大规模复制与推广。磁选设备的开发向节能、高效、大处理量方向发展。因此，未来可研究用超导磁系取代常导磁系，开发永磁 HGMS，增大设备的吨处理量能力，减少制造材料消耗，改进磁系结构，提高分选效率、或减小堵塞。

（3）发展自动或智能控制，服务于数字化矿山管理。

随着技术的发展和管理要求的提高以及对节能降耗的需求，要提高选矿生产自动化水平并实现管控一体化的目标，设备的大型化虽然能简化流程与设备方案配置，但相应地对设备的稳定性与作业率提出更加严苛的要求，要向自动检测、自动控制或智能控制发展，提高设备的操作水平和维护水平。

（4）复合多力场磁选设备研究。

我国黑色金属矿产资源“贫、细、杂”的特点，含铁低、嵌布粒度微细，还伴生大量物理化学性质与铁矿物相近的含铁硅酸盐类脉石矿物，依靠单一磁力的选矿设备很难达到有效分离。因此，进行复合力场协同强化弱磁选铁矿预选、高梯度磁场与离心协同作用分选以及重力、磁力和离心力协同作用分选的多力场设备研究将成为未来选矿设备的又一个发展方向。

5.2.2　重选设备

重选在黑色金属矿选矿工艺中的主要作用是预选、洗矿、分级。其优越性主要表现在对粗粒矿石预选应用和微细矿泥的分选上。

5.2.2.1 重选设备在黑色金属矿选矿的应用和发展现状

（1）重选工艺在磁铁矿石、褐铁矿、赤铁矿及菱铁矿选矿工艺中的应用。如鞍钢集团矿业公司弓长岭矿业公司三车间选矿厂、鞍钢集团矿业公司齐大山选矿厂处理的矿石类型为磁铁矿、赤铁矿的混合型铁矿，均为阶段磨矿、粗细分级、重–磁–阴离子反浮选工艺，其中重选采用螺旋溜槽一粗一扫一精对矿石中粗粒级的单体解离铁矿物进行回收，有效降低了二次磨矿磨矿量，也发挥了磁选、反浮选利于选别细粒矿物的工艺特点。

（2）重选工艺在氧化锰、碳酸锰矿石选矿工艺中常用设备有跳汰机（处理粗、中粒矿石）、摇床（处理细粒物料）或重介质旋流器等。如中信大锰矿业有限公司大新分公司选矿厂对广西大新锰矿石中的氧化锰矿采用洗矿–分级–粗粒跳汰（一粗一精）重选为主的重选–磁选工艺进行回收。

（3）重选工艺在铬铁矿石选矿工艺中的应用。巴布亚新几内亚铬铁矿选矿厂处理的铬铁矿是海滨砂矿床。原矿含铬为3.4% ~ 2.2%，采用磁选–重选联合工艺进行粗选预选，磁选精矿经两段螺旋溜槽精选后，可获得 Cr_2O_3 品位 37.98% 的铬铁矿粗精矿。

目前粗粒重选预选丢废设备中以重介质选矿和粗粒跳汰应用最广；处理中、细粒物料的重选设备主要有圆锥选矿机、螺旋选矿机和螺旋溜槽、扇形溜槽和摇床等。

5.2.2.2 重选设备发展存在的问题

重力选矿理论少有新的突破，弱磁性铁矿石、锰铬矿石粗粒重选预选发展缓慢。目前国内对重介质和大粒跳汰预选抛废的研究和应用都很少。

处理中、细粒物料的重选设备种类少，新型高效重选设备应用不足。目前，螺旋溜槽是采用重选法选铁、锰和铬矿的主力设备，且国内此类设备断面形状均为立方抛物线型，形状单一，不能完全适用于各种粒度物料。

连续排矿的离心选矿机的研究和应用仍是难题。连续给矿的离心选矿机存在着精矿品位下降，需要增加设备、耗水量增加等缺点，值得进一步研究和改进。

5.2.2.3 重选设备在黑色金属矿选矿中的发展方向

重力选矿设备今后的发展方向：①强化粗粒重选预先丢废的选矿设备研究和应用；②通过大型化和多型化提高中、细矿物重选设备的适应性和分选效率；③对细泥矿物要进一步研究和优化；④连续化的离心选矿设备综合多种力场的作用开发出多力场分选机结合选矿工艺；⑤与磁选、浮选等其他选矿方法配合，组成“重–磁–浮”综合选矿流程，充分发挥重选低耗、环保、节能的独有优势。

5.2.3 浮选设备

浮选设备的种类繁多，差别主要体现在充气方式和搅拌方式两方面，按充气方式和搅拌方式的不同，浮选设备分为机械搅拌式（浮选机）和无机械搅拌式（浮选柱）。浮选机和浮选柱在铁矿浮选上都得到了大量的成功应用。

5.2.3.1 浮选设备在黑色金属矿选矿的应用和发展现状

我国的铁、锰、铬等黑色金属矿为了满足精料入炉，需通过系列加工和选别提高精矿质量，浮选是处理该类矿物最有效的方法之一。

黑色金属矿物密度大，易沉槽，嵌布粒度细需气量小，浮选泡沫黏难破碎难流动，因此一般常规有色矿用浮选机无法满足铁精矿反浮选的工艺要求，针对铁精矿反浮选的工艺特点，浮选设备需要从结构参数和运转参数等不同方面进行优化调整，以适应铁精矿反浮选的工艺要求。

浮选设备单槽容积大小一定程度的代表浮选设备研究的先进水平，目前最大的浮选机容积已达到320m^3，单槽容积大于100m^3的浮选设备已经大量进入工业应用。世界上代表性的产品包括：300m^3OK-TankCell浮选机是Outotec公司已成功研制了世界容积最大的浮选机之一；FLSmidth矿业公司的世界上最大容积为300 ~ 350m^3的SuperCells（超级浮选机）；JJF型浮选机单槽容积最大达200m^3等。太钢袁家村微细粒赤铁矿浮选共采用了11台160WEMCO+浮选机和9台DO+160浮选机；东鞍山烧结厂共用BF-T型16m^2浮选机76台；首钢秘铁1000万吨选厂采用了12台KYF-160型浮选机。

浮选柱具有结构简单、制造容易、占地小、维修方便、对微细颗粒分选效果好的优点，目前应用于磁铁矿、赤铁矿分选。比较有代表性的浮选柱有CPT-Slamjet浮选柱、KYZ-B型浮选柱、CFCC浮选柱、旋流－静态微泡浮选柱、超声波浮选柱以及磁浮选柱等。国内浮选柱在铁矿上的应用较少，旋流－静态浮选柱在鞍钢弓长岭选矿厂进行了3吨/时规模的工业分流试验，与浮选机相比，精矿品位提高1 ~ 1.5个百分点，SiO_2含量降低了1个百分点，回收率提高了10个百分点。

5.2.3.2 浮选设备发展方向

浮选设备向大型化、高效节能、自动化方向发展，提升了我国选矿厂的装备水平，提高了综合技术经济指标，降低生产成本，获得了最大经济效益和社会效益。

（1）浮选设备多样化。磁浮选柱、磁选柱、复合力场浮选机等各种新型设备不断涌现，设备应用领域不断扩宽。

（2）浮选设备专用化。加快优化现有浮选设备的结构性能和运转参数，突破新设备，针对细粒级、微细粒级矿物浮选设备研发。

（3）浮选设备智能化。黑色金属浮选装备朝智能化发展，通过智能化实现工厂的无人值守，提高劳动生产率，改善选矿厂工业生产依靠工人经验的组织和管理模式。

（4）浮选设备选型科学化。利用大型数据库系统和先进的流程模拟仿真软件对大型浮选设备的选型和流程配置提供科学的指导和决策依据，减少项目投资和运行费用。

（5）浮选设备互联网技术。大型浮选设备的远程监控设计与数据共享可以为用户提供便捷，也为设备研制者提供了使用改进和升级改造的工作数据库，同时可以极大地促进行业资源的优化组合和共同进步，避免社会资源的无效使用和浪费。大力发展互联网技术，实现技术原创并源头领先于国外发达的矿业集团，树立我国矿业技术与装备的竞争优势。

5.2.4 电选和 X 射线设备

电选是根据各种矿物及物料之间不同导电性能的差异而进行分选的一种物理选矿方法。目前应用于黑色金属矿物分选的电选机主要是以电晕－静电复合电场结构的圆筒型电选机为主。国内外理论和实践证明，相同条件下，大鼓径比小鼓径的分选效果要好。因此，圆筒电选机的大型化发展主要集中于增大圆筒直径、长度与圆筒数量。目前国产圆筒电选机鼓筒直径达到 320mm，国外达到 350mm。

实践证明，电选限于铁矿的精选作业。典型的实践是加拿大瓦布什（Wabush）选矿厂，该厂处理的铁矿石是赤铁矿，先破碎、磨矿，然后重选，其粒度小于 0.6mm，重选所得铁精矿进行干燥，然后采用电选，所得铁精矿含杂质很低，称之为超纯精矿。所用设备为美国卡普科型高压电选机，共计 58 台。电选机处理量为 850 吨 / 时，为目前世界上最大规模的电选厂，铁精矿品位虽然只由 65% 提高至 67.5%（含 Fe），但突出的效果是将精矿中二氧化硅的含量由 5% 降低到 2.25%。国内在黑色金属选厂主要应用案例为攀枝花与承德选铁尾矿中回收原生态铁矿。

采用电选法处理锰矿与铬矿实际应用较少。一般情况下，锰矿大都采用重选、洗矿或强磁选等方法取得粗精矿，然后用电选法处理粗精矿。

国外的 X 射线辐射分选机，如俄罗斯 RODOS 公司的 CP 系列分选机具有十分广阔的发展前景。

5.2.5 复合力场设备和联合选别设备

（1）复合力场设备研究进展。SLon-2400 离心机、凯尔西（kekey）离心跳汰机、离心摇床、离心螺旋溜、悬振选矿机以及淘洗磁选机都是新型复合力场的设备。国内外首台 Φ3000mm 的液氦零挥发 5.5T 双筒式高梯度超导磁选机，使得对过去难以回收、难以除杂或不可回收的细粒级有用矿物以低成本无污染的方式回收利用成为可能。

（2）磁重联合选别设备研究。磁选柱是一种既能充分分散磁团聚，又能充分利用磁团聚的电磁式低弱磁场高效磁重选矿设备。磁选柱精选工艺与反浮选工艺一起为后来的“提铁降硅”工程奠定了技术基础，Φ600mm 规格的磁选柱得以大面积推广应用 .

（3）磁浮联合选别设备研究。为有效回收 –25um 粒级中铁矿物，在容积为 1.42m^3 维姆科浮选机的泡沫堰下方安装磁格栅，获得了较好的效果。

（4）重浮联合选别设备研究。重力浮选就是在重选设备上同时进行重选与团粒浮选的复合选矿过程。国内常用摇床（用于重力浮选时称枱浮）和溜槽（称粒浮）。国外有水力分级与筛孔分级联合装置——胡基筛。

5.3 其他设备

5.3.1 浓缩设备

大型盆式浓密机（普通浓密机）需要的扭矩较大，一般采用周边传动，其扭矩最大可以达到 12000knm，直径最大可达到 200m。高效浓密机普遍应用絮凝剂，浓密机的给料井技术是最重要的技术，直径在 40m 以上的中心传动浓密机采用中心柱支撑方式，直径最大可达 80 ~ 90m，其多齿轮驱动系统扭矩可以达到 6000knm。深锥浓密机也是一种高效浓密机，具有很大的底面坡度，一般底面坡度为 60° 左右。膏体浓密机由深锥浓密机发展而来，最大的直径约 30m。西方技术公司直径 18m 深锥膏体浓密机就是典型的 ALCAN 型膏体浓密机。

浓缩设备的发展方向：目前浓缩设备都是朝着更大的单位面积处理量、更高的底流排放浓度、更低的溢流固体含量方面发展。为了设备大型化或达到更高的处理量，高效浓密机和膏体浓密机普遍采用中心多（小）齿轮传动技术，驱动扭矩越来越大，并且能够整体提耙，各个公司致力开发更大扭矩的驱动系统。浓密机的自动控制技术水平大幅度提高，在浓密机的池体设计方面采用计算机模拟，优化设计，降低设备建造费用。

5.3.2 过滤设备

2000 年之前，我国铁矿选厂过滤主要是采用筒式真空过滤机，在 2000—2007 年，国内大部分大型铁矿选厂都用新型盘式过滤机和陶瓷过滤机，莱钢莱芜矿业公司马庄选厂，原先用 $40m^2$ 内滤式过滤机，滤饼水分 10% ~ 11%，2005 年改用陶瓷过滤机，滤饼水分控制在 8% 左右。国产 CC 型陶瓷过滤机最大过滤面积 $45m^2$，而芬兰 Outotec CC 型陶瓷过滤机最大过滤面积达 $240m^2$。针对入选粒度 -0.025mm90%，中信泰富 Sino 铁矿选厂设计选用了 28 台 VPA PF-144 卧式压滤机，以保证滤饼水分 8.5% ~ 9%。

过滤设备的发展方向：完善现有低压过滤脱水技术与装备，发展中压过滤设备，延伸脱水粒级下限；机械过滤脱水设备智能化、自动化和大型化并举。

5.3.3 干燥设备

干燥是一种高能耗的操作，在各种工业部门总能耗中，干燥占产业的能耗从 4%（化学工业）到 35%（造纸工业），发达国家 12% 的工业能耗用于干燥。干燥技术设备的覆盖面既广又多，既涉及复杂的热、质传递机理，又与物料的特性、处理量等密切相关。干燥设备的形式复杂，常用的干燥设备近 50 种，所处理的物料性质差别很大，而且与能源种类、环保指标、场地厂房条件等条件相关。干燥设备是非标设备，上佳的干燥设备往往都是针对某特定条件量身定制的专用设备。

国内干燥技术研究、干燥设备开发有了很大进展，科技发展及技术领域间的交叉、渗透，也推动了干燥技术的深入研究，同时加快了干燥设备的进步，设备结构改进升级，新结构、新机型不断出现。

干燥设备的发展方向：①干燥设备的大型化、系列化和自动化；②干燥设备的干燥过程强化，降低能量消耗；③新型干燥方法及组合干燥方法的开发；④闭路循环干燥流程的开发和应用；⑤消除干燥操作造成的环境公害问题。

6. 黑色金属矿物加工自动控制和智能管理

6.1 黑色金属自动化发展现状概述

黑色金属选矿自动化属于选矿与自动化学科交叉的发展产物，自动化在选矿中应用的主要目的是辅助选矿生产，提高生产效率，降低劳动强度。我国选矿自动化技术起步较晚、研究基础较弱，但在经历矿业黄金十年后，我国黑色金属选矿自动化各项技术有了普及性的发展。主要表现在以下几个方面：

（1）大型工艺装备自动化水平提高。黑色选矿厂规模越来越大，设备也朝大型化、高性能发展，主要工艺设备自身自动化程度提升。

（2）选矿厂自动化仪器仪表发展日趋成熟、性能提升。选矿过程仪表按照其用途可分为设备运行状态在线检测仪表和工艺过程参数在线检测仪表两类，前者主要包括电流变送器、电子（核子）称、电磁流量计、料（液位）位计、压力变送器等，后者主要包括在线浓度检测仪、在线品位分析仪（矿石品位和矿浆）、在线粒度仪（矿石粒度和矿浆粒度）等。自动化辅助设备包括自动加药机、加球机、取样机等。

（3）控制技术及系统功能设计不断发展和完善。国内自动化工作者开发的一些专家系统、神经网络控制、模糊控制、最优控制等先进控制方式与传统的稳定化控制结合应用，也能显著改善选矿过程控制的应用效果。

（4）逐渐由传统的管理方式转向借助信息化建设实现管控一体化。信息化建设内容主要包括生产执行系统（MES）、企业资源计划（BPS）。信息化系统可进行生产跟踪监控、调度管理，并使生产过程控制、实时数据信息与企业资源计划的信息融合与贯通。通过管控一体化系统的实施，实现管理扁平化，使选厂增产提质、降本提效、减污降耗，增强企业综合市场竞争力。解决传统烟囱式管理方式下工艺生产过程控制和企业管理明显分开，忽视选矿生产过程中物流、成本、产品质量和设备的在线控制与管理的问题。

6.2 存在问题及不足

虽然我国黑色金属选矿自动化水平得到很大提高，应用和实践的范围也逐渐扩大。但与其他矿业比较发达的国家相比，自动化的普及程度与装备水平相对较低，仍然存在着较大差距。目前我国黑色金属选矿自动化存在以下问题：

（1）测控仪器、仪表缺乏创新，测量精度低。

（2）关键工艺参数检测难，工艺流程过程控制不精准，未能对工艺指标进行控制。

（3）黑色金属选矿装备自动化水平整体上偏低，有待提高。

（4）选矿自动化过程控制理论及控制系统设计开发不够完善。

（5）自动化控制系统重建设轻维护。

6.3 选矿自动化发展趋势

6.3.1 数字化选厂建设

数字化选厂是通过将矿山各种信息系统、计算技术和工业控制的有机整合，实现矿山生产过程中所有信息的高效流动、检索、更新和利用，最大限度合理调配各种资源，最优化的控制与调度各种设备，并结合本企业自身生产、办公、销售和服务需要，系统性地推动本企业生产经营管理决策的科学化、网络化和智能化，使管理体系达到扁平高效，最终实现零距离管控等理想化目标。

数字化选厂主要特征是：基础信息数字化、生产监控集成化、管理模式扁平化、决策分析精细化。

6.3.2 智慧选厂

智慧选厂是在数字化选厂的基础上，利用互联网技术和监控技术加强信息管理、服务；提高生产过程可控性、减少生产线人工干预以及合理计划排程。智慧选厂已经具有了自主能力，可采集、分析、判断、规划；通过整体可视技术进行推理预测，利用仿真及多媒体技术将实境扩增展示设计与制造过程。系统中各组成部分可自行组成最佳系统结构，具备协调、重组及扩充特性。系统具备了自我学习、自行维护能力，并形成人机共存的系统。

6.3.2.1 “互联网 +”选厂

“互联网 +”选厂是以工业互联网、物联网、大数据、云计算、无线网络等新一代信息技术等特征为代表，其主要特点是：大数据、云计算、无人值守、远程监控。

（1）选厂的物联网技术。

把选矿厂中的各种工艺设备、仪器仪表相互连接，实时进行信息交换和通信，以实现选矿厂智能化识别、定位、跟踪、监控和管理。

（2）大数据技术与云计算。

基于大数据的生产分析与预测：采用大数据处理、数据挖掘和智能搜索技术，支撑生产设备故障诊断、生产状态评估、多相多场流分析和指标预测等。

大数据与云计算环境下知识的自动处理：对数据深度挖掘，从数据中提取知识；把人的经验知识（隐性知识）显性化；对知识进行自动关联、融合、推理等处理，模拟人对知识的处理过程，全面提高管理和生产的智能化程度。

6.3.2.2 虚拟系统技术

虚拟系统技术的可视化包括三个方面：建模操作的可视化；模拟过程的可视化和交互

与控制的可视化。其中交互控制是在系统运行的模拟过程中实现用户与模拟系统的交互，研究者对模拟计算进行实时干预，如修改模拟模型、增加实体参数、对参数进行修改和控制，并使模拟继续下去，从而修改可视结果。

选矿自动化软件测试平台中的虚拟设备功能模块的主要功能就是选矿过程自动化软件测试提供与实际选矿现场相对一致的仿真环境。虚拟设备模型不仅尽可能多地包含选矿生产中典型电气设备，而且还可以根据不同的工艺流程自由搭建虚拟设备链，具有以下功能：

（1）能够模拟选矿工程典型电气设备的低压配电柜和就地操作箱，其中包括模拟就地 / 远程转换和集中转控。

（2）能够响应来自自动化软件（被测对象）的起停指令，给出对应的动作，并将运行状态反馈给自动化软件。

（3）支持虚拟设备功能模块搭建虚拟设备链，能够描述上下游设备之间的连锁关系。

（4）能够为整个自动化软件测试平台提供设备变量。

7. 黑色金属二次资源综合利用

7.1 黑色金属矿尾矿综合利用

我国产生的各类大宗工业固体废物中尾矿所占的比例最大，为 45.67%；其次是煤矸石、粉煤灰和钢铁冶炼渣，分别占 19.59%、15.60% 和 11.54%，这四类工业固体废物占了总量的 92.40%。而铁尾矿在全部尾矿中又占到了 50% 以上。因此，铁尾矿的综合利用对大规模减少大宗固废的堆存，减少环境污染，减少安全隐患和减少占地具有重要意义。

在铁矿尾矿综合利用途径方面，在铁精矿价格较高的年份（如 2010—2013 年），从铁矿尾矿中回收有价组分约占铁矿尾矿利用总量的 3%，在铁精矿价格较低的年份（如 2015 年），从铁矿尾矿中回收有价组分下降到铁矿尾矿利用总量的 1% 以下。生产建筑材料或用于基础设施建设是铁矿尾矿综合利用的最主要途径，约占铁矿尾矿利用总量的 75% ~ 95%。在铁精矿价格较高的年份，利用铁矿尾矿充填矿山采空区的比例在快速增加，最高时约占铁矿尾矿利用总量的 25%。在铁精矿价格较低的年份（如 2015 年），利用铁矿尾矿充填矿山采空区占铁矿尾矿利用总量的比例又快速下降到 10% 左右。

我国锰矿尾矿的综合利用，以提取有价组分为主，个别矿山用于回填采空区，建材化利用较少。而从锰矿尾矿中提取有价组分的总量又随锰精矿价格的波动而剧烈波动，并且与铁精矿价格的波动基本同步。我国铬矿尾矿的综合利用也以提取有价组分为主，个别矿山用于回填采空区，建材化利用未见报道。

未来 5 ~ 10 年，我国黑色金属矿尾矿综合利用将在以下方面进行重点发展：①尾矿及废石多组分协同提取有价组分和全组分利用技术；②尾矿及废石与钢铁冶金渣多组分协同生产多固废和全固废混凝土及其他建材制品技术；③尾矿干混砂浆和尾矿预拌砂浆技术；④尾矿及废石与钢铁冶金渣多组分协同生产地下采矿胶结充填料技术；⑤极细粒尾矿与钢铁冶金粉煤灰等协同生产水泥混合材和混凝土掺合料技术；⑥不含有害元素的极细粒黑色金属矿尾矿代替黏土用于造田、复垦或其他农用技术。建设一批能耗低和自动化、信息化水平高的黑色金属矿尾矿综合利用示范项目和基地，推广一批先进适用技术装备。

7.2　冶炼废渣等的综合利用

2015 年全国钢铁冶炼废渣总产量为 4.13 亿吨。其中钢渣总产量 1.04 亿吨，综合利用率约为 20%，综合利用总量为 2080 万吨；其中提取金属铁 728 万吨，约占总量的 7%，返回烧结工序 312 万吨，约占 3%，建材化利用 936 万吨，约占产生总量的 9%，其他（筑路等）104 万吨，约占产生总量的 1%。水淬高炉矿渣总产生量约为 2.79 亿吨，综合利用率约为 95%，主要用于生产建筑材料、井下胶结充填、固沙固土及其他基本建设。铁合金渣（含镍铁合金渣）总产生量约为 0.30 亿吨，利用率约 40%，主要用于生产建筑材料。

以往对大宗工业固废的综合利用研究，单种固废的考虑较多，多种固废全产业链协同利用的研究较少，再加上行业壁垒的束缚，尾矿和废石的硅酸盐属性表面有大量的硅氧和铝氧断键这个特征没被深入研究和充分利用。硅酸盐类尾矿和废石的表面有大量的硅氧和铝氧断键，在较低钙硅比和较低水胶比的胶凝材料体系中能够重新键合，形成硅氧四面体的重新链接（已被单矿物试验初步证实）。

未来 5 ~ 10 年将建设一批以钢铁冶炼渣及尘泥为重点的多种工业固废协同综合利用示范工程；重点实施钢铁冶炼渣及尘泥多组分协同提取有价组分和全组分利用技术；钢铁冶金渣多组分协同生产多固废和全固废胶凝材料；钢铁冶金渣多组分协同生产重金属固化剂其他建材制品技术；钢铁冶金渣微粉与其他工业固废微粉协同生产水泥混合材和混凝土掺合料技术；建设一批能耗低和自动化、信息化水平高的钢铁冶炼渣综合利用示范项目和基地，推广一批先进适用技术装备。

7.3　城市矿山

7.3.1　报废电器的物理化学分选

随着生活水平的提高，报废电器的数量正以惊人的速度增长。对报废电器进行加工处理的方法可以分为火法冶金和湿法冶金。火法冶金和湿法冶金技术处理废旧电器在经济上和技术上出现的困难主要是高成本和环境污染。随着电器中贵金属含量的降低，以回收贵金属为主要目的的火法冶金和湿法冶金技术逐步被以环境保护 – 资源综合回收为目的的物理分离所代替。

报废电器的物理分选被认为是回收研究的最高阶段，是从报废电器中获得黑色金属、有色金属、玻璃、塑料等再生材料的有效手段，也是从根本上解决环境和资源问题的最终途径。传统的矿物加工理论与工艺如风力分级、空气床分选、静电分选、磁选分离、旋流分离、浮选分离等技术在报废电子器件的物理分离过程中将得到广泛应用。

未来基础或应用基础研究的发展方向：

（1）报废电器的粉碎性能及机理：机械破碎作用下的力学特性、破坏机理；金属及非金属物质的解离特性及机理。

（2）复合力场中颗粒分选机理：研究在包括重力、离心力、惯性力、浮力、气流阻力、水流阻力等复合力场中，金属及非金属颗粒的受力方式、运动形态、分离轨迹等，探讨分选机理；研究金属及非金属颗粒的不同荷电方式与荷电特性及其在复合电场、复合磁场中的分选机理。

（3）报废电器中危险物的处理：危险物包括聚氯联苯电容器、电池、汞继电器、阴极射线管等，研究对这些物质的无毒害化处理理论与工艺。

7.3.2 报废汽车的物理化学分选

全世界每年报废轿车总数估计达几千万辆。汽车制造所使用的钢铁、有色金属（铝、铅、铜、锌等）、塑料、玻璃、橡胶、纺织物和动物皮革等材料，在汽车报废以后自然成为有价物质。

废旧车体的破碎由大型锤碎机完成，从锤碎机排料筛排出的产物经过一道风力分选，以便获得一个金属含量比较高的重产物。风力分选和锤碎机除尘设施获得的轻质垃圾中30% 是各种塑料，其他成分包括纺织物、橡胶、玻璃、干漆、铁锈等。

废旧车体锤碎后风力分选的重产物首先进入双层滚筒筛，筛分得到粗、中、细三个粒级产物。其中的粗、中两个粒级的产物分别进入上升水流分选机和跳汰机分离出其中的轻质杂物（橡胶、塑料、纺织物等），然后经磁选和重介质分选实现黑色金属、重有色金属和轻有色金属的相互分离，其中轻有色金属产物可能含有一定的非金属杂质，可以通过磁涡流分选加以去除。滚筒筛的细粒级产物中所含黑色和有色金属原则上可以利用重介质分选、磁选和磁涡流分选回收。各粒级的轻质杂物（有时是粗、中粒级的轻质杂物加上全部细粒级产物）一般混合送往垃圾焚烧厂或垃圾填埋场做最终处理。

8. 黑色金属矿物加工环境保护

8.1 黑色金属矿物加工废水处理、水资源综合利用和达标排放新技术

我国黑色金属矿物加工废水处理回用技术主要有浓缩澄清回用和净化处理回用两类方式。重要方法以浓缩澄清、絮凝浓缩澄清、混凝中和沉淀、中和絮凝沉淀和尾矿库自然净化处理为主，有时还采用这些方法的联合流程进行处理，为后续的资源化再利用奠定基础或者达标排放。其中铁矿选矿的废水多为简单的磁选废水，主要污染物为细颗粒悬浮物，经上述方法去除颗粒物后都能达到闭路循环利用或排放标准。如首钢矿业公司利用特大型

露天矿坑改建的尾矿库，由于库容大，积水深，尾矿浆的日常排入对尾矿库的大部分蓄水区扰动甚微，使得未扰动区域的悬浮颗粒物得到彻底沉淀，水质澄清透明，优于一般地表水水质，自然生长了大量淡水鱼类。这样的废水可100%进行循环利用。

我国铁矿浮选在大多数选矿厂一般所占比例较小，即与入选矿石总量相比，需要进行浮选或反浮选处理的精矿或尾矿所占比例较小，而大部分废水为磁选废水。这部分浮选废水一般与磁选废水混合和在尾矿浆中，经稀释和大量尾矿颗粒的吸附作用，混合废水中的药剂含量较低，一般不用再专门去除药剂，而是经简单沉淀、絮凝沉淀或混凝沉淀后即可循环利用。铁矿尾矿废水的处理回用方法主要有浓缩池回水、尾矿库回水和尾矿压滤回水三种。

锰矿选矿废水如果不能实现闭路循环利用或达标排放，具有比铁矿选矿废水更强的环境危害性。我国著名的“锰三角”地区曾因选矿废水的污染引起过严重的环境问题和社会问题。锰矿选矿废水处理主要采用絮凝沉淀、混凝沉淀、酸碱中和混凝沉淀、活性炭吸附，以及上述两种以上的联合方法。

随着资源化理念的深入，也有人将废水资源化和清洁生产概念引入到选矿生产活动中来，即通过改革生产工艺、强化企业管理、提高工人素质等手段来减少或消灭废物的产生，或者结合生产工艺，优化或改进废水处理工艺，使出水完全或部分满足生产工艺而达到废水全部或部分回用的目的。尽可能提高选矿废水的循环利用率，以达到闭路循环，是目前国内外选矿废水资源化技术的重点。

目前，国内外正在开发的黑色金属矿浮选废水处理主要采用混凝沉淀、混凝沉淀－活性炭吸附、絮凝－臭氧氧化、酸碱中和－氧化－澄清、预曝气调节－氢氧化钙中和－絮凝剂沉淀－活性炭吸附、隔油－超滤－反渗透和臭氧－生物活性炭吸附等方法。

黑色金属矿物加工废水处理、水资源综合利用和达标排放新技术的发展方向是将选矿工艺、选矿废水处理以及选矿废水回用等各个环节有机结合、统筹规划，实现生产不受影响、避免生态环境遭到破坏、节约水资源等多赢的局面，是未来科技工作者进一步去探索的主要方向。具体包括：

（1）源头控制。开发新型、高效、无毒或低毒浮选药剂代替毒性高的浮选药剂；开发药剂投加自动控制系统，减少药剂耗量；调整药剂方案，减少新水用量，提高废水综合利用率。

（2）开发选矿废水净化技术。开发复合、高效、环保型絮凝剂或混凝剂，提高絮凝剂效率，减少用量，避免二次污染；开发高效浓缩浓密脱水设备；开发重金属和浮选药剂回收再利用技术；开发吸附剂或过滤材料再生技术、低成本高级氧化技术和膜分离技术。

（3）合理处理。根据废水水质的实际情况和处理后的走向来决定用哪种废水处理方法，积极开发和采用有效的综合治理技术，加强各种方法间的联合使用，制定合理的流程组合，提高处理效率。

（4）强化废水的循环利用。选矿废水中通常含有大量的药剂，循环利用不仅可以节省药剂，达到资源的高效综合回收利用，提高工业用水的重复利用率，最终达到废水的零排放。

（5）强化生物治理选矿废水方面的研究。生物法处理选矿废水效果好、造价低，具有良好前景。

8.2 黑色金属矿物加工粉尘和 $PM_{2.5}$ 控制技术

黑色金属矿物加工粉尘包括选矿过程的筛分、破碎、转运和尾矿库扬尘产生的粉尘。目前，黑色金属矿物加工粉尘和 $PM_{2.5}$ 控制技术普遍采用防尘与除尘相结合的工艺。

常见的粉尘控制方法一般分为干法防尘和湿法防尘两类。湿法防尘作为一种简单、经济、有效的防尘措施得到广泛应用。应用较多的干法防尘主要包括袋式除尘、电除尘和旋风除尘等。袋式除尘使用最为广泛。生产实践表明，在原矿仓、粉矿仓处，采用座仓式袋式除尘器，结合满足集气要求的风机，可以达到较好的抑尘效果。破碎系统采用袋式除尘器，在尘源采用半封闭收集装置，并合理配置气流输送管网系统，使含尘气体排放浓度达到国家标准。在细碎设备安置集尘罩，通过风机收集含尘气体输送至袋式除尘器进行除尘，或与筛分车间合并封闭，处理效果也可达标。当破碎过程中产生的尘粒具有回收价值时，将袋式除尘器的清灰口通过皮带与上一工序的给料仓连接，减少粉尘排放的同时提高经济效益。

防尘设备的密闭性和除尘器的选择是关键因素。湿式除尘器主要是喷雾湿式除尘器、自激式湿式除尘器（如水浴除尘器、冲激式除尘器）和文丘里湿式除尘器等。针对翻车机、移动小皮带等生产设备密封困难以及 $PM_{2.5}$ 的防控难题，超声雾化防尘技术是一种新型湿法防尘技术。一般需要考虑喷雾的形式、地点选择及雾量大小等关键因素。近年来人们为了提高细水雾的除尘效率，一般采用使水的表面张力变小，以减小水雾颗粒度和通过改变喷嘴内部结构，从而改变雾化效果两种方法。干式微孔膜除尘技术是一种新型过滤除尘技术，采用微孔膜过滤技术过滤粉尘，不受粉尘湿度等条件的影响。此外，高梯度磁分离除尘技术以其处理量大、效率高、占地空间小等优点，成为一种很有前景的除尘技术。研究主要针对强磁性粉尘的处理过程，建立相应的净化设备，以及对运行过程中的一些参数，比如磁场强度、过滤物系流过高梯度磁场区域的流速、聚磁介质的填充度、填料的大小与形状等方面进行系统的研究。

覆盖层防尘技术一般应用于尾矿库以及矿石转载点料堆等场所的扬尘控制。通过喷洒系统将焦油、防腐油等覆盖剂喷洒在尾矿堆表面达到防尘目的。

黑色金属矿物加工粉尘和 $PM_{2.5}$ 控制技术的发展，关键在于结合自身工艺特点设计相应的防尘除尘系统。通过采用吸尘罩、抽尘、除尘器净化的工艺治理粉尘，同时在局部地点增设超声雾化进行辅助除尘。在部分产尘点设置喷雾，以减少除尘系统数量，保证选矿破碎筛分的除尘效果，降低除尘系统的总装机容量，节约除尘系统的运行费用及总投资费用，做到节能与环保相统一是未来粉尘控制技术发展的趋势。

针对破碎筛分产生粉尘的特点，加强对产尘设备及作业环节的密闭，并采用多种除尘工艺、多种除尘设备综合除尘是治理破碎筛分粉尘污染，实现清洁生产的最佳途径。破碎筛分密闭抽尘系统和皮带运输转运点集成控制相结合是未来发展的一个方向。

参考文献

[1] 刘义云. 近年来我国金属矿山主要碎磨技术发展回顾［J］. 现代矿业，2013（8）：150-152.

[2] 张韶敏，丁临冬，段海瑞，等. 高压辊磨机在选矿生产中的应用研究［J］. 矿冶，2013，22（4）：104-108.

[3] 宋保莹，袁立宾，韦思明 . 含碳酸盐赤铁矿分步浮选工艺研究及生产实践［J］. 矿冶工程，2015，35（5）：63-67.

[4] 朱庆山，李洪钟. 难选铁矿流态化磁化焙烧研究进展与发展前景［J］，化工学报，2014，65（7）：2437-2442.

[5] 孙传尧 . 选矿工程师手册［M］. 北京：冶金工业出版社，2015.

[6] 张博屈，进州，吕波 . 干式磁选设备发展现状与分析［J］. 有色金属（选矿部分），2011（S1）：155-158.

[7] 韩跃新，高鹏，李艳军，等 . 我国铁矿资源“劣质能用、优质优用”发展战略研究［J］. 金属矿山，2016（12）：1-7.

[8] 陈雯，张立刚. 复杂难选铁矿石选矿技术现状及发展趋势［J］，有色金属（选矿部分），2013（z）：19-23.

[9] 王纪镇，印万忠，刘明宝，等 . 浮选组合药剂协同效应定量研究［J］. 金属矿山，2013（5）：62-66.

[10] 罗良飞，陈雯，李文风. 铁矿阴离子低温反浮选试验研究［J］. 矿冶工程，2011，31（4）：34-36.

[11] Sun Yongsheng，Han Yunxin，Gao Peng，et al. Particle size measurement of metallic iron in reduced materials based on optical image analysis［J］. Chem.Eng.Technol，2014，37（12）：1-8.

[12] 刘志兴. SA-2 絮凝剂在微细粒赤铁矿分选中的应用［J］. 有色金属：选矿部分，2013（6）：83-85.

[13] Mario Gerards，Marco Steinberg，Sergej Podkow. Design improvements and implementation of high flow JONES® WHIMS in a hematite processing plant［C］. XXVIII International mineral Processing congress. 2014：616-626.

[14] Guangyi Liu，Xianglin Yang，Hong Zhong. Molecular design of flotation collectors：A recent progress［J］. Advances in Colloid and Interface Science（2017）：Article in press，2017，246：181-195.

撰稿人：陈　雯　韩跃新　孙体昌　沈政昌　刘永振　董天颂　张　覃　朱一民
倪　文　胡义明　曹佳宏　熊　伟　牛福生　赵通林　周岳远　周瑜林
孙永升　许海峰　顾帼华　杨　慧　汤晓壮　王化军　侯　英　汤玉和
唐雪峰　刘建国　罗良飞　姜楚灵　刘兴华

煤炭分选加工技术

1. 引言

我国“富煤、缺油、少气”的一次能源赋存条件决定了我国煤炭的基础能源地位，未来相当长时期内，煤炭在我国能源结构中的主体地位不会改变。根据我国《中国可持续能源发展战略》报告数据显示，到2050年煤炭所占能源比例不会低于50%，煤炭仍然是我国可长期依赖的基础能源，是我国能源安全供应及经济社会发展的重要保障。

“十二五”期间，通过加快煤炭洗选关键性技术的研究开发，到2015年，我国选煤技术装备达到了21世纪初国外先进水平，煤炭入选率达到65%；预计到2020年，主要煤炭分选设备将实现国产化，从当前的选煤大国走向选煤强国，煤炭洗选率将达到70%。但是，由于煤炭利用方式粗放、能效低、污染重等问题依然没有得到根本解决，我国煤炭工业的发展将受到资源和环境的严重制约。未来一个时期，为加快推动能源消费革命，必须进一步提高煤炭清洁高效利用水平，有效缓解资源环境压力。《国家中长期科学和技术发展规划纲要（2006—2020）》明确提出：要大力发展煤炭清洁、高效、安全开发和利用技术，并力争达到国际先进水平。因此，煤炭分选加工技术发展面临的机遇与挑战并存，这就要求煤炭分选加工技术进一步加强创新技术的研究和开发，为煤炭的清洁高效利用提供新的更强大的技术支撑，以保证我国经济发展新常态下煤炭工业的可持续发展。

下面针对我国煤炭分选加工技术的具体发展情况分别对其资源状况、技术进展、国内外比较和发展趋势与对策进行简要叙述。

2. 我国煤炭分选加工技术研究进展

2.1 煤炭资源分布及产量与消费情况

2.1.1 煤炭资源分布情况

根据2016年国土资源部发布的《中国矿产资源报告》数据显示，我国煤炭已探明储量呈逐年上升趋势，2015年我国煤炭探明15663.1亿吨，仅次于美国和俄罗斯。我国炼焦煤已查明的资源储量为2803.67亿吨，占世界炼焦煤查明资源量的13%。但是，我国煤炭资源分布不均衡，呈西多东少、北富南贫格局。主要分布在陕西、内蒙古、新疆的早中侏罗世含煤地层煤炭储量最大，约占总资源量的60%，赋存煤种多为低变质的不粘煤、长焰煤；分布在山西、河南、河北、山东、安徽的晚石炭世、早二叠世含煤地层煤炭储量次之，约占总资源量的25%。

低变质烟煤（长焰煤、不粘煤、弱粘煤和1/2中粘煤）主要分布在内蒙古、新疆、陕西、山西等地，成煤时代以早、中侏罗纪为主，其次为早白垩纪和石炭二叠纪；长焰煤的成煤时代以侏罗纪为主，第三纪较少。形成于晚侏罗纪的长焰煤其灰分和硫分与形成于晚侏罗纪的褐煤相近，平均灰分18.94%，平均硫分1.19%；不粘煤几乎全部形成于早、中侏罗世，弱粘煤也很少有其他时代形成的。早、中侏罗世形成的不粘煤和弱粘煤都是低灰（Ad在10%～11%）、低硫（St.d<0.9%）的年轻烟煤。

中变质烟煤（即炼焦用煤）主要分布在山西省，主要赋存于华北石炭二叠纪和华南二叠纪含煤地层中。我国主要炼焦煤矿区大约有16个，分布于山西矿区著名的有西山及古交、离（石）柳（林）、乡宁、霍东和霍州等矿区。我国其他省（自治区）的主要炼焦煤矿区中，资源储量较多的有贵州省的水城和盘江矿区、安徽的淮北矿区、河南的平顶山矿区和河北的开滦矿区。我国的炼焦煤资源从最早的石炭纪到最晚的第三纪均有，但其中以上石炭统太原组、下二叠世山西组、上二叠同乐平组和侏罗纪煤为主。从洗精煤的硫分来看，以海陆交互相沉积的上石炭世太原组煤最高，平均硫分达1.95%；其次为上二叠世乐平煤炭，平均硫分为1.27%。硫分最低的纯陆相沉积的侏罗纪和下二叠世石盒子组煤平均硫分分别为0.46%和0.47%，下二叠世山西组煤、三叠纪煤和第三纪煤的硫分均颇为接近，平均硫分都在0.65%左右。

高变质贫煤、无烟煤主要分布于山西、贵州、陕西等省。贫煤主要赋存于晚石炭纪、早二叠纪和晚二叠纪含煤地层中，贫煤的硫分以陆相沉积的早二叠纪山西组最低，平均为0.42%，但海陆交互沉积的晚石炭纪和晚二叠纪贫煤的硫分明显高于贫煤的平均硫分；不同时代的贫煤灰分相差不大，但贫煤的平均灰分却比无烟煤高约4%。早二叠世贫煤煤灰中的Al_2O_3含量不仅是不同时代贫煤煤灰中最高的，而且也是不同时代各种动力煤煤灰中最高，而早二叠世贫煤煤灰中的Fe_2O_3含量则是不同时代各种动力煤煤灰中最低的，平均仅 2.75%。无烟煤的成煤时代从最早的早石炭纪到最晚的早、中侏罗纪。无烟煤的硫分以海陆交互相沉积的晚二叠世和早、晚石炭世形成的较高，其平均硫分均在 1% 以上；陆相沉积的侏罗世和早二叠世山西组无烟煤的平均硫分都低于 0.5%。

褐煤属未变质煤，主要分布在我国内蒙古、黑龙江和云南三省。我国的褐煤资源主要形成于中生代侏罗纪和新生代第三纪。以形成于早、中侏罗纪，主要分布在内蒙古自治区中西部的灰分最低，平均灰分 10.55%，早第三纪褐煤的平均灰分则高达 23.26%。硫分则以早第三纪褐煤的稍低，平均 0.85%，其余时代的褐煤平均硫分都在 1.3% ~ 1.4%。

2.1.2 煤炭产量与消费情况

根据国家发改委、国家能源局制订并印发的《煤炭工业发展“十三五”规划》数据显示，截至 2015 年全国煤炭产量 37.5 亿吨，年均复合增长率 1.8%，煤炭消费量 39.6 亿吨，年均增速 2.6%，千万吨级煤矿 53 处，新增 13 处，年均增速达 5.8%，大型煤炭基地产量 35 亿吨，占全国原煤总产量的 93%，较 2010 年提高 6%；“十二五”期间全国共淘汰落后煤矿 7100 处、涉及产能 5.5 亿吨 / 年，其中关闭煤矿产能 3.2 亿吨，煤炭生产集约化、规模化水平明显提升，煤炭企业兼并重组加快，行业集中度进一步提高。“十三五”规划到 2020 年全国煤矿总产量 39 亿吨 / 年，年均增速为 0.8%；消费量 41 亿吨 / 年，年均增速为 0.7%，“十三五”期间我国煤炭产量及消费量均为正增长。

根据国家统计局发布的《2016 年国民经济和社会发展统计公报》数据显示，2016 年，全国原煤产量完成 34.1 亿吨，同比减少 9%；全年能源消费总量 43.6 亿吨标准煤，比 2015 年增长 1.4%，煤炭消费量下降 4.7%，煤炭消费量占能源消费总量的 62.0%。随着煤炭行业结构调整步伐加快，大型煤炭基地正成为煤炭供应的主体。《中国煤炭工业改革发展年度报告》（2016 年）指出，2016 年我国晋北、晋中、晋东、神东、陕北、黄陇、宁东、鲁西、两淮、云贵、冀中、河南、内蒙古东部、新疆 14 个亿吨级大型煤炭基地产量占全国的 92.7%。据预测，14 个大型煤炭基地的产煤量占全国煤炭产量的比重在“十三五”期间将达到 95% 以上，特别是新疆基地将在“十三五”之后发挥更大作用。

2.2 煤炭分选理论

2.2.1 筛分理论及基础研究进展

目前较为成熟的筛分原理有概率筛分原理、等厚筛分原理、概率等厚筛分原理、弛张筛分原理、弹性筛分原理、强化筛分原理等。随着采煤机械化水平的提高，原煤中细粒的含量越来越多，潮湿细粒煤的筛分理论成为研究热点。目前在弛张筛筛面的非线性动力学方程方面，学者们利用 Holms 弹跳球模型来模拟单颗粒在筛面上的运动并找出数值结果，发现单颗粒物料在筛面上运动时，颗粒可产生混沌运动。在筛面上颗粒运动规律研究方面，学者们得出了筛面上颗粒运动是经周期分叉和概周期分叉通向混沌的演化过程，在筛分机正常的工作参数范围内，筛面上颗粒运动不存在周期运动、概周期运动，只存在混沌运动。在球形及非球形颗粒的分层机理研究方面，有学者认为在分层过程中，大颗粒间的平均力矩及平均动能均大于小颗粒，大颗粒较小颗粒活跃；非球形颗粒具有较高的动能而较球形颗粒活跃，在一定程度上弥补了颗粒形状对分层过程的影响。

2.2.2 干法选煤理论及基础研究进展

目前，以新一代干法重介质流化床分选机为代表，干法选煤理论及基础研究取得了一定进展，特别是在流化床内复杂动力学行为的数值计算及外加力场分选的动力学模型方面进展显著。如采用“欧拉－欧拉”多相流模型对流化床内气固多相的复杂动力学行为进行数值计算，在充分考虑流化床三维空间分布、加重质密相分布规律与颗粒实际运动情况的基础上，对球形颗粒在流化床中运动时的受力进行了深入分析，建立了入料颗粒在空气重介质流化床中运动时的受力平衡方程和基本动力学公式；还有学者将振动能量引入到干法螺旋分选机中，并根据振动螺旋干法分选机结构组成和工作原理，建立了振动螺旋干法分选机的理论动力学模型。

2.2.3 浮游选煤理论及基础研究进展

在浮选过程中，疏水性矿粒黏附于气泡并随之到达泡沫层成为精煤，而亲水性颗粒则停留在矿浆中成为尾煤。目前，以震荡浮选、油泡浮选和纳米微泡浮选为代表，煤泥浮选理论和技术取得了较好进展。震荡浮选的基本原理为，通过引入振荡能量，在浮选分离区域引入振动波使矿浆的压力作交替变化，在压力所及区域的液体中产生撕裂力。当矿化气泡聚合体通过振荡区域时将被分散为单泡上浮，被夹带的亲水性矿粒失去依托，在振动惯性力作用下落入矿浆，从而减轻亲水性矿粒和细泥的夹带污染；油泡浮选是将捕收剂覆盖在浮选气泡表面，形成油泡。在常规浮选中，烃类油捕收剂以液滴形式分散在矿浆中，作用在矿物颗粒上改变其疏水性，再与气泡黏附，完成气泡矿化。油泡浮选中，气泡表面包裹一薄层的油膜，则在油膜与矿物颗粒吸附的同时，气泡也与矿物黏附在一起，减少了黏附功，大大缩短了诱导时间，促进了矿物的浮选。在纳米微泡浮选方面，学者们采用文丘里管产生纳米泡，并进一步研究了纳米泡提高细粒煤浮选效果的机理，纳米泡增加了气泡与煤粒的碰撞和附着的概率、减少了脱落概率，同时减少了捕收剂用量。

2.2.4 细粒煤脱水理论及基础研究进展

目前，细粒煤脱水方面的进展主要表现在电解质强化细粒煤脱水、热压过滤干燥脱水等方面。通过向矿浆中添加电解质来促进细粒煤的脱水。电解质在矿浆中电离出正离子，与煤粒表面的负电中和，压缩双电层，降低煤粒表面的电动电位，使得其表面水化膜变薄。电解质使得细粒煤表面的疏水性增强，亲水性减弱，从而有利于细粒煤的脱水。采用热压过滤干燥脱水工艺对浮选精煤进行脱水的机理为，热压过滤形成的饱和滤饼将继续受到热压干燥过程的作用，伴随饱和蒸汽脱水面和过热蒸汽脱水面的形成与扩散，对滤饼进行深度脱水。此外，有学者还建立了精煤压滤非均相分离压密过程模型，并证实三维压滤压密过程可用过程参数压密比表征。在不同能量作用形式下的褐煤脱水机理方面，相关学者研究表明，热风干燥过程中的水分传递的推动力为湿度梯度和温度梯度，真空干燥过程中水分传递的推动力为湿度梯度、温度梯度和压力梯度共同组成，真空干燥褐煤和热风干燥过程中传热、传质方向相反，而微波干燥过程中方向一致。

2.3 煤炭分选工艺

我国地域辽阔，煤种齐全，煤质差别大，因而跳汰、重介、浮选、风选等各种选煤方法均有应用。目前新建的大型选煤厂多采用重介质选煤工艺。例如：根据煤质差别和产品要求，采用块煤重介浅槽、末煤三产品重介旋流器或二产品重介旋流器主再选、粗煤泥干扰床或螺旋分选机、细煤泥浮选的联合分选工艺；采用我国独创的原煤不脱泥无压三产品重介旋流器配煤泥重介简化工艺；采用我国独创的脱泥分级重介旋流器分选工艺，即原煤预先分级（Φ2mm）、脱泥（Φ0.3mm），>2mm 粗物料由大直径三产品重介质旋流器分选，2 ~ 0.3mm 细粒级由较小直径重介质旋流器分选，<0.3mm 煤泥浮选。我国选煤工艺技术达到了国际先进水平。

2.3.1 原煤主选工艺

在湿法选煤工艺中，对粒度大于 0.5mm（或 0.2mm）的原煤一般采用跳汰、重介等以物料密度差别为依据的重力分选方法，其对应的分选工艺称作主选工艺，主选工艺有效分选的物料量通常占入选原煤的 80% 以上；对粒度小于 0.5mm（或 0.2mm）的细粒物料则采用以表面性质差别为依据的浮选方法分选。我国常见的原煤主选工艺又可以分为分级入选和混合入选两种方式。

分级入选是根据原煤的块、末煤可选性差异或不同粒级产品用途及质量要求，以某一粒度（通常为 25mm 或 13mm）预先分级，然后分别由块煤和末煤两套系统分选的工艺，多用于动力煤分选。

混合入选是原煤不经分级而直接分选的主选工艺，其入选粒度上限一般为 50 ~ 80mm，取决于主选设备类型和产品要求，多用于炼焦煤洗选。

20 世纪 90 年代以前，跳汰选煤一直是我国选煤的主导工艺，跳汰工艺和跳汰机的机构性能都较为成熟，典型的跳汰选煤原则工艺有跳汰 + 浮选、跳汰主再选 + 浮选以及跳汰粗选 + 粗精煤重介再选 + 浮选。

在 2000 年以后，随着重介质选煤技术装备水平的提高、用户对产品质量要求的严格以及原煤质量的恶化，促使我国重介质选煤工艺得到快速发展和广泛应用。目前我国应用较多且效果较为显著的重介质选煤工艺主要包含以下 4 种。

2.3.1.1 块煤重介质分选机 – 末煤重介质旋流器分级入选工艺

该工艺主要应用于大型、特大型选煤厂，重介质浅槽（或立轮、斜轮）块煤分选机具有处理能力大、分选精度高、建设投资和运行成本低等优势，但其有效分选下限高，一般为 8 ~ 6mm，尤其受预先筛分设备有效分级粒度下限的制约，其实际入洗下限通常为

25 ~ 13mm；而重介质旋流器的有效分选下限低，可达 0.5 ~ 0.2mm，但运行成本高于块煤重介分选机。因此，块煤、末煤分级入选可显著提高大型、特大型选煤厂的投资价值和经济效益，而且对于动力煤洗选的产品结构更加灵活。

2.3.1.2 块煤跳汰－末煤重介质旋流器分选工艺

该工艺既综合了跳汰机入选上限高、运行成本低和重介质旋流器分选精度高的双重优势，又避免了末煤跳汰分选精度差的缺陷，进而可在降低选煤成本的同时保证产品质量，主要应用于块煤可选性好、末煤可选性差及块煤、末煤产品质量要求不同的选煤厂。

2.3.1.3 两产品重介质旋流器主再选工艺

该工艺采用一套低密度分选重介质旋流器作主选，另一套高密度分选重介质旋流器作再选，分选出精煤、中煤和矸石三种产品。当原煤的矸石含量高、易泥化时，也有先采用高密度主选排矸－低密度再选出精、中煤的应用。该工艺与三产品重介质旋流器分选工艺相比，其精煤、中煤的分选密度均可实现自动调控，各产品质量均易稳定，分选效率更高，但需要两套重介质悬浮液系统，流程相对复杂，投资稍大。

2.3.1.4 三产品重介质旋流器分选工艺

目前，三产品重介质旋流器分选工艺在我国应用较广泛。按原煤的给入方式，重介旋流器分为有压给料和无压给料两种类型。有压给料是原煤与重介质悬浮液共同由泵给入旋流器，可以有效降低厂房高度，但会增加物料的粉碎程度，设备管道磨损比较严重；无压给料是原煤依靠自重由上部进入旋流器，悬浮液由泵沿切线由下部给入旋流器，物料的粉碎程度和设备的磨损都大幅度降低，但是会增加厂房高度。此外，按照被选物料选前脱泥与否，重介质选煤工艺分为脱泥入洗和不脱泥入洗两种方式。当煤泥含量高、厂型规模大时，常用脱泥入洗工艺，其介耗低、生产效率高，但工艺相对复杂；当煤泥含量少、厂型规模小时，常用不脱泥、脱泥入洗工艺，系统简单，投资省，对粗煤泥分选效率高，但介耗稍高。

2.3.2 粗煤泥回收工艺

随着洗选设备大型化的发展，大直径重介旋流器得到了大规模的推广和应用，目前最大直径达到 1500mm，随之而来导致重介旋流器的有效分选下限也有所提高，出现了传统的重选－浮选两段分选工艺对粗煤泥的分选效率下降，粗煤泥单独分选的三段式分选工艺近年来已经逐渐发展成为国内大部分炼焦煤选煤厂认同的全粒级高精度分选工艺。粗煤泥的回收工艺经过了多年发展，主要有以下 3 种。

2.3.2.1 粗精煤泥直接回收工艺

重介分选后的精煤磁选尾矿经过分级旋流器分级后，溢流的细颗粒煤泥进入浮选，底流的粗煤泥经过弧形筛－高频筛－煤泥离心机脱水脱泥后直接形成粗精煤泥掺入精煤产品，筛下水和离心液则进入浮选，由于高频筛和离心机容易出现筛网破损而导致筛下水和离心液有粗颗粒导致浮选跑粗现象，这两部分也可以直接回到精煤磁选尾矿桶，再进入分级旋流器循环而避免跑粗。该工艺是最传统的重选–浮选两段分选工艺中粗煤泥的回收方式，但由于重选有效分选下限的提高以及分级设备分级效率低的问题，使得直接回收的粗精煤泥灰分较高，掺入精煤势必会导致重选精煤降低灰分才能保证总精煤灰分达标，因此会降低总精煤回收率。虽然现在国内众多选煤厂仍采用该工艺回收粗精煤泥，但随着选煤工艺精细化发展和利润最大化目标要求，该工艺将不断改进以满足企业获得最大效益的需求。

2.3.2.2 粗煤泥部分分选工艺

该工艺主要用于不脱泥无压给料的三产品重介质旋流器分选工艺中，采用小直径煤泥重介质旋流器处理合格介质分流的部分，溢流进入精煤磁选机脱介后成为精煤磁选尾矿，底流则进入中矸磁选机脱介后成为中矸磁选尾矿。该工艺虽然采用煤泥重介质旋流器分选精煤合格介质分流的部分，但仅对系统中的少量粗煤泥进行分选，而且分选产生的精煤与未经过分选的稀介质中的粗煤泥混合后成为精煤磁选尾矿，并未起到粗煤泥全部分选的作用。该工艺实际上更多的是弥补大直径重介质旋流器有效分选下限的不足，可进一步降低主选旋流器溢流精煤中的粗煤泥灰分，不能对进入中煤、矸石产品中的粗煤泥起到进一步分选作用，因而具有一定的局限性。

2.3.2.3 粗煤泥全部分选工艺

该工艺是指精煤磁选尾矿或预先脱泥系统预先脱除的煤泥经过分级旋流器分级，溢流细煤泥进入浮选，底流粗煤泥则全部进入粗煤泥分选设备，分选后的轻、重产物分别经过脱水脱泥脱介后成为粗精煤、粗尾煤（中煤）产品，细尾煤则进入浓缩机沉降后最终成为尾煤泥。目前国内常用的粗煤泥分选设备主要有螺旋分选机、TBS 干扰床分选机以及煤泥重介质旋流器。螺旋分选机结构简单，便于维护，但分选密度较高，难以得到低灰精煤，因而常用于动力煤选煤厂而几乎没有用于炼焦煤选煤厂；TBS 干扰床分选机是我国目前最常用的粗煤泥分选设备，其以上升水流为主要的分选动力，操作简单，便于维护，处理量大，对易选或中等可选的粗煤泥分选效果较好，但当分选难选的粗煤泥时，难以兼具保证精煤灰分和精煤产率的能力，因而具有一定局限性；煤泥重介质旋流器是对粗煤泥分选精度最高、对可选性适应能力最强的设备，但由于选后产物需要全部通过磁选机回收加重质（磁铁矿粉），导致介耗高，因而主要适于难选煤。

2.3.3 细煤泥浮选工艺

随着我国煤炭事业的发展，采煤机械化水平不断提高，煤炭中的粉煤含量也逐渐增加，浮选作为煤泥分选的主要方法，其重要性日益突出。随着近年来科研工作者的不断努力，我国的浮选工艺也有了较大的发展和突破。典型的浮选工艺有以下 5 种：

2.3.3.1 一级浮选工艺

一级浮选是分级旋流器分级产生的细粒级煤泥经过调浆直接进入浮选设备，常见的有机械搅拌式浮选机、喷射式浮选机或浮选柱。浮选精煤利用加压过滤机或者快开压滤机脱水，浮选尾煤则通过浓缩机沉降后进入压滤机成为尾煤泥。这种工艺是最传统的浮选工艺，也最常见，我国大多数选煤厂均采用此工艺，适于处理较易浮且细泥含量较少的煤泥，当细泥含量较大时，容易产生精煤灰分超标导致重选精煤背灰的现象。

2.3.3.2　分级浮选工艺

该工艺是针对细粒级煤泥含量较高，而且可浮性较差的煤泥。入浮煤泥先经过分级旋流器分级，较粗颗粒的煤泥经过调浆进入浮选机分选，较细颗粒的煤泥进入对细粒物料分选更有优势的浮选柱分选。浮选机精煤经过加压过滤机脱水后成为精煤，滤液和细粒煤泥一起经过调浆进入浮选柱，浮选柱精煤进入快开压滤机脱水后成为精煤，滤液作为循环水，浮选机和浮选柱尾煤均进入浓缩机沉降后经过压滤机回收成为尾煤泥。该工艺结合了浮选机和浮选柱的优势，可以避免高灰细泥对浮选精煤的夹带污染，但对细粒煤泥的分级提出了更高的要求。

2.3.3.3　二级浮选工艺

该工艺也是针对细泥含量较高的煤泥。入浮煤泥经过调浆后先进入浮选机一次浮选，一浮精煤进入沉降过滤离心机脱水，离心产物作为精煤产品，而离心液再经过调浆进入二次浮选，二次浮选设备根据需要可采用浮选机或者浮选柱，二浮精煤经过压滤机脱水后成为精煤产品，滤液作为循环水，两次浮选的尾矿进入浓缩机沉降后经过压滤机产生尾煤泥。该工艺有效地将一次浮选中夹带的细泥与细粒精煤从产品中脱除，进入二次浮选，减轻了细泥夹带的影响。

2.3.3.4　精煤再选浮选工艺

该工艺主要针对高灰难浮煤泥，分为部分再选和全部再选两种类型。入浮煤泥经过调浆后进入浮选机粗选，浮选机的三四室精煤或者全部精煤再次经过调浆进入精选作业，精矿脱水后成为最终精煤，精选尾矿与粗选尾矿共同进入浓缩机沉降后由压滤机脱水后成为尾煤泥。该工艺很好地解决了一次浮选难以得到合格精煤产品的问题。

2.3.3.5　脱泥浮选工艺

该工艺主要针对入浮煤泥中含有大量高灰细泥，并且高灰细泥的灰分较高，可以采用分级旋流器或其他水力分级设施预先脱除入浮煤泥中的高灰细泥，剩余较粗颗粒煤泥再进入浮选，生产合格的精煤产品，浮选尾煤与脱除的高灰细泥合并进入浓缩机沉降后经压滤机回收作为尾煤泥。

2.4　煤炭分选设备

2.4.1　破碎设备

目前广泛应用的是对全部原煤进行“通过式”破碎的分级破碎机及只针对块煤进行破碎的块煤破碎机。我国分级破碎技术的发展趋势是处理能力大、破碎粒度大和可靠性高、破碎强度高。齿辊破碎机正在向大型化、高强度、高效化发展，国内尚没有大型粗碎强力齿辊破碎机。另外，随着稀缺煤炭资源的紧缺，开始进行中煤及煤岩组分的破碎粉碎装备研究。煤岩组分破碎方式主要有电脉冲破碎技术、冲击粉碎分级系统、气流粉碎分级系统。中煤破碎方法涉及常规及可逆锤式破碎机、搅拌粉碎机及反击式破碎机，两段式立式破碎机研究方向为选择性破碎方式，防止过粉碎及低能耗。

2.4.2 筛分设备

在选煤厂生产规模大、动力煤全粒级入洗的背景下，筛分装备向大型化、精细筛分方向发展，出现了多种类型的筛分设备。等厚筛可以代替弧形筛加直线筛进行脱介工艺，并且处理能力比直线筛较高。直线弛张筛成功地解决了传统筛分设备无法解决的细粒湿黏物料的干法深度筛分问题，干法筛分深度可达 1mm，目前在选煤厂中原煤黏湿，小颗粒分级，特别是 3 ~ 25mm 的分级都可以采用弛张筛来解决。细粒筛分主要筛分设备有德瑞克重叠式高频细筛，物料经五路矿浆分配器均匀给入五路重叠并联的筛分单元，物料在 7.5G 重力加速度的直线式强力振动和高开孔率的耐磨防堵筛网条件下实现高效筛分；筛上物、筛下物经各自收集料斗进入下道工序。博厚筛整体筛面由多块板组合而成，筛面振动强度可调；采用大幅度、大震动、大倾角和弹性筛面；对潮湿细粒难筛物料进行有效筛分，双振幅 20 ~ 25mm 振动强度 6 ~ 8G，大倾角 20° ~ 28°。高频率筛是采用大振幅、大振动强度、较低振频和自清理筛面来完成湿黏物料的筛分过程，振动系统在近共振状态下工作，可用一较小的振动力达到所需的工作参数，增强了筛体强度，提高了筛分效率。

2.4.3 重选设备

重选装备整体向大型化、精细化及自动化方向发展。目前我国跳汰机研究追求的目标是设备大型化，提高单机处理能力、控制系统集成化以及跳汰选煤设计模块化方面发展。跳汰机向着大型化、控制系统集成化以及模块化方面发展，SKT 跳汰机最大面积达 $40m^2$，使我国跳汰选煤设备达到了国际领先水平，已在全国数百家选煤厂应用 900 余台。同时井下排矸工艺因其显著的经济和社会效益得到重视和发展，其中机械驱动式动筛跳汰机就是一种较为理想的井下分选排矸装置。

重介分选槽是在 20 世纪 80 年代，经过较短时间的发展已经成为一种应用十分广泛的高效重介分选设备，主要应用于块煤的分选，逐渐取代了斜轮、立轮。在结构改进后，新型的重介浅槽被应用于井下排矸，研制新型的适用于井下选煤排矸的浅槽分选机。目前新汶矿业集团济阳煤矿、翟镇煤矿已建立并运用井下重介质浅槽排矸系统。在很长一个时期内，国内采用的重介浅槽都是以引进为主。国内一些设备厂商已开始着手仿制、研发，在一些选煤厂得到应用，但只是个别型号的仿制，还没有形成完整的系列化、规模化产品。

重介旋流器在重介技术的高速发展中不断升级更新，我国的重介旋流器选煤工艺技术及设备总体上已基本达到了世界的先进水平。国际上使用重介旋流器是以二产品重介质旋流器为主，而我国是以三产品重介质旋流器为主。研发了双（多）供介无压给料三产品旋流器，研制出了 3GHMC、3SNWX 系列，降低能耗的同时提高了分选效果。

3GHMC 1500/1100 型重介质旋流器是当今国内外单机处理量最大的无压给料三产品重介旋流器，该旋流器由第一段内径为 1500mm 的圆筒形旋流器和第二段内径为 1100mm 的圆筒圆锥形旋流器组合而成，单机处理能力可达 550 ~ 650 吨 / 时。3SNWX1500/1100- Ⅳ型四供介无压三产品重介旋流器处理能力达到了 550 ~ 650 吨 / 时。

2.4.4 粗煤泥分选设备

我国常用的粗煤泥分选设备主要有螺旋分选机、煤泥重介质旋流器和粗煤泥干扰床分选机。其中螺旋分选机因分选密度高、处理能力低而不适用于炼焦煤分选；煤泥重介质旋流器因系统复杂、洗选成本高而未达到广泛应用。但 TBS 具有有效分选密度范围宽、自动化程度高、设备结构简单等优点，逐渐受到国内选煤厂的青睐，尤其在炼焦煤选煤厂得到广泛应用。干扰床分选技术在国内起步较晚，目前国内专家在传统干扰床分选机的基础上做出了相应的改进，以提高其处理能力、分选精度及稳定性。螺旋分选机虽然具有结构简单、无动力、运行成本低等特点，但由于其对细粒级降灰效果差，分选密度高，只适合分选易选煤和中等可选煤，已难以适应国内原生煤泥量大，难选煤为主的煤炭形势。在炼焦煤选煤厂已基本被 TBS 所取代，但仍在许多动力煤选煤厂用作末煤分选。为了适应我国选煤的发展趋势，对新型螺旋分选机的要求是：既要具有较大的处理能力，又要具有良好的分选效果。

2.4.5 浮选设备

目前用于煤泥浮选的主要有机械搅拌自吸式浮选机、喷射自吸式浮选机及 FCMC/FCSMC 系列旋流微泡浮选柱等。机械搅拌类浮选机约占国内选煤厂所有浮选设备的 80%，如 XJM–S 型、XJX–T（Z）型、XJN 型等均有应用，其中 XJM–S 型浮选机应用最广泛，约占此类浮选机的 90% 以上，目前该型号单槽容积 90m^3 的浮选机已开展了工业试验。FJC（XPM）型喷射浮选机也是射流浮选机的一种，约占所有浮选设备的 5%。FJC 型喷射浮选机在 XPM 型浮选机上改进，一般为 3 ~ 5 槽串联为一台设备，利用每槽内的四个由喷嘴、伞形分散器组成的充气搅拌装置实现充气、气泡矿化，目前最大单槽容积为 44m^3。近几年随着微细粒级含量越来越高，浮选柱在微细粒煤泥浮选方面快速应用。FCMC / FCSMC 系列旋流微泡浮选柱是中国矿业大学多年潜心开发研制的专利产品，属于承担国家重点科技攻关项目的研究成果，已获多项专利，并通过了鉴定，处于国际同类设备领先水平。现已形成 1000mm、1500mm、2000mm、2500mm、3000mm、3500mm、4000mm、4500mm、5000mm、5500mm、6000mm 十余种系列产品规格，并日益向大型化方向发展。

2.4.6 脱水设备

卧式振动卸料离心脱水机具有占地面积小、处理能力大、耗能小以及筛篮寿命长等优点，在选煤厂的块、末选煤过程中得到了广泛的推广和应用。直径为 1300mm 的卧式振动卸料离心机的处理能力可以达到 300 吨 / 时。粗煤泥离心脱水机基本采用过滤式螺旋卸料类型，筛篮大端直径为1200mm，筛篮高度为650mm，是目前国内规格和处理能力最大的粗煤泥离心脱水机。该设备处理量大，多为35 ~ 50吨/时，脱水产物水分低，可靠性强，生产工艺指标先进，好于国外进口的同类设备。

目前，我国选煤行业的精煤和尾煤过滤脱水设备主要有加压过滤机和快速隔膜压滤机等。随着加压过滤机应用的扩大和运行时间的考验，其单位产量能耗高、运行成本大，对细粒级煤泥、难过滤煤泥适应性差的缺点制约了其进一步推广。现在有被高效全自动快开隔膜压滤机取代的趋势。快开式隔膜压滤机由于在传统压滤机基础上进行了强高压流体挤压脱水、隔膜压榨脱水以及通过强气流穿流滤饼脱水的改进设计，在全国选煤厂的应用较多，效果良好。世界上最大的快速隔膜压滤机–DM1000/2500型快速隔膜压滤机，采用2500mm×2500mm的煤矿专用滤板，可与目前广泛采用的90 ~ 120m^{2}加压过滤机一对一匹配，经过优化配置可以与目前世界上最大的160m^{2}加压过滤机的产量相适应。

2.4.7 干法分选设备

我国在干法分选设备研制方面一直处于国际领先地位，以模块式空气重介质流化床分选技术为代表，我国干法选煤技术进展显著。目前，通过自主创新已建立了模块式空气重介质流化床干法选煤技术的工业示范系统，实现了50 ~ 6mm煤炭的高效干法分选，并进一步建立了世界上首座模块式干法重介质流化床选煤厂，生产灰分小于3.5%的超低灰精煤，实现了空气重介质流化床干法选煤技术的工业应用。

2.5 煤泥水处理

在综合考虑洗煤工艺的基础上，通过煤泥水综合治理管控循环水系统，实现洗水闭路循环，对于绿色选煤至关重要，而煤泥水澄清处理是煤泥水综合治理的重要环节。

2.5.1 典型煤泥水处理技术

2.5.1.1 高泥化煤泥特性及与水作用机理和分析测试方法

选煤厂煤泥水系统一直是实现选煤厂洗水闭路循环的关键，对易泥化煤种，煤泥水问题直接影响选煤厂的正常生产，也是选煤厂外占地、运行成本的沉重负担。虽然各选煤厂都十分重视煤泥水处理，但是一直没有形成比较完整、系统的分析方法，对煤泥产生机理、颗粒及其表面性质、沉降动力学性质等参数，大多靠不规范的实测和经验进行分析、设计和药剂筛选。为了加强高泥化煤浮选，避免药剂交叉影响，提高煤泥水沉降和澄清效果，目前研究人员在煤泥水固含物与水、与絮凝药剂作用机理研究方面取得突破，提出了煤泥水分析、测试手段和方法，药剂筛选、药剂制度优化及相应的数学模型，对传统的添加絮凝剂通过“架桥”及“网捕”作用实现煤泥水沉降的作用机理进行了补正，发现了影响高泥化煤泥水难以沉降的主要原因是黏土类矿物颗粒表面存在水化膜的作用机制，弄清了传统絮凝澄清技术难以解决的机理性问题，并研发了外加静电场的煤泥水强化沉降设备，大大提高了高泥化煤煤泥水处理效果。

2.5.1.2　矿物－硬度法难沉降煤泥水绿色澄清技术

矿物－硬度法难沉降煤泥水的基本原理在于，利用天然矿物调节煤泥水硬度至临界硬度，在该临界硬度条件下煤泥水可实现清水循环，同时细粒煤的分选效果又不受影响。临界硬度的确定通过一系列理论模型计算并结合实际工况条件确定。在煤炭分选环节，原煤及其伴生的黏土矿物不断进入煤泥水体系中，系列溶液化学反应及持续循环的耗散结构特征，使得水体硬度不断降低、煤泥水高度分散并呈现状态特征值——煤泥水原生硬度，此状态有利于浮选分离。煤泥水循环至澄清环节，高度分散的煤泥水体系不利于澄清，而临界硬度是实现煤泥水聚沉的最低水质硬度。因此在系统中加入水质调整剂，水体硬度不断提高直至临界硬度时，循环煤泥水系统中颗粒快速聚沉，溢流浓度明显降低，再次循环到煤炭分选环节。这样，在煤泥水循环过程中形成了原生硬度条件下的微细粒煤分选及临界硬度条件下的尾煤聚沉，两者相互制衡与转化，形成了一个完整的选煤过程。

矿物－硬度法难沉降煤泥水绿色澄清技术以煤泥水溶液化学环境为处理对象，添加药剂后形成稳定的溶液条件促进颗粒凝聚，对微细颗粒效果显著，药剂消耗少。该煤泥水澄清技术体系包括水质硬度调节的药剂方案、药剂自动添加系统、水质在线检测系统。传统的混凝技术以颗粒为捕捉和处理对象，捕集颗粒后药剂失效，且微细颗粒存在严重漏捕，因此药剂消耗量大，处理效果差，对难沉降煤泥水不能实现彻底澄清。该技术的特点在于：

（1）煤泥水彻底澄清，无二次污染。有利于难沉降煤泥水体系的沉降，水质可达到排放标准；无二次污染，不增加沉降固体量并对过滤过程带来影响。

（2）添加剂来源广泛，成本低。可选择地产矿物原料或工业废料等，实现系统的低成本运行。一般矿物添加剂成本可控制在 0.04 ～ 0.05 元 / 立方米，且不随难沉降程度增加。

（3）运行稳定，适应性强，调节与操作简便。由于水体的水质稳定，使得煤泥水运行不随固含量及药剂添加波动而波动，水质澄清质量稳定。

（4）形成系统工艺，易于实现自动控制与检测。在该技术引领下，水质硬度调控的煤泥水处理思路已成为目前我国难沉降煤泥水处理的主流技术模式。

2.5.2　煤泥水处理技术新进展

2.5.2.1　电化学凝聚澄清技术

电化学方法处理煤泥水的作用机制主要包括电泳技术和电絮凝技术。电泳技术是利用煤泥颗粒表面带负电荷的性质，使煤泥颗粒在电场力的作用下向阳极作定向电泳运动。在煤泥水处理过程中，通过设定外电场方向（向上），可加速煤泥颗粒的凝聚和沉降速度，从而提高沉降效率。电絮凝技术的基本原理是，在直流电场中，作为阳极的铝或铁溶解形成 Al^{3+} 或 Fe^{3+}，经水解聚合后，形成胶体絮凝剂，吸附煤泥水中细粒物粒形成煤泥絮团。电化学方法处理煤泥水不但可以有效去除 SS 和 COD，实现较好的澄清效果，而且可以提高煤泥水沉降效率。但现阶段电化学处理煤泥水技术尚处于实验室的研究阶段，缺乏对反应场电化学性质的深入研究，反应器的现场实用性不高。此外，电化学煤泥水处理需要较强外加电场，因此电能消耗高，对电力设备及安全防护要求较高。

2.5.2.2 磁化絮凝澄清技术

磁絮凝沉降是通过向煤泥水中同时投放絮凝剂和磁种，在絮凝、吸附、架桥等作用下使水中悬浮颗粒与磁种颗粒结合生成磁性絮团，最后利用外加磁场将磁性絮团分离出来，实现煤泥水澄清处理。其主要工艺环节包括：煤泥水的预磁化处理、磁种与絮凝剂投加、磁辅助沉降及回收磁种等。如果对煤泥水进行预先磁处理，磁絮凝效果更佳。煤泥水磁处理可破坏水分子的类晶体结构，破坏水分子长链，增加游离态水分子数目；同时还可减小煤泥的水合程度，减薄颗粒表面的水化膜，促进煤泥颗粒的凝聚。此外，磁絮团中含有大量的磁种颗粒，在磁场作用下，磁性颗粒间相互吸引，可增加絮团的密实程度，挤出絮团中多余的水分，从而大幅减少尾泥体积，降低尾泥处理难度。磁絮凝沉降的主要问题包括：磁絮凝过程需要额外添加磁种，磁种消耗将增加煤泥水处理成本；同时磁种的引入增加了絮凝沉降工艺的复杂性，特别是磁絮团的性质优劣直接影响到最终的磁絮凝效果。因此，磁絮凝技术走向应用，需要开发高性价比磁种或磁性絮凝剂，同时优化工艺流程和药剂制度。

2.5.2.3 超声电化学协同絮凝澄清技术

运用超声电化学处理煤泥水是结合超声辐照与电化学方法两者的优点，利用超声对电化学的促进作用，使两者发挥协同作用，提高电化学处理煤泥水的效果。超声改变了电化学中电解反应发生的环境，在电解电极与电极周边介质之间产生了交变电位差，有利于电化学反应的进行。实验室条件下，利用超声电化学对难沉降煤泥水进行预处理，结果表明该方法能强化煤泥水絮凝沉降，上清液浊度较单独电化学预处理有明显降低，沉降速度提高，而且絮凝剂用量也下降。

2.5.2.4 微生物絮凝澄清技术

部分微生物絮凝剂中包含无机金属离子，由于其与煤泥水中颗粒带有相反电荷，可以压缩煤泥颗粒的双电层，减小煤泥水的 ζ 电位。根据 DLVO 理论，颗粒间静电斥力减小，有利于胶体体系的凝聚沉降。同时，有些微生物分泌物对煤泥颗粒表面的水化膜具有减薄作用，可增加颗粒间的有效碰撞概率，增强煤泥颗粒的凝聚效果。大量试验表明，处理后的煤泥水各项指标均达到国家排放标准，并可回收煤泥水中的可燃物质，具有较好的经济效益和社会效益。但微生物絮凝处理周期较长，同时由于微生物菌种用量大，微生物培养及增殖要求高，处理不当会造成处理成本增加，限制生物絮凝法在煤泥水处理中的大规模应用。

2.6 选煤药剂

选煤厂使用的药剂主要包括捕收剂、起泡剂、絮凝剂和凝聚剂等。随着细粒煤占原煤入选比例的不断增加，加上煤炭洗选加工过程中的环保要求，浮选药剂和煤泥水处理药剂逐渐成为选煤研究的热点，并取得了一定进展。

2.6.1 浮选药剂

目前，煤泥浮选药剂的开发主要以复合药剂、低成本药剂为主。如通过将煤焦油简单处理后馏分得到混合油，后经超声波乳化得到乳化油，从而强化难选煤泥的浮选。煤焦油乳化液具有捕收剂与起泡剂的双重功效，对难选和易选煤都有很好的浮选效果，并可节约药剂用量约 40%；如从地沟油中提取、制备了新型自乳化煤泥浮选捕收剂，并应用于选煤厂煤泥的浮选实践中，节省了药剂用量。此法可实现资源循环利用，有利于环境保护和可持续发展；如采用双子表面活性剂改善煤泥的浮选效果，双子表面活性剂不但降低了浮选药剂用量，还提高了精煤产率，如采用油气冷凝技术，将柴油经高温气化、冷凝后得到的冷凝液作为低阶煤的浮选药剂，较常规柴油相比，冷凝液作为浮选药剂可大幅降低药剂消耗，同时提高精煤产率，降低精煤灰分；还有学者以棉籽油为主要原料，制备得到煤泥浮选的促进剂，在煤油或柴油中添加一定比例的该促进剂可显著提高精煤产率，同时大幅度降低捕收剂用量。棉籽油促进剂中含有大量的含氧官能团，促进了油性捕收剂在煤浆中的分散效果，同时增强药剂在煤粒表面的吸附；此外，采用烷基糖苷类浮选药剂作为起泡剂可增强煤泥浮选效果，该类浮选药剂具有良好的表面活性，能够有效促进气泡的分散和捕收剂在煤泥表面的吸附，增加气泡与煤粒的碰撞和黏附概率。

2.6.2 煤泥水处理药剂

目前，煤泥水处理药剂的开发主要以改性药剂、混合药剂为主。如将经盐酸改性后的硅藻土作为混凝剂加入到煤泥水中，提升煤泥水的沉降效果，并与聚丙烯酰胺配合使用进一步促进聚丙烯酰胺的絮凝作用；将丙烯酰胺单体 AM 和可溶性淀粉 SS 通过接枝共聚技术合成新型絮凝剂 CPSA，将此新型絮凝剂与聚合硫酸铁配合使用强化煤泥水絮凝沉降。采用接枝共聚反应的方法在淀粉骨架上引入二甲基二烯丙基氯化铵（DMDAAC）和丙烯酰胺（AM）单体合成了阳离子改性淀粉高分子絮凝剂（St–DMDAAC–AM），此絮凝剂同时发挥了电中和凝聚及架桥絮凝的双重作用，有效改善了微细粒沉降与压滤效果；如利用疏水改性药剂提高对压滤脱水的助滤效果；如采用高分子多糖复合生物絮凝剂替代聚丙烯酰胺用于高灰细泥含量高的煤泥水的沉降处理，取得了较好的经济效益和社会效益；有学者利用季铵盐来强化煤泥水的沉降，季铵盐能够增强颗粒表面疏水性，降低表面电负性，有利于提高煤泥的疏水聚团，还有学者发现采用季铵盐与混凝剂复配时，可在减少药剂用量的同时获得较好的煤泥水沉降效果；此外，还有采用凝聚剂型助滤剂 $Fe(NO_3)_3$ 和絮凝剂型助滤剂 PAM 作为联合助滤剂来促选煤厂煤泥的过滤脱水效果。

2.7 选煤工业自动化

随着工业的发展，现代化的自动化管理、检测、控制技术在选煤厂中得到广泛的应用，这些都为选煤厂的自动化发展起到很大的促进作用。其中集中自动化控制系统广泛应用于我国选煤工业，其推广在一定程度上提高了选煤厂的经济效益。

2.7.1 选煤工业自动化技术的主要内容

选煤工业自动化技术的研究内容一般包括以下三个方面：

（1）对不同生产环节中各个设备自动监控并且能够智能报警。比如，在系统重启前，通过预先设定的铃声或者定制的语音向现场的工作人员传达启动信号。

（2）对生产过程中各项工艺参数自动检测，并根据检测结果能起到一定的调节控制作用。生产过程中，对灰分、悬浮液密度、矿浆浓度等相关工艺参数快速自动检测，之后根据调节器上的数据显示执行控制命令。

（3）完成对生产设备的集中或者就地有效的控制。自动化技术可以将选煤厂大部分机械设备集中于控制系统中，这样当设备出现故障可以根据闭锁关系依次关闭相应设备，管理方便，便于维修。

2.7.2 自动化技术在选煤工业中的主要应用

2.7.2.1 集中控制系统

选煤厂集中控制系统是根据预定程序对选煤厂参与集控的所有设备进行开车、停车、集中 / 就地转换等操作的控制。该系统主要由设备控制站和中央控制室监控系统连接的以太网络控制，实现统一调度和监控室上位监控系统可作为上一级管理网络的一个工作站，共享信息资源。集中控制系统主要包括数据采集和顺序控制功能，屏幕上应该能显示过程和测量参数，操作和显示控制对象的运行状态，也应该能够显示设备参数选煤厂集中控制系统的功能有：实时对选煤厂的所有设备进行集中控制，监视其瞬时煤流量的大小生产情况及设备参数，集控室人员对生产设备进行程序自动启停系统转换实时闭锁和信息采集等集中操作对洗煤设备的技术指标如介质密度旋流器压力进行记录及趋势跟踪，可以实时观察参数的变化，及时做好调整，保证生产的连续性。

2.7.2.2 自动配煤控制系统

自动配煤控制系统是利用计算机根据在线检测出的灰分值，使用设定好的控制方法自动调节变频器的频率，调整各煤种的配煤量，确保配煤的累计灰分控制在指标之内。即利用皮带上的在线测灰仪自动检测末煤产品灰分，根据灰分测量值与灰分给定值的差值调节末矸配料插板的开度，达到调节末煤产品灰分的目的。如果灰分仪灰分在事先设置的参数范围内，则计算机不做出反应；如果超出该参数范围，偏大则给插板执行机构一个关插板的信号，偏小就发出打开插板的信号，具体关闭或开启的程度可以根据灰分仪数值与参数差值来设定；插板的执行机构就根据接收到的信号来决定插板运行状态。

2.7.2.3 跳汰机的自动排料

为了减少煤炭损失，稳定产品质量，跳汰机的排料要求高密度物料有一个厚度适当的料层。因此对高密度料层厚度的控制精度直接影响到跳汰分选的精度、产品质量和经济效益。所以跳汰机排料的自动控制受到了人们的重视。跳汰机自动排料的控制目的是希望通过控制排料量维持跳汰室内床层厚度的稳定。排料系统的基本控制原理是：浮标检测跳汰室内床层厚度，然后将床层信号送入控制器，控制器根据给定的床层厚度以及实际反馈的床层厚度，经过控制算法运算后输出控制信号去控制排料闸板或排料轮，从而控制排料量，进而稳定床层厚度。通过连续、适度地自动排料来改善跳汰分选过程，可以保持跳汰机床层及产品质量的稳定，提高精煤的回收率，增大单位面积的处理能力，充分发挥跳汰机的效能。

2.7.2.4 重介质选煤自动控制系统

重介工艺参数测控系统的主要功能是对重介质选煤过程中的相关工艺参数进行控制。该系统将重介质选煤过程工艺参数的在线检测、自动控制及生产管理等功能集于一体。系统以 PLC 为监控主机，采用高可靠性测量传感器和执行机构，保证了测量精度和控制精度。该系统主要对重介选煤过程中的重介悬浮液密度进行实时测量与控制，保证重介质悬浮液密度的稳定；重介悬浮液的煤泥含量通过磁性物含量计检测结果间接计算得出，进一步控制合格介质分流量，保证悬浮液中煤泥含量的稳定，既确保悬浮液的稳定性又保证悬浮液黏度不会太高；采用压力传感器测量旋流器入口的压力，并通过 PLC 和变频器控制介质泵的转速控制旋流器入口压力在最适宜分选的压力范围内，保证分选效果；采用超声波液位计或压力液位计对合格介质桶、稀介桶、磁选尾矿桶等液位进行检测以及限位报警，再通过集控系统调节，保证各介质桶液位在合适范围内，满足正常选煤生产。重介质选煤自动控制技术的不断完善极大提高了选煤企业的生产效率和科学管理水平，增强了企业的竞争力。

2.7.2.5 浮选自动控制系统

目前国内煤泥浮选系统自动控制主要以流量调节和自动加药系统为主。浮选系统流量调节主要根据入浮煤泥的实际浓度、浮选设备的额定浓度和流量，通过给料泵和补水泵的控制，保证浮选浓度的前提下尽量达到浮选设备的额定处理量；自动加药系统多用于一次加药的情况，改变以往手动控制阀门的粗放方法，通过高精度的电控阀门和流量计的配合，精确加药，并根据产品灰分高低进行反馈，进一步调整加药量。此外，浮选过程中最重要的参数是精煤和尾煤产品的灰分，高速精确的在线测灰技术也在不断地研究中，尾矿水灰度、泡沫性质等因素均作为判断产品灰分的重要特征，但具有一定的局限性，未能实现工业化。

2.7.2.6 产品自动装车控制系统

装车自动化系统是装车环节自动控制和电子轨道衡计量系统的有机结合。其控制理念由三部分构成：一是粗装以量定容，以定容控制实现定量的基本要求；二是衡上称量；三是精确计量与精装添加。这三部分紧密相连，首先根据车皮型号及载重量，依据商品煤的密度，确定装煤高度，控制其平车器升降量进行定容装车；车皮上衡后，根据其实际称量数值确定添加量，对添加仓闸门进行精确控制，从而实现按规定时间、车皮标称数量装车及平煤器平车，减少因人为因素造成的亏、涨吨现象。系统的控制原则是：前面的粗装仓保量，应加大闸门开度，以尽量短的时间完成粗装，最后一个粗装仓保平（根据前一个粗装仓的煤层高度曲线，自动控制仓下闸门开度，为平煤做好准备），添加仓保精度。

2.8 煤炭二次资源利用

2.8.1 煤矸石综合利用

煤矸石的传统应用主要侧重于煤矿采空区回填、铺路、改良土壤、制备建筑材料、燃烧发电等方面。由于煤矸石的化学组成主要为 SiO_2 和 $A1_2O_3$ 等，因此可以作为下游精细加工业的原料，以此来提高煤矸石的附加值。其终端产品主要有陶瓷、耐火材料、橡胶土业、涂料、塑料、4A 分子筛、铝硅铁合金等。目前，煤矸石的高效利用主要侧重于提取有价成分、生产水玻璃、合成耐高温陶瓷材料、生产建筑用节能保温材料、生产多孔陶瓷、生产分子筛、生产分子筛 – 活性炭复合材料、制备铝硅铁合金、制备甲醇以及作为高分子复合材料填料等。

2.8.2 粉煤灰综合利用

粉煤灰是火力发电厂燃煤锅炉随烟气排出的工业废渣，以活性 SiO_2、Al_2O_3 为主要化学成分，含少量 CaO。在我国，粉煤灰的利用率只有 40% ~ 60%，大量粉煤灰不加处理会造成侵占土地、污染土壤、污染水体、污染大气、危害人类健康等不良后果。

2.8.2.1 在建筑材料方面的应用

我国粉煤灰在建筑材料方面的应用已很广泛，主要包括混凝土掺合料、水泥代用品、粉煤灰砖、砌块以及路面防滑材料等。如以电厂粉煤灰和沙漠石英等为主要原料焙烧 1.5h 后成功制备出烧结砖，其抗压强度为 19.56MPa，可以满足国家标准对 MU15.0 烧结砖的要求。

2.8.2.2 在化工方面的应用

从粉煤灰中提取氧化铝的工业化生产，使我国粉煤灰的高附加值利用取得重要进展。如利用热电厂粉煤灰的碱溶脱硅液为原料，采用碳化法工艺制备白炭黑，达到 GB10517–89 中 A 类白炭黑的指标，实现了由粉煤灰制备白炭黑的应用。

2.8.2.3 在农业方面的应用

粉煤灰结构比较疏松，作为充填物料填充到土壤中，能有效增加土壤孔隙度，提高土壤的保温性、透气性，有利于土壤中微生物的存活，养分传递与转化等，为农作物的生长提供有利环境。另外，粉煤灰当中含有的钙、镁、磷、钾、氮、铜、锌等元素，掺入土壤后可增加土壤养分，促进植物生长。

2.8.2.4 在环保方面的应用

由粉煤灰开发的功能性新材料已在环保相关领域得到了广泛应用，改性后的粉煤灰可以作为污水的絮凝剂，其 COD 与色度去除率均高于其他常用的无机混凝剂。此外，粉煤灰还可作为吸附剂使用，如利用粉煤灰采用超声 – 微波法合成介孔分子筛，来去除水中的

Cu（Ⅱ）和Cr（Ⅵ），去除率高达92%以上。

2.8.3 煤泥综合利用

根据煤泥水分、灰分和发热量的不同，目前主要用于锅炉燃烧、制作型煤、型焦及其他用途，其中锅炉燃烧是目前国内最普遍的煤泥利用方法。

2.8.3.1 湿煤泥干燥后燃烧

对湿煤泥进行强制干燥可以改善其湿黏特性和燃烧特性，可提高热值。煤泥干燥后，既可作为动力煤单独燃烧，也可根据实际需要与其他煤种掺烧。电厂燃烧或掺烧干煤泥不需要对现有锅炉及进料系统进行特别改造。但由于煤泥的高灰分特性，会导致排风除尘系统负荷增加和锅炉受热面的磨损加大。

2.8.3.2 湿煤泥直接燃烧

湿煤泥直接入炉燃烧无须配置干燥设备，但湿煤泥在炉内燃烧同样需要消耗热量蒸发所含水分。虽然从能量利用角度来说二者消耗热量相同，但湿法利用消耗的是锅炉内的高品质能量，所以会对锅炉运行产生较大影响。

2.8.3.3 煤泥制浆燃烧

煤泥水煤浆是在高浓度水煤浆基础上发展起来的一项煤泥综合利用技术。煤泥水煤浆在锅炉内燃烧，具有燃料燃净率和热效率高、污染物排放指数低、环境影响小等优点。而且煤泥特性也很适宜制浆，如煤泥粒度细，不需要预先磨矿。因灰分高，煤泥表面亲水性良好，在同样浓度下，煤泥制浆的稳定性相比水煤浆增加，成浆性良好，可以少加或不加添加剂；所以制浆系统简单，生产成本低。

2.8.3.4 煤泥制型煤

将煤泥制成型煤，既有利于节约煤炭资源，减少煤泥对环境的污染，又有利于改变选煤厂的产品结构，提高选煤厂的经济效益和社会效益。对主焦煤和1/3焦煤煤泥等，还可利用其进行型焦加工，不仅可以节约宝贵的焦煤资源，也可以创造更大的经济效益。此外，煤泥还可用于民用型煤生产以及水泥、石灰等建材的制造，也可与生物质结合制作生物质型煤、型焦。

3. 煤炭分选加工技术国内外比较分析

经过几十年的原始创新、集成创新和引进消化再创新，我国煤炭分选加工技术发展迅速，有力支撑了煤炭工业生产的发展。当前我国煤炭分选加工技术总体上已经达到国际先进，局部技术达到国际领先，一些方面还落后于国际先进水平。

3.1 煤炭分选理论

在煤炭分选理论方面，我国的优势和劣势并存。如在干法选煤理论方面，我国一直处于国际领先地位，但是在低阶煤煤泥浮选提质研究方面，尽管我国已进行了多年研究和探索，并取得了一定进展，但主要是以试验研究为主，在基础理论研究的深度、试验手段和试验方法方面，与国际先进水平相比尚有较大差距。通过“十二五”国家“973”计划项目“低品质煤大规模提质利用的基础研究”的顺利实施，我国在煤炭分选基础理论研究方面又上升了一个台阶，与国际先进水平的差距进一步缩小。

3.2 煤炭分选工艺

目前，国内外采用的选煤工艺主要为重介、跳汰、浮选以及干法选煤等。我国地域广阔，煤炭资源丰富，煤种齐全，煤质变化大，因而以上选煤方法均有应用。我国煤炭分选工艺经过多年发展，整体水平取得了长足进步，并处于国际领先地位。如以预先脱泥三产品重介旋流器－粗煤泥干扰床－浮选为代表的当前流行的炼焦煤（高炉喷吹煤）分选工艺，以原料煤不分级、不脱泥重介质旋流器－（煤泥小直径旋流器）－浮选为代表的我国独创的炼焦煤（高炉喷吹煤）分选工艺；以块煤重介分选机－粒煤重介旋流器－煤泥螺旋分选机为代表的国内发展最快的动力煤分选工艺；以及以模块式空气重介流化床分选为代表的干法选煤工艺。

3.3 煤炭分选设备

经过多年发展，国产大型煤炭分选设备的研制进步显著，如在重介旋流器和干法选煤设备研制方面，我国处于国际先进水平。如在三产品重介质旋流器方面，无论是直径指标还是其他指标均处于国际领先地位。但受我国整体工业水平的限制，目前主要大型关键选煤设备质量、可靠性和国外相比还有较大差距，特别是部分大型选煤设备和自动化元器件的原材料较差，制造工艺落后，设备可靠性较低，制约了我国选煤工业的发展。至今还有部分大型、特大型选煤关键设备还需依赖进口。如国产破碎机与国外相比，设备处理能力相差很大，规格数量比较少，结构设计不够合理，可靠性差、事故率高。产品粒度控制不严格，关键材质不过关、易损件寿命短；国产筛分机与国外产品的差距，主要表现在外观质量及几何形状误差上；国内浮选机与国外浮选技术水平相比，但还存在处理能力低、电耗高、设备单槽容积小、自动化控制水平低等不足；国产卧式振动离心脱水机与国外同类产品的主要差距在于机械可靠性问题；国内外压滤机在设计思路和设计理念上并不存在差距，主要技术差距仍集中在材质和材料的应用上以及设备的整体制造水平上。

3.4 煤泥水处理

我国的煤泥水处理技术一直走在世界前列，特别是以“难沉降煤泥水的矿物－硬度法绿色澄清技术及高效循环利用”为代表的煤泥水处理技术取得了较大进展，应用成效显著，全面实现了煤泥水厂内循环和零排放。由于国外选煤厂在厂外设尾煤库，煤泥无需在厂内回收，因而也就没有煤泥水难沉降的问题。

3.5 选煤工业自动化

与选煤工业自动化息息相关的煤炭产品质量监测与选煤智能控制是一项系统工程，我国近年来研制成功的自动化仪表及传感器、计算机软件和自控装置，已能实现选煤厂主要生产环节的自动测控和全厂集中控制。一些代表性的选煤自动化技术成果，如"跳汰机主要参数自动控制""末煤重介系统产品质量在线测控技术""计算机全厂集控系统"等技术已在一些选煤厂成功应用。但是，与国外相比，国内在自动控制理论和技术方面还不成熟，特别是在面向选煤过程智能控制的基础理论研究方面，与国外相比尚处于跟跑阶段，一些关键检测元器件对国外的依存度较高。

3.6 选煤药剂

国内外选煤厂用于浮选的捕收剂以煤油、轻柴油居多，我国石油资源相对贫乏，为减轻能源供需矛盾、改善浮选剂的性能、减少其用量是必然的发展趋势。近年来，世界各国都在研制利用化工副产品来代替石油制品的浮选药剂，以求降低成本，提高精煤产率。我国在药耗低、价格廉、效果佳、范围广、绿色环保的复合浮选药剂研制方面，特别是在适用于低价煤煤泥高效浮选的药剂研制方面开展了大量研究工作，并取得了显著成效。

3.7 煤炭二次资源利用

我国煤炭二次资源的总体利用水平与发达国家相比尚有较大差距。发达国家在煤矸石、粉煤灰、煤泥的综合利用方面进行了深入的研究与开发，逐渐形成了一个新兴产业，并按照它们的性能、质量等进行系统分类，然后分别提供给各种工业领域进行应用。目前，国外的应用已经广泛涉及建材、建工、筑路、化工、环保、农业、回填、高附加值产品等众多领域。我国在煤炭二次资源综合利用方面，政策支持力度较大，但真正实现产业化规模生产的较少，虽然也取得了一些进展，但总体上还存在利用率低、技术落后和附加值低等问题。

4. 我国煤炭分选加工技术发展趋势与对策

4.1 我国煤炭分选加工技术发展趋势

通过煤炭分选加工技术的不断创新，提高煤炭资源利用水平，开发应用新技术新产品，全面提升煤炭产品的质量，实现煤炭的清洁高效利用与节能减排，是未来煤炭分选加工技术发展的主要任务。虽然我国煤炭分选加工技术总体上已基本达到国际先进水平，但仍需在现有技术的基础上进行更深入更艰难的技术创新，特别是在我国煤炭工业面临结构调整的艰难时期，煤炭分选工业更是面临新的机遇与新的挑战。

未来一段时期内，我国煤炭分选加工技术的发展方向和重点如下：

（1）在煤炭分选理论方面，需进一步加大基础研究力度，特别是在低品质煤大规模提质利用方面，通过不懈努力，逐步形成完善的绿色选煤理论与技术体系。

（2）在煤炭分选工艺方面，应通过不断创新优化煤炭分选工艺设计，进一步开发与煤质特性相适应的高效简洁和灵活分选工艺。

（3）在煤炭分选设备方面，不断向大型、机电一体化、自动化、智能化方向发展，需进一步研究开发大型、高效、节能选煤设备，满足现代化选煤厂需要，同时提高选煤设备的可靠性，逐步缩小与国外大型选煤设备的差距，并助推国产化大型选煤设备的推广与应用。

（4）在煤泥水处理方面，将更加注重煤泥水水质的精准分析和煤泥水澄清处理新技术的研发，特别是水系统循环水体量大、影响因素众多的大型动力煤选煤厂煤泥水的澄清和控制技术，同时要从节能降耗、安全等方面着手，开发能够应用于选煤厂实际生产中煤泥水处理的工艺、设备。

（5）在选煤药剂方面，高效绿色选煤药剂的开发成为重点，特别是对高效环保选煤药剂研究和应用的重视和投入将会得到进一步加强。

（6）在选煤工业自动化方面，需进一步研究适用于煤炭分选工业的高质量检测仪器和仪表设备，加快选煤过程自动化测控技术研究，提高大型选煤设备智能化故障诊断的水平和选煤厂信息管理水平，并通过建立专家知识库与智能控制策略库，研究面向智能控制需求的选煤过程模拟、预测与优化技术，提高选煤生产效率，降低企业生产成本。

（7）在煤炭二次资源利用方面，将进一步强化煤炭二次资源综合利用技术研究的力度，并有针对性研究开发高效、节能、绿色新工艺、新技术和新设备。

4.2 我国煤炭分选加工技术发展对策

4.2.1 加大科技、装备研发和技术推广力度，全面提高煤炭分选加工技术水平

建立以企业为主体的多层次技术科技创新体制和以科研开发、技术服务、成果推广为主要内容的技术创新体系，充分调动发挥煤炭大型企业、煤炭科技企业和高校的积极性，形成不同技术特色的煤炭科技自主创新能力。如在煤炭二次资源综合利用方面，需加强国内外高等院校、科研机构与企业的合作，定期进行有目的、有针对性的学术和技术交流，要及时掌握国内外煤炭二次资源研究及利用动态，研发新产品、新技术，引进先进技术，对原有煤炭二次资源综合利用技术进行改造。此外，还需要对我国煤炭二次资源的综合利用水平进行评估，改进存在的不足地方，全面实现煤炭二次资源综合利用技术的快速发展。

4.2.2 加大科技创新平台、科技人才和创新团队的建设，全面提高煤炭分选加工技术地位

建立若干具有国际先进水平的技术研发平台、工程转化平台、资源大数据平台、工程

示范和产业化基地，培养一批高水平科技人才和创新团队，逐步形成与我国社会经济发展水平相适应的煤炭资源科技创新体系，为保证社会经济可持续发展、建立资源节约型和环境友好型社会提供强有力的科技支撑。

4.2.3 加大财政支持，鼓励对煤炭分选加工副产品的综合开发利用

加大对煤炭分选加工技术研发的资金投入，在国家层面建立煤炭分选加工重大研发专项，对行业应用基础研究、高技术研究、公益性研究、关键技术攻关、重点推广项目予以支持。鼓励发展以煤炭分选为主的煤炭提质加工能力建设，稳定和提高煤炭质量，大力发展煤炭洗选加工等提质技术，提高动力煤入选率，强化低品质煤提质技术的开发和工程示范，在洗矸、煤泥等低质煤炭综合利用方面，政府应在资金投入、排污费减免等方面给予扶持。对采用提质加工煤所获得的节能效益给予认定，享受节能专项补贴和优惠贷款支持，激发煤炭用户采用提质加工煤的积极性。

4.2.4 加大环境执法，全面强化煤炭清洁高效利用的力度

进一步加大对燃煤用户污染物排放监控和排污收费的力度，把燃煤环境成本计入用户能源消费成本，调动用户采用提质加工煤炭的积极性，全面提升煤炭入选率。按照最佳煤炭利用效率作为煤炭成本测算基准，促进煤炭用户采用优质的提质加工煤炭、提高燃烧效率、降低设备磨损、厂用电率和污染物排放费用。对未按相关标准进行煤炭生产、销售、使用以及能效和排放不达标的，通过行政罚款、限期整改等措施进行规范。

参考文献

[1] 焦红光，黄定国，马娇，等．潮湿细粒煤在筛面上的黏附机理［J］．辽宁工程技术大学学报，2006（S1）：24-26.

[2] 赵跃民，李功民，骆振福，等．模块式干法重介质流化床选煤理论与工业应用［J］．煤炭学报，2014（8）：1566-1571.

[3] 隋占峰．振动螺旋干法分选的 DEM 仿真研究［D］．北京：中国矿业大学，2014.

[4] 周国莉．基于不同能量作用形式的胜利褐煤脱水机理及过程动力学研究［D］．北京：中国矿业大学，2014.

[5] 杨林顺．选煤厂选煤工艺设计分析［J］．技术与市场，2015（8）：140-142.

[6] 谢广元，刘博，倪超，等．浮选柱工艺优化处理高灰细粒煤泥［J］．有色金属（选矿部分），2013（S1）：183-187.

[7] 谢广元，倪超，张明，等．改善高浓度煤泥水浮选效果的组合柱浮选工艺［J］．煤炭学报，2014（5）：947-953.

[8] 康淑云．我国选煤设备制造业发展现状及其对策建议［J］．煤炭经济研究，2014（2）：25-33.

[9] 马俊龙．浅析我国选煤机械装备的现状及发展方向［J］．机械管理开发，2016（4）：117-118.

[10] 马振宇．我国选煤设备的现状及发展趋势［C］．全国煤矿机械安全装备技术发展高层论坛暨新产品技术交流会．2012.

[11] 乔尚元，李建军，朱金波，等．煤泥水处理新技术及发展趋势［J］．水处理技术，2016，42（6）：8-11.

［12］蒋志华 . 煤泥水处理新技术及发展趋势［J］. 中国环境管理干部学院学报，2016，26（5）：86–89.
［13］纪鸿，刘文丽，管大元，等 . 煤泥水处理技术研究现状探析［J］. 煤质技术，2013（5）：63–66.
［14］黄波，门东坡，刘飞飞，等 . 新型煤泥浮选促进剂的制备及作用机理［J］. 洁净煤技术，2011（2）：3–7.
［15］孔小红，康文泽 . 煤用复合药剂浮选效果研究［J］. 广州化工，2011（6）：50–52.
［16］陈俊涛，杨露，张乾龙 . 一种新型煤泥水处理药剂的试验研究［J］. 非金属矿，2014（3）：18–19.
［17］张鸿波，苏长虎，朱莹莹，等 . 化学助滤剂强化煤泥过滤脱水效果的试验研究［J］. 选煤技术，2014（6）：30–33.
［18］郗永秋 . 选煤厂集中控制系统的研究与设计［D］. 重庆：重庆大学，2007.
［19］魏幼平，周正，张广超，等 . 选煤厂计算机集中控制系统的发展与现状［J］. 选煤技术，2008（3）：61–63.
［20］李彦乐 . 选煤厂集中控制系统的研究与设计［D］. 淮南：安徽理工大学，2009.
［21］祖珂 . 煤矸石环保处理途径［J］. 煤炭加工与综合利用，2014（3）：69–72.
［22］周慧云，徐婷婷，陈彦广 . 以粉煤灰为原料制备高纯度 NaP 型分子筛［J］. 环境工程学报，2016，10（1）：360–364.
［23］程川，何屏 . 煤泥利用现状及分析［J］. 新技术新工艺，2012（9）：66–69.

撰稿人：谢广元　张海军　沙　杰　宋树磊　夏文成　王大鹏　桂夏辉

非金属矿加工技术

1. 引言

我国非金属矿产资源丰富，非金属矿以其独特的物化性能成为金属材料不可替代的基础原料，广泛应用于农业、化工、能源、冶金、陶瓷、建材、耐火材料和环保等领域，在国民经济中占有相当重要的地位；其中磷矿石、钾盐、晶质石墨和萤石已列入战略性矿产目录。近年来，非金属矿在工艺矿物学、选矿及深加工新技术、尾矿综合利用与环境保护方面的研究取得重要进展；以 MLA、QEMSCAN 为代表的现代测试技术实现了非金属矿工艺矿物学定量研究，提升了非金属矿的综合利用水平；浮选是非金属矿选矿的主要方法，以浮流程结构优化、短流程技术、联合工艺流程及浮选药剂的改性与复配为研究重点、浮选柱的应用为热点，此外采用低温超导磁分离技术除铁降杂是非金属选矿的重要方面；非金属矿深加工技术发展集中在超纯技术、超细磨技术、色选技术、无机凝胶制备技术等方面，已拥有比较成熟的加工高纯石墨、石英、硅藻土、高岭土、膨润土、云母制品、重质碳酸钙等生产技术；能生产各类超细粉碎与精细分级技术装备；尾矿处理与综合利用研究集中在尾矿再选和有价组分的提取利用、尾矿材料化利用、尾矿清洁充填与土地复垦；废水处理和综合利用的技术创新主要体现在有机污染物的吸收与固化及光催化降解；矿山粉尘治理集中在采用 BME 生物纳米膜抑尘技术收集超颗粒和凝并技术收集微细粉尘。

2. 非金属矿工艺矿物学理论与检测新技术

工艺矿物学是经典矿物学分支学科，是利用矿物学研究方法和手段揭示矿石的选冶性质，尤其是查明矿石矿物的选冶特性，查清矿物的物理－化学性质（密度、硬度、磁性、电性、半导体性质、化学稳定性、介电性、发光性、颜色、形状、表面几个原子层厚区域内的荷电和键性及断键等），为制定合理的技术工艺路线提供科学依据。我国工艺矿物学研究起步较晚，但是近年来我国的非金属矿工艺矿物学在检测方法、技术手段、研究领域等方面取得了巨大的成就。

随着矿业的发展和复杂难选矿石的增加，我国的工艺矿物研究正从定性研究向定量研究转变，从人工测试向自动化测试转变，从粗糙研究向精细研究转变，从单一为选冶服务向为矿山开发的各个环节服务转变，从易选矿向低品位复杂共生矿转变。

工艺矿物学研究与现代先进的分析仪器相结合，使各种测量向快速和自动化方向发展；研究工作已从以往物理量统计为主向矿物晶体内部结构构造和晶体表面几个原子层区域研究方向发展，并用先进的理论诠释矿物所表现出的各种选冶性能差异。将矿物的晶体化学、矿物物理学、量子矿物学与工艺矿物学紧密结合，使这门应用学科不仅在选、冶、加工工艺等提取其中的某种有用元素方面得到发展，而且也促进了新兴的矿物材料和技术的发展。工艺矿物学将更广泛地用于研究矿物，矿物 – 水界面和矿物 – 微生物界面在新型的工艺矿物学和环境矿物学发展中取得广泛的应用前景。

2.1　紧跟国际研究前沿，工艺矿物学与现代测试技术紧密结合，实现了自动、定量研究，提升了我国非金属矿综合利用的研究能力

工艺矿物学参数自动测定系统的出现是工艺矿物学领域所取得的最大成就，这些系统的出现不仅使解离度测定实现了自动化，而且也使解离度测定的准确性和可重现性得到了很大提高。出现了澳大利亚的 QEMSCAN、MLA 为代表的这种以背散射电子图像分析和 X 射线能谱相结合的矿物自动分析系统，其可以自动测定解离度、矿物嵌布粒度、矿物相对含量、矿物嵌布复杂程度等工艺矿物学参数，提升矿物鉴定的准确性，同时可编程得到研究者感兴趣的参数。

工艺矿物学研究手段不断突破，在矿物学或结晶矿物学领域中利用各种先进的分析测试手段对矿物结构、组成、成分及其性质方面进行了大量的研究，取得了系统的研究成果，如矿物的差热分析、X 射线粉晶鉴定、黏土矿物的电子显微镜研究、非金属矿物热红联用技术、LAM-ICP-MS（激光消融微探针感应耦合等离子体质谱）和 SIMS（二次离子质谱）对原位痕量元素分析技术、无机非金属材料图谱与显微结构图谱的系统研究等。

同步辐射 X 射线吸收光谱（SRXAS）也已应用于以矿物为载体的环境催化剂的研究、固 – 液界面的微观机制研究、毒性痕量元素在矿物中赋存状态的研究、核废料的矿物处置研究等。基于同步辐射光源的部分新型纳米结构表征技术，对纳米结构的小尺寸和复杂性，以及动力学过程（如纳米结构的成核与生长过程、结构演化过程等）的表征取得了重要进展。

2.2　研究目的和对象发生改变，工艺矿物学从为选矿服务转变为矿山整个生产流程服务

工艺矿物学研究目的和对象发生改变，工艺矿物学从为选矿服务转变为矿山整个生产流程服务。研究领域不断拓展，在地质勘探和采矿工作中进行详细的工艺矿物学研究，为资源开发决策提供重要的矿石可利用信息。随着技术的发展和改进，工艺矿物学主要朝着与矿物加工、采矿以及地质勘探等学科进行更大程度的融合，建立数学模型预测选矿指标和矿床的工艺矿物学评价是工艺矿物学的发展趋势。

以往的工艺矿物学研究工作大部分都为配合选矿工艺研究工作，以要进行选矿加工的矿石为研究对象，为选矿流程提供矿物组成、含量、目标矿物嵌布粒度、磨矿产品解离度、伴生元素赋存状态等信息。而近些年工艺矿物学开始转向为矿山企业的生产流程服务，即通过对矿山企业生产流程的工艺矿物学考察，找到矿山生产流程的缺陷，为其生产流程的优化提供努力方向。

工艺矿物学与矿物加工、采矿以及地质探矿等学科更大程度地融合，实现选厂流程优化首先要找到流程的缺陷，同时对选矿流程的模拟是实现流程优化的最经济的手段。无论是流程缺陷的查找还是流程模拟都离不开工艺矿物学，如澳大利亚 JKMRC 的磨矿模拟技术和浮选模拟技术都将与 MLA 的工艺矿物学解离度测定结合。JKMRC 地质选冶绘图及采矿模拟是地质、采矿与工艺矿物学及选矿结合的范例。在我国也开始了数字化矿山的研究，而工艺矿物学在矿体矿石性质的获得方面将发挥巨大作用。

2.3　矿物物理与矿物材料新工艺研究成果丰硕

矿物物理学研究已经不只为选矿或冶金工艺提取其中某种有用元素的工艺流程提供依据，而且是利用矿物的物理性质、化学性能等特征进行矿物资源的开发利用和改性应用研究。这两大应用矿物学科学的结合成为工艺矿物学发展的又一充满生机和活力的生长点。随着矿物材料的制备和天然矿物改性技术的发展，高新技术矿物材料的出现也将成为可能。矿物深加工、矿物材料制备过程中微观结构及物化特性等的表征，极大地促进了先进测试技术与科学分析方法的发展。

2.4　量子矿物学和多学科融合是工艺矿物学理论发展的方向

量子矿物学的基本思想是以量子理论为基础，以谱学为主要研究手段，研究矿物的成分、结构、物理性质、化学性质及其相互关系，应用于研究矿物成因、工艺矿物性能与宝石矿物材料的改性。矿物学研究由原子结构水平跃迁到电子结构水平，不仅为探讨矿床成因和矿物的工艺提出了新的研究方向，也为研究新的功能矿物材料开辟了新的思路。

将矿物的晶体化学、矿物物理学、量子矿物学与工艺矿物学紧密结合，使这门应用学

科不仅在选、冶、加工工艺等为提取其中某种有用元素发挥作用，而且为促进新兴矿物材料和技术的发展提供强大的理论基础。

矿物加工和冶金工艺矿物学的发展与应用初步建立了矿物–生物浸矿机制和各类微生物冶金的制约因素，为生物选矿和冶金过程中工艺矿物学的发展奠定了新的理论基础；新的分析技术的发展及其应用使工艺矿物学开始从定性走向定量。探测和揭示微生物在分子水平上与矿物表面相互作用和能量转换。这些研究将有助于了解微生物矿产开采和微生物选矿和冶金的控制因素的机制，为建立一个新的冶金工艺矿物学打下了深厚的基础。

2.5 非金属矿工艺矿物学研究快速发展

沉积型胶磷矿由于单体颗粒微细，原有选矿工艺存在磨矿细度高、药剂用量高和浮选温度高的“三高”现象，导致选矿成本居高不下、环保问题较多。研究者从矿石中各类矿物集合体差异性区别入手进行工艺矿物学研究，查清了该类沉积型胶磷矿主要以条带状、角砾状集合体存在，集合体颗粒较粗，易于解离。选矿工作根据这一结论，选择了重介质选矿新工艺，很好地解决了原有工艺的“三高”和成本、环保问题，企业获得明显的效益。

新疆某红柱石矿的工艺矿物学研究中发现红柱石粒度极粗，黑云母等主要杂质矿物呈团块状分布，两者可以在较粗粒级下解离。选矿采用粗粒强磁选工艺，得到较好的选别指标，解决了常规工艺选别指标差、药剂用量高等问题。在此技术支撑下建成了国内最大的红柱石生产线。

钾、钠长石和石英都属于架状构造，物理–化学性质相近，属于难选矿石。但是由于在钾、钠长石晶体中存在 Al^{3+} 置换 Si^{4+}，在相应的四面体构造单元中有配衡阳离子 K^+、Na^+ 进入，在酸性介质中，K^+、Na^+ 被溶解于矿浆中，表面形成正电荷空洞；以及由于 O–Al 断键，在长石表面形成活性 Al^{3+}（S），将分别吸附阳离子及阴离子捕收剂，而石英表面无这种电荷特性，使二者分选开。所以目前分选长石和石英最有效的方法是氢氟酸法和硫酸法。

2.6 工艺矿物学工作规范化及标准制定有力支撑工艺矿物学工作的开展

目前在国际上工艺矿物学工作还没有一个被多数认可的规范或标准，工艺矿物学参数测定的规范化及制定相应的与工艺矿物学相关标准的工作将逐渐展开。《固体非能源矿产工艺矿物工作规范》规定了工艺矿物学测试样品采集、制备基本技术要求以及选冶过程中工艺矿物学研究工作程序，适用于矿产资源评价和开发阶段涉及的矿石性质研究内容。

2.7 工艺矿物学的展望

（1）没有先进的基础理论指导和先进的测试手段作后盾，工艺矿物学研究不可能得到最大的突破，深入的基础理论研究与先进的测试手段的应用是工艺矿物学发展的基础，因此应加强基础理论的研究和先进的测试手段的应用。

（2）矿产资源高效利用和实现矿业可持续发展促进工艺矿物学与矿物选矿、冶金、采矿以及地质探矿等学科更大程度的融合，使工艺矿物学研究为矿山企业优化选冶流程服务，不再只满足于弄清其组分和结构，嵌布粒度和关系。只有从地质勘探到磨矿、选矿到出产品这一整体过程的最优化，保证资源高效回收，才能带动工艺矿物学得到发展。

（3）加强矿床的工艺矿物学评价工作，针对每个新发现的矿床除了详细的地质工作外，还应该针对不同矿石做详细的工艺矿物学工作。工艺矿物学可以为矿物的加工工艺、综合利用和成因矿物学提供重要信息。

（4）建立数字化 MLA 的系统。快速准确获得工艺矿物学参数，建立数学模型预测选矿指标是工艺矿物学发展趋势。目前最先进的自动测定系统 MLA 的引进，应该与矿山企业相结合，与生产相结合，才可望取得重大成果。

3. 非金属矿加工共性技术

非金属矿产、金属矿产、能源矿产是世界三大矿产，除了金属矿产、能源矿产以外的矿产资源统称为非金属矿产资源，国外一些文献也把非金属矿产称为工业矿物。非金属矿产是地球上最常见的矿产资源，目前世界上发现的非金属矿产有 147 种，我国探明的矿产有 93 种，包括高岭土、石墨、石英、膨润土、方解石、大理岩、长石、云母、伊利石、硅藻土、硅灰石等，我国是非金属矿资源储量大国，也是生产大国，多个矿种的储量和产量居世界前列。

随着国民经济快速发展和科学技术不断进步，非金属矿矿物加工及深加工近 10 年有了长足的进步，不断出现很多新工艺、新技术、新设备。

非金属矿矿物加工包括重选、磁选、浮选、电选以及几种工艺结合的联合工艺流程。

非金属矿加工技术不同于金属矿，由于矿石种类多，选矿的目的大多是为了获得具有某些物理化学特性的产品，而不是为获得矿物中某一种或几种有用元素；选矿的任务也不仅仅在于富集有用矿物，去除有害杂质，同时需要进行粉磨、分级，生产不同规格的系列产品；选矿过程中还应该注意保护有用矿物晶体，否则会影响它们的工业用途和使用价值。

3.1 超细磨矿技术

矿石的粉碎包括破碎和磨矿，通常将最终产品粒度为 5mm 以上的粉碎过程称为破碎；取得更细产品粒度的粉碎过程称为磨矿；产品平均粒度小于 10μm 的粉碎过程称为超细磨矿。近年来，超细磨矿技术得到了快速发展，广泛应用于非金属矿加工行业中。

目前，常见的超细磨矿设备类型主要有高速机械冲击磨、气流磨、搅拌磨、振动磨等。其中，高速机械冲击磨和气流磨属于干法超细磨矿设备，而搅拌磨和振动磨既可用于干法超细磨矿，也可作为湿法超细磨矿。高速机械冲击磨是指围绕水平或垂直高速旋转的回转体（转子、锤子、叶片）给物料以强烈冲击的一种冲击式粉碎设备。

搅拌磨主要由一个静止的筒体和一个旋转的搅拌器组成，磨机筒体内充满小直径磨矿介质，主要通过搅拌介质产生摩擦、剪切和少量冲击粉碎物料。搅拌磨是超细磨矿设备中最具有发展前景的粉碎设备，由于研磨介质直接作用于物料，且研磨介质尺寸小，因此所生产的产品最大粒径可细至 1μm 以下。而且搅拌磨能够有效保护有用矿物的晶体形态，被广泛应用于鳞片石墨、云母、硅灰石等非金属矿的超细磨矿。

其他的超细磨矿设备还包括胶体磨、行星式球磨机、切割型湿法超细磨矿机、超声波脉冲射流超细磨矿装置等。

3.2 低温超导磁选技术

磁选是通过磁场力将矿石中的含铁矿物分离出去的一种方法，是非金属矿选矿的重要共性技术之一。近几年国内消化吸收国外低温超导磁选技术开发了自己的低温超导磁选机。

低温超导磁选技术是利用超导材料在接近绝对零度（–273.15℃）时电阻为零的特点，将超导材料制成线圈，通闭环电流，产生 5T 以上的超强磁场，实现非金属矿中微细弱磁性矿物与非磁性矿物的高效分离。设备由超导磁体、分选系统、制冷系统和物料输送及收集系统组成。

低温超导磁选已成功用于在高岭土等矿物的除铁增白，在 5.5T 场强下磁选，高岭土铁含量由 1.0% 下降至 0.55%，白度由 78% 提高到 90%。现有国产化工业级低温超导磁选设备的年处理量可达 6.5 万吨土（绝干重）。

与常规电磁高梯度磁选机相比，低温超导磁选机在实际应用中有四大特点：①磁场强度高，可达 5T 以上的超强磁场，有效分离微细颗粒的弱磁性矿物；②能量消耗低，一台背景强度 5T 的高梯度超导磁选机，耗电量小于 11kW/h；③节约用水，高梯度超导磁选机的磁系为稀有金属材料，利用零挥发液氦进行冷却，无需冷却水；④超导磁体重量轻、体积小，由于超导体的电流密度比普通铜线的电流密度高很多倍，磁场强度虽高，但十分轻便。因此，高梯度超导磁选设备的发展对提升细粒或微细粒非金属矿选矿提纯技术意义重大。

3.3 高效浮选技术

浮选柱是一种直立式柱式浮选设备，采用逆流浮选原理，经调浆处理的矿浆从柱体中上部的给料装置处给入，气泡发生器产生的微泡沿柱体在浮力作用下自由上升，矿物颗粒在重力作用下自由下降，两者在捕收区接触碰撞，疏水性的矿粒被捕获，附着于气泡上，矿化气泡继续浮升进入精选区，至柱体顶部聚集形成泡沫层，冲洗水清洗泡沫层中夹带的脉石颗粒，从而获得高品位泡沫产品——浮选精矿，尾矿从柱底部排出。

浮选柱在美国、英国等国家成功用于铜矿、石墨矿等金属、非金属矿的选矿，在国内目前比较成功的只是用于煤炭行业。近几年通过选矿技术人员科研攻关，浮选柱已应用在石墨选矿中。在石墨精选阶段，用一次浮选柱选别可以达到 2 ~ 3 次传统浮选机浮选的结果，对固定碳 90% 左右的石墨粗精矿经一次磨矿、一次浮选柱浮选即可稳定获得固定碳超过 95% 的石墨精矿，代替 3 次浮选级选别，显著缩短现有石墨浮选流程，实现石墨选矿短流程。

浮选柱具有结构简单、投资省、能耗低、自动化程度高的优点。在非金属矿选矿中可以提高回收率 2 ~ 3 个百分点。

3.4 色选技术

色选技术是通过使用光学设备根据物料颜色的差异对颗粒物料中的异色颗粒自动分选的技术。

色选技术的工作原理是：被选物从料斗进入机器，通过振动器装置振动，被选物料沿着通道进入分选室的观察区，从 CCD 传感器和背景板间穿过，在光源的照射下，CCD 接受来自被选物料的合成光信号，使系统产生输出信号，并放大处理后传输至运算处理系统，使光信号转化为电信号，由控制系统发出指令驱动电磁阀喷射吹出异色颗粒，至废料区，好的继续下至产品区，达到分选的目的。

3.5 高温提纯技术

高温提纯是利用有用矿物与杂质矿物具有不同的熔沸点，在高温条件下达到分离的目的。高温提纯是非金属矿重要深加工技术。

高温提纯设备由装料装置、炉体、尾气收集、感应加热器等组成。物料从给料端进入，在 3000 度左右温度下，石墨之外的硅酸盐矿物会气化，这些气体遇冷马上凝固成粉状，被收集起来，石墨就得到提纯。目前国内研发的高温提纯设备有立式、卧式两种。石墨含量 95% 的原料通过高温提纯可达到石墨含量 99.99% 以上的高纯石墨。

高温提纯技术在世界上都是攻关课题，苏联研发了高温提纯石英技术，但未产业化。主要技术难点在耐高温材料、尾气收集和装备大型化。

我国研发人员近十年不断科技攻关。材质选取耐高温的碳复合材料；炉体内通入保护性气体，使杂质元素在高温汽化时安全溢出；研制大型设备，将单位产品能耗降低至 4000 ~ 6000（kW · h）。这些技术进步对高温提纯技术及设备的发展起到了极大的推动作用。

3.6 无机凝胶制备技术

无机凝胶是以膨润土、凹凸棒、海泡石等天然矿物为原料经提纯、改型、复合、胶凝性能调节、流变性能调节等工艺制备的深加工产品，也称硅酸镁锂。

无机凝胶的晶体结构单元是厚度以纳米计的微小薄片，小片的表面布满可交换的阳离子，主要为 Na^+，当凝胶颗粒与水混合时，水与 Na^+ 接触被吸附到薄片的表面，颗粒迅速膨胀直至薄片分离。由于薄片层面带负电荷，端面带正电荷，分离后的薄片端面被吸引到另一薄片的层面，从而迅速形成三维空间的胶体结构，即卡片宫结构，使体系的黏度增大，而具有高度的悬浮性、增稠性、触变性和良好的配伍性及化学稳定性，是理想的水体系增稠流变剂。

无机凝胶是环境友好的环保功能助剂，广泛用于农药、涂料、日化、钻井泥浆等行业。环保农药制剂用无机凝胶：黏度 1000 ~ 1500mPa.S，24h 悬浮率≥ 98%。

4. 主要非金属矿加工技术进展

4.1 磷矿石

4.1.1 资源概况及应用领域

磷是动植物生长必需的元素。磷矿是指在经济上能被利用的，以含磷灰石矿物为主要组分的非金属矿产。它既是制备磷肥、保障粮食安全的重要物质，又是精细磷化工的物质基础，它不可替代、不可再生，具有重要的经济价值和社会价值。我国磷矿资源丰富，资源储量仅次于摩洛哥，居世界第二位，截止 2016 年底，全国磷矿查明资源储量 244.1 亿吨，同比增长 5.6%。中国磷矿石产量居世界第一，2016 年产量 1.38 亿吨，占比 52.87%。

4.1.2 选矿新技术及应用

磷矿石选矿理论及基础研究方面，新的原位、直观、高精度测试手段在浮选表面化学研究中得到应用，并深入到分子、原子水平。采用颗粒 – 气泡诱导时间测定仪研究胶磷矿、石英和白云石与气泡、油泡和活性油质气泡作用，脂肪酸活性油质气泡捕收矿物诱导时间最短，回收率较高；采用石英晶体微天平（QCM–D）结合 FTIR 考察植物油和妥尔油在磷灰石表面吸附，QCM–D 作为一种高灵敏度原位表面表征技术，能很好地表征药剂在矿物表面吸附；采用 XPS 对脂肪酸捕收剂在磷灰石表面的吸附进行了研究，磷灰石表面 Ca2p 结合能改变，有羧酸钙等新物质生成，表面为化学吸附。采用第一性原理计算方法，研究了氟磷灰石和方解石晶体结构、表面电子特性及表面与药剂作用的微观机制，重点研究表面水化、表面水化和药剂分子的共同作用；脂肪酸类捕收剂吸附发生在表面 Ca 位点，是一个排开水分子吸附的过程。从浮选溶液化学的角度研究胶磷矿 – 白云石体系中溶解离子在矿物表面的化学反应及溶解平衡，溶解离子对胶磷矿和白云石可浮性及表面电性的影响。酸性介质中氟磷灰石溶解速率较快，主要受化学反应控制，其自身溶出的 $H_2PO_4^-$ 是主要的抑制组分，溶出离子浓度取决于初始氢离子浓度。研究了给矿粒度、捕收剂用量、矿浆 pH 和温度等因素对磷灰石、白云石和石英浮选动力学的影响，结果表明浮选符合一级动力学模型。

磷矿选矿工艺随着科学技术的进步及矿石类型的变化不断丰富。浮选是磷矿石选矿的主要方法，正浮选用于脱除矿石中的硅质矿物，适合于分选硅质磷矿石及沉积变质型硅－钙质磷块岩；反浮选适合处理沉积型钙镁质磷块岩，目前已经在工业生产中成熟应用并获得较好的浮选指标；正－反浮选工艺适合分选钙－硅质磷块岩，采用正－反浮选新工艺对大峪口胶磷矿进行改造和工业化试验，对含 P_2O_5 为 17.90% 的原矿，获得磷精矿 P_2O_5 品位和回收率分别为 31.62% 和 81.35%；双反浮选工艺适合处理难选硅钙型磷块岩。倍伴氧化物的脱除是目前磷矿石选矿研究的难点，浮选柱的应用是研究的热点，柱浮选技术可以实现流程结构的精简，还可以有效降低浮选成本。为解决磷矿石重介质选矿的问题，研究低品位胶磷矿筛分分级微差密度重介质可选性关键技术及其工业应用，采用无压给料三产品重介质旋流器，建立一套处理 120 万吨 / 年原矿的工业化生产装置，实现微密度差下高密度 2.8 ~ 2.9g/cm^3 宜昌磷矿的分选。

新的工艺有选择性絮凝、微生物处理等。微细粒磷矿石选矿一直是世界难题，选择性絮凝是实现微细粒磷矿石分选的有效方法。在单矿物试验时絮凝剂表现出良好选择性，而在混合矿试验时选择性降低或消失。选择性絮凝分离磷灰石和石英人工混合矿时，选择性消失的主要原因是悬浮液中部分微细磷灰石颗粒罩盖在石英表面，发生了强烈的杂絮凝现象。磷灰石絮体在沉降过程中对石英颗粒的凝聚、网捕作用也导致絮凝选择性的降低。微生物处理磷矿石主要是利用微生物的溶磷作用实现含磷矿物与脉石矿物的分离，具有污染小、能耗低、操作费用低等优点，是低品位磷矿石开发利用的一条有前景的新途径。

4.1.3 选矿发展趋势

磷矿是 24 种战略性矿产之一。磷矿资源高效利用的内容已列入《国家中长期科学与技术发展规划纲要（2006—2020）》的优先发展主题，也是世界各国竞相发展和重点支持的战略产业方向，磷矿石选矿的发展趋势集中在：①基于 MLA 技术的工艺矿物学赋存机理研究；②建立磷矿石分选标准；③通过药剂分子设计、改性、预先组装等方式研发选择性高、专属性强、环境友好的浮选药剂；④微细粒磷矿石分选技术及其分选机理，尤其是微细粒硅钙质磷矿石和细晶白云质磷矿岩；⑤中低品位磷矿石深度提磷降杂，实现磷精矿梯级利用，为湿法磷酸和磷化工提供优质原料。

4.2 石墨

4.2.1 资源概况及应用领域

石墨是碳质元素结晶矿物，属六方晶系，有完整的层状解理。天然石墨很少是纯净的，通常与片麻岩、片岩、板岩类等类矿石共生。我国石墨资源储量丰富，据美国地质调查局（USGS）统计，截止到 2015 年中国的石墨储量为 5500 吨，主要分布在黑龙江、吉林、山东、湖南、内蒙古等地。石墨主要用于耐火材料、铸造、密封、润滑、吸附剂及电池电极等行业。

4.2.2 选矿及深加工新技术与应用

石墨选矿，晶质石墨：浮选理论方面，研究证实了石墨浮选过程适用于经典动力学一级模型，通过模型可对石墨浮选过程的浮选速率、回收率等进行预测。浮选工艺方面，保护大鳞片石墨，文献、专利提出分级磨、浮工艺，可使 +0.15mm 大鳞片石墨的回收率增加 6% ~ 10%。在石墨精选环节，探索了剪切絮凝浮选法，该方法能将 –200 目、品位 89% 的细鳞片石墨提高到 97%。研究了石墨浮选中矿的处理方式，认为重点应关注中矿返回浓度、精矿夹带连生体情况。进行了石墨选矿短流程精选探索，认为经四次再磨五次低浓度精选也能获得理想工艺指标。浮选药剂方面，进行了 EDTA、酒石酸、柠檬酸、草酸四种抑制剂研究，其中酒石酸抑制效果最好。浮选设备方面，开展了浮选柱石墨精选研究，证明浮选柱对细鳞片石墨的回收能力优于对大鳞片石墨的回收能力。

隐晶质石墨：浮选工艺方面，研究认为隐晶质石墨矿石粗磨磨矿细度不宜过细，中矿可以通过再磨再选的方式单独处理。浮选药剂方面，研究了乳化煤油对隐晶质石墨浮选的影响，煤油乳化粒度越小，扩散速度越快，分散性越好，对隐晶质石墨浮选效果越好。浮选设备方面，比较了浮选机、浮选柱对隐晶质石墨浮选的效果，在相同试验目的和条件下，浮选柱的精矿产率和固定碳回收率远高于浮选机，且浮选柱浮选工艺流程短。

石墨深加工，高纯石墨制备：由于石墨选矿只能将石墨纯度提高到 95% 左右，在石墨高端应用中这一纯度不能满足要求，必须进行提纯。石墨提纯可分为化学法和高温法。化学法包括氢氟酸法和普通碱酸法，由于氢氟酸的剧毒和强腐蚀性，近几年研究较多的是碱酸法提纯，“十二五”国家科技支撑计划“高纯石墨制备技术与应用”项目开发了新型碱酸法提纯技术，使石墨的纯度达 99.9%，并进行了技术示范。高温法，石墨提纯炉是高温法的关键设备，近几年先后攻克了超高温加热、保温技术、连续进料、出料技术等，生产超高纯石墨的纯度 99.99% 以上，最高纯度可达 99.99959%，可作为生产金刚石的原料。

可膨胀石墨制备：近几年降低硫含量提高膨胀倍率是研究热点。低硫可膨胀石墨制备采用双氧水预氧化、混酸二次氧化插层，制备的膨胀石墨硫含量在 500ppm 以下，膨胀容积大于 200ml/g。无硫可膨胀石墨的制备，采用不含硫的强氧化剂、强酸为氧化插层剂，在最佳条件下制备可膨胀石墨的膨胀容积达 410ml/g。电化学法制备可膨胀石墨，以高氯酸、冰醋酸为电解液，以 200 目高碳石墨为原料，制备的无硫可膨胀石墨的膨胀容积为 215ml/g。

球形石墨制备：近几年国内球形石墨生产在工艺、设备、产品指标、自动化程度、能耗以及包覆改性等方面成果卓著，有的生产线已经出口海外，球形石墨主要用于锂离子电池负极材料，球形石墨产业已经形成一定的规模。

石墨烯制备：目前规模量产的石墨烯大多采用剥离法，2016 年全国产能近 7000 吨，而实际产量在 100 吨左右，石墨烯大规模应用尚处在商业化前期。

4.2.3 选矿及深加工发展趋势

随着现代工业的迅猛发展，作为特殊材料的石墨用量将逐年增大，开发石墨加工利用的新技术、新设备和新工艺成为必然趋势。在石墨选矿方面，开发专用的石墨粗选、精选大型设备，进一步探索大鳞片石墨的保护技术是将来的发展重点。在石墨深加工方面，在提高产品品质的同时，研究减少强酸碱、强氧化剂的用量，降低能耗，环境友好的加工工艺和方法是将来的发展趋势。

4.3 菱镁矿

4.3.1 资源概况及应用领域

菱镁矿是一种具有工业价值的碳酸盐矿物，是我国的优势矿产资源之一。据美国地质调查局公布的数据，2014 年全球菱镁矿储量 240 亿吨，中国储量 50 亿吨，占比达 20.83%。菱镁矿制品由于具有较高的耐火性、黏结性及其他优良的物化特性而被广泛用于冶金、建材、化工、轻工、农牧等领域。

4.3.2 加工新技术及应用

菱镁矿的加工利用一般将采出的菱镁矿石经滚筒筛筛分，对块矿进行轻烧、重烧及电熔等处理；对低品位粉矿进行热选、浮选等提纯除杂，再进行烧结或电熔，高品位粉矿进行电熔或轻烧处理。低品位菱镁矿的轻烧产品成为镁建材或镁化工的原料，而高品质的轻烧粉可进一步制成高档镁砂或电熔镁。对粉矿的烧结，生产中需先将粉矿压成球，2012 年，对粉矿的直接悬浮焙烧工艺在辽宁海城地区应用，目前因在除尘及冷却等方面存在问题而未能稳定生产，处在时转时停状态。菱镁矿加工新技术及应用主要体现在菱镁矿石的选矿提纯及重烧工艺。

菱镁矿矿石中主要杂质元素为硅、钙、铝和铁。杂质矿物主要为滑石、石英、绿泥石、白云石、赤（褐）铁矿、磁铁矿等，并有类质同象铁和铁单质（磨矿介质产生的污染）。浮选是菱镁矿除杂最常用的方法，近几年浮选研究的热点之一为反浮选除硅捕收剂的研究，目的是实现对复杂高硅难选矿的有效除硅、提高资源利用率及改善操作条件。阳离子捕收剂的改性药剂对菱镁矿石中的硅具有良好的脱除效果。浮选研究的热点之二为反浮选除钙捕收剂的研究，对反浮选除硅捕收剂优化，使其具有较强脱钙能力，以实现在反浮选脱硅的同时去除部分钙或研究反浮选除钙捕收剂，采用反浮选除硅后再反浮选除钙的分步浮选工艺脱除矿石中的钙。某复配阳离子改性捕收剂既可有效脱除菱镁矿矿石中的硅，又对钙、铁等有一定脱除能力，并可使精矿产率提高 6% ~ 10%。浮选法的研究热点之三是正浮选除杂捕收剂研究，因杂质含量高，单一反浮选无法获得合格精矿，近几年，有人对正浮选捕收剂开展了大量研究。磁选法是去除菱镁矿矿石中铁杂质的有效手段之一。菱镁矿热选法是利用菱镁矿石轻烧后，氧化镁易碎成为粉状，而滑石、白云石等轻烧后变硬，难碎而呈粗颗粒状，经过筛分或重选，将氧化镁细粉与含杂质粗颗粒分开，得到纯度较高的轻烧氧化镁，研究表明，热选（重选）法去除钙和硅效果较好，而对铁的脱除效果较差。研究者研究了菱镁矿和白云石的溶解特性差异，针对在酸性条件下白云石的溶解速度明显快于菱镁矿这一特点，进行了酸浸除钙研究。目前选矿实际生产中以单一反浮选工艺为主。

针对重烧镁砂煅烧过程中结坨、粘窑、棚料、温度不均等技术难题，研制了大型哑铃结构高温竖窑，研发自动配料、上料装置、精准布料机、连续强力出料机、均衡供风系统、物料密封输运装置等关键技术与装备，生产过程自动实时监控与集成优化。在辽宁营口建设一条年产 8 万吨重烧镁砂自动化清洁生产示范线，节煤 20% 以上，优质品率提高 20%，形成绿色生产工艺示范。

4.3.3 加工技术发展趋势

目前，菱镁矿加工利用的主要方向为：①加强浮选药剂的研制及改性，降低操作复杂程度及成本，提高资源利用率；②采用浮、磁、重及热选联合流程，优化流程结构及工艺条件，使菱镁矿选矿精细化；③能耗高、污染重是烧结工艺的主要问题，加强装备及工艺研究，实现轻烧、重烧的清洁高效生产；④加强细磨及水化等研究，提高镁砂的体密度及 MgO 的纯度；⑤加强低品位菱镁矿及尾砂的利用研究，以提高资源利用率，减少占地及环境污染。

4.4 钾盐

4.4.1 资源概况及应用领域

钾盐矿，广义上是指包括可溶性钾盐矿物和不可溶性含钾的铝硅酸盐矿物两大类。狭义上是指目前世界范围内开发利用的主要对象是可溶性钾盐资源，以钾的氯化物和硫酸盐类矿物为主要组分的非金属矿产，包括钾石盐、光卤石、钾盐镁矾、无水钾镁矾、钾镁矾、软钾镁矾等可溶性固体钾盐矿床和含钾卤水，主要分布于柴达木盆地盐湖和塔里木盆地罗布泊盐湖，已查明的资源储量为 10.8 亿吨［（氯化钾计）《中国矿产资源报告（2016）》］，是国家 5 种大宗紧缺矿产之一，主要用于生产各种工农业用钾盐钾肥产品。

4.4.2 加工新技术及应用

近年来，围绕钾盐矿资源开发利用，在学科融合、人才队伍、研究基地、承担国家重大任务等方面形成了聚集优势，组建了“国家盐湖资源综合利用工程技术研究中心”“盐湖资源综合利用技术创新战略联盟”和“云南周边国家（老挝）可溶性固体钾盐矿资源高效利用产业技术创新战略联盟”，为钾盐矿资源开发行业技术发展及产学研合作奠定了坚实基础，开发了一大批产业共性、关键性成套技术，显著提高了行业生产技术和装备设计制造水平。

根据矿物资源的不同，可以直接生产氯化钾或者酸钾。氯化钾生产技术趋于成熟或多样化，反浮选 - 冷结晶法和冷结晶 - 正浮选法生产技术与装备有显著突破。硫酸钾过去主要由氯化钾深加工获得，近年来，钾盐矿物直接生产硫酸钾取得重大进展。

察尔汗盐湖是我国最大钾肥基地，开发了具有世界先进水平的反浮选 - 冷结晶技术，先后攻克百万吨钾肥装置冷结晶粒度与收率精确调控、大型氯化钾工业装置分离除钙等关键核心技术，优化完善了百万吨钾肥特大型结晶器结构、搅拌系统和工艺操作参数，实现了生产自动化监测与控制，使百万吨钾肥生产装置提高产能 20% 以上，氯化钾收率从 55% 提高到 63%，装置规模、钾回收率、单耗等指标均达到国际同类技术先进水平。

针对低品位难开采固体钾盐，开发低品位固体钾盐溶解转化先进工业化技术，变呆矿为活矿；针对生产废弃尾盐，开发热溶结晶法，实现尾矿资源化；针对高钠光卤石原料，开发冷结晶 - 正浮选法，研制高适应性新型冷结晶器，实现贫杂矿高效分离，破解了低品位难开采固体钾盐转化、贫杂矿高效分离、尾盐钾资源回收等技术难题，形成了具有完全自主知识产权的低品位难开发钾盐高效利用的第三代氯化钾工业生产技术，增加固体钾盐基础储量 1.58 亿吨，支撑了国家钾肥工业的可持续发展，保障我国钾肥供给安全。

针对新疆罗布泊盐湖硫酸钾资源，形成了罗布泊盐湖硫酸钾成套技术，创造性采用“差异化布井、分区、分层采出”模式，建成世界上最大的卤水开采井群；采用独特的兑卤、盐田摊晒和选矿工艺，有效缩短卤水蒸发结晶路线，显著提高了含钾矿物品质和收率；建成罗布泊盐湖 120 万吨 / 年硫酸钾成套装置，实现了我国硫酸钾产业结构升级，填补了国内空白，迈入了世界硫酸钾生产大国行列。

4.4.3 加工技术发展趋势

面对我国农业对钾肥需求的增长，钾肥可持续生产将面临资源短缺的严峻局面，急需攻克一批钾资源及伴生资源协调综合利用的关键技术：

（1）积极开发利用国内低品位固体钾矿、低渗透卤水钾矿、低溶解度固体钾矿；关注副产老卤的综合利用，包括盐湖大宗镁资源综合利用制备镁系列产品、稀贵元素锂、硼、铷、铯等协同开发，实现钾盐矿及伴生资源综合利用。

（2）境外钾盐基地亟待科技支持，积极开展热带环境钾盐矿地面加工与资源综合利用技术产业化，支持老挝中资企业健康发展，同时辐射泰国、刚果、埃塞俄比亚等地钾资源开发，支撑国家海外钾肥基地建设，基本满足我国农业对钾肥的需求，提升我国钾资源的保障能力，保障我国农业安全。

4.5 高岭土

4.5.1 资源概况及应用领域

高岭土是典型 1∶1 层状硅酸盐矿物，每个晶层单元由一个硅氧四面体和一个铝氧八面体组成，化学分子式 $Al_2O_3 \cdot 2SiO_2 \cdot 2H_2O$。根据层间水含量和叠加方式，由高岭石、地开石、珍珠石、埃洛石等形成一个高岭石族矿物。我国高岭土探明储量达到 27.1 亿吨，主要分布在广东茂名、福建龙岩、江西景德镇、江苏苏州、广西合浦、山西大同、朔州、内蒙古准格尔、安徽淮北等地。高岭土具有白度和亮度、可塑性、黏结性、分散性、耐火性、绝缘性和化学稳定性等多种工艺性能，广泛应用于造纸、陶瓷、塑料、橡胶、化工、电子、涂料、油漆、耐火材料、军工、医药、化妆品、农药等行业中。

4.5.2 加工新技术及应用

我国高岭土加工技术从 20 世纪 80 年代初开始形成，随着国民经济飞速发展，促进高岭土工业的技术进步。近五年，高岭土行业形成了一批高新技术。

4.5.2.1 偏高岭土制备技术

偏高岭土是高岭土在适当温度下（600 ~ 900℃）脱除结构水，铝氧层晶格发生扭曲，使得高岭土形成结晶度很差的过渡相，排列不规则，呈现热力学介稳状态，具有很高的火山灰活性。偏高岭土是一种非常重要的高岭土深加工产品，主要用于地质聚合物（水泥、混凝土）添加剂。偏高岭土以其特有的矿物特性能提高混凝土的力学性能，包括早期力学性能和耐久性能，适用于配制高强高性能混凝土。研究表明在水泥中添加 10% 的偏高岭土，28 天的强度可提高 10%。

4.5.2.2 低温超导技术

低温超导磁选技术是利用超导材料在接近绝对零度时电阻为零的特点，将超导材料制成线圈，通闭环电流，产生 5T 以上的超强磁场，实现高岭土与微细弱磁性矿物的高效分离。近五年来，我国低温超导磁选技术日趋成熟，国产低温超导磁选设备已成功用于在高岭土等矿物的除铁增白生产线，高岭土铁含量由 1.0% 下降至 0.55%，白度由 78% 提高到 90%。

4.5.2.3 高岭土合成 4A 沸石

4A 沸石是一种四面体骨架的硅铝酸盐，具有大量孔径均一的微孔和可交换的阳离子，因而具有特殊的吸附、分离和离子交换特点。由于使用含磷洗涤剂的废水排放到河流湖泊后，水体中磷酸盐超标而产生的富营养化现象，故用 4A 分子筛代替三聚磷酸钠用于洗涤剂有着重要的现实意义。

高岭土与 4A 沸石两者硅铝比相同，只要向高岭土加入 Na_2O 组分，并使其发生晶形转变即可生成 4A 沸石，故用高岭土合成 4A 沸石是经济、合理的。高岭土生产 4A 沸石的工艺为：煅烧→晶化→洗涤→干燥与包装，产品质量可以达到 300mg/g（以 $CaCO_3$ 计）。

4.5.3 加工技术发展趋势

我国高岭土加工技术虽然取得了较大进步，但发展空间仍然很大，预测将涌现更多的高岭土加工新技术。

4.5.3.1 纳米高岭土制备技术

纳米材料由于尺寸进入分子、原子世界，所以体现出很多独特性能，如能屏蔽紫外线、电磁波，用于军事、通信；用纳米黏土添加到冰箱、饮水机，具有抗菌、消毒作用；制备纳米陶瓷，使其强度提高50倍；用于发动机零件；添加纳米的塑料，具有强度高、阻燃自熄灭性，被制成管材、汽车机械零件和包装材料等。预测成为21世纪的代表性技术。

高岭土制备纳米材料目前在我国取得了阶段性成果，主要工艺路线有机械粉碎法、化学合成法和插层法，Al_2O_3基的纳米材料，强度从200 ~ 300MPa提高到1200 ~ 1300MPa。

4.5.3.2 超细浮选技术

高岭土伴生的杂质矿物主要有铁、钛氧化矿、云母、长石，这些矿物嵌布粒度极细，而且与高岭土没有比重差、磁性弱或没有磁性，一般的重选、磁性和化学选矿方法难以有效分离。美国佐治亚高岭土采用改性羟肟酸捕收剂对高岭土进行反浮选，取得了较好的浮选效果，TiO_2去除率70%。

4.5.3.3 微生物法提纯高岭土

生物加工技术是利用一些能够使杂质铁（黄铁矿、氧化铁矿等）溶解为可溶性铁的微生物，将高岭土中所含的铁杂质除去而达到增白目的，目前研究表明，腐败希瓦氏菌和混合铁还原菌在厌氧条件下具有高效的铁还原能力，可作为去除高岭土中铁的高效菌。微生物法提纯高岭土虽然处在研究阶段，但它代表当代生物技术在资源再利用研究的前沿课题之一。

4.6 石英

4.6.1 资源概况及应用领域

块状硅质原料在工业上常统称为硅石（石英石）。石英主要化学成分为SiO_2，代表性岩石有石英岩、石英砂岩、燧石岩、石英片岩、脉石英和石英砂等。已探明资源总储量47亿吨，主要分布在华东和中南地区。天然石英含有微细粒（>1μm）杂质矿物、硅酸盐熔体及流体包裹体，影响石英品质与应用。

国外已形成专业系列化分类。按杂质含量（金属氧化物，下同）分为超纯、超高纯、高纯、中等、中高等、低等纯度等级共六类。

（1）超纯：杂质0.1–1$\mu g \cdot g^{-1}$，SiO_2>99.9999wt%。

（2）超高纯：杂质1–8$\mu g \cdot g^{-1}$，SiO_2>99.999wt%。

（3）高纯：杂质8 ~ 50$\mu g \cdot g^{-1}$，$SiO_2$99.995wt%–99.999wt%。

（4）中等：杂质300 ~ 5000$\mu g \cdot g^{-1}$，$SiO_2$99.5wt%–99.97wt%。

（5）中高等：杂质50 ~ 300$\mu g \cdot g^{-1}$，$SiO_2$99.97wt%–99.995wt%。

（6）低等：杂质5000 ~ 10000$\mu g \cdot g^{-1}$，$SiO_2$99wt%–99.5wt%。

国内分为高纯、超高纯两类。

（1）高纯石英砂：$SiO_2$99.9wt%–99.999wt%，Fe_2O_3<$10 \times 10^6 \mu g \cdot g^{-1}$。

（2）超高纯石英砂：$SiO_2 > 99.9991wt\%$。

主要应用领域：石英是我国重要战略矿产资源。高纯超高纯石英是光伏发电、光导纤维、半导体、光学玻璃、液晶显示玻璃、高温特种玻璃、航空航天、国防军工等高技术领域不可替代的多功能关键性材料。

4.6.2 选矿分离纯化新技术

近年来石英选矿分离与纯化新技术主要有：①无氟低酸反浮选分离技术；②混合酸加压浸出纯化技术；③超高纯石英绿色环保纯化新技术；④石英羟基脱除技术；⑤低品位石英高效利用与强磁选、浮选、化学分离联合工艺技术；⑥低品位块状石英色选粗选分离技术；⑦坩埚级、特殊玻璃级、高白度板材石英制造技术；⑧海滨石英砂高效绿色分离技术。

4.6.3 深加工技术发展趋势

不同于其他矿物，工业石英有特殊粒级要求，最常用的粒级为 250 ~ 96μm，被包裹在工业级石英晶体界面间，微细粒杂质矿物包裹体不能借助破碎磨矿技术解离。通常重磁浮常规选矿只能分离石英表面及浅层裂隙嵌布的杂质矿物，生产中低档石英不仅附加值低，重要的是浪费宝贵的石英资源。石英选矿的重点方向当属高纯分离技术。

高纯石英研究起步于 20 世纪 90 年代，经过不懈努力，取得一批标志性研究成果并初步实现产业化应用。随着优质石英（水晶级）资源枯竭，低品位石英资源高效利用问题亟待解决。高纯超高纯石英纯化分离技术是必然发展趋势。

（1）高纯石英先进制造系列专用装备技术。耐磨和防金属污染是技术关键，如石英专用破碎、磨矿、分级、脱水、烘干与包装设备；防化学腐蚀加压动态湿法冶金、高温气氛动态焙烧反应等系列专用装备，形成石英先进制造专用装备产业链。

（2）研发超导磁选结合超声波、气态压力环境纯化绿色节能分离新技术系列化体系，淘汰污染严重的化学分离技术，实现无氟无强酸污染分离纯化。

（3）研发升级工业粒级石英砂色选技术，适应我国石英资源低品位禀赋特性。

（4）发展微粒石英表面球形化技术，适应信息产业、集成电路封装材料的技术需求。

（5）石英及其晶格杂质金属空间结构特征及微量金属元素表征分析技术。

高纯超高纯石英绿色节能制备系列技术是我国“十三五”及今后相当长一段时间面临的技术与市场挑战。

用于高新技术领域的高纯石英，不同应用行业对杂质元素种类及含量要求各异，系列化技术对于石英高效利用至关重要。石英表面、界面及晶格中杂质金属元素的分离纯化是研究重点，无氟无污染绿色节能分离纯化技术是核心。

块状石英色选成套技术对低品位石英粗选分离效果明显，发展工业粒级石英砂的色选技术更为重要，将成为石英分离纯化重要的革命性新技术之一。

4.7 萤石

4.7.1 资源概况及应用领域

萤石又称氟石，为卤族矿物，其化学式为 CaF_2。由于氟原子非常独特的化学性质，其作用无法替代，应用领域涵盖新能源、新材料、光学、冶金、化工等新兴产业和传统产业，因而国家将萤石定位为“稀缺性战略资源”。我国萤石资源储量丰富，居世界第三位，截至2015年，查明的储量为2.21亿吨，主要分布于浙江、江西、福建、安徽、湖南等地。单一型萤石矿床多，规模小，CaF_2 含量大约为35% ~ 40%；共伴生型矿床数量少，储量大，难选矿多，易选矿少，CaF_2 含量为10% ~ 20%。

4.7.2 选矿新技术及应用

随着原矿品位日益降低，浮选是现今处理与利用萤石最有效的方法。根据共生矿物的不同，萤石矿可以分为石英型、碳酸盐型、重晶石型等三种类型。对于石英型，浮选流程和药剂制度相对简单，通常采用水玻璃抑制硅酸盐和石英等，利用脂肪酸捕收剂直接回收萤石。但是，对于碳酸盐型和重晶石型萤石矿，由于萤石、方解石和重晶石的活性质点（Ca 与 Ba）性质相似，与常用的脂肪酸类捕收剂的化学作用相近，造成萤石 / 方解石和萤石 / 重晶石分离困难。阴离子型脂肪酸类捕收剂是萤石浮选中最常用到的捕收剂，但低温水溶性差。国内科技工作者主要通过卤代、皂化、磺酸化和硫酸化等对油酸进行改性，克服其不耐低温等特点。近年来研发的环己烯甲酸显著提高了萤石 / 石英的分离效果，而且抗低温效果很好，KY-110 脂肪类捕收剂可显著提高萤石 / 方解石的分离性能。阳离子型胺类捕收剂以反浮选法进行浮选，缺点在于工艺复杂且受矿浆浓度影响较大。最新研发了一种反浮选工艺，利用抑制剂柠檬酸、调整剂氟化钠以及捕收剂磺化油酸，可实现萤石浮选中碳酸钙的预先脱除，在保证较高的碳酸钙脱除率的同时，提高了萤石的品位。萤石浮选的抑制剂大致可以分为三类，即无机抑制剂（水玻璃、六偏磷酸钠以及硫酸铝、腐殖酸钠）、有机抑制剂（栲胶、淀粉、糊精、木质素磺酸盐）和组合抑制剂。近年研究表明，酸化水玻璃对方解石和硅酸盐类矿物有很好的选择性抑制性能，YZ-4 栲胶对重晶石有选择性抑制作用，水玻璃与腐殖酸钠混合使用可显著提高对石英的抑制性能。

4.7.3 选矿发展趋势

目前萤石浮选研究的热点为，稀土（如内蒙古稀土矿和四川稀土矿）尾矿中、钨矿（如柿竹园矿）尾矿中萤石的高效回收。制约萤石高效回收的难点在于，稀土尾矿中萤石与重晶石的浮选分离、钨矿尾矿中萤石与方解石的浮选分离，主要瓶颈是，缺少高选择性和耐低温的萤石捕收剂和重晶石与方解石的抑制剂。因此，对脂肪酸类捕收剂进行化学或生物改性，提高捕收剂的选择性和抗低温性能，对各种抑制剂进行复配、强化对重晶石、方解石及硅酸盐等矿物的抑制是萤石浮选现今及今后主要的研究方向。另外，萤石浮选的精选段数较多，为了保证萤石的高回收率，加强精选泡沫调整剂的研发，也是一个值得重视的研究方向。

4.8 膨润土

4.8.1 资源概况及应用领域

膨润土是以蒙脱石（含量 85% ~ 90%）为主要成分的非金属矿产。蒙脱石结构由两层硅氧四面体夹一层铝氧八面体构成，属于黏土类矿物。我国膨润土分布广泛，已探明资源储量为 28.73 亿吨，占世界总量的 60% 左右，位居世界首位。由于膨润土具有一系列优良的性能（如遇水膨胀、吸附性和离子交换性等），使其在石油、铸造、冶金、日用、化工、医药、农业、能源和环保等 24 个领域 100 多个部门中均有应用，素有“万能黏土”之称。我国膨润土粗加工业已形成了较大的规模，年产销量约 300 万吨，应用主要集中在传统的铸造、冶金球团和钻井泥浆三大领域。

4.8.2 加工新技术及应用

对于膨润土的提纯，以湿法提纯为研究热点。如以焦磷酸钠为分散剂，辅以超声波处理，在自然沉降条件下可以取得良好的提纯效果；基于蒙脱石与杂质矿物密度之间的差异，在沉降过程中存在速度差，利用离心加速沉降去除杂质矿物。对于膨润土的深加工，相比较以往蒙脱石有机和无机改性，近些年，对膨润土与其他材料复合制备新型材料研究逐渐成为热点。壳聚糖含有羟基、氨基等极性基团，将其与膨润土复合可提高膨润土的吸附性能，拓宽其在水处理领域的应用范围；复合纳米级膨润土沥青具有比基质沥青更好的抗车辙变形能力和高温稳定性能；膨润土与水泥复合制备的多孔材料对含铬废水具有较好的吸附能力。另外，膨润土与 TiO_2 的复合材料对水中 Hg^{2+} 有很好的去除效果；膨润土负载纳米零价铁后可用于处理水中重金属、有机物等多种污染物；负载纳米 Fe_3O_4 制备磁性膨润土对水中有机物有很好的降解作用。膨润土的基础研究集中在蒙脱石的水化剥离，蒙脱石的剥离与其在水溶液中的膨胀性质密切相关，其膨胀性受到水溶液中离子种类及浓度的控制；蒙脱石矿物只有在水溶液中才能够充分剥离，而在有机溶液中剥离现象不显著，且层间离子的水化作用是其在水中剥离的关键；剥离后蒙脱石片的水化层包括紧密层和扩散层两部分，厚度为 1.6 ~ 1.7nm。

4.8.3 加工技术发展趋势

与国外相比，我国膨润土加工技术、生产企业规模及产品质量有较大差距。膨润土行业的发展应从以下几方面考虑：①加强膨润土基础研究和深加工技术研发，特别是不同类型膨润土专属性应用的研究；②加强膨润土功能材料的研发；③提高产业集中度，实施大企业战略；④建立行业管理规范体系，形成产品系列化生产；⑤加强深、精加工技术研究，采用新药剂（选矿、改性）、新设备和新工艺，开发出新型化、多用途化的高附加值产品。

4.9 长石

4.9.1 资源概况及应用领域

长石是由硅氧四面体组成的架状构造的钾、钠、钙铝硅酸盐矿物，其化学成分为 SiO_2、Al_2O_3、Fe_2O_3、K_2O 和 Na_2O 等。长石矿床按成因可分为伟晶岩型长石矿和岩浆岩型长石矿床两大类，它是地球上最常见的造岩矿物之一，因此在地壳中比例高达 60%。我国长石资源分布广，储量达百亿吨以上。长石熔点在 1100 ~ 1300℃之间，在与石英及其他铝硅酸盐共熔时有助熔作用，因此，长石常被广泛用作玻璃、陶瓷、化工、磨料磨具、玻璃纤维、电焊条等工业的原料。

4.9.2 选矿新技术及应用

长石矿有害矿物主要为铁矿物，其他杂质矿物有黏土、云母、石英等，目前长石选别技术的研究主要集中于除铁工艺以及长石石英分离两个方面。

4.9.2.1 除铁

长石除铁主要有洗矿、磁选及浮选三种工艺。洗矿除铁适用于产自风化花岗岩或质砂矿的长石，采用振动筛或洗矿槽，利用黏土、细泥、云母等粒度细小或沉降速度慢的特点，在水流作用下使其与粗粒长石分开，不仅降低长石矿中 Fe_2O_3 含量，同时可以相对提高长石矿中钾、钠含量；磁选除铁，长石中的含铁矿物如云母、石榴子石等具有一定的磁性，因此在外加磁场的作用下可与长石分离，同时，长石中的铁矿物、云母等磁性较弱，只有采用强磁选设备才能获得较好的分选效果；浮选除铁，长石中部分含铁矿物如云母可通过在酸性条件下反浮除去。

4.9.2.2 降硅

针对部分硅高、铝及钾钠低的中低品质长石矿石，通常需要去除部分硅，富集钾钠和铝。长石浮选降硅经历了氢氟酸法、无氟有酸法和无氟无酸法的发展历程，氢氟酸为长石最有效的活化剂，但由于其对环境污染严重，现逐渐被淘汰。目前在工业生产中长石在 pH 为 2.0 ~ 3.0 的强酸性条件下浮选长石成为其主要的提纯工艺，但强酸性条件对设备腐蚀严重，因此选矿工作者一直在寻找中性或碱性条件下实现长石与石英浮选分离的方法。

随着优质长石资源的减少，低品位长石已成为长石矿加工的主要原料，采用多种选别作业已成为长石选矿提纯的主要工艺，如脱泥 – 磁选联合工艺，磁选 – 浮选联合工艺，以及脱泥 – 磁选 – 浮选联合工艺等。

4.9.3 选矿发展趋势

近年来，长石发展主要侧重于选矿技术，研究的热点为长石 – 石英分离新型高效组合捕收剂、特效抑制剂及其作用机理的研究，以实现在弱酸或中性条件下，石英 – 长石高效分离研究。目前长石选矿技术的工业化应用主要以脱泥和除铁为主，石英 – 长石分离研究大部分仍停留在实验室阶段，工业化应用的非常少，“无氟无酸”浮选法将是长石 – 石英浮选分离技术的发展方向。同时，国外对生物浸取选矿技术已有广泛的研究，但国内相关研究较少，应加强此方面在长石选矿中的研究与应用。

4.10 蓝晶石族

4.10.1 资源概况及应用领域

蓝晶石族矿物包括蓝晶石、红柱石和硅线石，化学式均为 Al_2SiO_5，化学成分 $Al_2O_3$62.92%，$SiO_2$37.08%，但晶体结构各异。我国三石矿产资源丰富，其中红柱石 5.6 亿吨，蓝晶石 0.37 亿吨，硅线石 0.57 亿吨，主要分布在河南、河北、新疆、吉林、内蒙古、四川等地，由于蓝晶石族矿物具有可转变成莫来石的性质，因此被应用于生产优质耐火材料、陶瓷类材料和耐酸制件及生产特殊绝缘体。

4.10.2 选矿新技术及应用

蓝晶石族矿物的选矿工艺主要有重选、浮选、强磁选以及联合工艺流程。重选工艺流程简单，但精矿质量较差，主要设备有螺旋溜槽、重介质旋流器等。强磁选工艺主要用来去除蓝晶石中的钛铁矿、石榴石、黑云母等含铁矿物，高梯度磁选机是近几年来常用的磁选设备。采用 GCG15100–4 强磁选机对蓝晶石精矿进行除铁试验，铁含量由原来的 1.64% 降低至 1.02%。浮选是获得高品质蓝晶石族精矿的有效方法，主要有酸法、碱法及中性工艺。生实实践表明，酸法工艺更有利于蓝晶石族精矿稳定生产，但是酸法工艺造成的设备损耗、污染压力等不利因素开始凸显。对河北邢台蓝晶石采用了中性条件下预先脱泥 – 反浮选的工艺流程，以十二胺与柴油为捕收剂，AP 为抑制剂，获得了 Al_2O_3 品位 60.31% 的超纯蓝晶石精矿。除浮选工艺外还研制了 FZF1.2 型浮选机，认为浮选机主轴转速对精矿回收率影响较大，主轴转速搅拌力强则会致浮选气氛恶化，高强搅拌不适合非金属矿的选别。我国蓝晶石族矿物的特点是原矿品位较低，共生关系复杂，因此蓝晶石族工艺常采用脱泥 – 酸性浮选 – 强磁选、浮选 – 重选等联合工艺流程。针对含炭红柱石矿，采用浮选脱炭 – 脱泥 – 酸性浮选 – 强磁选流程，获得 Al_2O_3 含量为 55.72% 的指标。焙烧工艺也用于红柱石的预富集处理，在焙烧温度 800℃，焙烧时间 45min，升温方式骤热、降温方式慢冷条件下，红柱石在 +0.630mm 粒级中含量提高了 17%。采用磨矿 – 筛分闭路系统可以保护蓝晶石的晶体结构，同时磨矿 – 磁选 – 分支重选 – 浮选流程在工业实践中得到了应用并取得优良的选别指标；采用优化组分的石油磺酸盐在蓝晶石、红柱石的浮选中均得到 Al_2O_3 超过 59.00% 的精矿。蓝晶石矿浮选新型捕收剂主要有 LJ–2、AERO801R 等，合成类药剂较少，主要是单一使用或者复合配制。

4.10.3 选矿发展趋势

我国蓝晶石族选矿加工发展趋势主要有几个方面：①综合回收伴生资源。根据各矿石伴生矿物特点，综合回收钛、铁、黑云母、石榴子石等矿物；②加强浮选基础理论研究，包括晶体结构、表面性质、矿物与药剂相互作用的界面化学研究等；③开发蓝晶石族矿物高效清洁工艺流程，例如在中性或弱碱性条件下的浮选工艺。

4.11 云母

4.11.1 资源概况及应用领域

云母是一类含有钾、铝、镁、铁、锂等元素的层状含水铝硅酸盐的总称，属于层状结构硅酸盐。我国云母矿资源丰富，云母砂几乎遍布全国，全国已发现产地178处，总保有储量10.487万吨。白云母资源量中国居第3位，仅次于印度和苏联；碎云母资源量中国居第2位，仅次于美国。云母是一种性能独特、应用领域广泛、价值很高的非金属工业矿物，工业应用最大的种类是白云母，其次是金云母，主要制成云母玻璃、云母陶瓷，用作电子工业绝缘和耐火材料，或在水泥、油漆、橡胶、陶瓷中作填料，可改善材料性质。

4.11.2 选矿新技术及应用

近年来，云母加工新技术主要侧重于选矿技术。片状云母通常采用拣选、摩擦选矿和形状选矿，碎云母则采用风选、水力旋流器分选或浮选将云母与脉石分离。浮选法作为应用最广泛的一种选矿方法在云母的选矿中同样占有非常重要的地位。在酸性条件下，阳离子捕收剂是有效的药剂，如长碳链的醋酸胺类，常用的有十二胺和椰油胺等。在碱性条件下，则需要联合使用阴、阳离子捕收剂，实践中常用长碳链的醋酸胺类阳离子捕收剂和脂肪酸类阴离子捕收剂。目前主要采用混合药剂浮选云母，采用阴阳离子混合捕收剂浮选白云母时可以使回收率从约80%（pH为2）提高至90%（pH为11），采用新型捕收剂LZ-00（脂肪酸钠与磺酸混合物）与椰油胺混合药剂浮选锂云母，采用氧化石蜡皂和十二胺混合药剂浮选锂云母，采用油酸钠与十二胺浮选黑云母，采用十二胺和十八胺的混配物从长石矿中反浮选云母。有别于传统的泡沫浮选，疏水聚团浮选可以明显提高矿物表面疏水程度，该技术将表面活性剂、中性油与矿物在高速条件下搅拌，表面活化及剪切聚团混合作用使目的矿物形成聚团，聚合粒径增大，并且疏水程度增大，造成浮游性增强，浮选回收率可明显提高。有研究对绢云母进行剪切絮凝浮选，将游离硅含量降低至3%以下，可达到化妆品级要求。

4.11.3 加工技术发展趋势

目前，中国的云母产量在15万吨左右，而全世界每年对云母制品的需求量近50万吨，且每年的需求量以较快的速度增长。据估测，全球对云母的需求量将以平均每年1.5%的速度持续增长。当前云母消费结构的变化为我国发挥云母资源优势，大力开展云母综合利用研究工作提供了机遇。我国应充分利用云母的各种性能，提高云母综合利用率，积极开发高效益、深加工新产品，如云母纸制品、云母陶瓷、云母增强塑料、云母珠光颜料等，为增强国产云母产品的国际竞争力提供强有力的支持。

4.12 铝矾土

4.12.1 资源概况及应用领域

铝矾土又称矾土或铝土矿，其矿物主要成分为一水软铝石、一水硬铝石、三水铝石，脉石成分有高岭石、伊利石、叶蜡石、绿泥石、针铁矿等，是一种由化学风化或外生作用形成的灰白色（或因含铁而呈褐黄或浅红色）的土状矿物。我国铝矾土资源较为丰富，已探明储量约 37 亿吨，位居世界前列，主要分布于山西、贵州、河南、广西等地。我国铝矾土资源具有高铝、高硅、低铁的特点，铝硅比大都在 4 ~ 7 之间，是工业上提取氧化铝、制造耐火材料、高铝水泥、人造刚玉以及各种铝化合物的重要原料，在国家经济发展诸多领域发挥重要作用。

4.12.2 加工新技术及应用

我国铝土矿可利用资源的质量在逐年下降，高质量铝土矿存量减少，目前处于供应不足状态，铝硅比小于 5 的矿石占资源总量的 70% 以上，铝硅比在 8 以上高品位铝土矿已濒临枯竭，众多氧化铝企业被迫采用中低品位铝土矿，导致我国铝土矿消费严重依赖进口。特级和一级铝矾土资源具有能够用于制备高铝质耐火材料的性能特点，为我国耐火材料行业发展成为世界耐火材料产量第一大国做出突出贡献。但特级和一级铝矾土资源所占总储量相对比例较低，长期开发使得资源质量和数量难以满足高质量高铝耐火材料的要求，我国高铝耐火材料制造已经开始大量采用人工合成的刚玉耐火原料，导致成本和能耗大幅增加。所以，为解决我国铝矾土可利用资源质量低的瓶颈问题，铝矾土选矿提纯及深加工技术一直是我国铝矾土相关行业和领域的研究重点。

近年来，我国采用强磁选、重 – 磁联合、单 – 浮选、浮 – 磁、脱泥 – 强磁、脱泥 – 磁选 – 浮选等工艺对铝土矿进行降铁脱硅处理，提高 Al_2O_3 品位；将“二反一正”脱硅浮选流程改为“全反”浮选流程，实现废水零排放，精矿产率和品位分别 15% 和 0.38%；采用高硫铝土矿浮选脱硫技术，解决硫含量高对氧化铝产品的污染；利用硅酸盐细菌在矿物表面的吸附，提高高岭土的浮选回收率，降低一水硬铝石的回收率，实现生物浮选提高铝土矿铝硅比的预脱硅目标；通过深度还原高铁铝土矿提取铁粉；采用水热法对铝土矿进行改性获得高比表面积的铝土矿载体，制备得到 Pt/Al_2O_3 催化剂；通过高铁铝土矿还原焙烧 – 磁选除铁，制备石油压裂支撑剂，实现高铁铝土矿资源高值化利用。

我国逐渐研究形成系列以中低品位铝矾土矿、碎矿和混级矿等为原料制备铝矾土基质均化料的关键技术，可以实现铝土矿山大规模的开采和煅烧等成套生产，有效促进铝土矿资源的附加值升级，在电厂循环流化床锅炉用耐磨可塑料及水泥窑用和垃圾焚烧炉用耐磨浇注料等不定形耐火材料领域表现出好的应用前景；通过去除铝矾土中杂质或加入有益氧化物来获得优质改性料，如电熔尖晶石系列合成料、烧结和电熔锆刚玉料等，可以显著改善和优化其高温性能，该类产品目前已投入使用并取得良好使用效果；以高铝矾土为原料，通过高温还原氮化反应使铝矾土中的 Al_2O_3 和 SiO_2 转变为 AlON、Sialon 和氧化物复相耐高温材料，以提高其使用性能和应用价值。

4.12.3 加工技术发展趋势

我国氧化铝和耐火材料等行业的快速发展，对铝矾土原料的用量需求越来越大。但我国优质铝矾土资源日趋匮乏及国外不断对铝矾土资源出口的政策限制，导致供需矛盾越来越突出。随着选矿提纯理论技术的日趋成熟，解决铝矾土供需矛盾的重点应集中在将现有先进分选技术推广应用到实际工业生产，同时继续加大对铝矾土资源尤其是中低品位铝矾土的综合利用、高铝粉煤灰提取氧化铝及其成果工业化转化等方面的投入力度，鼓励对铝土矿资源在制造耐火材料、水泥、磨料磨具等领域深加工高值化利用的研究，充分平衡铝矾土资源在各行业间的均衡发展，合理提高铝矾土矿资源的利用率和经济效益，降低对其他国家铝矾土资源的依存度，实现我国铝矾土矿利用及相关行业的快速稳定和可持续发展。

4.13 滑石

4.13.1 资源概况及应用领域

滑石是层状结构的镁硅酸盐矿物，化学式为 $Mg_3[Si_4O_{10}](OH)_2$，质纯者无色，莫氏硬度为 1。世界滑石查明资源储量约为 29 亿吨。中国滑石探明储量占世界的 31%，产量占世界总产量的 46%，国际贸易量占世界贸易量的 28%。滑石矿床广布在我国 15 省自治区，资源量较大的 5 省为辽宁、山东、广西、江西、青海。滑石因具有优良的物理、化学特性，广泛应用于造纸、塑料、陶瓷、油漆涂料、橡胶、耐火器材、纺织、染料、铸造及制药等工业。其中，前四者占 85% 的份额。

4.13.2 加工新技术及应用

滑石常见的伴生矿物有绿泥石、菱镁矿、黄铁矿、石英、白云石、方解石等。在滑石选矿方面，对富矿一般只采用简单的拣选或洗选，经破碎、筛分、粉磨、分级得到不同品位不同细度的最终产品。滑石的细磨，国内常采用各种型号的雷蒙磨；滑石的超细磨主要采用干法工艺，常用设备有高速机械冲击式磨机、气流粉碎机、离心自磨机、旋磨机以及振动磨、搅拌磨和塔式磨等。常用的精细分级设备是各种涡轮式空气离心分级机，如 MS 型、MSS 型、ATP 型、LHB 型等。超细滑石粉经表面改性可提高其应用性能。对贫矿石，则常采用浮选和磁选法以获得高级滑石产品。滑石矿山一般处理工艺为：原矿采用振动筛分级，对细级别物料，根据需要磨成不同细度的产品；对中间粗级别物料采用洗选或光电选；对粗级别物料进行色选、拣选抛尾。选别后的粗物料进行颚式破碎机和锤式破碎机两段开路破碎至 -20mm 再磨矿，细物料直接细磨以制成相应的产品。因浮选工艺存在浮选泡沫发黏，浮选精粉地干燥过程白度下降等问题，目前，浮选法在滑石生产中未能得到广泛应用。随着优质资源的减少，对不适宜用洗选、光电选及拣选选别的细级别物料进行浮选富集引起业内重视，辽宁已建成滑石浮选厂，近期将投入生产。黑滑石在应用前需先煅烧去除有机碳以提高其白度。目前煅烧设备大多采用梭式窑、隧道窑和回转窑。研究发现在 80 ~ 120 目时用湿法除铁，其白度最高，通过混入白云石可以提高黑滑石烧后白度。我国黑滑石矿山企业基本上以出售原矿为主，少数较大规模企业还对其进行一定程度的加工，主要加工产品有煅烧滑石、陶瓷原料泥、陶瓷配方泥、黑滑石超细粉。

4.13.3 加工技术发展趋势

中国滑石在国际市场受到跨国企业和新兴供货商在高端和低端领域两面夹击，加上我国部分优质滑石资源消耗迅速，高白度滑石储量减少的困境以光电选替代拣选，浮选磁选工艺的更广泛应用，高效节能设备的采用以及高端微细目产品的深加工技术将成为滑石加工行业的发展方向。

4.14 石灰石

4.14.1 资源概况及应用领域

石灰石主要由碳酸钙（方解石矿物）或碳酸钙镁（白云矿物），或是两种矿物的混合物组成的一种沉积岩。依据密度可分为低密度、中密度和高密度三种。我国是世界上石灰石资源丰富的国家之一，共计保有矿石储量 542 亿吨，其中，石灰岩 504 亿吨，占 93%；大理岩 38 亿吨，占 7%。石灰岩的传统用途有五个方面：一是用作水泥原料、建筑材料和饰面石材；二是作为化工原料以生产碱、氢氧化钠、碳酸钾、漂白粉和电石；三是用作冶金熔剂；四是制重质碳酸钙和轻质碳酸钙；五是用作填料。

4.14.2 加工新技术及应用

石灰石深加工新技术及其应用主要体现在重质和轻质碳酸钙的生产与表面改性两个方面。在重质碳酸钙生产中，将粉碎与二次或三次分级技术相结合，以及将研磨或粉碎与有机物表面改性相结合，实现生产与改性的一体化，不仅能拓展其应用范围，还可实现重质碳酸钙的功能化，而且能大幅度提升产品的经济效益。轻质和重质碳酸钙的改性新技术有不少相同之处，主要体现在无机物表面改性或与其他无机物的复合等方面，如（纳米）包覆技术，可增加纸张的抗张、耐破、撕裂和耐折度等性能，以及阻燃性能和调湿性能；有机物与无机物多元复合改性，二次表面改性，以及将微波和超声等新技术手段用于辅助改性也是技术创新不可缺少的方面。由石灰石生产轻质碳酸钙需要经历一个化学反应过程，因此，轻质碳酸钙的改性技术有其独特性，主要体现在以下几个方面：在上述反应过程中，将轻质碳酸钙与细小纤维复合；添加晶体生长的导向剂，以调控碳酸钙晶体或颗粒的形貌，从而提高产品粒径的均匀性和白度；增加轻质碳酸钙化学成分的纯度以制备食品级碳酸钙。上述改性技术的应用拓展了轻质碳酸钙的应用范围，使其可应用于农业栽培、造纸和汽车行业。

4.14.3 加工技术发展趋势

随着我国经济的发展，以及企业产品转型升级的需要，碳酸钙的改性将呈现以下几种趋势：一是深加工技术的复杂化和功能化目标的精细化，即深加工的技术难度将不断提高，深加工的目标定位，尤其是其功能性目标定位将越来越精准，改性后，产品的需求量将不会很大，但产品的附加值将成倍提高；二是伴随着环境保护和可持续发展的需求，碳酸钙资源的回收再利用，尤其是从废固和废液中分离和回收碳酸钙的技术将越来越受到关注；三是精准破碎和分级技术在重质碳酸钙生产中的应用将越来越受到关注；四是用多组分对碳酸钙进行复合改性，尤其是有机物与无机物相结合的复合改性必将是未来的发展潮流；五是多种技术手段的组合改性将替代单一技术手段的改性。

4.15 重晶石

4.15.1 资源概况及应用领域

重晶石是钡的硫酸盐类矿物，主要成分是硫酸钡（$BaSO_4$），常有 Sr、Pb 和 Ca 类质同像取代。我国重晶石资源非常丰富，2015 年查明储量为 3.3 亿吨，居世界首位，资源分布较为集中，主要分布在四川、贵州、广西等地区。重晶石具有密度大，充填性良好，难溶于水和酸，无毒性，能吸收射线，化学性质和热力学性质稳定等特点。广泛用于石油、化工、轻工、冶金、医学、农业及原子能、军事等领域。

4.15.2 选矿新技术及应用

重晶石常与石英、方解石、萤石等伴生，由于这些矿物的活性质点性质相似，造成彼此分离困难。常用的分离方法有拣选法、重选法、浮选法和磁选法。随着重晶石矿石品位降低、性质复杂化，联合选矿逐渐取代了传统的工艺。针对重晶石和萤石与其他矿物密度差较大的特点，采用"重选－浮选－重选"联合工艺，首先采用全重选方式回收重晶石和萤石，再采用重晶石与萤石等可浮的浮选方式，在回收萤石的同时，重晶石也得到进一步的富集，而后将浮选精矿通过摇床将重晶石和萤石分离，不但得到了高品位的萤石精矿，还回收了残留的重晶石。在沉积型含白云石复杂难选重晶石矿选矿中采用"细磨－浮选－化学精选"工艺，效果明显优于重选法，产品可达到 I 级化工用产品标准。尽管联合选矿方法已经逐步取代了传统的单一工艺，但浮选工艺仍具有举足轻重的作用，如"一次粗选（分段加药），两次精选（第二次精选开路）"的特殊浮选闭路工艺、"混合浮选脱泥－正浮选萤石－反浮选重晶石"等浮选工艺均可使重晶石得到高效回收。浮选柱代替浮选机也能取得较好的结果。药剂是浮选的重要因素之一，对于单一的重晶石浮选药剂，阴离子捕收剂十二烷基硫酸钠、石油磺酸盐、烷基硫酸钠 SulfoponT35；阳离子捕收剂 Armac18、伯胺醋酸盐等效果较好。混合药剂通常比单一药剂具有较好的选择性，以苛性淀粉、糊精等有机抑制剂配合六偏磷酸钠、氟硅酸钠、水玻璃、铝盐、铁盐等无机抑制剂组合使用是萤石与重晶石分离的主要抑制剂。阴离子型表面活性剂烷 2# 与脂肪酸类捕收剂油 8# 组合，皂化油酸：油酸（1∶1）组合作为重晶石组合捕收剂进行浮选都具有较好的效果。改性后的新型药剂发展前景非常广，在萤石重晶石混合浮选中采用捕收剂 R702、R-1 比组合捕收剂的选择性、捕收性更好，其中 R702 还具有耐低温的特性；离子型小分子药剂 SDN、剂改性后小分子有机物 DZ-2 作为重晶石的抑制剂，与苛性淀粉相比，能避免因絮凝而导致回水黏度越来越大的问题；酸化水玻璃 DY-1、新型药剂 SBS 对脉石具有较强的选择性抑制作用，可以实现重晶石与脉石的高效分离。我国的重晶石还处于初加工阶段，其深加工工艺和技术发展相对落后，目前没有较大的进展。

4.15.3 选矿发展趋势

目前，重晶石资源有枯竭的趋势，直接导致节能和尾矿利用的崛起，尤其是金属矿床及尾矿中高效回收重晶石及伴生矿物是未来的重点发展方向。制约重晶石高效回收的难点在于低品位和微细粒重晶石的短流程高效富集技术，主要瓶颈是缺少高选择性浮选药剂以及高富集比的新型设备。因此，对各种药剂进行复配、改性，强化对微细粒萤石、重晶石、方解石及硅酸盐等矿物的抑制、分散与捕收是今后主要的研究方向。另外，重晶石工艺流程长、段数较多，加强高富集比的新型设备及短流程工艺研发也是一个重要的研究方向。此外，目前我国工业利用的重晶石主要是初级产品，因此，重晶石高效、低成本、绿色的深加工技术是一个值得重视的研究方向。

4.16 硅藻土

4.16.1 资源概况及应用领域

硅藻土是一种生物成因的硅质沉积岩，它主要由古代硅藻的遗骸所组成，其主要化学成分为 SiO_2，矿物成分为蛋白石及其变种。我国硅藻土资源储量丰富，截至 2015 年，已查明的储量为 4.20 亿吨，居世界第二位，主要分布于吉林、云南、浙江、内蒙古、河北等地，矿石以含黏土硅藻土和黏土质硅藻土为主，硅藻含量大多在 75% 以下，优质资源少。硅藻土具有质量轻、多孔、耐热、隔音及化学性质稳定等特性，已被广泛应用于食品、药品、橡胶、建筑、化工、环保、涂料等领域。

4.16.2 加工新技术及应用

完整的硅藻结构对硅藻土应用性能影响非常大，因此，在选矿过程中应尽可能避免对硅藻颗粒结构的破坏，针对不同的硅藻土特性及产品要求，常用的选矿方法有擦洗法、酸浸法、焙烧法、离旋 – 选择性絮凝法、干法重力层析分离法、热浮选矿法、磁选法或几种方法的联合等。近年来，对含有机质较高的硅藻土采用水力旋流器分级，溢流沉降剥离再酸浸即可得最终精矿产品。对黏土质硅藻土经预筛除去杂草和大块石英等杂质后，捣浆擦洗，离心机分选除去黏土杂质，再经煅烧去除有机质即可得最终精矿产品。对高含铁硅藻土经闷浸、强力搅拌，使用底部放置强力磁铁的分离桶，在磁力与重力作用下，沉降除去铁矿物及黏土，再酸煮后可得最终精矿产品。为提高硅藻土产品白度，往往采用氯化焙烧、有机酸、保险粉等化学方法进行漂白。

利用硅藻土的优良特性，经改性生产新型材料及功能产品是目前硅藻土加工利用的一大特点，常用的改性改型方法有包覆法、沉淀反应法、表面化学法、酸碱处理等。近年来，利用在酸性条件，结合冰水浴，采取在硅藻土矿浆中加入 $TiCl_4$ 及 NH_4HCO_3 溶液，经混合搅拌沉淀再煅烧，制备了具有良好的吸附性和光催化活性的硅藻土负载纳米 TiO_2 的复合材料。采用将 $SnCl_4 \cdot 5H_2O$ 和 $SbCl_3$ 溶液加入到硅藻土的悬浮液中，调节 pH 值使之沉淀，再通过焙烧制备多孔结构的导电复合材料。使用热活化，季铵盐、壳聚糖改性硅藻土提高其对染料的吸附性能，为染料污水处理提供良好的过滤材料。用 NaOH 表面改性的硅藻土，增强其对 Pb^{2+}、Cu^{2+}、Sr^{2+} 的吸附效果，被广泛应用于重金属污水处理。以硅藻土、碳酸钙为主要原料合成改性的复合填料，拓展了其在造纸领域的应用。利用硅藻土的结构吸附固定相变材料 PCM，制备出了成本低廉、热效率高的节能材料。硅藻土精土经热处理磨细后可作为安全防治粮食虫害之用。

4.16.3 加工技术发展趋势

我国硅藻土优质资源很少，中低品位的硅藻土虽储量大，但杂质含量高，因此，针对硅藻土的提纯、粉碎和分级开发高效的工艺及设备，是硅藻土产业的重要研究方向。目前，我国硅藻土产品以低附加值的保温材料为主，高质量的硅藻土产品竞争力弱，根据不同类型硅藻土物化特性深入研究，充分利用硅藻土的天然特性，发展新型高技术的材料或制品，提升硅藻土的应用价值和应用范围是硅藻土加工利用的发展新趋势。

4.17 石材

4.17.1 资源概况及应用领域

石材是以天然岩石为主要原材料经过加工制作而成的材料，可用于建筑、装饰、碑石、工艺品、路面石和一般性结构承载及地基、路基、水库等高要求的结构使用等。我国石材资源主要分布在山东、福建（近于枯竭）、内蒙古和贵州，仅贵州石材资源储量就超过 100 亿立方米，覆盖 80% 以上的县（市、区），主要集中在东部、南部和中西部诸地，最多的是安顺（41.6 亿立方米）。

4.17.2 加工新技术与新设备

（1）花岗岩多股绳锯。近三年来，我国石材机械生产厂家在仿制意大利多绳锯的基础上，先后研制了 30 ~ 50 根多股金刚石串珠绳锯，用于锯切花岗岩荒料。

（2）拼花制品加工设备，主要有高压水射流切割的水刀机、台式金刚石串珠绳锯、立式金刚石带锯机等。高精度的切割后无缝拼接后黏结成符合设计图案要求，具有艺术效果的石材制品。

（3）深加工（异型加工）技术，石材异型加工是创造石材应用附加值最大化的关键点。例如弯位花线生产工艺、实心球生产工艺、弧形板生产工艺、花瓶生产工艺、立体雕刻生产工艺、多工位多功能桥式加工中心等。

（4）复合板加工技术，为了充分利用不可再生的高档次大理石和石灰石资源，在石材毛板的基础上，采用胶黏剂和玻璃、铝蜂窝板、铝塑复合板，通过加压和固化等工艺过程，再经过对剖机水平分切，形成面材为石材的复合板。

（5）其他种类如马赛克加工工艺、石雕石刻加工工艺、人造石加工工艺，在不同的装饰工程中均呈现出了独特的装饰效果。

（6）石材加工和管理的信息化。石材在线测量扫描系统提供了拍照、边界提取、在界坐标计算、AutoCAD 绘制边界、毛边剪裁和虚拟辅设功能，可满足石材在线测量等功能，并且可以获得图像数据和数字数据进而作为销售展示或储存管理数据，显著提升了石材加工和销售管理的效益。

4.17.3 加工技术及行业发展趋势

4.17.3.1 多元化、个性化产品的集成创新。

随着新型城镇化、新农村建设全面推进，基础设施不断完善，建筑业保持较快发展，对石材产品需求也将保持一定增长，而且随着消费结构不断升级，建筑现代化的进一步推进，尤其石材产业作为中高档建筑装饰材料、宗教、文化传承载体，产品创新空间巨大，产品的品质、功能、文化内涵不断提升，市场应用领域也在不断扩大，体现多元化的同时突显个性化。产品需求由初级加工向创意设计作品、建筑装饰部品、人居文化艺术品以及整体解决方案集成创新型产品转变。

4.17.3.2 低品质的石材资源最大化综合利用技术。

产品绿色化将催生利用废弃物生产的人造石、拼花、马赛克等异形石材技术发展。通过创新设计，不断突破传统石材花色品种的理念，最终形成低品质石材资源的最大化综合利用关键技术。

4.17.3.3 基于互联网、物联网的"三化"石材装备研发。

瞄准国际最先进石材设备发展动态，结合我国矿山开采和石材加工的实际，开发大型高效采矿设备，石材加工专用设备，提高装备质量。特别是引入互联网、物联网等关键核心技术，推进三化融合，开发自动化、智能化、柔性化的现代成套石材加工生产线、人造石成套生产线以及针对石粉、石渣等资源化利用关键技术的装备，将是未来几年石材加工装备研发的工作重点。

5. 尾矿资源综合利用与环境保护

5.1 尾矿处理与综合利用

尾矿是指选矿分选作业时其中有用目标组分含量最低部分的统称，在当时技术经济条件下不宜再进一步分选。按照选矿工艺流程，尾矿可分为拣选尾矿、重选尾矿、磁选尾矿、浮选尾矿、化学选矿尾矿、电选及光电选尾矿等。选矿过程产生大量尾矿不仅占用大量土地、污染环境，还给企业造成较大负担，尾矿处理与综合利用越来越得到人们的高度重视。我国大部分选矿尾矿呈现非金属矿特性，目前我国在尾矿处理、综合利用与环境保护主要集中在以下几方面。

5.1.1 尾矿处理与综合利用现状

5.1.1.1 尾矿再选和有价组分提取利用

通过对某种矿物分选后的尾矿进行再选可进一步回收尾矿中残留的有用矿物，是提高资源利用率、大量处理堆存尾矿的重要措施。但由于尾矿中有用矿物成分含量少、粒度细及组分复杂，尤其是某些难选尾矿，用传统的选矿工艺和设备难以高效回收有用组分，亟需根据尾矿特性在选矿技术上进行创新和突破。目前尾矿回收常用方法主要有浮选法、化学选矿以及联合工艺流程，其代表性研究成果有：四川某公司经干碎－分级－风选后的白云母尾矿通过浮选可获得品位98.71%、回收率84.40%的白云母精矿。对磷矿浮选尾矿、石墨尾矿、滑石拣选尾矿经过再选也均可取得较好的结果。除回收原目的矿物外，也可从尾矿中回收其他伴生矿物。如从北海高岭土尾矿中回收石英砂；从萤石浮选尾矿中回收重晶石和石榴石；从蓝晶石尾矿中精选长石；从石墨尾矿中回收绢云母；从碎云母尾矿中回收铁、独居石及锆石；从高岭土尾矿回收铅锌等。此外，还研究通过物理－化学方法来提取或利用尾矿中的有用组分：如采用热浸－冷结晶法可从硫酸钾镁肥浮选尾矿中提取七水硫酸镁；将高岭土尾矿通过煅烧－酸溶制备聚合氯化铝絮凝剂；菱镁矿尾矿制备氧化镁晶须等。

5.1.1.2 尾矿的材料化利用

我国大部分选矿尾矿呈现非金属矿特性，尾矿中硅和铝组分含量较高，是用于制备建材和装饰材料及铝硅酸盐聚合凝胶材料等的基础原料，成为尾矿综合利用的主要途径。例如：利用哈密钾长石尾矿、菱镁矿尾矿可制得较高强度的凝胶材料；磷矿尾矿和石墨尾矿等用于制备胶凝材料；以石灰石尾矿、石墨尾矿、菱镁矿尾矿作为制备各种水泥的原料；利用萤石尾矿制备加气混凝土砌块和微晶玻璃；重晶石矿泥烧制烧结空心砖和自保温砌块；硅藻土制备烧结砖；高岭土尾矿制作烧结保温砌块；石墨尾矿制备陶瓷清水砖和烧结砖；利用高岭土尾矿、石英砂尾矿、蓝晶石尾矿等制备陶粒。同时，非金属矿尾矿在制备耐火材料方面也有较多的研究，例如蓝晶石等铝硅酸盐矿物尾矿在高温下表现出的热膨胀性，是制备耐火材料的优质原料之一；菱镁矿尾矿可用于合成镁橄榄石，膨润土尾矿可用于制备堇青石－莫来石窑具材料。根据尾矿特性还进行材料化的利用研究，例如：由于磷尾矿、菱镁矿等尾矿含有大量农作物生长所需的磷、镁、钙等元素，可用作生产肥料或土壤改良剂；利用硅藻土尾矿吸附钾离子进行土壤肥力调控；利用石墨尾矿制备太阳能中温储热陶瓷；利用铝矾土尾矿制备过滤用陶瓷等，为非金属尾矿综合利用提供新的技术思路。

5.1.1.3 尾矿充填及土地复垦与生态修复

矿山采空区充填是直接利用尾矿最行之有效的途径，具有很好的技术优势、环境优势和经济优势。目前，国内尾矿充填技术研究和实践已经达到矿业发达国家水平，其中胶结充填采矿法成熟技术回采率高。例如开磷集团利用生产磷肥产生的磷石膏废渣制成膏体，对采空区进行充填，每年消耗磷石膏废渣 220 万吨、掘进废石 110 万吨，矿石回收率提高 11.3%，延长矿山服务年限 22 年，取得明显的经济效益、环境效益和社会效益。

尾矿复垦是指在尾矿库上复垦或利用尾矿在适宜地点覆土造田和种植农作物等，不仅能避免尾矿流失，污染江河，还能增加农业耕种面积，目前我国这方面研究较多。例如：在胡家峪铜矿的毛家湾尾矿库进行复垦研究建立农业种植示范场 4 万平方米，种植的花生、高粱、玉米等农作物都获得丰收，作物中有害物质均在国家标准范围内。结合我国人多地少的国情和严峻的环境形势，农业用地和生态系统修复仍将是土地复垦和尾矿综合利用的重要方向。

5.1.2 尾矿处理与综合利用发展趋势

面对国家在生态文明建设的战略需求，在目前资源约束趋紧、环境污染严重和生态系统退化的严峻形势背景下，非金属尾矿的处理与综合利用将占据越来越重要的地位。在实际综合利用中应当因地制宜科学地开展工作，稳妥有序推广。

首先，国家需要强化政策和经济支持，立法保障，扶持和鼓励企业开展尾矿处理与综合利用科技研发工作，逐步提高我国尾矿的综合利用整体水平。

其次，要实现尾矿利用的最大化，既关注回收有用组分，提高矿产资源利用价值，也需要关注尾渣的大宗量利用，实现矿山无尾矿工艺生产，逐步构建“资源节约型、环境友好型”的绿色矿山开采与生产体系。

最后，需要根据尾矿矿物和元素组成以及物理化学特性，开发利用尾矿基新型材料，拓展尾矿利用范围，实现尾矿高附加值利用。

5.2 废水处理及回用新技术

非金属矿加工废水是指在矿物加工过程中的外排水，主要来源选矿厂排出的尾矿液、中矿浓密池溢流液、精矿浓密池溢流液、精矿脱水车间过滤机的滤液、选矿过程中脱药排水以及主厂房冲洗地面和设备的废液等，其主要有害成分为各种选矿药剂、酸、碱、悬浮颗粒物和重金属离子等。其中，非金属矿加工废水处理、水资源综合利用和达标排放新技术主要是针对有机污染物。含有机物废水处理和综合利用的技术创新主要体现在两个方面：一是有机污染物的吸收与固化；二是有机污染物的光催化降解。通过这两种技术方法将废水中有机污染物的含量降低，以实现达标排放和水资源综合利用的目的。针对有机污染物的吸收与固化，技术创新主要体现在采用具有特殊结构的有机改性的方法来提升非金属矿对有机污染物的吸附性能，如壳聚糖、聚丙烯酰胺和季鏻盐等。针对有机污染物的光催化降解，技术创新体现在两个方面：一是负载光催化剂，即将光催化剂负载于非金属矿的内外表面，如硅藻土负载芬顿催化剂和铁钛双金属柱撑膨润土等。二是复合改性，即在有机物或无机物改性的基础上，再有目的地进行无机物或有机物改性，以达到在增强其吸附有机污染物性能的同时，提升其光催化降解有机污染物的性能，如有机膨润土负载纳米零价铁，Fe^{3+} 改性的蒙脱石与土壤有机质复合。

混凝沉淀法是处理磷矿选矿废水常用的方法，常用的混凝剂有 CaO、Na_2CO_3、PAC、PAM 等，对废水中的 SO_4^{2-}、TP、Ca^{2+}、Mg^{2+}、COD 去除率较高，处理后废水回用对浮选影响较小。钾盐矿浮选废水中主要的污染物是酸性氯化镁和黏土，常利用 Na_2CO_3 或 NaOH 沉淀酸性镁离子，过滤沉淀；黏土矿物一般采用沉淀过滤法，常用 PAM 作沉淀剂沉淀废水中的黏土，然后进行过滤，也可以加入外加电场加速黏土矿物的沉降。

随着环境保护和可持续发展越来越受到重视，在非金属矿加工废水处理及回用方面，国内外专家学者将重点关注以下两个方面：一是高吸附容量和低成本非金属矿吸附材料的深加工技术，尤其是高选择性、高稳定性、高吸附容量和低成本非金属矿吸附材料的深加工技术；二是非金属矿吸附材料的再活化与循环使用技术。

5.3 矿山粉尘治理

矿山粉尘是指在钻眼、爆破、装载、运输和堆场等矿山开采环节及选矿、深加工过程（如超细粉磨、煅烧）中产生的微细粉尘，其主要成分为矿物，常含有重金属和致病菌，进入人体后，会对神经系统、肺、心脏、血管等器官造成损害。因此，矿山粉尘防尘降尘势在必行。目前解决矿山粉尘污染的措施主要包括以下几个方面：

（1）降低爆破工作时产生的粉尘。采用炮孔微差、炮孔网度或空气间隔装药等爆破方式降低爆破工作时产生的粉尘；或采用向爆破区域内洒水的方式，提高矿区岩层的湿度，从而减少爆破作业时空气中产生的粉尘颗粒，这种方法当前在国内采矿业使用广泛，被称作洒水爆破空气除尘法。

（2）降低矿体装卸时产生的粉尘。采用向地面洒水的方法降低矿体装卸时产生的粉尘，、可将装卸产生的粉尘浓度从 140mg/m^3 降低到 10.6mg/m^3。

（3）防治钻机在凿岩时产生的粉尘。采用在钻机的钻孔处加设防尘装置，或利用钻机的钻杆送水进入钻眼眼底，从而降低钻机在凿岩时产生的粉尘。

（4）加强汽车运输时路面的防尘工作。通过喷洒水或有较强吸附作用的溶液降低汽车运输时路面产生的粉尘。

（5）降低室内选矿时产生的粉尘。基于矿物粉尘表面润湿性原理和空气动力学，已开发出了高效微雾降尘技术，目前已投入应用。除尘效率大幅提高，达到了除尘要求，其加水量仅为原矿重量的 0.2% ~ 0.5%，功耗 0.67W/t 原矿，远低于原除尘系统 30W/t 原矿的功耗，完全取代了原有的布袋除尘和旋风除尘系统。

（6）采用 BME 生物纳米膜抑尘技术，抑制矿石在生产加工过程中产生的粉尘，在源头抑制和治理粉尘，这种方法对超细粒级颗粒污染的防治效果显著。

（7）采用凝并技术收集微细粉尘。凝并是指微细粉尘通过物理或化学的途径互相接触而结合成较大颗粒的过程。微细粉尘凝并成较大颗粒后，更容易被除尘器捕集。当前国内研究的凝并技术主要有电凝并、声凝并、蒸汽相变凝并、热凝并、磁凝并、湍流凝并、化学凝并和光凝并等。

随着环境保护工作的不断深入，开发出除尘效率高、成本低的防尘降尘技术和设备是研究工作的突出重点，同时，如何将实验室研究成果应用于工业生产中也是广大科研工作者特别关注的问题。

参考文献

[1] 彭明生，刘晓文，刘羽，等 . 工艺矿物学近十年的主要进展［J］. 矿物岩石地球化学通报，2012，31（3）：210–217.

[2] 王树林，黄志良，刘苗，等 . 宜昌磷矿重介质选矿工艺矿物学［J］. 武汉工程大学学报，2013，35（11）：27–31.

[3] 朱慧娟，赵新奋，李洪潮，等 . 新疆霍拉沟红柱石矿工艺矿物学研究［J］. 矿产保护与利用，2005（5）：16–18.

[4] 胡兆扬 . 非金属矿工业手册［M］. 北京：冶金工业出版社，1992.

[5] 张苏江，易锦俊，孔令湖，等 . 中国磷矿资源现状及磷矿国家级实物地质资料筛选［J］. 无机盐工业，2016，48（2）：1–5.

[6] Zhou F，Wang L X，Xu Z H，et al. Reactive oily bubble technology for flotation of apatite，dolomite and quartz［J］. International Journal of Mineral Processing，2015（134）：74–81.

[7] Kou J，Tao D，Xu G. Fatty acid collectors for phosphate flotation and their adsorption behavior using QCM–D［J］. International Journal of Mineral Processing，2010（95）：1–9.

[8] Cao Q B，Cheng J H，Wen S M，et al. A mixed collector system for phosphate flotation［J］. Minerals Engineering，2017（78）：114–121.

[9] Qiu Y Q，Cui W Y，Li L J，et al. Structural，electronic properties with different terminations for fluorapatite（001）surface：A first–principles investigation［J］. Computational Materials Science，2017（126）：132–138.

[10] 王杰，张覃，邱跃琴，等 . 方解石晶体结构及表面活性位点第一性原理［J］. 工程科学学报，2017，39（4）：487–493.

[11] 何晓太，王杰，崔伟勇，等 . 胶磷矿 – 白云石体系中离子的溶液化学行为研究［J］. 矿冶工程，2015，35（3）：55–57.

[12] 傅克文，孙立田，时承东 . 大峪口胶磷矿正反浮选新工艺的试验研究及工业化应用［J］. 化工矿物与加工，2013（12）：25–27.

[13] 王大鹏 . 大中低品位磷矿柱式浮选过程强化与短流程工艺研究［D］. 北京：中国矿业大学，2011.

[14] 罗惠华，瞿定军，苗华军，等 . 宜昌低品位胶磷矿筛分分级微差密度重介质分选技术［J］. 武汉工程大学学报，2015，37（9）：35–38.

[15] 谭明，魏明安 . 选择性絮凝分离磷灰石和石英的影响因素研究［J］. 矿冶，2013（2）：16–18.

[16] Xiao C Q，Chi R A，Fang Y J. Effects of Acidiphilium cryptum on biosolubilization of rock phosphate in the presence of Acidithiobacillus ferrooxidans［J］. Transactions of Nonferrous Metals Society of China，2013，23（7）：2153–2159.

[17] 蔡惠慧，李永胜，罗小利 . 我国石墨资源特点及储量前景［J］. 中国矿业，2016，25（2）：5–8.

[18] 王琪，冯雅丽，李浩然，等.石墨的浮选动力学模型及浮选行为研究[J]. 非金属矿，2016，39（3）：11-13.

[19] 屈鑫，张凌燕，李希庆.保护石墨大鳞片的分级磨浮新工艺研究[J]. 非金属矿，2015，38（2）：53-55.

[20] 康文泽，劳德平，李会建.一种利用大鳞片石墨分离系统对鳞片石墨进行浮选的方法：中国，ZL201510676858.4[P]. 2017.5

[21] 刘凤春.剪切絮凝浮选细粒石墨的研究[J]. 中国矿业，2012，21（6）：81-82.

[22] 徐建平.某石墨矿中矿集中处理选矿新工艺研究[J]. 材料研究与应用，2015，9（2）：134-138.

[23] 柳溪.萝北某鳞片石墨矿选别高碳石墨新工艺研究[D]. 武汉：武汉理工大学，2014.

[24] 李慧美.石墨浮选抑制剂研究[J]. 科技传播，2013（8）：95-96.

[25] 刘海营，韩登峰.某细鳞片石墨柱浮选新工艺研究[J]. 中国矿业，2016，25（1）：444-446.

[26] 宋昱晗.微细鳞片石墨和隐晶质石墨选矿工艺特性差异研究[D]. 武汉：武汉理工大学，2014.

[27] 王承二，彭伟军，胡宇，等.乳化煤油粒度对隐晶质石墨浮选效果的影响[J]. 非金属矿，2015，38（5）：48-50.

[28] 张团团，彭耀丽，谢广元，等.隐晶质石墨旋流微泡浮选柱与浮选机试验研究[J]. 非金属矿，2017，40（1）：7-10.

[29] 罗立群，谭旭升，田金星.石墨提纯工艺研究进展[J]. 化工进展，2014，33（8）：2110-2115.

[30] 胡祥龙，汤贤，周岳兵，等.连续式高温反应石墨提纯装备与工艺[J]. 新型炭材料，2016，31（5）：532-537.

[31] 邵景景，朱鹏，李成林.用细鳞片石墨制备无硫可膨胀石墨[J]. 矿产综合利用，2014（2）：50-53.

[32] 冯晓彤，周国江，张晓臣，等.无硫细鳞片可膨胀石墨的制备研究[J]. 化学工程师，2016（5）：7-9.

[33] 董永利，王东，宋微娜，等.碳包覆球形石墨负极材料的合成[J]. 黑龙江大学工程学报，2016，7（1）35-40.

[34] 吴红富.丰利“锂电池负极材料石墨球形化成套装备及技术的开发”项目上榜[J]. 广东化工，2017，44（8）：199.

[35] 曾革.石墨烯应用技术年终盘点[J]. 电子元件与材料，2017，36（1）：85-86.

[36] 赵琪，黄翀，李颖，等.中国菱镁矿需求趋势分析[J]. 中国矿业，2016，25（12）：38-42.

[37] 王倩倩，李晓安，魏德洲，等.两种捕收剂反浮选菱镁矿的效果对比[J]. 金属矿山，2012（2）：82-85.

[38] 李晓安，刘振月，全跃，等.新型捕收剂KD-I及其在菱镁矿反浮选脱硅中的应用[Z]. 辽宁省科学技术二等奖，2012J-2-57-01，2012.

[39] 于连涛，李晓安，刘文刚，等.捕收剂LKD对某低品位菱镁矿的浮选效果影响[J]. 矿业研究与开发，2015，34（9）：32-35.

[40] 代淑娟，郭小飞，周思含，等.低品位菱镁矿反浮选除杂捕收剂的研究与应用，辽宁省科学技术进步奖三等奖，证书号：2016-J-3-83-R01.

[41] 胡晓星，朱阳戈，郑桂兵，等.BK434在某低品位菱镁矿正浮选降钙中的应用[J]. 矿业研究与开发，2017，36（9）：24-26.

[42] 王倩倩，李晓安，魏德洲，等.对菱镁矿浮选精矿磁选除铁的试验研究[J]. 非金属矿，2012，35（6）：29-31.

[43] 谢鹏永，罗旭东，郝长安.低品位菱镁矿的热选提纯工艺研究[J]. 耐火材料，2017，51（1）：53-56.

[44] 代淑娟，于连涛，李晓安，等.一种菱镁矿矿石脱硅、脱钙的方法：ZL201410557562.6[P].

[45] Song X F, Zhang M H, Wang J, et al. Optimization Design for DTB Industrial Crystallizer of Potassium Chloride[J]. Ind. Eng. Chem. Res, 2010（49）：10297-10302.

[46] Xu Y X, Song X F, Sun Z, et al. Simulation and evaluation of the performance and feasibility of two-stage industrial hydrocyclones for $CaSO_4$ removal in potassium chloride production[J]. Can. J. Chem. Eng, 2015（93）：736-746.

[47] 王石军，王兴富 . 察尔汗盐湖固体钾矿储量分析与可采规模研究 [J]. 盐业与化工，2013，42（12）：4–7.
[48] 一种用于水解光卤石的结晶器 . 中国发明专利，ZL 201310040807.3
[49] 王兴富，李小松，王石军，等 . 青海盐湖低品位难开发钾盐高效利用技术 [J]. 中国科技成果，2016，17（17）：78–79.
[50] 一种用钾混盐制取硫酸钾的方法，中国发明专利，ZL200410038989.1
[51] 宋春悦 . 他，改变了世界钾肥工业的格局 [J]. 中国科技奖励，2014（1）：28–34.
[52] 中华人民共和国国土资源部 . 中国矿产资源报告（2016）[M]. 北京：地质出版社，2016.
[53] 唐志阳 . 纳米高岭土的特性与应用 [J]. 陶瓷，2013（3）：17–19.
[54] 何秋香，郭敏容，陈祖亮 . 高岭土微生物除铁增白的研究现状 [J]. 矿物学报，2014，34（1）：40–46.
[55] 张德贤，戴塔根，RUSK Brian G. 石英研究进展 [J]. 岩石矿物学杂志，2011（2）：333–341.
[56] Seifert W, Rhede D, Thomas R, et al. Distinctive properties of rock-forming blue quartz：inferences from a multi-analytical study of submicron mineral inclusions [J]. Mineralogical Magazine, 2011, 75（4）：2519–2534.
[57] 张佩聪，刘岫峰，李峻峰，等 . 高纯石英矿物资源工程研究 [J]. 矿物岩石，2012（2）：38–44.
[58] 彭寿 . 我国硅质原料资源开发利用的现状暨展望 [J]. 中国玻璃，2004，29（1）：3–6.
[59] 褚强，张明 . 石英产品的市场开发与应用 [J]. 中国非金属矿工业导刊，2010（1）：17–21.
[60] 申保磊，郑水林，张殿潮 . 高纯石英砂发展现状与趋势 [J]. 中国非金属矿工业导刊，2012（5）：4–6.
[61] Block H D, Leimk ü hler H J, Mleczko L, et al. Method for production of high purity silicon：U.S. Patent 6，887，448 [P]. 2005-5-3.
[62] James R D, Loritsch K B. Purified quartz and process for purifying quartz：U.S. Patent 4，983，370 [P]. 1991-1-8.
[63] Li J，Li X，Shen Q，et al. Further purification of industrial quartz by much milder conditions and a harmless method [J]. Environmental science & technology, 2010, 44（19）：7673–7677.
[64] 韩宪景 . 超高纯石英砂深加工生产 [J]. 国外金属矿选矿，1987（7）：31–32.
[65] 杨军 . 美国尤尼明高纯度石英砂：2003 年全国高新技术用石英制品及相关材料技术研讨会论文集 [D]. 连云港：中国电子材料行业协会，2003.
[66] 汪灵，李彩侠，王艳，等 . 我国高纯石英加工技术现状与发展建议 [J]. 矿物岩石，2012，31（4）：110–114.
[67] 党陈萍，李彩侠，等 . 中国高纯石英技术现状与发展前景 [J]. 地学前缘，2014（5）：267–273.
[68] 雷绍民，项婉茹，刘云涛，等 . 脉石英反浮选制备高纯石英砂技术研究 [J]. 非金属矿，2012，35（3）：25–28.
[69] 臧芳芳，雷绍民，钟乐乐，等 . 混合酸热压浸出纯化脉石英及机理 [J]. 中国矿业，2016，25（5）：106–110.
[70] 熊康，雷绍民，钟乐乐，等 . 脉石英热压浸出纯化及热力学机理研究 [J]. 中国矿业，2016，25（2）：129–133.
[71] 林敏，雷绍民 . 石英中杂质矿物赋存状态及纯化机理 [J]. 中国矿业，2016，25（6）：79–83.
[72] 雷绍民，钟乐乐，等 . 一种石英晶型转换金属元素气化一体化提纯方法，2013.11.20，中国，ZL201210135801.x.
[73] 雷绍民，曾华东，张凤凯，等 . 一种超低金属元素高纯石英的提纯方法，2013.12.25，中国，ZL201210135798.1.
[74] 一种无氟低酸阴阳离子反浮选石英砂工艺，2013.06.12，中国，ZL201210081288.0.
[75] 雷绍民，钟乐乐，裴振宇，等 . 一种混合酸热压浸出超低金属元素超高纯石英的方法，ZL2015.07.22.
[76] 周永恒，顾真安 . 石英玻璃及其水晶原料中羟基的研究 [J]. 硅酸盐学报，2002，30（3）：357–361.
[77] 吴逍，孙红娟，彭同江 . 优质石英岩作为高纯石英原料的提纯试验研究 [J]. 非金属矿，2017（1）：68–74.
[78] M ü ller A，Koch-M ü ller M. Hydrogen speciation and trace element contents of igneous，hydrothermal and

metamorphic quartz from Norway [J]. Mineralogical Magazine, 2009, 73 (4): 569-583.
[79] 张晔，陈培荣．美国 Spruce Pine 与新疆阿尔泰地区高纯石英伟晶岩的对比研究 [J]. 高校地质学报，2010，16 (4): 426-435.
[80] Wang L, Li C, Wang Y, et al. Research on and application of the ICP detection technology for the quality of high-purity quartz [J]. Spectroscopy & Spectral Analysis, 2013, 33 (6): 1684-1688.
[81] 王文利，白志民．金属矿山，2014，43 (3): 1-9.
[82] 唐尧．有机氟工业，2013 (4): 34-36.
[83] 鲍荣华，刘伟．国土资源情报，2013 (11): 20-24.
[84] 沈张锋，丁幸，任倩倩，等．中国非金属矿工业导刊，2012 (2): 67-70.
[85] 李丽匣，刘廷，袁致涛，等．矿产保护与利用，2015 (6): 46-53.
[86] 钱有军，高莉．中国非金属矿工业导刊，2014 (4): 18-21.
[87] 许海峰，钟宏，王帅，等．中国有色金属学报，2014 (11): 2935-2942.
[88] 宋英，金火荣，胡向明，等．金属矿山，2011，40 (8): 89-93.
[89] Y Zhang, Y Wang, S Li, et al. 矿业科学技术学报，2012 (22): 285-288.
[90] Z Gao, Y Gao, Y Zhu, et al. Minerals, 2016, 6 (4): 114.
[91] 孙伟，唐鸿鹄，陈臣．中国有色金属学报，2013: 2274-2283.
[92] W Zhou, J Moreno, R Torres, et al. MINER ENG, 2013 (45): 142-145.
[93] Q Shi, Q Feng, G Zhang, et al. MINER ENG, 2014 (55): 186-189.
[94] 袁华玮，刘全军，张辉，等．过程工程学报，2015，15 (5): 807-812.
[95] 喻福涛，高惠民，史文涛，等．金属矿山，2013，42 (1): 86-89.
[96] 吴小缓，袁鹏，彭春艳．我国膨润土行业的发展现状、主要问题及合理建议 [J]. 建材世界，2016 (37): 27-30.
[97] 李利勤，李锐铎，周世康，等．国内外膨润土加工利用情况概述 [J]. 中国非金属矿工业导刊，2012 (5): 10-12.
[98] 李泓锐，董宪姝，樊玉萍，等．膨润土的超声自然沉降提纯方法研究 [J]. 中国粉体技术，2016 (2): 68-71.
[99] 郭雅雯．膨润土的提纯及应用 [D]. 石家庄：河北科技大学，2016.
[100] 张欢，鱼涛，屈撑囤．壳聚糖改性膨润土吸附剂的制备及其在废水中的应用 [J]. 石油化工应用，2017(3): 1-5.
[101] 杨春风，高恒楠，孙吉书．纳米膨润土改性沥青混合料路用性能试验研究 [J]. 中外公路，2016 (3): 289-292.
[102] 牛云辉，卢忠远，蒋俊，等．膨润土改性水泥基多孔材料制备及含铬废水处理研究 [C]. 中国硅酸盐学会水泥分会第六届学术年会论文摘要集，中国硅酸盐学会水泥分会，2016.
[103] 唐兴萍，周雄，张金洋，等．TiO_2/膨润土复合材料对 Hg^{2+} 的吸附性能研究 [J]. 环境科学，2017 (2): 608-615.
[104] 喻恺，朱杰，朱悦，等．改性膨润土负载纳米零价铁处理水污染综述 [J]. 环境工程学报，2014 (5): 1857-1862.
[105] 王光华，万栋，李文兵，等．磁性膨润土的制备、表征及类 Fenton 催化降解橙黄Ⅱ [J]. 环境工程学报，2014 (5): 1857-1862.
[106] Liu J, Song S X, Chen T X, et al. Swelling Capacity of Montmorillonite in the Presence of Electrolytic Ions [J]. Journal of Dispersion Science and Technology, 2016 (37): 380-385.
[107] Li H L, Zhao Y L, Song S X, et al. Delamination of Na-Montmorillonite Particles in Aqueous Solutions and Isopropanol under Shear Forces [J]. Journal of Dispersion Science and Technology, 2017 (38): 1117-1123.

[108] Zhao Y L, Yi H, Jia F F, et al. A novel method for determining the thickness of hydration shells on nanosheets：A case of montmorillonite in water［J］. Powder Technology，2017（306）：74–79.
[109] 张兄明，张英亮．长石选矿工艺研究［J］．中国非金属矿工业导刊，2012（3）：32–35.
[110] 李小静，张福存，方大文．长石精加工现状及发展趋势［J］．金属矿山，2003（2）：46–48.
[111] 潘大伟，夏子辉，赵丹丹，等．长石矿除云母增白的研究［J］．中国陶瓷，2015（1）：51–54.
[112] 李兵，王全亮．选矿尾矿中的长石可选性试验研究［J］．湖南有色金属，2015，31（3）：15–17.
[113] 侯清麟，陈琳璋，银锐明，等．石英 – 长石的浮选分离工艺研究［J］．湖南工业大学学报，2011，25（3）：27–29.
[114] 宋萌，刘豹，李芳林，等．降低钾长石含铁量的工艺研究［J］．硅酸盐通报，2013，32（4）：83–87.
[115] 徐龙华，董发勤，王振，等．某低品位长石矿无氟无酸选矿工艺试验研究［J］．矿冶工程，2015，35（4）：27–30.
[116] 田钊，张凌燕，邱杨率，等．某风化钾长石选矿试验［J］．非金属矿，2014（2）：52–54.
[117] 张鑫，张凌燕，洪微，等．山东某长石矿石除铁增白选矿试验［J］．金属矿山，2014，43（8）：74–78.
[118] 任子杰，高惠民，王芳，等．江苏某低品位蓝晶石矿分选试验［J］．金属矿山，2011（7）：93–96.
[119] 林彬荫．蓝晶石红柱石硅线石［M］．北京：冶金工业出版社，2011.
[120] 张晋霞，牛福生．蓝晶石矿中性浮选理论及应用［M］．北京：冶金工业出版社，2016.
[121] 张大勇，牛福生．立式感应湿式强磁选机在蓝晶石选矿中的应用研究［J］．中国矿业，2012（7）：80–83，86.
[122] 魏红港，冉红想．GCG 型强磁选机应用于蓝晶石除铁提纯工业试验研究［J］．有色金属（选矿部分），2014（5）：77–80.
[123] 陈智杰，高惠民，任子杰，等．分子结构对石油磺酸钠浮选蓝晶石的影响研究［J］．化工矿物与加工，2017（1）：12–15.
[124] 岳铁兵，冯安生，曹飞，等．FZF 型浮选机关键参数对蓝晶石选别指标的影响［J］．矿产保护与利用，2012（5）：20–22.
[125] 王芳．江苏低品位难选蓝晶石矿选矿试验研究［D］．武汉：武汉理工大学，2010.
[126] 张成强，李洪潮，张红新，等．某含炭难选红柱石矿选矿试验研究［J］．矿产保护与利用，2013（1）：14–18.
[127] 卢佳，任子杰，高惠民，等．新疆某红柱石矿预富集试验研究［J］．非金属矿，2016，39（5）：69–72.
[128] 张晋霞，牛福生，张大勇，等．低贫复杂难选蓝晶石矿的超纯化制备工艺研究［J］．非金属矿，2012，35（5）：34–36.
[129] Bulut G, Yurtsever C. Flotation behaviour of Bitlis kyanite ore［J］. International Journal of Mineral Processing，2004（73）：29–36.
[130] 何廷树，马旭明，任金彬，等．某云母矿工艺矿物学研究［J］．中国矿业，2013，22（3）：95–97.
[131] 付茂英．碎云母矿选矿提纯试验研究［J］．中国非金属矿工业导刊，2013（4）：28–30.
[132] Xu L, Wu H, Dong F, et al. Flotation and adsorption of mixed cationic/anionic collectors on muscovite mica［J］. Minerals Engineering，2013，41（2）：41–45.
[133] 何桂春，冯金妮，毛美心，等．组合捕收剂在锂云母浮选中的应用研究［J］．非金属矿，2013（4）：29–31.
[134] 吕子虎，赵登魁，沙惠雨，等．阴阳离子组合捕收剂浮选锂云母的试验研究［J］．矿产保护与利用，2017（2）：81–84.
[135] 程宏伟，刘长淼，董栋，等．油酸钠与十二胺作用下黑云母的浮选行为及作用机理研究［J］．金属矿山，2017（1）：99–103.
[136] 潘大伟，夏子辉，赵丹丹，等．长石矿除云母增白的研究［J］．中国陶瓷，2015（1）：54–57.

[137] 方霖，郭珍旭，刘长淼，等．云母矿物浮选研究进展［J］．中国矿业，2015（3）：131-136.
[138] 高惠民，田晶晶，管俊芳，等．一种制备化妆品用绢云母粉的方法：CN1049093808［P］．2017-01-04.
[139] 陈中清，白甲坡，杨伦全，等．人工合成云母研究现状及发展趋势研究［J］．轻工科技，2016（9）：31-32.
[140] 孙镇镇．我国云母应用现状与发展问题［J］．中国粉体工业，2015（5）：1-3.
[141] 卢琳，王榴，钟旭群．铝土矿降铁脱硅选矿试验研究［J］．矿业研究与开发，2016（11）：75-78.
[142] 王玉斌．浅谈菱镁矿和铝矾土的提纯［J］．耐火材料，2009，43（1）：69-72.
[143] 樊文贞．高硫铝土矿浮选脱硫技术的应用［J］．轻金属，2013（4）：13-16.
[144] 赵江曼．硅酸盐细菌的筛选、鉴定和对铝硅酸盐矿物的作用研究［D］．上海：华东理工大学，2014.
[145] 倪剑文．深度还原高铁铝土矿提取铁粉的研究［D］．沈阳：东北大学，2014.
[146] 江莉龙，马永德，曹彦宁，等．高比表面积铝土矿载体的制备及在CO氧化反应中的应用［J］．无机化学学报，2012，28（6）：1157-1164.
[147] 楼匡宇．高铁铝土矿还原焙烧——磁选除铁试验及应用研究［D］．广州：广东工业大学，2015.
[148] 王林俊．我国矾土基均质料的发展现状及其在不定形耐火材料中的应用［J］．耐火材料，2012，46（3）：220-223.
[149] 王晓燕，候桂芹，吕朝霞．铝矾土制备活性氧化铝掺合料的研究［J］．无机盐工业，2011，43（2）：30-32.
[150] 钟香崇．我国高铝矾土创新发展的战略思考［J］．耐火材料，2009，43（4）：241-243.
[151] 梁永忠，薛问亚．滑石浮选泡沫稳定性及浮选行为研究［J］．非金属矿，1994（4）：21-23.
[152] 国土资源部信息中心．世界矿产资源年评（2014）［M］．北京：地质出版社，2014.
[153] 彭春艳．世界滑石生产、消费及贸易综述［J］．中国非金属矿工业导刊，2014（2）：37-39.
[154] 贾岫庄．我国滑石出口现状与展望［J］．中国非金属矿工业导刊，2017（1）：9-11.
[155] 刘春雨．滑石微粉提纯的技术研究［J］．无机盐工业，2005，37（9）：33-34.
[156] 李鹏举，谭琦，赵姬等．低品位滑石超细粉碎－表面改性一体化研究［J］．矿产保护与利用，2016（3）：45-48.
[157] 郭文华，王明华．影响黑滑石白度的因素［J］．佛山陶瓷，2014，24（5）：14-16.
[158] 宗培新．我国黑滑石产业现状及发展趋势［J］．中国非金属矿工业导刊，2014（1）：1-3.
[159] 彭春艳．世界滑石工业现状和发展趋势［J］．矿产保护与利用，2015（5）：14-17.
[160] 秦广超，崔啸宇，迟源，等．“十二五”期间重质碳酸钙产业发展分析［J］．中国非金属矿工业导刊，2012（6）：1-4.
[161] 蔡楚江，吴芸，沈志刚．重质碳酸钙颗粒气流粉碎与表面改性的一体化处理［J］．中国粉体技术，2012，18（1）：18-21.
[162] 郑斌，马晓娟，黄六莲，等．淀粉改性碳酸钙填料提高复印纸性能的研究［J］．纸和造纸，2016，35（2）：23-28.
[163] 陈洋，刘超，郑水林．氢氧化镁－重质碳酸钙复合阻燃填料的制备与表征［J］．中国粉体技术，2015，21（4）：80-94.
[164] 胡志波，演阳，郑水林，等．硅藻土/重质碳酸钙复合调湿材料的制备与表征［J］．无机材料学报，2016，31（1）：81-87.
[165] 张星河，黄学武，朱爱萍，等．埃洛石纳米管/重质碳酸钙/抗冲共聚聚丙烯复合材料的制备及其性能表征［J］．扬州大学学报，2016，19（2）：13-17.
[166] 王友，曾一文，覃康玉，等．硬脂酸－钛酸酯偶联剂改性重质碳酸钙粉体研究［J］．无机盐工业，2016，48（6）：38-40.
[167] 赵小红．微波和超声技术辅助改性重质碳酸钙的效果［J］．化工技术与开发，2015，44（6）：16-19.

[168] 林涛，付玥，徐永建，等．细小纤维－碳酸钙复合填料及其研究进展［J］．中华纸业，2015，36（4）：16–18.
[169] 张珍一，刘曙光，彭辉，等．超细轻质碳酸钙的制备及其测试表征［J］．非金属矿，2012，35（1）：26–29.
[170] 王芬，余军霞，肖春桥，等．CO_2 碳化法制备微米级球霰石型食品碳酸钙的研究［J］．硅酸盐通报，2017，36（1）：43–50.
[171] 马庆芳，党阿丽，李国华，等．轻质碳酸钙在黑木耳栽培中的应用试验［J］．食用菌，2014（1）：30–31.
[172] 吴国光．造纸用轻质碳酸钙的制造技术［J］．中华纸业，2012，33（12）：82–86.
[173] 游志生，雎安全．轻质碳酸钙在充气轮胎轮辋实心轮胎胎芯胶中的应用［J］．轮胎工业，2012，32（3）：160–162.
[174] 孙伟，唐鸿鹄，陈臣．萤石－白钨矿浮选分离体系中硅酸钠的溶液化学行为［J］．中国有色金属学报，2013（8）：2274–2283.
[175] Pomazov V D，Kondrat Ev S A，Rostovtsev V I. Improving the finely disseminated carbonate–fluorite ore flotation with FLOTOL–7，9 agent［J］．Journal of Mining Science，2012，48（5）：920–927.
[176] Zhang Y，Wang Y，Li S. Flotation separation of calcareous minerals using didodecyldimethylammonium chloride as a collector［J］．International Journal of Mining Science and Technology，2012，22（2）：285–288.
[177] Zhou W，Moreno J，Torres R，et al. Flotation of fluorite from ores by using acidized water glass as depressant［J］．Minerals Engineering，2013，45（3）：142–145.
[178] Shi Q，Feng Q，Zhang G，et al. A novel method to improve depressants actions on calcite flotation［J］．Minerals Engineering，2014，55（55）：186–189.
[179] 陈雄，顾帼华．重晶石浮选研究现状［J］．矿产综合利用，2014（4）：5–8.
[180] 赵阳．低品位重晶石浮选工艺及捕收剂吸附机理研究［D］．昆明：昆明理工大学，2015.
[181] 徐建平．提高某重晶石—萤石矿综合选矿指标工艺试验研究［J］．中国非金属矿工业导刊，2015（4）：24–25.
[182] 邓海波，徐轲，缪亚兵，等．沉积型含白云石复杂难选重晶石矿的选矿工艺研究［J］．化工矿物与加工，2015（6）：9–12.
[183] 赵阳，刘四清，王丹，等．云南某低品位重晶石矿的浮选试验研究［J］．矿产综合利用，2015（3）：36–39.
[184] 巨星，杨晓军，张才学，等．重庆彭水某难选重晶石－萤石矿选矿技术研究［J］．矿产综合利用，2016（1）：22–24.
[185] Raju G B，Ratchambigai S，Rao M A，et al. Beneficiation of barite dumps by flotation column；lab–scale studies to commercial production［J］．Transactions of the Indian Institute of Metals，2016，69（1）：75–81.
[186] Kecir M，Kecir A. Efficiency of barite flotation reagents a comparative study［J］．Journal of the Polish Mineral Engineering Society，2016：269–278.
[187] 钱有军，高莉．萤石与方解石、重晶石等盐类矿物浮选分离现状［J］．中国非金属矿工业导刊，2014（4）：18–21.
[188] 刘西分，常红．某重砂重选精矿重晶石和锆英石的浮选分离试验［J］．现代矿业，2016（2）：58–62.
[189] 何剑，杨晓军，韩远燕．新型抑制剂在稀土尾矿综合回收萤石重晶石中的应用．矿产综合利用，2015（5）：65–69.
[190] 张凤君．硅藻土加工与应用［M］．北京：化学工业出版社，2006.
[191] U.S.GeologicalSurvey，mineralsYearbook［R］．2015.
[192] 郑水林，孙志明，胡志波，等．中国硅藻土资源及加工利用现状与发展趋势［J］．地学前缘，2014，21

（5）：274–280.
［193］郑水林 . 非金属矿加工与应用［M］. 北京：化学工业出版社，2013.
［194］王利剑 . 非金属矿物加工技术基础［M］. 北京：化学工业出版社，2010.
［195］文斐，刘松，袁金刚，等 . 硅藻土选矿及精选工艺探讨［J］. 非金属矿，2014（1）：57–59.
［196］吴照洋，张志湘，刘长淼，等 . 中低品位硅藻土矿选矿试验研究［J］. 化工矿物与加工，2016（11）：26–28.
［197］魏存弟 . 吉林省桦甸低品位硅藻土提纯及生产食品用助滤剂研究［J］. 非金属矿，2001，24（3）：38–39.
［198］赵泓铭，戴惠新，何东祥，等 . 吉林某三级硅藻土煅烧增白试验研究［J］. 硅酸盐通报，2016，35（4）：1209–1212.
［199］赵泓铭，戴惠新，何东祥，等 . 吉林某三级硅藻土还原煅烧增白试验研究［J］. 非金属矿，2017（1）：4–6.
［200］郑水林，袁继祖 . 非金属矿加工技术与应用手册［M］. 北京：冶金工业出版社，2005.
［201］王利剑，张冬阳 . 提纯硅藻土表面纳米二氧化钛负载改性研究［J］. 无机盐工业，2010，42（6）：15–17.
［202］杜玉成，颜晶，梦琪，等 . Sb–SnO_2 包覆硅藻土多孔导电材料制备及表征［J］. 无机材料学报，2011（10）：1032–1035.
［203］矫娜，王东升，段晋明，等 . 改性硅藻土对三种有机染料的吸附作用研究［J］. 环境科学学报，2012，32（6）：1364–1369.
［204］鲁光辉，郑水林，王腾宇 . 硅藻土在废水中的应用及研究现状［J］. 中国非金属矿工业导刊，2012（3）：39–43.
［205］尚尉，孟晓敏，谭雨清，等 . 硅藻土复合填料在造纸中的应用［J］. 东北电力大学学报，2015（3）：55–58.
［206］丁锐，肖力光，赵瀛宇 . 一种新型固 – 固相变材料及其制备方法［J］. 吉林建筑工程学院学报，2011，28（3）：40–41.
［207］刘岁海，刘爱平 . 硅藻土开发应用的新成果［C］. //2014 改性塑料创新及热点技术研讨会论文集，2014：199–202.
［208］徐龙华，董发勤，刘宏，等 . 某风化低品位白云母尾矿的浮选试验研究［J］. 非金属矿，2014（6）：39–41.
［209］胡志刚，邵坤，周南 . 辽宁海城滑石矿选矿试验研究［J］. 矿产综合利用，2013（1）：40–42.
［210］刘思，高惠民，胡廷海，等 . 北海某高岭土尾矿中石英砂的选矿提纯试验［J］. 金属矿山，2013，42（6）：161–164.
［211］岑对对，高惠民，陶世杰，等 . 重庆某萤石矿尾矿回收重晶石试验研究［J］. 非金属矿，2014，37（3）：46–49.
［212］刘淑贤，聂铁苗，牛福生，等 . 利用蓝晶石尾矿制备陶粒的研究［J］. 非金属矿，2012，35（4）：19–20.
［213］李凤，宋永胜，李文娟，等 . 从某石墨尾矿中回收绢云母的选矿试验［J］. 金属矿山，2014，43（8）：170–174.
［214］唐平宇，王素，周建国，等 . 从碎云母尾矿中回收铁及独居石锆石的选矿试验［J］. 非金属矿，2012，41（10）：153–156.
［215］朴道贤，孙体昌，翟栋 . 高岭土尾矿中低品位铅锌硫化矿捕收 – 抑制 – 再活化浮选研究［J］. 矿冶工程，2012，32（3）：33–36.
［216］李海民，雷光远，陈育刚，等 . 硫酸钾镁肥浮选尾矿热浸 – 冷结晶法提取七水硫酸镁工艺研究［J］. 盐湖研究，2012，20（2）：44–51.
［217］孙国华，任鑫，陆猛，等 . 高岭土尾矿制备聚合氯化铝铁絮凝剂及性能研究［J］. 苏州科技学院学报（自

然科学版)，2013，30(4)：47–50.
[218] Wang N, Chen M, Li Y Y, et al. Preparation of MgO whisker from magnesite tailings and its application [J]. Transactions of Nonferrous Metals Society of China, 2011, 21 (9): 2061–2065.
[219] 俞景林. 利用菱镁矿尾矿制备含镁铝尖晶石胶凝材料的研究 [D]. 济南：济南大学，2014.
[220] 彭艳周，张俊，刘九晏，等. 一种快硬早强磷渣基胶凝材料及其制备方法：201510393299.6 [P].
[221] 刘永杰，孙杰壕，孟庆凤. 利用菱镁矿尾矿制备镁硅酸盐水泥的研究 [J]. 硅酸盐通报，2013，32(6)：1126–1130.
[222] 刘恒波，甘四洋，刘立柱，等. 萤石尾矿制备蒸压加气混凝土砌块及其影响因素研究 [J]. 建材与装饰，2014(43)：133–134.
[223] 童俊，贺勇，高遇事. 重晶石尾矿泥烧结空心砖和自保温砌块生产线设计实践 [J]. 砖瓦，2014(6)：29–32.
[224] 龚晓国，王德永，杨登云，等. 硅藻土尾矿制作烧结砖的生产实践 [J]，砖瓦，2015(1)：22–25.
[225] 刘兆秀，丁惠群，袁凯. 建筑弃土掺高岭土尾矿制烧结保温砌块技术研究 [J]，新型墙材，2017(2)：29–34.
[226] 吴建锋，成吴，徐晓虹，等. 利用青岛平度石墨尾矿制备陶瓷清水砖的研究 [C]. 中国尾矿综合利用产业发展 2011 高层论坛，108–116.
[227] 刘淑贤，魏少波，张晋霞，等. 从蓝晶石尾矿中精选长石的试验研究 [J]. 非金属矿，2013，36(1)：36–37.
[228] 张俊东. 蓝晶石选矿尾矿转型转相制备 Sialon/Si_3N_4–SiC 复相耐高温材料 [D]. 北京：中国地质大学，2015.
[229] 郭玉香，曲殿利，李振. Fe_2O_3 对菱镁矿尾矿合成镁橄榄石材料晶体结构与性能的影响 [J]. 人工晶体学报，2016，45(2)：412–416.
[230] 夏霞云，郭海珠，钱玉良，等. 用膨润土尾矿制备的青石 – 莫来石窑具材料：201310536142.5. [P].
[231] 郑君花，王修俊，冯廷萃，等. 利用磷尾矿生产含磷有机肥料的固体发酵研究 [J]. 广东农业科学，2014，41(14)：61–65.
[232] 高将，赵兰坡，荣立杰，等. 吉林省临江硅藻土及其尾矿对钾的吸附性能 [J]. 华南农业大学学报，2016，37(5)：50–56.
[233] 吴建锋，刘溢，徐晓虹，等. 利用石墨尾矿研制太阳能中温储热陶瓷及抗热震性 [J]. 武汉理工大学学报，2015，37(8)：12–17.
[234] 李悦. 利用铝矾土尾矿制备过滤用多孔陶瓷 [J]. 轻金属，2016(3)：9–12.
[235] 黄明举. 开磷集团矿业循环经济研究与实践 [J]. 采矿技术，2011，11(3)：130–131.
[236] 施云芬，魏冬雪，奚海军，等. 基于硅藻土悬浮填料制备及其对有机废水吸附研究 [J]. 硅酸盐通报，2015(2)：481–486.
[237] 向春艳，蒲生彦，王妙婷，等. 硅藻土负载型非均相芬顿催化剂制备及其降解苯酚的实验研究 [J]. 环境工程，2017(2)：5–9.
[238] 高剑，吴棱，梁诗景，等. 铁钛双金属共柱撑膨润土光催化 –Fenton 降解苯酚 [J]. 催化学报，2010，31(3)：317–321.
[239] 程伟，盛国栋，刘进军，等. 有机膨润土负载纳米零价铁去除废水中的四氯乙烯研究 [J]. 安全与环境学报，2015，15(6)：228–232.
[240] 李莉，贾汉忠. Fe^{3+}– 蒙脱石 / 土壤有机质复合材料的制备及其固相光催化降解菲的性能研究 [J]. 化工新型材料，2015(8)：54–56.
[241] 黄筱迪. 混凝沉淀法处理磷矿选矿废水及回用试验研究 [D]. 贵阳：贵州大学，2016.
[242] 程健翼. 钠钾镁复杂固体矿制备氯化钾过程及浮选机理研究 [D]. 上海：华东理工大学，2013.
[243] 马旭峰，任小花，崔兆杰. 矿山粉尘分布及扩散规律研究进展 [J]. 再生资源与循环经济，2016(1)：

28–30.
[244] 卫强 . 矿山粉尘的危害及其防治 [J]. 河南科技，2014 (22)：49–50.
[245] 胡文义 . 采掘工作面粉尘运动规律数值模拟及降尘措施研究 [D]. 绵阳：西南科技大学，2016.
[246] 章玲 . 矿山企业粉尘控制现状及对策 [J]. 世界有色金属，2017 (1)：60–62.
[247] 孙伟，孙晨 . 国内选矿厂尘源分析和除尘设备概述 [J]. 中国矿山工程，2015，44 (6)：60–65.
[248] 徐潜 . BME 无组织排放颗粒物综合抑尘技术 [J]. 中国环保产业，2016 (3)：71–72.
[249] 石零，陈红梅，杨成武 . 微细粉尘治理技术的研究进展 [J]. 江汉大学学报 (自然科学版)，2013 (2)：40–46.
[250] 张其焕 . CFD 模型在某矿山粉尘防治中的应用 [J]. 金属材料与冶金工程，2015 (1)：50–53.

撰稿人：张　覃　包申旭　蔡　建　陈　攀　陈　雯　程卫泉　池汝安　代淑娟
戴惠新　邓政斌　高惠民　高志勇　葛英勇　黄朝晖　康文泽　雷绍民
李国华　李龙江　李显波　刘晓文　刘志红　卯　松　牛福生　邱跃琴
曲殿利　任子杰　尚衍波　申士富　宋兴福　孙红娟　谢　飞　张晋霞
张凌燕　张小梅　张小武　赵恒勤　赵红阳　赵云良　郑桂兵　郑水林

ABSTRACTS

Comprehensive Report

Advances in Mineral Processing Engineering Technology

Mineral processing engineering, which ever been called as ore beneficiation engineering for a long period in the past, is also been referred as mineral engineering in some literatures. In most of the domestic university's subject classification, mineral processing engineering is been recognised as a branch subject of mining engineering. In some other countries, mineral processing engineering often been categorized into metallurgical engineering, chemical engineering or materials science and engineering.

Mineral processing engineering is a method to effectively separate target minerals (valuable minerals) from useless minerals (usually referred as gangue minerals) or harmful minerals, or separate a varieties of useful minerals. In the industry chain of mineral resource exploitation and its comprehensive utilization process, mineral processing is a vital part between geology, mining, metallurgy and chemical engineering. The raw ore, though mineral processing (beneficiation) treatment, could significantly increase the grade of the target minerals, which will greatly reduce the transportation cost, and also reduce the cost and difficulties of subsequence processes, such as metallurgy, chemical treatment, reduce the overall production cost. Hence mineral processing engineering plays a important role in the national economic development.

During the past few decades, the discipline of Chinese mineral process has made considerable progress, especially in the area of mineral processing theoretical study, processing techniques, equipments, reagents, plant automation and process control, providing theoretical, technical and talents supports for the development of Chinese mineral processing, playing an important role in the global mineral processing development. To promote the further development of mineral processing discipline, and to increase the role of mineral processing played in the resources utilization and environmental quality, the investigation and evaluation of the mineral processing discipline development is conducted. By the actively cooperation of all parties, the investigation team has completed the report *Chinese Mineral Processing Discipline Development Report* , and have found out the general information of mineral processing discipline construction, talents training, scientific research, systematically illustrated the achievement and cornerstone of the discipline development, comparatively analyze the general trend and future development of both domestic and international mineral processing discipline, uncovered and discussed the potential problems and challenges during the future development, pointed out the development strategy to promote the healthy development of the mineral processing discipline.

1. Chinese mineral processing subject construction has been made significant achievements, formed a complete, multi-discipline system including teaching, scientific research, engineer design and application with high academic level research team, established a completed research platform that serves and promotes basic scientific research, technical development and transformation of scientific and technological achievements.

The subject of mineral processing discipline has been continuously constructed and developed by all the involved Chinese universities, colleges and research institutes, and hence has strong international competitiveness. Domestic mineral processing education has undergone rapid development over the past few years, up to Sept 2017, a total of 37 universities or colleges have opened mineral processing subject discipline in China with two secondary key subject discipline. More than 600 full-time lectures or teachers are currently listed in the subject of mineral processing, with more than 15000 undergraduate students, 3600 master students and 650 doctoral researchers.

There are more than 20 mineral processing or related research institutes in China. These research institutes have professional research teams, advanced technical platform and comprehensive research apparatus, which has been becoming the important bases for researching the mineral processing basic theories, application basis, transformation of scientific achievements and promote scientific research cooperation as well as international academic talks.

China has owned totally 22 mineral processing related national key laboratories or engineering technology research centers, and 58 provincial or state key laboratories or research centers. These high-standard research platform has played a significant role (both scholar and apparatus) in the development of the mineral processing research.

At present, there are more than 400 thousand people working in the area of mineral processing field in China, including 6 academicians, more than 350 national outstanding contribution awards owners or state council special allowance, 10 or more Yangtze River Scholar Professor. 10 or more National Science Fund for Distinguished Young winner, and 20 cross-century or new century talents project experts. Currently, in China, there are dozens of distinctive professional mineral processing science and technology research teams, these teams have played a vital role in promoting the construction and development in national mineral processing technology. In recent years, with the constantly support of national vertical projects as well as mining enterprises horizontal research projects, large quantities of important academic literatures and scientific achievements were made, and hence will provide strong technical supports for the current and future development of appropriately exploited national mineral resources.

2. The progress of mineral processing technology provides a solid technical support for the development of mineral resources in China, formed a variety of specialized basic theories research directions. Some of the techniques formed and the apparatus equipped has international leading level. A number of modern mineral processing plant was built with cutting-edge technology and excellent processing equipment.

In terms of basic theory research, new research directions and ideas were formed, such as gene mineral processing engineering, chemical modeling and molecular design, fluid and inclusion effects in flotation, magnetization roasting and depth reduction, metal ion coordination control and molecular assembling, which has been attracted global interest in the field of mineral processing.

In terms of technology development and scientific achievements transformation, the research work is mainly focused on the conspicuous problems or issues occurred during the mineral resources utilization, and breakthrough progress has been made in the aspect of mineral processing techniques, reagents, equipments development and manufacture, mineral resources comprehensive utilization, processing automation, mineral material research and its downstream processing, formed a series of new techniques, new achievements with global influences, and have already been put into industry applications. The beneficiation technology of low grade, complicated refractory ore in China is in a leading position. The manufacture and industry application of large-scale autogenous mills, semi-autogenous mills, ball mills, large flotation machine as well as magnetic separators is also comparatively superior, built large modern processing plants with advanced techniques and equipments, such as Luming Molybdenum mine, Wunugetoshan Copper-Molybdenum mine, Jiama poly-metallic mine, Yuanjiachun iron mine, Anqian iron mine and etc.

3. The mineral processing research focus of China is different from other countries in the world. China is mainly focused on the development of cutting edge techniques and their applications, while other countries paid more attention on the basic theory study in the micro base. In the global scale, the Chinese mineral processing can be described as "Leading in processing technique, on par with in equipment automation and being leaded in basic theory study".

Chinese mineral resources is "lean-fine-miscellaneous" compared to other countries in the world, and many sophisticated problems or fresh topics that have not yet attracted attention of the researchers from other countries. Therefore, a vast of research forces and research funds has been already put into use in both government-macro side and enterprise-micro side. Within the research efforts, the world leading cutting-edge technologies have been successfully developed, such as fluidizing magnetizing roasting-magnetic separation; low-grade copper green-recycling biological extraction technique; high concentration and multi & rate flotation technique for complicated copper-zinc sulfides; high-efficiency flotation technique for complicated refractory low grade wolframite-scheelite intergrowth poly-metallic, specialized technique that combined mineral process with metallurgy to process low-grade sulfides-oxides minerals. The mineral processing techniques is in the world's leading position.

The researchers outside China are more focused on the mineral processing basic theory study, especially in the area of mechanical analysis of mineral particle crushing-grinding process, motion trajectory and force field analysis of the separation process, interaction between bubble and particles, mechanisms of reagents to the surface of the minerals. Foreign researchers also pay more attentions on developing new mineral processing method, such as wet leaching, microbial beneficiation, theoretical study of fine particle three-dimensional flotation techniques, with new separating machine to enhance separating process. China has also conducted a lot of researches on the basic theory study of mineral processing, but with different emphases, generally focused on basic application studies on a specified mineral and generally has more link and interaction with practice. However, the domestic research force is generally weak in micro level research as well as computer modeling and simulation.

The mineral processing equipments outside China relatively developed earlier, and has already formed relatively larger scale production, the technical performance and automation is superior compared to domestic equipments. The key techniques are mainly belongs to developed countries, such as United States, Russia, Britain, Germany, Japan, Australia and Sweden. Chinese mineral processing equipments production started late, but developed rapidly, the development and application of large size flotation machines and magnetic separation is in the leading position in the world. However, in terms of the overall manufacture and techniques, there is still a big gap compared to developed countries.

4. The development of Chinese mineral resources is currently growth rapidly with confronting many challengers, confront the contradiction between the insufficient resources supply and the increasing needs of the mineral resources, confront the contradiction between excessive exploitation and the limited capacity of the ore body and the environment, confront the contradiction between the backward industry structure and the rapidly growth of the techniques.

The needs of human race to the natural mineral resources continues to increase while the high-quality resources is depleting, the limitation of current processing strategy can not satisfy the green and healthy development of mineral processing. Firstly, the contradiction between the increasing needs of the resources to the depleting of the mineral resources, a comprehensive and smart way to utilize the mineral resources is necessary. Secondly, the high-quality mineral resources is depleting, and a effective way to process lower grade and refractory mineral resources is necessary and urgently; Thirdly, develop a green and sustainable processing system with much lower environmental footprint is the mostly urgent need for our future development. Fourthly, the national reform of supply front and industry upgrade will need improved techniques with equipment with better performance and low consumption. Fifthly, the development of the industry need to have more interaction with the information technologies. Sixthly, the upgrade of downstream products will need higher quality mineral processing products.

Digitalization and intelligentization is the general trend of development. The development of intelligent mining is the key to improve the product quality, improve production efficiency and reduce the production cost. Focused on the application field of digitalization and intelligentization, through technique innovation, realize industry upgrading, and seek a bright, positive and smart development for mineral processing in 21 century.

Directed by "The great rejuvenation of the Chinese national", the government has remarked the proposes of "The belt of road initiatives", "Made in China 2025", "Internet plus". In terms of mineral processing development, the continuous development of resources conservation, efficiently utilization of mineral resources, green and low carbon emission techniques, high efficiency techniques will become more important in pushing the technology upgrade, industry upgrade, and sustainable development of the industry.

5. The mineral processing develop in the future, should meet the needs of the society and the industry with better understanding, should pay more effort on intelligentialized scientific research and teaching, should also pay more attention on the basic theory study in the micro level, and need more diverse multi-discipline talents to support innovative research works. The following are the main trends of the mineral processing development.

(1) The mineral processing development should have better understanding to the needs of the industry and the society. The general need of the industry and the society includes: increase the resource recovery and percentage of utilization, reduce the production cost, reduce the water and energy consumption per ton, reduce pollutant emissions, and improving process reliability. Based on the needs listed above, the general trend of the mineral processing development can be described as: Green, High-efficiency, energy saving, low consumption, low emission, highly automation. In addition, the development of mineral processing should also considering energy and resource consumption, establish "Mining-mineral processing-metallurgical" process concept,

emphasized on the academic communication and maximize economic and resource utilization.

(2) Intelligent mineral processing research and education system. Currently, the numerical test method system, such as CFD, FEM, DEM , have been widely applied in the mineral separation theory study and equipment development, the role of information technology in mineral processing technique research and teaching is become increasing prominent, and it will become a trend of future mineral processing development and teaching method. "Internet + Education" and :Internet + Mineral processing" will play an important role in the future and the "big data" will provide a lot of benefit to the research work, modeling virtual processing plant will also play a significant role in the mineral processing teaching and production management.

(3) Advanced detection method and experiment methods will promote micro-level basic theory study. During the past hundred years of mineral processing development, theory driven by technological progress has always been the main feature. Due to lack of research method, the mechanism of many mineral processing separation has not yet been fully revealed. By the progress of the detection technique and test method, the basic theory research will be promoted, and eventually guide the real plant practice.

(4) The application field of the mineral processing technique will become wider than ever. Green recycling is the most important develop model in the near future, in the formal report of the 18th CPC National Congress, "Green development", "Recycling development" and "Low carbon development" were firstly been pointed out. Developed countries, such as EU and Japan has already built recycling economic development model, the recycling economy is still in this infancy. Based on the difference in physical or chemical properties, mineral processing technique could used different processing method to conduct the material separation and enrichment, thereby broaden the research field.

(5) Mineral processing discipline needs more composited talents for the future development. For a long time, because of the influence of education concept and education system, the universities in China has more emphasize on the specialized graduates without interaction with similar subject. The future development of mineral processing requires composited talent with multi-discipline knowledge.

6. To boost the development of Chinese mineral processing discipline, it is required to enhance the basic theory study, solve the key issues as well as manufacture key equipments, and most importantly industrialize the advanced techniques. Push the development of "Internet + Mineral processing", construct a scientific and technological research talents teams, Strengthen the platform construction, and Enhance top-level design, optimize the general layout of disciplines.

(1) Enhance the development or manufacture of basic theory, key techniques and equipments. Enhance the basic theory study and cutting-edge technology study, through the technical integration of cross-subject, and even cross-discipline to facilitate the merge of intelligent technology and the mineral processing techniques, deposit and mineral resources recovery, recovery and comprehensive utilization of low-grade refractory resources, the interaction mechanism of flotation reagent with the minerals, advanced functional mineral materials, optimize high-efficiency crushing, milling or separating machine and intelligent technology study, reduce or eliminate the negative impact of the adverse effects of the resources endowments to the comprehensive utilization, formed a number of key technologies for efficient utilization of mineral resources, built a novel, green, high-efficiency and economically feasible mineral processing system, providing technical support for the sustainable supply of mineral processing in China.

(2) Enhance the promotion of advanced and applicable techniques, the construction of major scientific demonstration projects. To improve the efficiency, energy saving and emission reduction as the core part of the project, promote the mature advanced feasible techniques, as well as industrialization of new ideas, new equipments, and new concepts, thereby reduce the constrains of the mineral processing exploiting to the economic development. Combined with the major of the government, through the general layout of the entire industry, based on the basic theory study and the key technical equipments, a number of major technical demonstration projects were established and built to promote the advanced feasible techniques, improve the status and the technical level of China in the World. Meanwhile, by relying on the major demonstration projects, the self-innovation will be boosted, and hence will also accelerate the domestic equipments applications, formed core techniques and equipments system with independent intellectual property.

(3) Build a comprehensive technical team, and optimize the system of science and technology innovation. Effectively combine the national development strategy, research hot topics with the practical problems in the real plants, making the basic theory study or application basis study became a feasible and commercially valuable study. Cultivate a number of mineral processing talents with global view with international leading research level, strengthen the construction of collaborative innovation platform, and encourage enterprises to enhance their relationship with related universities and research institute, accelerate the mineral processing technical achievement transformation and application. Meanwhile, establish several world leading technical platform, engineering transformation platform, big data platform, demonstration project and industrialization bases, complete a full innovation chain "Basic theory study-Frontier techniques-application techniques-industry transformation "of future mineral processing in China.

(4) Promote the "Internet + Mineral processing" development, realize the digitalization and intellectualization of mineral processing discipline. Unite scientific research institute or universities, research and design entities, intermediary services, industry investments, MLEs and etc, and based on the current status of mineral processing in China, use "Big Data", cloud computing and other internet tools or techniques to deeply integrate with mineral processing basic theories, technical development and industry bulk production, build mineral processing database, construct national mineral processing sharing intelligent platform, and to subvert the conventional mineral processing model, establish a innovative development of research method and production transformation, and a internet way of sharing research resources, intelligent and most importantly, the new model of automatically mineral processing.

(5) Strengthen the academic platform construction and international cooperation. Strengthen the platform construction of the mineral processing, cultivate high level academic journal with international reputation, regularly organize global academic conferences. Strengthen international cooperation and communication, promote joint training of talents, introduce advanced equipments, concepts or research methods, deliver advanced mineral resources utilization techniques, and serves the national “The Belt and Road Initiatives” Strategy.

(6) Enhance top-level design, optimize the general layout of disciplines. In order to improve the overall industry development level and increase international influence, regularly formulate scientific development plan is necessary. To cope with national development strategy, both domestic and international demand on the technical development of mineral processing should be uncovered, and the discipline development strategy should be carefully formulated based on

the demand. Based on the develop basis and characteristics of discipline to establish key subject discipline, strengthen the coordination and cooperation between the research units, focused on the existing foundations and strength, reduce the meaningless replication studies due to the lack of communication between research units, built a positive, collaborative, synergism and sharing environment for better development of the mineral processing industry.

Written by Zhu Yangge, Wu Xiqun, Song Zhenguo

Reports on Special Topics

Advances in Clean Efficient and Intelligent Non-Ferrous Mineral Processing

Non-ferrous metals, which are essentially basic materials for daily life, defense military industry and science & technology development, have played an increasingly significant role in national economy and modernization defense construction. Efficient processing of nonferrous metal resources is of great and strategic significance to enhance national comprehensive strength and safeguard national security.

China's non-ferrous metals industry has developed rapidly in recent 30 years, and the production (to 2017) has been the highest all over the world in the last 16 years. As the first major country of non-ferrous metal production, China has made great progress in the research field of non-ferrous metals, especially in the exploitation and utilization of complex and low-grade non-ferrous metal resources. At the same time, the continuous exploitation of resources has resulted in a significant sustained reduction of the high-quality mineral resources in our country. The complex low-grade ore resources or secondary resources have gradually become the main raw materials, which poses great challenges to the traditional sciences & technologies of mineral processing, metallurgy, materials processing and environment engineering.

Further development of non-ferrous metal industry in China urgently needs the new theories and new technologies that adapt to China's resource characteristics. Therefore, this chapter mainly introduces the achievements of science and technology in the past five years, and the contents are also made as comprehensive as possible, including theoretical methods of process mineralogy and their applications, utilization of new technology and new technologies for complex sulfide ore, oxidized ore and rare earth metal ores, molecular design and green synthesis of high efficient flotation agents, development of new equipment for non-ferrous metal mineral processing, the construction of intelligent factories, the comprehensive utilization of secondary resources and environmental protection in the processing of non-ferrous metals.

This chapter has been written by more than hundreds of experts and scholars from over thirty universities, scientific research institutions and design institutions in China. The contents have been made as scientific and accurate as possible to meet the needs of technological innovation in the new era. Through the development of technology and industry, it is expected that the independent innovation ability of China's non-ferrous metal industry could be significantly improved and an efficient and environmentally-friendly new system for non-ferrous metals comprehensive utilization could be constructed to ensure the sustainable development of China's non-ferrous metals industry.

Written by Sun Wei, Chen Pan, Zhang Chenyang

Advances in Clean Efficient and Intelligent Ferrous Metal Mineral Processing

Ferrous metals including iron, manganese and chromium are indispensable structural and functional materials in the development of national economy, which accounting for about 95% of the world's metal consumption. In recent years, China has made great progress in basic research, process technology, reagents, equipment, environmental protection and other aspects of ferrous metal mineral processing, which are shown in detail as follows:

Firstly, with all kinds of development of high-end advanced testing instruments, means and methods, great process has been made in the process mineralogy research on micro-fine refractory ferrous metal mineral composition, structure form, main minerals occurrence, disseminated sizes, dissociation degree, embedded characteristics and occurrence of associated micro-element; meanwhile, the research on mineral microcosmic surface is gradually conducted, such as the content and distribution of mineral surface adsorption layer elements, property study on combined state and structure, chemical bond and other microcosmic surface.

Secondly, rapid development of process technological; with the development of new magnetic materials and magnetic system designing, great progress has been made in magnetic field intensity, selective separation and separation efficiency of various magnetic separation facilities. The processing size limit of bulk ore dry magnetic separator is increased from 75mm to 350mm, and the magnetic induction intensity of drum magnetic separator is increased from 150mT to 500mT; the development and successful application of HPGR and multi-magnetic-pole dry separation equipment, the development of dry grinding dry separation technology; the successful application of high efficient magnetic separation equipment such as the magnetic separator with combined force field realizes the full magnetic efficient separation of medium coarse magnetite beneficiation. The application of vertical mill in ferrous metal beneficiation solves the problem that grinding energy consumption does not work of ball mill when fine grinding particles ranged from 40μm to 15μm, and the lower limit of grinding size is reduced to 15μm. The magnetic induction intensity of the magnetic separator increased continuously, the lower limit of separation size reaches to 19μm, and the recovery of micro-fine iron ore is improved; development of high-selective reverse flotation collector with resistance to slime and low temperature realizes the efficient separation of iron minerals and various kinds of refractory iron silicate minerals, and reverse flotation temperature of iron ore is reduced from 40℃ to 20℃; flotation dynamics study enhances mineralization, reduces flotation time and improves flotation efficiency. A series of micro-fine mineral high efficient mineral separation technology has been integrated to advance the development of micro-fine complex refractory iron ore separation, Yuanjiacun Iron ore is a typical example. Fluidization (suspension) magnetization roasting technology and equipment can be applied in large-scale industry. A rapid and uniform magnetic conversion is realized by reducing roasting particle size, improving the solid gas ratio and heat exchange rate. The problem of high cost of magnetic roasting is solved by the application of high efficiency dry powder preparation technology and low-quality fuel, biomass fuel and the development of fluidized flameless combustion device. The outstanding representative the complete system engineering technology of flash magnetization roasting technology has realized industrial application and stable operation, companies including JISCO are building a fluidized roasting system, which is about to be put into industrial production. In recent years, a lot of researches have been conducted on the depth reduction-magnetic separation technology and theory, and important progress has been made. The depth reduction theory gradually becomes mature, which supplies a new way for the development and utilization of complex refractory iron ore.

Thirdly, the impact restriction on resources and environmental in the future, ferrous metal mineral processing wastewater treatment technology has been developed from a comprehensive development and meeting the requirement of discharging standard to waste water recycling, every big ferrous metal concentrator has realized the zero discharge of waste water. Comprehensive utilization technology of ferrous metal secondary resources (such as tailings, smelting slag, urban mines, etc.), and a large number of new environmental protection technology of ferrous metal mineral processing dust and pm2.5 control technology arise at the historic moment.

Fourthly, the rapid development of automation technology and computer technology promotes the improvement of automatic controlling and intelligent management of ferrous metal mineral processing, domestic concentrators are transforming from digital concentrator to intelligent concentrator.

Written by Chen Wen, Han Yuexin,
Zhou Yulin, Sun Yongsheng

Advances in Processing Technology of Coal Separation

Coal is considered as the main energy resource in our country, which has made great contributions to the national economy and social development. According to the reported date in *Energy Resource Sustainable Development Strategy of China*, coal accounting for the proportion of energy resource will not be less than 50% in 2050. Coal is still the basic energy of China, which is reliable in the long term. It is an important guarantee for secure supply of energy and economic and social development in our country.As a result of original innovation, integrated innovation and introduction, digestion innovation in last few decades,the coal separation and processing technology has developed rapidly in China. Coal separation proportion has reached 65%, which has effectively supported the development of the coal industry. During the "12th Five-Year Plan", the development of China's coal separation has obtained remarkable achievements by speeding up the research and development of key technology for coal preparation. The industrial scale and technical equipment have entered the advanced level of the world. The coal separation and processing technology has reached the international advanced standard on the whole and the local technology has reached the international leading position.However, it still lags behind the international advanced level in the development of some large and extreme large coal preparation equipment.It is estimated that China's major coal preparation equipment will be nationalized by 2020, and the coal preparationproportion will reach 70% causing a convertion of our country from the current large country to the powerful country in coal preparation. However, some problems such as low utilization of coal, low efficiency, serious pollution and low utilization rate of secondary resources have not been solved completely. The development of coal industry in China will be further constrained by resources and environment in the future. The *Outline of the National Program for Long-and Medium-Term Scientific and Technological Development* (2006-2020) clearly stated that many efforts should be made to develop clean, efficient, safe exploitation and utilization technologies of coal, and strive to reach the international advanced standard.Therefore, through the continuous innovation and the development of key technology in coal preparation technology, the utilization efficiency of coal resources can be improved.The development and application of new technology and new products will improve the quality of coal products to achieve the clean efficient utilizationof coal and energy-saving and emission-reduction, to ensure sustainable development of coal industry under the new normal of economy.These will be the main task in the development of coal separation processing technology in China in the future.

Written by Xie Guangyuan,Zhang Haijun

Advances in Processing Technologies of Non-Metallic Minerals

China is rich in non-metallic mineral resources. With its unique physicochemical properties, the non-metallic minerals can be processed into significant basic raw materials which cannot be replaced by metallic materials. Its wide application has been found in the field of agriculture, chemical, energy, metallurgy, ceramics, building materials, refractory materials and environmental protection, etc. Therefore, non-metallic mineral resources is playing an important role in the national economy. The phosphate ore, sylvite, scaly graphite and fluorite have been listed in the strategic mineral catalogue in China. Recent years have witnessed the important advances of non-metallic mineral, and much progress has been made in the field of processing mineralogy, mineral processing and deep-processing technology, tailings comprehensive utilization and environmental protection. Advanced techniques such as MLA and QEMSCAN, has facilitated the quantitative research in the processing mineralogy, and has, thus, improved the comprehensive utilization. As the principal method of non-metallic mineral processing, flotation focused on the process optimization, short-flowsheet, combined concentration technology, modification and assembly of flotation reagents, as well as the application of flotation column. Super-low temperature superconducting magnetic separation has been commercially used for iron removal from non-metallic minerals. Deep-processing technology, such as ultra-cleaning, ultrafine grinding, color sorting, inorganic gel preparation, have been applied in th preparation of high-purity graphite, quartz, diatomite, kaolin, bentonite, mica and calcite. Many kinds of equipments for ultrafine comminution and refined size classification have been developed. Tailings disposal and the comprehensive utilization have focused on tailings reconcentration, valuable components extraction, mineral materials, clean backfilling and land reclamation. The technology innovation for wastewater treatment have focused on the adsorption and solidification of organic pollutants, as well as photocatalytic degradation. For mine dust control, BME biological nano-film technology and coagulation were used to collect ultrafine particles and fine particles respectively.

Written by Song Shaoxian, Zhang Qin, Pan Yin, Chen Wei

索 引

B

C

D

F

G

H

J

K

L

M

N

O

P

Q

R

S

T

W

X

Y

Z